V&R

Neue Wege in der psychosomatischen Medizin

Band I
Vom zerstörten zum
wiederentdeckten Leben

Dieter Wyss

Vom zerstörten zum wiederentdeckten Leben

Kritik der modernen Biologie

Vandenhoeck & Ruprecht
in Göttingen

CIP-Kurztitelaufnahme der Deutschen Bibliothek

Wyss, Dieter:
Neue Wege in der psychosomatischen Medizin / Dieter
Wyss. – Göttingen : Vandenhoeck und Ruprecht

Bd. 1. Wyss, Dieter: Vom zerstörten zum wiederentdeckten Leben. – 1986

Wyss, Dieter:
Vom zerstörten zum wiederentdeckten Leben : Kritik
d. modernen Biologie / Dieter Wyss. – Göttingen :
Vandenhoeck und Ruprecht, 1986.
(Neue Wege in der psychosomatischen Medizin
/ Dieter Wyss ; Bd. 1)
ISBN 3-525-45685-9

© Vandenhoeck & Ruprecht in Göttingen 1986. Printed in Germany. Ohne ausdrückliche Genehmigung des Verlages ist es nicht gestattet, das Buch oder Teile daraus auf foto- oder akustomechanischem Wege zu vervielfältigen.
Schrift: 10/11 p Bembo auf dem Fotosetzsystem Monotype Lasercomp
Satz: Tutte Druckerei GmbH, Salzweg-Passau
Druck und Einband: Hubert & Co., Göttingen

Prof. Dr. Hans Maier zugeeignet

„Geheimnisvoll am lichten Tag
läßt sich Natur des Schleiers nicht berauben
und was sie Deinem Geist nicht offenbaren mag
das zwingst Du ihr nicht ab mit Hebel und
mit Schrauben."

J. W. v. Goethe

„Perhaps the most fundamental of all difficulties encountered in biological research is that the investigator cannot detach himself from the system under study because he himself forms part of that system or partakes of its nature in such way that objectivity is impossible."

J. Kendrew

Inhalt

Einleitung 9

I. Probleme der Entstehung des Lebens 15
   a) Geochemische Probleme der Entstehung der Erdatmosphäre und der Ozeane 15
   b) Das Problem der Mikrofossilien 22
   c) Probleme der biochemischen Entstehung der Lebewesen oder „das Märchen von der Eiweißsuppe" 24
   d) Zum Problem der Entstehung des genetischen Codes erster Lebewesen 31
   e) M. Eigens „Hyperzyklus-Theorie" 36
   f) Von „Proteinen" zu Einzellern 52

II. Probleme der genetischen Informationstheorie 55
   a) Einleitung 55
   b) Die Definition der Information 57
   c) Vererbung und Informationsübertragung 60
   d) Ist die Informationstheorie notwendig? 66
   e) Zur allgemeinen Problematik des biologischen Informationsbegriffes 70
   f) Zur physikalischen Problematik des Informationsbegriffes 74
   g) Vorläufige Zusammenfassung: Probleme des biologischen Informationsbegriffes 81
   h) Spezielle Probleme der Genetik auf der molekular-biologischen Ebene 83
   i) Die Auflösung der Genvorstellung 97
   j) Die Diskussion Geno-Phänotyp 99
   k) Die genetische Interpretation der Evolution (Die Enstehung des genetischen Codes: Wiederholung und Zusammenfassung) 100
   l) Hinweise auf Probleme der ontogenetischen Transplantationen 103

III. Probleme der Evolutionstheorie 106
   a) Definition der Evolution 106
   b) Wie hat sich die Evolution vollzogen? 112
   c) Der umstrittene Artenbegriff 119
   d) Die Problematik von fitness, Auslese und Anpassung 131
   e) Das Problem der stammesgeschichtlichen Höherentwicklung und der Neogenese 154

      f) Das Problem gemeinsamer stammesgeschichtlicher Ahnen (Das Problem des Typus)... 159
      g) Zusammenfassung: Ungelöste Probleme und Widersprüche der neodarwinistischen Evolutionstheorie 163

IV. Probleme der biologischen Kybernetik 169
      a) Allgemeine Vorbemerkungen................................. 169
      b) Probleme der biologischen Regelkreislehre..................... 171
      c) Das homöostatische Konzept 176
      d) Die Aufteilung des Regelkreises................................ 178
      e) Probleme der Zeit, der Information und Transformation 178
      f) Probleme der Entstehung des Regelkreises und der Evolution...... 180
      g) Die Vermaschung der Regelkreise 183
      h) Kybernetische Lernmodelle................................... 184
      i) Grundsätzliche Probleme der biologischen Kybernetik 185

V. Der Organismus und die lebendige Ordnung: Erster Überblick . 191
      a) Grundcharakteristika des Organismus nach R. Woltereck 191
      b) Weitere Antinomien des Organismus und der Lebensprozesse 196
      c) Die taxonomischen Antinomien 198
      d) Die Antinomien der Evolution I............................... 199
      e) Die wissenschaftstheoretische Bedeutung der antinomischen Strukturierung des Lebens und der Lebewesen......................... 199
      f) Das Wesen der „lebendigen Ordnung": Zweiter Überblick........ 202
      g) Die Antinomien der Evolution und die lebendige Ordnung II 202
      h) Entwurf einer die Antinomien des Lebens berücksichtigenden Evolutionstheorie.. 209
      i) Kritische Bedenken gegenüber dem vorgelegten Entwurf 215

VI. Hybris und Unredlichkeit der modernen Biologie 217
(Der biologische Nihilismus oder die Lösung der Weltprobleme durch Eigen, Monod, Lorenz, Vollmer, Riedl, Bresch, Crick et al.)
      a) Die naturwissenschaftliche Destruktion der lebendigen Ordnung ... 217
      b) Die erkenntnistheoretische Ausgangsposition der „evolutionären Erkenntnistheorie"... 220
      c) Die Systemtheorie.. 226
      d) Die „Teleonomie"... 230
      e) Einige wissenschaftstheoretische Kuriositäten 233
      f) Cricks Wandlung oder „Wissenschaft denkt nicht"............... 236

Anmerkungen 238

Weiterführende Literatur 250

Namensregister 255

Einleitung

Der an Problemen der Psychosomatischen Medizin Interessierte wird sich mit Recht fragen, warum das hier in drei Bänden vorliegende Werk mit dem Aufzeigen der Hypothesen der Erdentstehung beginnt. Die sog. „Psychosomatische Medizin" trägt seit vier Jahrzehnten, insbesondere seit dem Einfluß F. Alexanders und seiner Schule, ihr Anliegen als naturwissenschaftlich begründetes vor. Ein maßgeblicher Vertreter dieser Forschungsrichtung in Deutschland erklärte, daß die Psychosomatik nur ernst genommen werden kann, soweit sie naturwissenschaftlich sich darstellt, Naturwissenschaft sei. Naturwissenschaft tritt jedoch heute keineswegs in einheitlichem Gewande auf. Die Problematik ihrer Grundlagen ist Physikern und Mathematikern in weit höherem Maße als zahlreichen Vertretern der modernen Biologie bewußt. Trotz erheblicher thematischer und sachlicher Divergenz zwischen Molekularbiologen, Biochemikern, Makrobiologen, Subzellularpathologen und Genetikern hat sich jedoch im Bereich der Erforschung lebendiger Prozesse die Naturwissenschaft zu einer positivistisch-materialistischen Theorie entwickelt, die Ideologie ist, d. h. falsches, die eigentliche Problematik der zu erforschenden Vorgänge weltanschaulich verbrämendes Bewußtsein, eben „falsches" Bewußtsein erzeugt – nicht anders wie der Marxismus als Staatsdoktrin oder die Psychoanalyse in ihrer dogmatischen Form. Vom Blick auf das Einzel-Geschehen, dem Mikroausschnitt etwa eines Gens gebannt, wird der Blick auf das Ganze der komplexen Lebensvorgänge verdunkelt, an seine Stelle tritt die Ideologie: der Glaube etwa an die „Eiweißsuppe" oder die Evolutionstheorie. Naturwissenschaftlich-biologische, physiologische, biochemische, molekularbiologische oder subzellulare Forschung, die sich im Bereich der lebendigen Prozesse bewegt, läuft eben dort Gefahr, biologische Ideologie zu werden. Diese, spezifisch in ihrer Bedeutung für die Psychosomatische Medizin – für die Medizin überhaupt –, wird im vorliegenden ersten Bande kritisch befragt. Diese Befragung beginnt bereits mit der kritischen Durchleuchtung der Vorstellungen, die mit etwas anscheinend so Selbstverständlichem wie der Entstehung der Erde sich befassen.

Der Autor, Nicht-Biologe sondern „Nur-Mediziner", wird sich zweifellos der Kritik der betroffenen „Fach-Spezialisten" aussetzen. Um dieser jedoch vorzubeugen, werden über 150 Fach-Biologen in ihren widersprüchlichen Ansichten zitiert, Autoren und heterogene Ansichten könnten verzehnfacht werden. Dem Verfasser geht es darum, die wissenschaftstheoretischen Grundlagen eben der modernen Biologie kritisch zu befragen und aufzuzeigen, wie die „wissenschaftliche" Grundlegung der Biologie nicht nur „auf tönernen Füßen" steht, sondern sie „Weltanschauung" geworden ist. So richtet sich die Polemik gegen das, was sich heute als biologisches „Weltbild" präsentiert: die Populärwissenschaft des Neo-Darwinismus, die „weltanschaulichen" Darlegungen anerkannter Forscher wie Lorenz, Eigen, Monod, Crick usf. Ihre „Unredlichkeit" und „Hybris" besteht darin, daß sie allgemeine Folgerungen aus Einzeltatsachen ziehen, die wissenschaftlich nicht verifiziert sind, daß sie ferner dogmatische Indoktrination treiben – ganz im Gegensatz zu den bedeutenden Physikern oder Mathematikern, die sich der Problematik ihres Faches meistenteils bewußt sind. Damit wird jedoch grundsätzlich keine Polemik gegen die erstaunlichen Einzelleistungen der Forschung in den Lebensvorgängen betrieben: die eben eine unübersehbare Mannigfaltigkeit spezifischer Prozesse, die dem Fleiß und der fast übermenschlichen Geduld mikromolekularer oder biochemischer Forschung zu verdanken sind, aufgezeigt hat und die nicht zuletzt von erheblicher, ja entscheidender Bedeutung für die erstaunlichen Erfolge der modernen klinischen Medizin und insbesondere Psychiatrie geworden sind. Es wird also grundsätzlich unterschieden zwischen biologischer Ideologie und biologischer Tatsachenforschung, wobei, insbesondere die biologische Ideologie betreffend, die Medizin Gefahr läuft, zum Ableger eben einer materialistisch-positivistischen Weltanschauung zu werden, wenn etwa ein maßgeblicher Internist postuliert: „Die Therapie wird im Labor gemacht", wenn bei der Visite nicht mehr der Kranke, sondern nur noch seine Befunde, das EKG, die Leberwerte, die Proteine registriert werden und damit die Medizin, zum Nachteil des Kranken, zu einem Ableger eben einer objektivierend-materialistischen Ideologie wird. (Vgl. hier die Kritik von W. Jacob, F. Hartmann, K.P. Kisker.) So entscheidend die Erfolge der Genetik sind, wegweisend die Genforschung und die Virologie sich für die Bekämpfung des Krebses im Begriff sind sich zu erweisen, so darf nichtsdestoweniger auch die Gen-Manipulation sich nicht als „wertfrei" verstehen, wie dies bereits Chargaff[1] eingehend aufgezeigt hat: wertfreie Wissenschaft hat sich wiederholt politisch mißbrauchen lassen.

Von dieser Problematik ist auch die Psychosomatische Medizin betroffen, soweit sie ihre Grundlagen nicht auf die naturwissenschaftliche Empirie, sondern auf die naturwissenschaftliche Ideologie zu stützen glaubt – wie dies seit F. Alexander in erheblichem Umfang der Fall ist. Epiphänomenalismus, Kybernetik, Informationstheorie sind unkritisch übernommen worden: Weiners „Psychobiology and human disease" ist, bei aller entscheidender Kritik der derzeitigen Psychosomatik gegenüber – auf diese wird im zweiten Band eingegangen –, ein Beispiel für den Triumph eines extrem primitiven Materialismus in der Psychosomatischen Medizin. In dieser zunehmend sich verbreitenden Ideologie verschwindet der kranke Mensch, er wird zum Objekt einer verobjektivierenden Weltanschauung, und damit läuft die Psychosomatische Medizin Gefahr, ihren eigentlichen Auftrag, den kranken Menschen in seiner Geschichte, in seiner Entfaltung, aber auch in seinen Gestörtheiten, nicht mehr wahrzunehmen. Die insbesondere in Deutschland mit den Namen von Weizsäcker, von Krehl, P. Christian, H. Plügge, W. Jacob, F. Hartmann, P. Hahn, W. Bräutigam verbundene Psychosomatische Medizin begann ihr eigentliches Anliegen mit der Entdeckung des Subjekts, der Subjektivität und ihrer Bedeutung für das Krankheitsgeschehen, d.h. sie bemühte sich um den „ganzen Menschen" – bei aller Problematik dieses Begriffes –, um in der Komplexität bio-psychologischer Wechselwirkungen Bedingungen auch für die Entstehung von somatischen Krankheiten zu erkunden. Aber dieses „Ganze" schwindet seit über zwei Jahrzehnten mehr und mehr dahin. An seine Stelle treten Untersuchungen des Harnstoffwechsels bei Angst oder in Stress-Situationen, werden Adrenalin-Ausschüttungen unter Aggressivität geprüft, um die entsprechenden empirischen Befunde mit der psychoanalytischen-sexualpsychopathologischen Konzeption zusammenzukitten. So werden dann dem Studenten als „Fakten" die „Ursachen" des Magengeschwürs in einer präödipalen Mutterfixierung „plus" somatischem Entgegenkommen lernzielkataloggerecht präsentiert – ohne die auch methodische Problematik, ihre Absurdität solcher sich als naturwissenschaftlich behauptender Hypothesen überhaupt in Frage zu stellen.[2] Die Alternative zu diesem Gemisch aus biologistischer Ideologie und psychoanalytischer Hypothesenbildung wird im dritten Band des Werkes vorgelegt werden. Darüber hinaus sei erinnert, daß der Verfasser und seine Mitarbeiter – in konsequenter Fortsetzung der anthropologisch-daseinsanalytischen Konzeption – diese Alternative schon in ihren früheren Veröffentlichungen unterbreitet haben, insbesondere sei auf „Der Kranke als Partner. Lehrbuch der anthropologisch-integrativen Psychotherapie" in diesem Zusammenhang verwiesen.

Der zweite Band des vorliegenden Werkes bemüht sich, einen Zugang zu den biologisch-physiologischen Prozessen des lebendigen Organismus zu gewinnen, ohne diese jedoch einseitig-mechanistisch-materialistisch zu interpretieren. Vielmehr wird der Versuch gewagt, physiologisch-biochemische Prozesse unter spezifischen, dem Organismus gerecht werdenden, an ihm selbst entwickelten Kategorien zu erfassen, die sich jedoch jenseits der Vitalismus-Mechanismus-Diskussion und auch jenseits des Holismus und seiner Anhänger bewegen. Hier, so glaubt der Verfasser, wird ein fundamental neuer Gesichtspunkt in die Diskussion eingebracht, um damit der derzeitigen Psychosomatischen Medizin ein biologisches Unterpfand, ein organismisches „Gerüst" zu vermitteln, das ihr nicht nur fehlt, sondern das nicht durch parallelistische Untersuchungen im Stile W. Wundts zu ersetzen ist.

Der dritte Band – eben in spezifischer Anknüpfung an „Der Kranke als Partner" – führt konkret in die „psychosomatische Alltäglichkeit einer klinischen Ambulanz" ein. Unter besonderer Anwendung des „Würzburger Fragenkatalogs" werden kasuistische Zusammenhänge aufgezeigt, die den

Begriff der „Psychosomatischen Medizin" überhaupt in Frage stellen: denn das multifaktorielle Geschehen von Erkrankung einerseits, die jeweils angewandte Methode andererseits, lassen jede Krankheit als „auch" psychosomatisch erscheinen, wie umgekehrt jede Erkrankung somato-psychisch ist – wird z. B. der Kranke und sein soziales Umfeld, das sich im Verlauf einer „primär organischen Erkrankung" verändert, berücksichtigt. Damit wird der Begriff der „Psychogenie" in kausalistischer Weise sich als obsolet erweisen, wie auch die Symbolinterpretation von Organveränderungen auf sexual-psychopathologischem Hintergrund nicht vom Verfasser und seinen Mitarbeitern geteilt werden kann.

Wenn heute bestimmte politische Bewegungen sich als spezifisch naturschützend und naturliebend verstehen – in nicht unbedenklicher Vermischung von Romantik und Fanatismus –, so ist diese Strömung, soweit sie im Sinne der Naturerhaltung als unabdingbarem, nicht zu ersetzendem „Oikos" menschlicher Existenz wirkt, zweifellos zu begrüßen. Ihre maßgeblichen Vertreter jedoch sind selbst die Produkte eben jener materialistisch-positivistischen Ideologie, die sich als wertfrei versteht und das Lebendige nur vergegenständlichen kann. Es fehlt in dieser Strömung ein originäres „alternatives" Bewußtsein, da ihre Anhänger nicht wissen, daß sie mit denselben Mitteln, die zur Destruktion der Natur geführt haben, die „Natur zu retten" hoffen. Nur eine tiefgehende Bewußtseinsveränderung, bei dem Einzelnen beginnend, um der Wirklichkeit und Komplexität der Lebensprozesse gerecht zu werden – wie sie einige wenige hervorragende Forscher, in erster Linie jedoch Physiker wahrgenommen haben –, kann das Verhältnis zu der Natur hier, zum kranken Menschen dort, so beeinflussen, daß es sich konstruktiv auswirkt. Diese Bewußtseinsveränderung ist unabdingbar für eine Erneuerung der Medizin nicht weniger als für ein verändertes Verhältnis zur erkrankten Umwelt. Sie ist das Anliegen der vorliegenden drei Bände.

In dem gleichen Zusammenhang fühlt sich der Verfasser dankbar den „denkenden" Biologen verpflichtet, wie Richard Woltereck und seiner noch nicht überholten „Allgemeinen Biologie", dem Embryologen und Genetiker C. H. Waddington, dem Morphologen und Mathematiker R. Thom, dem Evolutionisten P. Grassé.

Ferner dankt der Verfasser – das Evolutionskapitel betreffend – insbesondere Herrn Professor Dr. S. Peters vom Senckenberg-Institut in Frankfurt/Main, dieses Kapitel kritisch durchgesehen zu haben. Die in seinen Manuskripteintragungen vermerkten kritischen Ausführungen wurden ohne Hinweis auf ihren Zitatcharakter, jedoch unter ausdrücklichem Hinweis auf Dr. Peters mit in den Text aufgenommen. Der Verfasser dankt ferner dem Genetiker Professor Dr. Heisenberg für die Durchsicht des Kapitels über den Informationsbegriff, Herrn Diplom-Physiker B. Schmincke für die naturwissenschaftlich-physikalische Überprüfung überhaupt des gesamten Manuskriptes, insbesondere des IV. Kybernetik-Kapitels. Nicht zuletzt sei allen Mitarbeitern und Doktoranden gedankt, die am dritten Band mitwirkten, und Frau Hoffmann, die in steter Treue über viele Jahre auch dieses Manuskriptes sich annahm. Für das Lesen der Korrekturen und das Anfertigen des Registers bin ich Herrn Schmincke zu Dank verpflichtet.

Die Übersetzungen wurden ausschließlich vom Verfasser durchgeführt, wobei das Bemühen um Worttreue gegenüber dem Sprachstil im Vordergrund stand. Die Anmerkungsnummern beziehen sich auf das erste Anmerkungsverzeichnis, darüber hinaus darf noch auf das Verzeichnis der Ergänzungsliteratur verwiesen werden.

Die Überschneidung der Veröffentlichung der drei Bände mit dem hundertjährigen Geburtstag Viktor von Weizsäckers im Frühjahr 1986 möge all den Kollegen und Mitarbeitern als günstiges Omen erscheinen, um im klinischen Alltag den Kranken sowohl ,,psychosomatisch" wie ,,somato-psychisch" zu dienen.

Auf das Buch von K. Hübner: Kritik der wissenschaftlichen Vernunft (Karl Alber Verlag, Freiburg 1979) möchte ich ausdrücklich verweisen, näheres Eingehen erfolgt an späterer Stelle.

Würzburg, im Frühjahr 1984   Dieter Wyss

I. Probleme der Entstehung des Lebens

a) Geochemische Probleme der Entstehung der Erdatmosphäre und der Ozeane

Der naturwissenschaftliche Laie wird überrascht sein, daß über die Entstehung der Erde die Meinungen erheblich mehr voneinander abweichen, als ihm aus dem Naturkunde- oder Physikunterricht oder aus zahlreichen populärwissenschaftlichen Büchern bekannt ist. Die Annahme, die Erde habe sich langsam aus einem gasförmigen Zustand (Sonnennebel) verdichtet, ist ebensowenig unbestritten geblieben, wie der Vorgang dieser Verdichtung selbst zu zwei heterogenen Theorien der inhomogenen und der homogenen Gasverdichtung geführt hat. Ob die Erde sich graduell abgekühlt hat oder sich selbst erhitzte, darüber bestehen ebenfalls Meinungsverschiedenheiten. Shaw stellt diese wie folgt dar:[1]

„Es ist nicht sichergestellt, ob die Erde sich aufhitzt oder abkühlt, aber der ausgestrahlte Oberflächen-Strom ist 10^4 weniger als die von der Sonne empfangene Bestrahlung. Nichtsdestoweniger gibt Jupiter mehr Wärmeenergie ab, als er empfängt. Die irdische Hitze war im frühen Präcambrium größer aufgrund des höheren 135 U Vorkommens. An anderer Stelle werden die beiden Theorien der Erdbildung durch homogenen oder inhomogenen Zuwachs diskutiert: Neuere Entwicklungen im Gebiet der kosmischen Chemie haben zu der verbreiteten Annahme einer abgestuften Temperatur bestimmter Kondensierung der chemischen Elemente im Sinne stabiler Bestandteile von Gasnebeln geführt. Sich ergebender planetesimaler Staub koagulierte zu größeren Objekten (Größe sehr umstritten!) und absorbierte dabei langsam schmelzende Gase: CH, Ar, N_2 usw.. Kritisch für die Bestimmung des Ursprungs der Erde ist der Schluß, daß U, REE früh unter hohen Temperaturen kondensierten..." (Anstatt „Hitze" auch Wärmeenergie, d. Übers.)

Am selben Ort legt der gleiche Autor dar:[2]

„Viele dieser Tatsachen und andere haben zu zwei zur Zeit populären Modellen der Entstehung der Erde geführt. Das erste ist das der homogenen Zuwachstheorie. Sie behauptet, daß Kondensierung der Nebel dem Zuwachs vorausging. Die Mechanik dieses Vorgangs ist umstritten, aber er führte zu der Erstellung von Aggregaten, die groß genug für einen durch die Schwerkraft bedingten „Selbst-Kollaps" waren. Die darauf folgende Erhitzung führte ihrerseits zur Trennung der Metalle, die schnell absanken und den Erdkern bildeten, dabei noch mehr Hitze entließen. An äußeren Teilen der Erde entwichen die Bestandteile der Gase, die nicht genügend refraktär waren, um von der Schwerkraft in der heißen Atmosphäre oder durch Ladung im geschmolzenen Silicium festgehalten zu werden..." (Hitze = Wärmeenergie, d. Übers.)

Ferner:[3]

‚Die alternative inhomogene Zuwachstheorie wurde entwickelt, um einige schwierige Probleme homogenen Zuwachses zu klären, insbesondere die offenkundige Notwendigkeit, daß eine Periode früher Befreiung von Hitze die Erde von allen Gasen völlig entleert hätte. Nach dieser Theorie begleitet Zuwachs die Veränderung der Nebel, die Folge wäre: hocherhitzte Silikate, metallische Eisen-Nickel, niedrig erwärmte Silikate, flüchtige, reichhaltige Überbleibsel. Obwohl diese Theorie anziehend ist, ist es schwer einzusehen, warum Zuwachs früherer Planetesimale zu einem Körper mit einem bedeutenden Schwerkraftfeld nicht die hinzugekommene Hitze befreien würde, wie in dem vorausgegangenen Modell. Noch verwirrender ist die Notwendigkeit frühkondensierender U, Th, REE vom Erdkern hin zu der Erdoberfläche ohne Flüssigkeit (d.h. Erhitzung) zu bringen..." (Hitze = Wärmeenergie, d. Übers.)

Schließlich:[4]

‚Während sich der metallische Erdkern trennte, bestand die rudimentäre Atmosphäre größtenteils aus H_2, H_2O, N_2 mit geringen Beifügungen von CO_2 (oder CH_4), Schwefel (oder H_2S), wie dies Holland 1962 zeigte. Überfluß an H_2 würde die Abkühlung der Erdkruste verzögern, da sie eine durchschnittliche Erhitzung durch die Sonne erlauben würde, die tausend Grad Celsius übersteigt (Sagan und Mullen, 1972). Diesem wurde durch CO_2 oder NH_4 entgegengewirkt, die undurchlässig für IR-Strahlung sind... Die schwierige Problematik und der stark hypothetische Charakter dieser Theorie ist ersichtlich."

Andere Autoren bestreiten überhaupt die Existenz einer primären oder Protoatmosphäre, da diese sogleich bei der Verfestigung der Erde entwichen sei. Dazu schreibt Lemmon:[5]

„Jede Diskussion über die chemische Zusammensetzung der frühen Erde muß mit der ihrer Atmosphäre beginnen. Umgekehrt wieder die Atmosphäre die chemische Zusammensetzung der Ozeane und primitiven Gesteine bestimmt hat. Es besteht jetzt eine allgemeine Übereinstimmung darüber, daß die Atmosphäre des primitiven Planeten von H_2 beherrscht und eine reduzierte war. Die Erkenntnis, daß die frühe Erdatmosphäre sich ziemlich von der heutigen unterscheidet, begann 1929 mit der Entdeckung, daß Wasserstoff das häufigst vorkommende Element im Solsystem ist (ungefähr 87% der Sonnenmasse). Daher war es vernünftig anzunehmen, daß, als die Erde sich bildete, das meiste ihres Kohlenstoff-, Stickstoff- und Sauerstoff-Gehaltes in der Form von Methan, Ammoniak und Wasser anwesend waren. Oparin zieht 1938 in seinem Buch „Der Ursprung des Lebens" den Schluß, daß der größte Teil des heutigen Kohlenstoffes aus der frühen Erde in Form von Kohlenwasserstoff vorhanden war. Ähnliche Schlüsse wurden hinsichtlich der chemischen Natur von Stickstoff und Sauerstoff in der primitiven Atmosphäre gezogen. Ein Problem im Hinblick auf die Zusammensetzung der primitiven Atmosphäre wird durch den relativ niedrigen

Prozentsatz an Edelgasen in unserer jetzigen Atmosphäre gegeben. Harrison Brown hat ausgerechnet, daß der Anteil von Neon der derzeitigen Atmosphäre nur 10^{-10} von seinem kosmischen Vorkommen beträgt, die anderen Edelgase fallen ähnlich durch ihre relative Abwesenheit auf. Er erscheint zuerst schwierig, sich die primitive Erde als eine vorzustellen, die so niedrige Moleküle wie Methan, Ammoniak und Wasser zurückbehält, während sie Atome wie Krypton oder Xenon mit Atomgewicht um 80 und 30 verliert. Nichtsdestoweniger kann Kohlenstoff ursprünglich als Karbit gebildet gewesen sein (aus dem sich dann Methan u.a. seiner Kohlenwasserstoffe durch Reaktion mit Wasser gebildet hätten), das Wasser wäre als Hydrat zurückgehalten worden und Ammoniak als Ammonion-Ion. Eine ähnliche Ansicht ist diese, daß die erste Atmosphäre der Erde durch Diffusion verloren ging, die durch eine zweite – ebenfalls reduzierende – ersetzt wurde, die durch das Entweichen von Gasen aus dem Erdinnern entstanden wäre. Eine solche zweite Atmosphäre kann in ihrer reduzierten Form 10^9 Jahre durch die Anwesenheit von metallischem Eisen in der oberen Erdkruste zurückgehalten worden sein."

Auch hier wird sich der aufmerksame Leser fragen, ob mit dieser Hypothese der Abwesenheit der Edelgase im Gegensatz zu niedrigmolekularen Gasen „alles" erklärt sei? Shaw[6] z.B. nimmt eine Protoatmosphäre von N_2, H_2O, CO_2, HCl an (Windley, S. 40 ff.), wohingegen z.B. Vinogradov[7] die primäre Atmosphäre der Zusammensetzung der heutigen vulkanischen Gase entsprechend postuliert: CO_2, CO, HCl, H_2S, N_2, NH_4, Cl. Jedoch meint dazu Levin:[8]

„Das Auftreten von Gasen und Dämpfen aus dem Erdinnern in der Atmosphäre – während vulkanischer Eruptionen durch Gasquellen und dem allgemeinen „Atmen" der Planeten – setzte sich bis heute fort. Unglücklicherweise wissen wir nicht, in welchem Ausmaße Gase und Dämpfe jünger sind und zu welchem Ausmaß sie an Zyklen teilnehmen, die nur die äußeren Schichten der Erde betreffen. So können wir z.B. nicht sagen, welchen Anteil das Methan in der Atmosphäre inne hat oder jenen der aus Quellen natürlicher Gase stammt und abiogenetischen Ursprungs ist. Die Anwesenheit solchen abiogenetischen kosmischen Methans – obwohl vielleicht nur in der entferntesten Vergangenheit, vielleicht in den ersten Stadien des Entweichens von Gasen aus dem Erdinnern anwesend – kann aus seinem Vorkommen auf anderen Planeten geschlossen werden, in Meteoriten und aus dem, was für die wesentlichen Merkmale des Prozesses der Bildung der Erde bekannt ist. Aus der Tatsache, daß Methan in eruptiven Gesteinsbildungen enthalten ist, folgt auch, daß a-biogenetisches Methan bis heute in einem größeren oder geringeren Ausmaß aus dem Erdinnern stammt."

Es ist im Rahmen der vorliegenden Untersuchungen nicht möglich, die vielfältig-heterogenen Probleme zu diskutieren, die sich aus dem Gasverlust einer primär erhitzten Atmosphäre, dem Entweichen von Edelgasen und Wasserstoff ergeben. Jedoch wird angenommen, daß der größte Teil der primären Atmosphäre entwich und sich dann eine zweite Atmosphäre, überwiegend vulkanischen Ursprungs, entwickelt hat. Daß sich hier schon allein für das Methan erhebliche Schwierigkeiten ergeben, ging aus dem genannten Text hervor, eine Übersicht der Problematik findet sich bei Broda.[9] Im Gegensatz zu dem oben zuletzt erwähnten Text nimmt z.B. Siever[10] eine überwiegend aus Methan bestehende sekundäre Atmosphäre nach dem Entweichen der ersten Atmosphäre an, Abelson[11] hingegen hält diese Möglichkeit für ganz unwahrscheinlich und Walker[12] legt dar, daß in vulkanischen Gasen Methan oder Ammoniak so gut wie nicht gefunden werden, er bezweifelt die Existenz einer primordialen Atmosphäre.

Sehr unterschiedlich sind auch die Meinungen über das Vorkommen von O_2 in der (sekundären) Atmosphäre. Während Schidlowski,[13] Holland[14] u.a. Autoren zahlreiche Gründe dafür anführen, daß die sekundäre Atmosphäre eine reduzierende, nicht oxydierende, d.h. nicht sauerstoffhaltige war, vielmehr O_2 erst durch die Photosynthese der Lebewesen entstanden sei, gibt es Autoren, die dem mit triftigen Gründen widersprechen. Walker stellt die Problematik kritisch dar und kommt zu einer Ablehnung der Hypothese einer reduzierenden und methanhaltigen Atmosphäre:[15]

„Eine Schlüsselfrage in bezug auf die zweite Atmosphäre ist der oxydierte Zustand der aus der festen Erde entlassenen Gase. Da Wasserstoff von dem Gipfel der Atmosphäre in den Raum entfloh, kann eine hochreduzierende Atmosphäre kaum entstanden sein. Es sei, daß atmosphärische Quellen der Gase selbst hochreduziert gewesen wären. Jetzige vulkanische Gase sind nicht hochreduzierend. Wasserdampf und Kohlendioxyd sind viel stärker vertreten als Wasserstoff und Kohlenmonoxyd. Methan und Ammoniak werden fast nie vorgefunden (White and Waring, 1963). Tatsächlich ist der Oxydierungszustand heutiger vulkanischer Gase in ungefährer Übereinstimmung mit theoretischen Voraussagen, die im Gleichgewicht mit Basaltschmelzungen stehen (Holland 1962, 1964, Fonale 1971, Nordlic 1972). Es besteht daher Grund genug anzunehmen, daß der durchschnittliche Oxydierungszustand von aus der festen Erde entstandenen Gasen vom Oxydierungszustand des Materials der Kruste und des oberen Mantels abhängt. Daraus dürfen wir schließen, daß eine hoch reduzierte zweite Atmosphäre nur dann entstanden sein kann, wenn die obere Schicht der Erde sehr viel mehr reduzierter war als heute..."

A.a.O. fährt er fort:

„Bei einem spekulativen Gegenstand wie der frühen Geschichte der Erde und ihrer Atmosphäre müssen alle Schlüsse als versuchsweise angesehen werden. Der Schluß, den ich im Begriff bin zu ziehen, mag ebenfalls nicht der einzig richtige sein. Nichtsdestoweniger glaube ich, daß alles irdische Leben, das in einer möglichen primordialen oder in einer möglichen hoch reduzierenden Atmosphäre entstanden ist, nicht die Zerstörung der ersten Atmosphäre noch die tektonische Erschütterung, die mit der Bildung des Erdkerns verbunden war, überlebt hätte. Deshalb glaube ich nicht, daß derzeitiges Leben in einer hoch reduzierten irdischen Atmosphäre entstanden ist. Es ist auch in keiner Weise geklärt, ob eine hoch reduzierende Atmosphäre notwendig ist (Abelson 1966, Rutten 1971, Hubbard et al. 1971).

Es mag ausreichend gewesen sein, daß der Atmosphäre schätzbar freier Sauerstoff fehlte. (Eck et al. 1966)."

Walker – nach Darlegung der für die Erdentstehung wahrscheinlich verbindlichen inhomogenen Zuwachstheorie – faßt wie folgt zusammen:[16]

„... Evidenz dafür, den Überfluß von trägen Gasen mit einzubeziehen, und die Zusammensetzung des oberen Mantels (der Erde, der Übersetzer) macht es wahrscheinlich, daß eine hoch reduzierende Atmosphäre, wenn es diese jemals gegeben hat, nur kurzlebig war und gewaltsam endete. Die Aufmerksamkeit sollte, so glaube ich, auf eine schwach reduzierende Atmosphäre gerichtet sein, die nur wenige Prozent Wasserstoff enthielt. Schlüsse in diesem Gebiet hängen nichtsdestoweniger sehr von persönlichem Geschmack und Neigung ab. Es gibt nur wenig Wissen, aber viel Raum für Spekulation..."

Das Auftreten einer O_2 enthaltenden Atmosphäre impliziert das Entweichen des vorher angenommenen Wasserstoffs, wie Urey darlegt.[17] Broekker,[18] der das Vorhandensein von Kohlenstoffisotopen in ozeanischen Kohlenstoffablagerungen überprüfte, kommt zu der Annahme einer frühen (im Phanerozoikum) oxydierenden Erdatmosphäre, die sich nicht wesentlich von der heutigen unterschieden hätte (!). Die Untersuchung der ältesten geologischen Gesteine und Sedimente findet sowohl oxydierte wie nichtoxydierte vor, wie Rutten[19] darlegte. Dieser kommt zu dem Ergebnis:

„Wir können jetzt die primäre sauerstofffreie Atmosphäre als eine Atmosphäre definieren, die freien Sauerstoff bis zu 0,01 PAL enthält. Diese können wir durch Vorkommnisse alter Sedimente datieren, die sich im Kontakt mit einer anoxydischen Atmosphäre gebildet haben."

(0,01 PAL sollen bereits den aeroben Stoffwechsel ermöglichen, Rutten a. a. O.) Es sei dem Leser erspart, die ebenfalls sehr divergierenden Ansichten über das Vorkommen und über die quantitative Verteilung von CO_2, H_2O und NH_3 in der primären und sekundären Atmosphäre zu referieren. Die wesentliche Bedeutung der erheblichen Divergenzen in diesen – nur zu einem Bruchteil dargestellten – Hypothesen, die sowohl Entstehung der lebenswichtigen organischen Moleküle als auch die ältesten anaeroben Einzeller betreffen, liegt in der Annahme einer reduzierenden Atmosphäre, da nur in dieser sich organische Moleküle und Lebewesen entwickelt haben sollen. Dem stehen jedoch Hypothesen gegenüber, die das Vorhandensein von O_2 schon in frühesten Stadien der sekundären Atmosphäre nicht weniger zu beweisen scheinen. Die über die ganze Erde zerstreuten Stätten oxydierten Eisens werden ebenfalls in diesem Zusammenhang sehr unterschiedlich interpretiert. Die einen Anhänger der „reduzierten Atmosphäre" wie Cloud,[20] nehmen die Oxydierung des Eisens durch bereits O_2 produzierende Lebewesen an. Andere, wie Chamberlin,[21] postulieren das Vorhandensein von freiem (atmosphärischem) O_2. Es besteht eine gewisse Übereinstimmung zwischen Biologen und Biochemikern, daß wahrscheinlich die ersten Lebewesen (nicht die „Biomoleküle", die sich entweder an heißen Vulkanen

(Fox et al.) oder in Pfützen von Wasser gebildet haben sollen) im Wasser entstanden seien.

M. Dole[22] kommt zu der Überzeugung, daß der „allgemein angenommene Glaube" an die photosynthetische Entstehung derselben im Hinblick auf die isotopische Zusammensetzung des O_2 in der Atmosphäre, „die nicht der des O_2 im Wasser (Ozeane) entspricht, zu bezweifeln ist – ohne daß die sehr komplizierten Isotopen-Berechnungen hier wiedergegeben seien."

Über dieses Wasser – die Ozeane – und seine Entstehung, in dem sich dann u.a. die berühmte „Eiweißsuppe", insbesondere aber die Ozeane in ihrer einstigen und jetzigen chemischen Zusammensetzung formierten, gehen jedoch die Meinungen ebenfalls erheblich auseinander. Auf der sich abkühlenden Erde des Protoarchaikums wird von Shaw[23] eine CO_2 und H_2O-reiche Atmosphäre angenommen, Ozeane hätte es jedoch noch nicht gegeben. Das Wasser hätte sich allmählich kondensiert und sei in Form heißer, saurer Regen abgetropft, sauer insbesondere wegen des Gehaltes der Atmosphäre an HCl. Bei weiterer Abkühlung auf ca. 100° hätten sich die Ozeane an den Polen gebildet, ohne daß jedoch zu dieser Periode bereits die Becken bestanden hätten, in denen die heutigen Ozeane sich befinden. Seine Interpretation unterscheidet sich von der konventionellen Theorie der Erdentstehung aus glühenden Massen und der Zuwachstheorie, nach der das Salz der Ozeane durch Abwaschung und Sedimentierung entstanden ist. Diese herkömmliche Hypothese ist jedoch ebenfalls umstritten.

Pirie[24] schreibt:

„Es ist bereits für die konventionelle Theorie schwierig, den Salzgehalt der Ozeane zu erklären. Heutige Flüsse bringen die Menge (an Salz, der Übersetzer) im Bruchteil der Zeit (in das Meer, d. Übersetzer), die man annimmt, daß die Ozeane überhaupt schon bestehen. Für die Zuwachstheorie ist das Problem, welches Material von Anfang an gelöst vorhanden gewesen ist, dadurch noch verschärft, und die Erkenntnis dessen sollte uns davor bewahren, dogmatisch über die Zusammensetzung der ersten auf der Erde sich bildenden Teiche zu sein."

Eine entgegengesetzten Standpunkt nimmt Siever[25] ein, der eine dichte Staubwolke als über der protoarchaischen Erde lagernd postuliert und anstatt der Bildung von Ozeanen an den Polen dort Eiskappen annimmt, aus denen die Ozeane durch langsames Schmelzen abgeflossen seien.

Offen bleibt ferner die Frage, wie die angenommenen sauren, HCl-haltigen Regen graduell neutralisiert wurden. Vinogradov[26] behauptet einfach, daß dies durch neutralisierende Gesteinsmassen erfolgte. Gegen die Hypothese einer primären, dichten Atmosphäre, unter und aus der sich heiße, saure Regen niedergeschlagen hätten, sich dort Eis und Wasser gebildet haben, nimmt Rubey[27] einen vulkanisch-plutonischen Ursprung des Wassers und der Ozeane an. Er verweist allerdings auf das Problem dieser Massenzunahme der Ozeane, das ebenfalls noch ungeklärt sei, aber mit der Annahme einer relativ kontinuierlichen chemischen Zusammensetzung des Wassers verbunden werden müsse. Dem gegenüber postulieren Bada und Miller[28] eine Veränderung des Säuren/Basen-Gleichgewichts im Ozean über die gesamte Erdentwicklung hin, insbesondere im Zusammenhang mit der Annahme, daß NH_3 – eine Voraussetzung für die Entstehung von Aminosäuren und Lebewesen – je nach dem pH-Gehalt der Ozeane sich innerhalb dieser nur in einem qualitativ bedingt meßbaren Gemisch von NH_3 und NH_4 aufgelöst hätte.

Noch schwieriger erscheint das O_2-Problem im Hinblick auf den Gehalt der frühen Ozeane an möglichem O_2 und die Frage nach dem Vorkommen von O_2-Isotopen im frühen Ozean, besonders das Präkambrium betreffend (s. o. M. Dole). Zu welchen Ergebnissen z. B. Perry nach sorgfältiger Analyse früher Gesteinsschichten („Feigenbaum-Bildung") bis zum Präkambrium kommt, sei durch die Ausführungen desselben belegt:[29]

„So kann ein stetiger Anstieg von δ (18 o) um ungefähr 0,18 % in den letzten 3×10^9 Jahren die Folge einer Summierung von den obersten Schichten der Erde stammenden Wassern im Verlaufe der Zeit sein, eine Abnahme an krustenhaltigem Material, das mit einer bestimmten Volumeinheit Wasser reagiert und vielleicht eine Zunahme von δ 18 o auf der reagierenden Erd-Kruste. Der detaillierte Vorgang der Isotopen-Mischung und des Austausches ist zweifellos kompliziert. Den derzeitigen Ozean aus einem Gemisch von „jugendlichem" Wasser (+ 0,7 %) und Wasser aus dem 3×10^9 Jahre alten Ozean (− 0,18 %) herzustellen, würde einen „jugendlichen" Beitrag von 70 % im Gesamt erfordern, ohne die negative Veränderung von δ 18 o des Ozeanwassers zu korrigieren, das durch Salzsäure und Karbonatpräzipitate entstanden ist."

Holland[30] nimmt an, daß das Seewasser seit seiner Entstehung – die er für vulkanisch hält – im Prinzip eine gleiche Zusammensetzung beibehalten hat (über 3,5 Milliarden Jahre), jedoch habe das Seewasser im Präkambrium – in dem die Lebewesen entstanden sein sollen – einen höheren Siliciumgehalt gehabt und es sei der O_2-Druck der früheren Atmosphäre geringer gewesen. Allerdings kann Holland keine triftigen Argumente dafür beibringen, wie bei kontinuierlicher Sedimentierung sich der Salzgehalt des Wassers über diese Zeitspannen gleichgehalten haben soll. Diese Probleme nicht weniger als die Ausführungen von Pieri (s. o. op. cit.) bestätigen die Vermutung, daß die Ozeane sich im Verlauf der Erdentwicklung in ihrer chemischen Zusammensetzung verändert haben, was von erheblicher Bedeutung für die Entstehung von sowohl organischen Verbindungen als auch von Lebewesen gewesen sein dürfte. Allerdings gibt es auch Vertreter entgegengesetzter Ansicht, zu denen insbesondere Rubey[31] und seine Schule zählen (keine Veränderung der chemischen Zusammensetzung der Ozeane seit der Entstehung derselben). Die Schwierigkeit jedoch, sich allein über die Ozeane des Präkambriums verbindlich zu äußern, legt Weyl[32] dar:

„Um den Ursprung und die frühe Entwicklung von Leben auf der Erde zu erforschen, muß die Umwelt des Präkambriums in Rechnung gestellt werden. Unser Wissen präkambrischer Paläozeanographie ist äußerst begrenzt, und so wurde der präkambrische Ozean gewöhnlich durch einen einzigen Wert innerhalb seiner Parameter charakterisiert, als ob er ein gut gemischtes System gewesen sei."

Es stehen sich – wie die Darlegungen ergaben – sowohl im Ursprung des Wassers – der Ozeane – wie auch in den Bedingungen der Art ihrer Zusammensetzung heterogenste Ansichten gegenüber, Ansichten, von denen hier ebenfalls nur ein Bruchteil wiedergegeben wurde. Rubey[33] kommt in seiner umfangreichen Monographie „Geologic history of sea-water" zu dem Ergebnis: „Eine befriedigende Lösung des Problems der Entstehung und Geschichte der irdischen Atmosphäre (air) und des Wassers hängt von der Lösung einer großen Zahl anderer Fragen ab...". Insbesondere bleibt u. a. das Problem der Konstanz – ob eine solche besteht oder bestand – der Zusammensetzung des Seewassers ungelöst.

b) Das Problem der Mikrofossilien

Organische Moleküle müssen – so wird angenommen – den Lebewesen vorausgegangen sein. Über die vermutete Entstehung komplexer organischer Verbindungen wird der nächste Abschnitt berichten. Diesen dort darzulegenden Ansichten versprechen die geologischen Befunde organischer Verbindungen nicht das, was die Theorie der Lebensentstehung gerne erwartet hätte. Eine Übersicht über die bisherigen, sehr heterogen zu interpretierenden Ergebnisse gibt Kvenvolden.[34] Hierbei müssen die ungewöhnlich komplizierten technischen Methoden, aus Gestein organische Verbindungen zu gewinnen, und die damit verbundenen Fehlerquellen berücksichtigt werden. Kvenvolden kommt zu folgendem Ergebnis: alle Vorkommnisse organischer Verbindungen in Gesteinen sind problematisch, da praktisch in keinem Fall – von der umstrittenen Substanz „Kerogen" abgesehen – mit der erforderlichen Sicherheit gesagt werden kann, ob es sich nicht um sehr viel jüngere Beimengungen organischer Substanzen in die Gesteine handeln kann. Es ist jedoch nicht ausgeschlossen, daß im Präkambrium schon komplexere organische Verbindungen bestanden, zumal für eine Zeit von 1,2 Milliarden Jahren Mikrofossilien nachgewiesen sein dürften. Nichtsdestoweniger schreibt der wohl maßgeblichste Forscher auf diesem Gebiet, Schopf,[35] folgendes:

„Zu extrahierende organische Materie, Amino-Säuren, Fett-Säuren, Porphyrine, N-Alkane und Isoprenoid-Kohlenwasserstoffe wurden in gelösten Extrakten von Sedimenten des Archaikums entdeckt (Kvenvolden, 1972). Keine Daten sind erhältlich, um mit Sicherheit festzustellen, daß diese Materialien aus der Zeit ihrer ursprünglichen archaischen Ablagerung stammen."

Dies betrifft das Archaikum. Das Präkambrium betreffend, kommt der Autor zu folgenden weitreichenden Schlüssen, nachdem er kurz auf die Laborexperimente verwies, in denen präbiotische Moleküle hergestellt werden:[36]

„Die Plausibilität solcher Experimente (Konzentrierungen und Typen von Ausgangsmaterial, Energiequellen usf.) kann nur unter Bezugnahme zu den geologischen Befunden bestimmt werden und in bezug auf die Grenzen, die durch die Natur der Umwelt des Präkambriums gegeben waren. Im Hinblick darauf sollte erkannt werden, daß Sedimente des frühen Präkambriums keine Evidenz für das Vorhandensein einer („reduzierenden", d. Übersetzer) Methan-Ammoniak-Atmosphäre liefern, die allgemein für die primitive Erde postuliert wird (Abelson, 1966). Im Gegenteil enthalten einige der ältesten Sedimente jetzt bekannter Folgen (Swaziland Gober-Gruppe mit einem offenkundigen Alter von $3,2 \times 10^9$ Jahren) anorganisch ausgefüllte Kohlenstoffeinheiten (Ramsey, 1963), die darauf hinweisen, daß Kohlenstoffdioxyd und nicht Methan in der Form des atmosphärischen Kohlenstoffs zu diesem Zeitpunkt geologischen Alters gewesen ist."

Das Alter und das Vorkommen von Mikrofossilien faßt Schopf wie folgt zusammen:[37]

„Nach Ergebnissen der ausgeführten Analysen, die auf Untersuchungen an Mikrofossilien des Präkambriums beruhen, kommen diese in ungefähr 24 algen-lamellierten Schichten und in mehr als hundert Karbonschieferarten vor (Timofeev, 1974) und führen mich zu dem Schluß, daß kernhaltige Organismen vor 850 $\pm$ 100 Millionen Jahren existierten (Schopf et al. 1971, 1972) und daß die Abstammung gut von so früh wie 1400 $\pm$ Millionen Jahren entstanden sein kann."

Diese Aussage darf als relativ verbindliche geologische angesehen werden. Nach diesen Ausführungen von Schopf sind also die ältesten Mikrofossilien auf 1,5 Milliarden Jahre voraussichtlich zurückzudatieren. Schopf hält es jedoch für möglich, daß eine kurze Zeitspanne frühester Erdgeschichte eine reduzierte Erdatmosphäre enthielt, vor der Entstehung der ältesten Felsen, d. h. vor ca. $3,5 \times 10^9$ Jahren. Wenn Lebewesen in einer solchen Atmosphäre entstanden sind, dann müßte es also zu diesem Zeitpunkt gewesen sein. Es ist nicht uninteressant, daß Mikrofossilien, sogen. Stromatolithen, mit hoher Wahrscheinlichkeit ein Alter von 2,5 Milliarden Jahren von dem gleichen Autor zugesprochen wird. Allerdings sind sie nicht von Stromatolithen jüngeren Datums zu unterscheiden, die nachweislich biogen sind. Für andere Mikrofossilien – Ultramikrofossilien, Filamente-Fossilien, sphäroide Mikrofossilien – kommt der gleiche Autor hinsichtlich dieses Ursprungs zu keinem eindeutigen Ergebnis. Die Meinungen gehen ferner auseinander, ob es sich bei diesen Fossilien um Reste von Lebewesen handelt oder ob sie möglicherweise kristallinen Ursprungs sind.

c) Probleme der biochemischen Entstehung der Lebewesen oder „das Märchen von der Eiweißsuppe"

Miller war es schon in den fünfziger Jahren, einer These Oparins und Haldanes folgend, gelungen, durch elektrische Entladungen einer Methan-Ammoniak-Wassermischung Aminosäuren zu erzeugen (analog zu den Vorstellungen einer archaischen Atmosphäre). Eine kaum noch übersehbare Anzahl analoger Versuche hat sich an dieses Experiment angeschlossen (Übersicht s. Noda, op. cit.), um aus experimentell simulierten Vorgängen „Leben" oder Biomoleküle zu erzeugen. Es wurden im Prinzip vier Möglichkeiten experimentell erprobt, um Aminosäuren einer simulierten frühen Erdatmosphäre (hypothetisch!) entsprechend herzustellen. Diese seien nach Lemmon zusammengefaßt:[38]

„1. Der Cyanohydrin-Mechanismus: $RCHO\ NH_4HCN\ RCH\ (NH_2)\ CN\ H_2O\ RCH\ (NH_2)\ CO_2H$.
2. Da elektrische Entladungen in anhydrierten Methan-Ammoniakmischungen die Bildung von α-Aminonitrilen Ursachen ist die Zwischenbildung von Aldehyden nicht notwendig.
3. Sanchez hat Cyanoacethylen eine möglicherweise wichtige Rolle bei der Aminosäurensynthese zugesprochen (ein Produkt von bestrahltem CH_4-N_2). In der Anwesenheit von NH_2 und HCN bildet diese Zusammensetzung erhebliches Asparagin und die dazugehörende Säure (die entsprechende Reaktion kann nachgelesen werden bei Kvenvolden, S. 38 ff.).
4. Abelson und andere Autoren erwägen für HCN-Oligomere eine Schlüsselrolle, daß durch Basen katalysierte Polymerisierung von HCN entstanden sein soll."

Sehr viel schwieriger erwies sich die künstliche Herstellung der für die Replizierung der Biomoleküle notwendigen Purine und Pyrimidine. Es gelang Ponnamperuma[39] 1967, Adenin in einem eine primitive Erdatmosphäre simulierenden Experiment zu gewinnen, wobei die Ausbeute jedoch sehr gering war.

„Orgel et al. haben kürzlich die Bildung von Uridyl 2′ (3′) Phosphat [eine für die Entstehung der Nukleotide wichtige Base, d. Übersetzer] und etwas Uridin-Diphosphat durch Erhitzung auf 65–85° von Uridin mit anorganischem Phosphat während 9 Monaten berichtet"

schreibt in seiner Zusammenfassung Lemmon.[40] (Allerdings bleibt die Herstellung der Purin/Pyrimidinbasen noch offen).

Für die Entstehung von Zucker durch Bestrahlung von Formaldehyd vermittels elektrischer Ladungen berichtet Lemmon:[41]

„Folglich ist die abiogene Entstehung von Zuckern auf der primitiven Erde leicht vorzustellen, obwohl niemand bis jetzt aus einem spezifischen Zucker als dem Produkt von CH_4—NH_3—H_2O Bestrahlung hergestellt hat."

Wie dem Geologen und Geochemiker sich das Problem der Entstehung von Formaldehyd und Zucker darstellt, sei wie folgt wiedergegeben.

Abelson schreibt:[42]

„Unter natürlichen Bedingungen würde jedes Formaldehyd-Molekül zum Zerfall neigen. CH_2O ist unstabil und löst sich zu $CO + H_2$ auf. Die Reaktion ist bei 500° schnell. Formaldehyd, das auf dem Gipfel der Atmosphäre produziert wäre, würde nicht die Bestrahlungstemperatur dort überleben, CH_2O wird durch Quanten von der Wellenlänge von 3650 Å zersetzt. Jedes überlebende Formaldehyd, das den alkalinen Ozean anreichern würde, wäre weiterer Verdünnung unterworfen. Es erfährt eine Umwandlung zu Methylalkohol und Ameisensäure..., darüber hinaus bilden sich Kohlenwasserstoffe mit Glukose schnell mit Aminosäuren, um unbiologische Produkte entstehen zu lassen... dementsprechend ist es unwahrscheinlich, daß der primäre Ozean jemals mehr als Spuren freier Glukose, freier Ribose oder Texoribose enthalten hat."

Nukleotide – die Träger der Erbsubstanz und Reduplikation, wenn zu Nukleinsäuren zusammengeschlossen – konnten durch Bestrahlung von einem Licht von 2537 Å aus einer Lösung von Adenosin, Ribose, NH_4, H_2PO_4 und NaCN hergestellt werden. Die Produkte entsprechen jedoch nicht der natürlichen Nukleinsäure. Die Schwierigkeit, eine simulierte Erdatmosphäre experimentell herzustellen – man bedenke die oben dargelegten Probleme –, bildet nach Lemmon und anderen Autoren eine unüberbrückbare Kluft, um in der Erklärung der für die Reduplikation so wichtigen Nukleinsäuren einen erwiesenen Schritt vorwärts zu kommen. (Das ist die Realität im Vergleich zu Eigens Hypothesen! s. u..) Zu diesem grundsätzlichen Problem gesellt sich das des Phophors. Über dessen geologische Entstehungsbedingungen bestehen ebenfalls Meinungsverschiedenheiten, insbesondere seinen Einbau in die Nukleotide, Nukleinsäuren betreffend. Es gelang Ponnamperuma (und Mitarbeitern) in einer wasserfreien „Erdatmosphäre" – Entstehung des Lebens im Trockenen – durch Erhitzung von Adenosin, Guanosin mit NaH_2PO_4 bei 160° Erhitzung während 2 Stunden eine Phosphorylierung der Nukleotide unter diesen Bedingungen.[43]

Weniger schwierig stellte sich die Erzeugung von Fetten und Kohlenwasserstoffen in simulierten Bedingungen, jedoch schränkt auch hier Lemmon ein:[44]

„Da die Fette Glycilester sind, muß festgestellt werden, daß noch niemand über Glyceril als Produkt primitiver Erdexperimente berichtet hat."

Porphyrin, dessen Bedeutung für die Entstehung des Chlorophylls und der späteren Häm-Porphyrine entscheidend ist, konnte in seinen vorausgehenden Pyrrolringen durch Bestrahlung von Delta-Aminolaevulinsäure hergestellt werden. Lemmon bemerkt – im Hinblick auf ähnliche Untersuchungen von Calvin und anderen Autoren – dazu:[45]

„Der allmählichen Entstehung von O_2 – vor dem Erscheinen pflanzlicher Photosynthese – durch die durch Strahlung bedingte Auflösung von Wasser in der oberen Atmosphäre, hätte zum Auftreten von Wasserstoffsuperoxyd führen müssen. Letzteres hätte wiederum zu einer allgemeinen Oxydierung (d.h. Zerstörung) organischer Anteile geführt. Nichtsdestoweniger hat Calvin betont, daß die Einkörperung von ionischem Eisen in den Porphyrinchelaten die katalytische Wirksamkeit der Fähigkeit des Eisens um tausend erhöht, Superoxyd zu zerstören."

[Auch dies ist natürlich eine rein zufällige Erwerbung der Biomoleküle, aus der sich ebenso zufällig „Überleben" ergibt; d. Verf.]

Aus Aminosäuren entstehen Polypeptide – Oligopeptide. Aus diesen wiederum dann die Proteine, die eigentlichen „Bausteine" des Lebens. Hier gelang es Fox[46] und seinen Mitarbeitern, proteinähnliche Substanzen herzustellen. Sie simulierten dabei hohe Temperaturen, wie sie z.B. in der Umgebung von Vulkanen angenommen werden können und verwendeten Gemische von trockenen Aminosäuren im Beisein von Polyphosphorsäure. Nach der oben dargestellten (problematischen) Methode der Gewinnung von Nukleotiden gelang es, an diese wiederum Kettenmoleküle (Peptide) zu binden (Kornberg[47] et al.), allerdings unter der Anwendung eines Enzyms, das wahrscheinlich im Archaicum oder Protocambrium sich noch nicht frei im Ozean fortzubewegen vermochte, weshalb diese Versuche nur von bedingtem Interesse sind. Zu diesen Versuchen gesellen sich noch zahlreiche weitere, die die sekundäre Erdatmosphäre vorgeben zu simulieren. Zu dem Problem der reduzierenden Methan-Aminosäureatmosphäre äußert sich Abelson[48] wie folgt:

„Während der letzten 15 Jahre haben zahlreiche Untersuchungen eine Vielfalt von Energiequellen benutzt, um die a-biologische Produktion einer großen Zahl biologisch interessanter Substanzen aus einfachem Anfangsmaterial herzustellen. Obwohl bestimmt, den Ursprung des Lebens auf der Erde aufzuklären, trugen sie dem Gesamt der geologischen Information keine Rechnung. In dem vorliegenden Beitrag werden die Natur der primitiven Atmosphäre und des Ozeans im Licht geologischer und geophysikalischer Informationen betrachtet werden. Die Hypothese einer frühen Methan-Ammoniakatmosphäre ist als ohne solide Fundierung befunden worden und ist tatsächlich kontraindiziert. Die Geologen bevorzugen eine alternative Ansicht, daß die Entstehung von Luft und Wasser die Folge des planetarischen Gasentweichens ist. Flüchtige Bestandteile dieses Entweichens traten in Verbindung mit der alkalenen Erdkruste, um einen Ozean von pH 8–9 und eine Atmosphäre aus CO, CO_2, N_2 und H_2 bestehend, zu bilden, Bestrahlung eines solchen Gemisches läßt HCN als hauptsächliches Produkt entstehen. Ultraviolette Bestrahlung von HCN-Lösungen bei einem pH 8–9 lassen Aminosäure und andere wichtige Substanzen von biologischem Interesse entstehen. Die Natur der Umwelt der Erde begrenzte die Bestandteile, die in einer „Suppe" sich hätten ansammeln können. Gründe, die faßbare Komponenten [der „Suppe", d. Übersetzer] betreffen, unterstützen die Ansicht, daß Aminosäuren und Proteine den Zuckern und Nukleinsäuren vorausgegangen sind. Wenn die Methan-Ammonium-Hypothese richtig wäre, müßten geochemische Evidenzen diese stützen. Was ist die [Evidenz einer primitiven Methan-Ammonium-Atmosphäre auf der Erde? Die Antwort ist, daß es keine Evidenz für diese gibt, aber vieles gegen diese Hypothese spricht. Die Methan-Ammoniak-Hypothese befindet sich in einer erheblichen Problematik („trouble") in bezug auf den Ammoniak-Anteil [der Atmosphäre, d. Übersetzer], denn Ammoniak wäre auf der primitiven Erde schnell entwichen."

In den letzten Jahren diskutierten Ponnamperuma und andere Autoren das Problem der Bindung von Aminosäuren zu Polypeptiden. Nachdem oben die Problematik des sauren oder salzhaltigen Ozeans aufgezeigt wurde, sei die hochgradig spekulative Methode einer großen Anzahl von Forschern an folgendem Zitat aufgezeigt, wie z. B. mit geologischen Problemen als festen Fakten umgegangen wird – zum Beweis der eigenen Annahme. So schreibt Ponnamperuma zum Problem der Kondensierung von Aminosäuren zu Polypeptiden folgendes:[49]

„Cyanamid ist der einfachste aller kondensierten Stoffe (Agentien). Seine Struktur ist $NC-NH_2$ und er wurde bei der Synthese von Diglycin angewandt (Hallmann, 1968) von Triglycin, Leucilglycin und Glycinleucin. Aus diesen Resultaten kann der Schluß gezogen werden, daß in einem etwas sauren pH einige Peptidbildungen vorkommen, aber die Ergebnisse sind gering. Die augenblickliche Übereinstimmung der Meinungen zu der chemischen Evolution besteht darin, daß das pH der primitiven Ozeane eher basisch [vgl. o., d. Rezensent!] als etwas sauer war. Das wirft einige Zweifel auf die Verbindlichkeit der Versuche. Ferner wird eine wichtige Tatsache dadurch geliefert, daß das Vorhandensein von Cyanamid auf der primitiven Erde sehr zweifelhaft ist [vgl. o. Abelson, d. Übersetzer]. Untersuchungen (Schimpl et al., 1965) haben gezeigt, daß Cyanamid möglicherweise durch UV-Bestrahlung einer HCN enthaltenden Lösung hergestellt wird. Aber Cyanamid dimerisiert sehr schnell zu Dicyanamid…"

Fox bedurfte für seine Experimente der in ihrem erdgeschichtlichen Vorhandensein wie auch in ihrer Entstehung umstrittenen Polyphosphorsäure. Ponnamperuma stellt kategorisch fest:[50]

„Der Ursprung der Polyphosphate ist noch nicht aufgeklärt."

Wie dann im weiteren argumentiert wird – wissenschaftsmethodologisch mehr als problematisch (s. u.) – sei an folgendem Beispiel dargestellt, an dem Ponnamperuma u. a. zu dem Problem des anorganischen Phosphors sich äußert:[51]

„Eine ränkevolle Frage taucht auf. Wieviel Zeit wurde benötigt, um genügend Phosphor von Feuersteinen abzuspülen, um die Seen in bezug auf Kalziumphosphat zu sättigen? Mehrere Beobachtungen legen es nahe, daß die Seen der Erde nicht vor 3 Milliarden Jahren mit Phosphor gesättigt wurden."

Ponnamperuma[52] bemerkt, daß die Annahmen bezüglich des Phosphors

27

(eine Grundvoraussetzung für die Entstehung von Lebewesen) „im wesentlichen darauf abzielen, daß im Präcambrium noch keine nennenswerten Mengen von Phosphor abgelagert wurden." Dies hänge mit der geringen Porosität der Feuersteine gegenüber Wasser zusammen. Er kommt zu dem Schluß:[53]

„Die Rate [Zeit, d. Übersetzer] des Abspülens von Phosphor von Feuersteinen ist die Funktion der [dem Wetter und Wasser, d. Übersetzer] zugewandten Oberfläche der Gesteine... die gesamte Oberfläche der Gesteine muß kontinuierlich zugenommen haben."

Er folgert weiter:[54]

„Da biologische Polymerisierung [von Aminosäuren zu Polypeptiden, d. Verf.] über phosphorglykolytische Reaktionen erfolgt, ist es unvermeidlich, daß primordiale, biologisch verbindliche, organische Monomeren, die in metallischen Phosphorkomplexen inkorporiert werden, im Zeitablauf sich auch zu Oligomeren von höherer Komplexität zusammenschließen. In der Tat ist die Fähigkeit kondensierter Phosphate, die Bildung von Peptiden zu bewirken, in gelösten, wasserhaltigen Lösungen von Aminosäuren gut bekannt."

Das folgert dieser namhafte Forscher, nachdem er vorher die viel zu geringe Kondensierung von Phosphaten für die ersten drei Milliarden Jahre der Erdentstehung dargelegt hat. So bilden „Wissenschaftler" Hypothesen!

Aminosäuren wurden zwischenzeitlich durch hydrolysierte Anteile von CH_3CN und C_2H_5CN jeweils vermittels ionisierter Bestrahlung hergestellt, ferner auch in der Anwesenheit von Lehm (Hypothese der Entstehung erster Lebewesen in Lehmpfützen, feuchter Erde). Kohlenwasserstoffe – mit niedrigem Molekulargewicht – wurden z. B. in einem offenen System nach dem Fischer-Tropsch-Verfahren erzeugt. Nach dem gleichen Prinzip wurden Fettsäuren unter Anwendung allerdings von Meteoreisen als Katalysator gewonnen. (Zu den Kohlenwasserstoffen: Hoso, Ponnamperuma, Hook et. al., zu den Fettsäuren: Leach, Noones und Oró.[55]) Durch Bestrahlung gelang es Negrin, Mendoza und Ponnamperuma[56] in einem komplizierten Experiment, die Umformung biologisch wichtiger Karbonsäuren herzustellen. Proteine wurden von Draganic et al. und Ponnamperuma aus anorganischen Substanzen in folgendem Verfahren gewonnen werden. Dies sei wiedergegeben, um die erhebliche Komplexität der Simulation einer „Erdatmosphäre" zu veranschaulichen:[57]

„Die Reinigung von Wasser [gab es in der frühen Erde gereinigtes Wasser?, d. Rezensent] und die dazu bestimmten Gläser wurden durch die Standardverfahren der Strahlenchemie des Wassers durchgeführt. Die Absaugtechnik wurde für die Herstellung luftleerer Lösungen und ihrer Strahlungen angewandt... HCN wurde, vor der Bestrahlung, aus Sodiumcyan und „luftbefreiter" Schwefelsäure gewonnen. Das gashaltige HCN wurde in O_2-freies Wasser [hat es das jemals auf der Erde gegeben?,

d. Rezensent] eingeführt. Seine Konzentration wurde durch argentometrische Titrierung bestimmt. Proben von Ammonium-Cyanid wurden aus frischer Lösung von Wasserstoffcyanid und deoxydiertem Wasser, das Ammonium enthielt, gewonnen. Sodiumcyanid war ein Produkt der BDH und von höchster, erreichter Reinheit und wurde dann ohne weitere Reinigung benutzt..."

A. a. O. (op. cit.):

„Die Bestrahlung der o,1 Lösung von HCN, NH_4CN und NaCN wurde in einer radioaktiven Kobalteinheit in dem Institut für Strahlen- und Polymeren-Wissenschaft der Universität Maryland durchgeführt."

Die Ähnlichkeit dieser Versuchsanordnung – es gibt noch wesentlich kompliziertere – mit frühen Stadien der Erdatmosphäre kann nur ironisch betrachtet werden. Es wurden nach diesem Verfahren jedoch 5 Proteine und 4 N-Protein-Aminosäuren hergestellt. Um die Annahme eines von Aminosäuren gesättigten Ozeans zu stützen, wurde dieser zwecks Herstellung der gewünschten Produkte simuliert – unter der Voraussetzung, daß ursprünglich Seewasser in seiner Zusammensetzung dem heutigen Ozean entsprach. Dies erfolgte ungeachtet des geologisch so problematischen Schicksals von Formaldehyd. Im Seewasser wurde Hydroxylamin als Ausgangssubstanz benutzt. Beide Stoffe wurden in getrennten gasfreien Kammern aufbewahrt. Sie wurden bei einer Temperatur von 105° 5 Tage verschlossen gehalten. Bei geringerer Konzentration von Salz, als dies dem heutigen Seewasser entspricht, und höherer Konzentration flüchtiger Elemente, gelang es, aus dem hydrolytischen Gemisch der Reaktoren die wichtigsten Aminosäuren durch Bestrahlung zu gewinnen.[58]

In der Gewinnung von Nukleotiden oder Nukleinsäuren wurden über das oben Gesagte hinaus keine nennenswerten Fortschritte gemacht, von komplizierten Phosphorylierungen bereits bestehender Nukleotide durch anorganischen Phosphor in Formamidlösungen abgesehen. In einem weiteren, sehr komplizierten Verfahren gelang es Ponnamperuma, Uracil und Thymin herzustellen. Das Experiment – mit dessen Einzelheiten der Leser nicht ermüdet sei – ist wesentlich komplizierter als das oben dargestellte, es setzt eine hochkomplexe chemische Apparatur voraus. Lohrmann und Orgel[59] berichten in diesem Zusammenhang über die Kondensierung von Polynukleotiden als Modell einer RNS-Replizierung. Wieweit diese komplizierten Versuche sich mit den Bedingungen der frühen Erdatmosphäre koordinieren lassen, bleibt ebenfalls offen. Unter Anwendung einer Polyuracil-Kopie wurden Oligonukleotide gewonnen, die allerdings 2′–5′-Bindungen aufwiesen. In der Natur kommen jedoch nur 3′–5′-Produkte vor. Das wird bereits als „stabilisierender Anpassungsvorgang"[60] (darwinistisch) der Moleküle interpretiert. Sawai[61] berichtet über „präbiotische Kondensation" von Oligonukleotiden. Die Versuche allerdings bedürfen im voraus einer enzymatischen Matrize (Orgel und Mitarbeiter). Die Erstellung längerer Ketten verlangt natürliche Enzyme.

Auf die weitere Wiedergabe dieser Art von Versuchen, aus „präbiotischen Bausteinen" Nachahmungen einer hypothetischen Erdatmosphäre von Lehm, Wasser usf. zu gewinnen, sei verzichtet. Bei aller Divergenz auch der geologischen Ansichten wird der Eindruck vermittelt, daß der Realitätsbezug dieser Experimente gering und ihr Laboratoriumsvollzug sehr artifiziell ist. Diese Ansicht wird von Keosian bestätigt, der die vorgetragenen Meinungen und Versuche über die Entstehung präbiotischer oder biotischer „Moleküle" einer kritischen Untersuchung unterzieht, insbesondere die Versuche Oparins, Millers und anderer:[62]

„1924 und ausgeprägter 1938 schlug Oparin eine zu erprobende materialistische Hypothese (zur Entstehung des Lebens) vor, die aus zwei hauptsächlichen Annahmen bestand: Der erste Vorschlag legte die Art abiotischer Synthesen organischer Bestandteile aus einer primordialen Gasatmosphäre dar, die zweite erörterte ausführlich den Ursprung von Mikrosystemen (Coacervate) und ihre folgende Entwicklung zu lebenden Zellen. Harrison und Mitarbeiter (1951) in Calvins Laboratorium und Miller 1953 und 1959 in Ureys Laboratorium festigten experimentell die Gültigkeit von Oparins erster Annahme. Millers Experimente, die sich näher an Oparins Denkweise anlehnten (1959) waren erfolgreicher und wurden mit weltweitem Interesse abermals für die Problemstellung belohnt. So begann die Ansammlung von Daten den abiotischen Ursprung organisch-chemischer Synthesen betreffend, die mit dem Ausdruck „chemische Evolution" charakterisiert wurde (Calvin 1956). Chemische Evolution ist eine falsch benannte und irreführende Quelle des zentralen Problems. Das Erscheinen von organischen Bestandteilen in präbiotischer Zeit war kein evolutionärer Prozeß in dem Sinne, daß chemische Arten sich voneinander entwickelten. Eher verhält es sich so, daß organische Bestandteile, die sich bildeten, das Resultat in erster Linie getrennter Linien der Synthese waren. Organisch-chemische Ansammlung, nicht Evolution war die Folge. Darüber hinaus ist der Begriff „chemische Evolution" irreführend, weil er das Denken zu der Annahme verleitet, daß zu einer bestimmten Zeit komplexe Bestandteile und biochemische Substanzen in der primären Atmosphäre – Wasser – entstanden und mehr oder weniger plötzlich im Ursprung des Lebens kulminierten. Als Folge davon fußen die Theorien über den Ursprung des Lebens auf der Präexistenz einer großen Fülle und Verschiedenheit organischer und biochemischer Bestandteile. Millers Bericht 1955 zählt eine Anzahl relativ einfacher Bestandteile auf, von denen einige mit heute vorkommenden Zellbestandteilen identisch sind, andere zu den Abkömmlingen derselben gehören. In den nächsten folgenden Jahren bestätigten Berichte anderer Forscher diese Befunde im großen ganzen. Spätere Arbeiten auf diesem Feld scheinen auf der schweigenden Voraussetzung zu beruhen, daß die primären Wasser einer „Suppe" ähnelten, die alle biochemischen Substanzen enthielt, die notwendig waren für die spontane Entstehung der darauf folgenden Ernährung der ersten lebenden Dinge. [Nach Eigen hatte die Suppe die Konsistenz einer Rindfleischbrühe, d. Rezensent.] Die Suche, dies zu bestätigen, ist nach wie vor im Gange. Die Liste biochemischer Substanzen, die in Anspruch genommen wird, unter präbiotischen Verhältnissen synthetisiert worden zu sein, ist eindrucksvoll lang. Kein einziges Experiment führt zur ganzen Tonleiter der aufgeführten Bestandteile, Wege und Mechanismen. In unterschiedlichen Fällen mußten unterschiedliche Techniken angewandt werden. Die experimentellen Vorgänge variierten von bekannten Laboratoriumsgläsern bis zu komplizierten Apparaturen spezieller Entwürfe, die die Handhabung von Reaktionen notwendig machten, die eine spezifische Dauer benötigten und Folgen, die in einer präbiotischen Umwelt nicht vorstellbar waren..."

Am selben Ort:

„Die meisten der Experimente über chemische Evolution erheben den Anspruch, unter simulierten präbiotischen Bedingungen durchgeführt worden zu sein. Streng besehen, kann keines der Experimente so charakterisiert werden. Dieser offensichtlichen Gründe wegen wurden die Experimente im Rahmen des beschränkten Raumes von Labor-Apparaturen durchgeführt. Aber die Ergebnisse von Reaktionen, die in einem begrenzten Raum stattfinden, können von jenen sich unterscheiden, die in einem relativ grenzenlosen Raum vorkommen. Flüchtige Bestandteile können nicht entweichen, sondern bleiben, um andere Reaktionen einzugehen. Das Produkt einer niedrigen Löslichkeit kann jenseits des Produktes seiner Löslichkeit sich aktualisieren und einen Niederschlag bilden, der entscheidend die Entwicklung von anderen Reaktionen beeinflussen kann. Dies mag in ausgedehnten Ozeanen nie vorkommen. Die große Menge Kolloid beurteilend, die sich im Verhältnis zu anderen Produkten in dem Miller-Typ und anderen Apparaturen gebildet hat, muß der primäre Ozean reich an Kolloiden gewesen sein..."

Am selben Ort:

„Die Ansprüche der chemischen Evolution sind unrealistisch. Es wird von uns verlangt zu glauben, daß biochemische Bestandteile, biochemische Reaktionen und Mechanismen, Energiestoffwechsel und spezifische Code für Polymere, Umschreibungen und Übersetzungsapparate und anderes mehr in präbiotischen Wassern auftauchte mit den Funktionen, die diese zu einem lebenden Ding machen würden, bevor lebende Dinge da waren. Chemische Evolution ist ein Selbstzweck geworden. In vielen Fällen stellt sie eine scharfsinnige und ingeniöse Laborsynthese dar, die kein Gegenstück in einer abiotischen organismischen Synthese hat..."

Er kommt zu dem Schluß:

„Ein erhebliches Ausmaß an unkritischen Annahmen von Experten, Resultaten und Schlüssen hat stattgefunden, die zu schnell etwas annehmen möchten, das vorgefaßte Überzeugungen unterstützt."

d) Zum Problem der Entstehung des genetischen Codes erster Lebewesen

Troland (1914–1917) zählt zu den Vorläufern der dann von Oparin, Haldane, Calvin und später vor allem von Monod und Eigen, Kuhn, Schuster und anderen vertretenen Hypothese, daß das elementare Lebewesen ein sich selbst replizierendes, autokatalytisches Molekül gewesen sei, das darüber hinaus auch über enzymatische, den Stoffwechsel regulierende und genetische Substanzen initiierende Eigenschaften verfügt haben muß. Eine Hypothese, die u. a. auf extremer Abstraktion allein des Begriffes „Eigenschaften" von Lebewesen beruht, die dann einem hypothetischen Biomolekül zugeschrieben werden, das zwar bereits „Lebewesen", aber „auch noch" biochemisches Molekül ist. Diese bereits von Troland aufgeworfene Meinung verlangt in jedem Fall – wie auch die seiner Nachfolger – die berühmte „Eiweißsuppe" („hot dilute soup" von Haldane, 1929), aus der sich dann durch Zufall, entweder schrittweise oder plötzlich, die entsprechenden Verbindungen zusammenfanden, um selbst replizierende, autokatalytische Systeme zu bilden. (Was die „Dichteverteilung" der Eiweißsuppe anbetrifft, variieren die Meinungen erheblich. Eigen[63] nimmt eine Konsistenz von „Rindfleischbrühe" an, Sillen[64] „virtually nothing", Orgel[65] ein Gramm pro Liter.) Voraussetzung der sich selbst replizierenden Systeme ist in jedem Fall die „Eiweißsuppe". Diese verlangt jedoch – wie schon oben dargelegt –, daß die Ozeane über eine größere Zeitspanne – mindestens von mehreren Milliarden Jahren, um einem reinen Zufallsquotienten entsprechend aus der Eiweißsuppe Biomoleküle entstehen zu lassen – eine kolloidale Struktur aufwiesen. Zu dieser Hypothese äußerten sich die Geochemiker Brooks und Shaw in einer detaillierten Untersuchung anhand archaischer und jüngerer Gesteinsformationen in West-Grönland und Südafrika, insbesondere in der Analyse der sog. kerogenen Substanzen. Sie kamen dabei zu folgendem Schluß:[66]

„a) Es hat niemals eine erwähnenswerte (substantielle) Menge an „primitiver Suppe" auf der Erde gegeben, als alte, präkambrische Sedimente gebildet wurden und daß
b) wenn eine solche „Suppe" jemals existiert hat, dann nur für eine kurze Zeitspanne. Wenn wir die Idee einer nennenswerten Menge von „primitiver Suppe" und eine lange Zeitspanne von der Grundvorstellung chemischer Evolutionstheorien abziehen, bleibt sehr wenig übrig."

Analog fragt Bernal:[67]

„1. Wie war die ursprüngliche Atmosphäre konstituiert? War sie ihrem Charakter nach eine reduzierende oder oxydierende? Stammte Kohlendioxyd aus der Lithosphäre oder aus der Oxydierung von Kohlenwasserstoff?
2. Was war die Art der ersten einfachen organischen Bestandteile? Hatten sie Kohlenwasserstoffe oder Eiweißcharakter?
3. In welchen Stadien wurden Triose- und zyklische Zucker (Pentose) gebildet? Wann [und wie, d. Rezensent] wurde Pyrimidin gebildet? Wann wurden Purine aus ihnen gebildet?
4. Was war der Vorläufer von Porphyrin, als die „molekulare Falle" für die Photosynthese?

5. Was war der erste zusammenhängende Stoffwechsel der unter-lebensfähigen, unbestimmten Bezirke?
6. Welche polymerisierten Bestandteile stabilisierten die Eobionten (coarzetive Tropfen)? Welche waren die ersten Nukleoproteine? Ging RNS der DNS in der Lebensentwicklung voraus?
8. Was ist der Ursprung langer Ketten von Lipiden? (Fettsäureverbindungen) Was war der Inhalt der ersten Lipid-bedeckten Blasen (Organellen)?
9. Was ist die Geschichte der kernhaltigen Zelle?"

Zu diesen von Bernal aufgeworfenen Fragen, für die bis heute keine eindeutige Antwort gefunden wurde, gesellen sich noch zahlreiche andere, z.B. die nach der Entstehung hochkomplexer Fettsäuren und Lipide, die für das Nervensystem von Bedeutung sind. Ungeachtet der oben dargelegten gravierenden Einwände gegen die Existenz einer „Eiweißsuppe" wurden zahlreiche Modelle ersonnen, die den Zusammenschluß von Aminosäuren zu Polypeptiden und dann zu Proteinen, ihre weitere Verwendung in Nukleotiden, Nukleinsäuren „beweisen" sollten, da diese Verbindungen die Voraussetzung für die Überlieferung des sog. „genetischen Codes", der ersten Informationsspeicherung, bilden sollen. Die Zeitspanne für die Entwicklung des genetischen Codes, der Informationsspeicherung, wird ebenfalls sehr unterschiedlich angenommen: Sie impliziert bis zu 3 Milliarden Jahre, etwa bei Rossmann,[68] die ältesten, relativ sicher nachgewiesenen Mikrofossilien jedoch datieren bei Schopf (s.o.) maximal 1,2 bis 1,5 Milliarden Jahre. In dieser Zeitspanne sollen sich aus den Biomolekülen – die wohl schon „leben" – die ersten Prokaryonten entwickelt haben.

Noguchi sieht einen Aspekt der Zeitbestimmung der Trennung von Eu- und Prokaryoten wie folgt:[69]

„Um anzufangen, möchte ich die Diskrepanz zwischen paläontologischer und molekularevolutiver Schätzung der Trennung von Pro- und Eukaryoten herausstellen. Einige paläontologische Schätzungen sind kürzlich veröffentlicht worden und unter diesen bestand eine Kontroverse. Schopf und Oehler (1974, 1976) schätzten die Trennung auf 1,4 Milliarden Jahre, während Knoll und Barghoorn (1975…) sie auf 700 Millionen Jahre ansetzen. Molekulare Evolutionisten schätzen im Gegenteil das Phänomen für sehr viel frühere Zeiten. Z.B. konstruierte Dayhoff et al. (1972) einen Stammbaum des Zytochroms C, der die Trennung [von Pro- und Eukaryoten, d. Rezensent] auf 2 Milliarden veranschlägt."

Daß die Zeitspannen nicht unabhängig von der Temperatur der Atmosphäre sein können, postulierte Holland.[70] Er nimmt für 1 Milliarde Jahre eine konstante Temperatur der Erdatmosphäre von 500–900 K an, innerhalb der sich die organischen Bausteine der Lebewesen entwickelt haben sollen. Diese Temperaturannahme ist notwendig, um ein durch die Schwerkraft bedingtes Entweichen der gesamten Atmosphäre zu verhindern. Urey schätzt das Alter der Lebewesen – die im Übergang zwischen der reduzierten zu der O_2-haltigen Atmosphäre entstanden sein sollen – auf 2×10^9 Jahre, da für ihre Entstehung ursprünglich angenommene 2×10^8 Jahre nicht ausreichten. Ungeachtet auch dieser Differenzen in den vermuteten Daten der Entstehung der ersten Lebewesen – ist jedoch grundsätzlich zu erinnern, daß eine rein zufällige Verbindung von Aminosäuren bis zu Nukleinsäuren, zu Proteinen und informationsspeichernden „Biomolekülen" „ca. 11^{10} Milliarden Jahre" verlangen würde. Die Entstehung der Biomoleküle müßte also noch weit vor der Entstehung von Prokaryoten liegen. Dieser Zeitraum ist aber nicht mit den angenommenen Zeiträumen der Entstehung der Erde zu koordinieren. Entsprechend gehen die Meinungen über die spontane oder graduelle Entstehung der Biomoleküle und Protobionten ebenfalls erheblich auseinander (s. o.). Für eine spontane Genese der Biomoleküle treten jene erwähnten Autoren ein, die zu der Nachfolge Oparins, Haldanes, Ureys und Millers und anderer zählen. Diese Forscher nehmen die spontane Entstehung a) hochkomplexer Substanzen infolge elektrischer Ladungen an; b) ihre dann erfolgende unmittelbare genetische „Verkoppelung" zu informationsfähigen Biomolekülen ist allerdings – wie z. B. Kuhn[71] aufwies – absolut unwahrscheinlich. Andere Autoren dagegen – auch Kuhn, in gewissen Grenzen (nicht deutlich zu differenzieren) Eigen, Calvin und Fox – neigen zu der graduellen Entstehung der Biomoleküle, obwohl bei diesen der erste Zusammenschluß von Aminosäuren zu höherwertigen Molekülen stets ein „spontaner" gewesen sein soll. Das steht jedoch wiederum in Widerspruch zu den Darlegungen Kuhns. Im Hinblick auf diese, einem Laien vermutlich abenteuerlich erscheinenden, widersprüchlichen Hypothesen, die sich alle gleichermaßen für „wissenschaftlich" gerieren, seien im weiteren die Theorien von Eigen und Schuster wiedergegeben, die zumindest in Deutschland bereits in die Lehrbücher aufgenommen wurden und von zahlreichen Biologen, Genetikern, Biochemikern als „verbindlich" angesehen werden. Dabei sei in Erinnerung gebracht, daß weder über die Bedingungen der primären und sekundären Atmosphäre Einigkeit unter den Wissenschaftlern besteht, noch über die Entstehung der Ozeane, noch über die Konstanz des Salzgehaltes der Meere, noch über die Frage, ob eine reduzierende oder oxydierende Atmosphäre anfänglich – vor der Entstehung der ersten Lebewesen – existiert hat. Noch ist ferner die chemische Abfolge der „Evolution" von einfachen Aminosäuren bis zu Nukleinsäuren, bis zu dem Auftreten höherwertiger Proteine geklärt. Die letzteren sind als Enzyme nicht nur für die Überlieferung des „genetischen Codes" notwendig, sondern überhaupt für die Replizierung der frühesten RNS oder DNS-Moleküle. Es sei ferner erinnert, daß – wie oben aufgeführt – Versuche, die die Erdatmosphäre und ihre chemischen Bedingungen „simulierten" und organische Verbindungen herstellten, unter extrem artifiziellen, hochkomplizierten Bedingungen und mit komplexen Apparaturen durchgeführt wurden – wie sie zweifellos nicht zur Zeit der vermutlichen Entstehung des Lebens bestanden. Alle diese Probleme jedoch werden z. B. von Eigen und seinen Mitarbeitern entweder ignoriert oder bagatellisiert. Sie sind für ihn weitgehendst gelöst. Wie hochkomplizierte Laboratoriumsversuche mit einigen Sätzen nun auf die Vorstellungen der beginnenden Erde „zurückprojiziert" werden, geht aus folgendem Zitat hervor:[72]

„Blitzschlag, Schockwellen, ultraviolette Strahlung und heiße Vulkanasche waren allgegenwärtige Energiequellen, die, wie Experimente gezeigt haben, allesamt chemische Umwandlungen hervorbringen konnten, bei denen die Stoffe auf der Oberfläche der frühen Erde in bedeutenden Mengen in Substanzen überführt wurden, die man heute als organisch einstufen würde."

Selbstverständlich postuliert Eigen „die Ursuppe", der er sogar Zucker und andere „unentbehrliche biochemische Grundstoffe" zuschreibt. Es sei erinnert, daß schon allein die Entstehung des Zuckers außerordentlich umstritten ist, von den anderen Grundsubstanzen ganz abgesehen:[73]

„Wie sah die „Ursuppe" aus, aus der das Leben hervorging? Es herrscht allgemeine Übereinstimmung darüber, daß sie neben speziellen Zuckern, Aminosäuren und anderen Substanzen, die heute unentbehrliche biochemische Grundstoffe darstellen, viele Moleküle enthielt, die in unserer Zeit nurmehr pure Laboratoriumskuriositäten sind. Das erste „organisierende Prinzip" mußte daher von Anfang an hoch selektiv sein; denn es hatte sich gegen eine Übermacht aus kleinen Molekülen durchzusetzen, die biologisch „falsch", aber chemisch eben möglich waren. Aus dem Riesenangebot mußte es diejenigen Moleküle herauspicken, aus denen schließlich die routinemäßig synthetisierten Standard-Bausteine aller biologischen Polymere werden sollten, und sie auf verläßliche Weise so verknüpfen, daß eine bestimmte räumliche Konfiguration entstand."

Wie die von Eigen behauptete „allgemeine Übereinstimmung" in Wirklichkeit aussieht, dürften die obigen Ausführungen belegt haben. Das „erste organisierende Prinzip" ist eben nicht etwa ein „Gott" – sondern die „Selbstorganisation" der Moleküle zum Hyperzyklus. Die Grundlagen schon der Eigen'schen Konzeption sind mehr als schwankend, auf ihnen zu bauen, setzt ein hohes Maß an wissenschaftlichem Selbstvertrauen voraus.
Elroy, Koeckelenberger und Rein fassen Eigens und Schusters Theorie wie folgt zusammen:[74]

„Die Entwicklung gegenwärtiger biologischer Formen aus abiologischen Vorläufern ist der Gegenstand ausgedehnter Arbeit und erheblicher Spekulation, nichtsdestoweniger wurde keine unstimmige Identifizierung der für die Entstehung von Leben wesentlichen Ereignissen gemacht. Die Arbeit von Eigen (1971) schlägt vor, daß jedes primitive System, das in einer lebensähnlichen Entität evoluieren würde, die Funktionen verlangt, die in vorhandenen biologischen Systemen den Nukleinsäuren und Proteinen zugeschrieben werden. Diese wesentlichen Funktionen würden sich als fähig erweisen, Information zu speichern und Folgen zu kopieren, die derzeitig in Nukleinsäuren vorhanden sind, wie auch für die katalytische Tätigkeit charakteristischen Proteine. Es würde scheinen, daß die Fähigkeit der Selbst-Kopierung nicht für

Proteine charakteristisch ist und doch katalytische Tätigkeit von Nukleinsäuren nicht entdeckt werden kann. Die Bildung von „geschlossenen Schleifen, Hyperzyklen von Eigen so vorgestellt, ist nur möglich, wenn die Übersetzung zwischen Nukleinsäuren und Proteinen möglich ist, d. h. wenn Basensequenzen in einem Polynukleotid die Aminosäurensequenz von Proteinen spezifizieren. Im Hinblick auf die extreme Komplexität derzeitiger Übersetzungs-Systeme kommen die Autoren zu dem Ergebnis..." ...„es ist unwahrscheinlich, daß selbst eine undefinierte Minimum-Zahl dieser Bestandteile [der mRNS und tRNS, d. Übersetzer] in einer abiotischen Umgebung anwesend sein könnte..."

Dagegen nehmen diese Autoren ein wechselseitig-gegenseitiges „Erkennungssystem" zwischen Protein- und Nukleinsäuren an, das sowohl für die Aminosäurenfolgen wie auch für die Nukleotidfolgen verbindlich wäre, die Grundlage dieses gegenseitigen Erkennens wäre stereochemisch begründet:[75]

„Ein Code, einmalig oder nicht, würde vom molekularen Erkennen abhängen, das wieder von der räumlichen Beziehung zwischen potentiell interagierenden chemischen Gruppen abhänge."

Zu dem biologischen Informationsbegriff (s. Teil II) meinen die Autoren, daß es „ein Begriff ist, mit dem schwer umzugehen ist" und „in der einfachsten Form würde biologische Information aus der Spezifizierung katalytischer Tätigkeit bestehen"... Sie folgern ferner:[76]

„Die Fähigkeit, Information von Polynukleotiden auf Proteine zu übertragen und den Gebrauch dieser Information für katalytische Aktivität liegt im Zentrum lebender Systeme und bezeichnet wahrscheinlich den Anfang eines selbstverantwortlichen [!!!, d. Rezensent], selbstreplizierenden Systems, das sich zum Leben entwickelt."

Der Anthropomorphismus der Informationstheorie wird hier erstmalig ganz offenkundig: Erkennen wird durch molekulare-stereo-chemische Verhältnisse bedingt, es wird mit diesen identifiziert, und Moleküle sind bereits „selbstverantwortlich". Sind sie vielleicht auch „gut" und „böse"?

e) M. Eigens „Hyperzyklus-Theorie"

Auf welchen Annahmen beruht nun die Hyperzyklus-Theorie von M. Eigen? Ungeachtet der erheblichen Meinungsdifferenzen bezüglich der Entstehung der ersten und vermutlich zweiten Atmosphäre der Erde, der Entstehung der Ozeane, ihrer Zusammensetzung usf. – die oben aufgewiesen wurden – stellt sich M. Eigen die Entstehung der Erde wie einen „Hexenkessel" vor, ein chemisches Labor, in dem nach Belieben die einen oder die anderen Substanzen entstehen, vergehen und natürlich – wie auch bei Monod – die „Urzeugung" des Lebens ein zufälliges, biochemisches Ereignis ist, wie das Zitat Anm. 72) belegte, dem sich die Vorstellungen – analog zu Monod, Oparin, Fox, Calvin u. a. – über die „Ursuppe" anschließen (s. Zitat Anm. 73).

Das Prinzip (das „Organisationsprinzip"), nach dem nun sich die für das „Leben" „richtigen" Moleküle zusammenfügten, ist das der natürlichen Auslese, d. h. M. Eigen interpretiert die Entstehung des sog. „Lebens" nach dem Evolutionsprinzip von Darwin, das er allerdings mathematisch „beweist". Die bestangepaßten Moleküle werden überleben – wobei der Leser im nächstfolgenden Abschnitt darüber orientiert wird, wie problematisch und widerspruchsvoll sich allein innerhalb der Evolutionstheorie der Begriff der „Anpassung" stellt. Diese Problematik wird jedoch von M. Eigen nicht wahrgenommen. Die in der „Ursuppe" entstehende Energiekrise führt dazu, daß die besser angepaßten („fit" – ein mathematischer Wert, s. u.) Moleküle die weniger angepaßten „auffressen" und sich damit die „quasi-spezies" (eine Art darwinistisches Urlebewesen) eines Biomoleküls entwickelt:[77]

„Die präbiotische Ursuppe stellte ein geeignetes Medium für einen Darwinschen Evolutionsprozeß dar: Populationen sich selbst replizierender molekularer Spezies (RNA-Stränge mit verschiedenen Sequenzen) konkurrierten um den Vorrat an „Nahrung" (energiereiche Monomere). Die ständige Erzeugung von Mutantensequenzen, von denen einige vorteilhafte Eigenschaften besaßen, zwang zu einer dauernden evolutionären Neubewertung der tauglichsten Arten. Für diese Konkurrenz im Sinne Darwins, die sich auf molekularer Ebene abspielte, gibt es eine quantitative Theorie."

Was veranlaßt die RNA-Stränge, um Monomere zu konkurrieren? Hier wird bereits der Widersinn der Eigenschen Konzeption deutlich: Nach dem zweiten thermodynamischen Satz besteht kein Anlaß zur Energieanreicherung, sondern bei „zufälliger", durch chemische Valenzen bedingter RNA-Bildung würde diese sofort wieder zerfallen, nicht aber um „Nahrung" konkurrieren. Um Nahrung konkurrieren nur Lebewesen, nicht aber in einer Suppe herumschwimmende organische Verbindungen. Das „Leben" ist bereits stillschweigend – biochemisch verbrämt – und seine „Konkurrenz" vorausgesetzt. Wie kommen die RNA-Stränge dazu, „Nahrung" zu suchen? Was ermöglicht dies chemo-physikalisch? Suchen setzt „Reiz/Reaktion", Zielfindung voraus. Ist Teleologie – Zielfindung – mechanistisch zu reduzieren? Dieses Problem wird wiederholt auftauchen.

Wie sieht diese quantitative Theorie aus, mit der Eigen das darwinistische Selektionsprinzip als bereits in den Biomolekülen mathematisch und damit „absolut" bewiesen zu haben glaubt? Die „Beweisführung" Eigens fußt auf folgenden Punkten:

1. Übernahme der – wie im nächsten Abschnitt darzulegen ist – höchst umstrittenen Hypothesen der Populationsgenetiker bei gleichzeitig sachlich – in Anbetracht der Komplexität der Varianten und Probleme – nicht ge-

rechtfertigter Reduzierung z. B. des Begriffs „Wachstum" auf eine reine Mengenzunahme (Wachstum, Differenzierung, Morphogenese, sind höchst unterschiedliche Vorgänge) der abstrakten „quasi spezies".

2. Operation mit dem Begriff „quasi spezies" bei gleichzeitiger Ignorierung allein des Ausmaßes an Umstrittenheit des Artbegriffes in der Evolutionstheorie. Die „quasi spezies" ist eine mathematische Fiktion, auf der Hypothese errichtet, daß konkurrierende „Biomoleküle" existiert haben.

3. Äußerst simplifikatorische Anwendung der Begriffe linearen, exponentiellen und hyperbolischen Wachstums – als rein quantitative Mengenvermehrung – mit dem Ergebnis, daß letztere Formen des Wachstums nicht unbegrenzt – wie etwa lineare – verlaufen können, sondern mit Begrenzungen, d. h. „Selektion" einhergehen:[78]

„Voraussetzung für eindeutig selektives Konkurrenzbestreben sind:
1. Die Individuen sind aus dem gleichen Material aufgebaut, d. h. sie sind (zumindest mittelbar) von den gleichen Nahrungsquellen abhängig.
2. Die Begrenzung erzwingt stationäres Verhalten der Gesamtheit. Das bedeutet, die Summe aller Mitbewerber ist konstant. Eine Klasse kann nur jeweils auf Kosten der anderen wachsen.
3. Es fehlen stabilisierende Wechselwirkungen zwischen verschiedenen Spezies.

Man sieht anhand dieser Bedingungen, warum es trotz selbstreproduktiver Vermehrung in der Biosphäre zu einer Mannigfaltigkeit von Arten kommen konnte, obwohl *keine* der Arten mit *absoluter* Stabilität ausgestattet ist. Einer weiteren Erläuterung bedarf vielleicht noch die dritte Bedingung. Eine stabilisierende Wechselwirkung kann beispielsweise darin bestehen, daß eine selbstreproduzierende Spezies eine andere in ihrem Reproduktionsprozeß unterstützt. Eine solche Wechselwirkung garantiert aber keineswegs die Existenz der anderen Spezies. Stirbt diese – etwa infolge einer ungünstigen Fluktuation – aus, so kann sie nicht mehr neu entstehen, denn es fehlt für ihre Reproduktion die Matrize."

Die Konsequenzen für die Evolutionstheorie und damit die „Lösung" der Probleme derselben folgert Eigen an Hand seiner Modellspiele mit farbigen Kugeln, die nur den – ihren Autor nicht weiter kritisch stimmenden – Nachteil haben, daß sie so eingerichtet sind, daß schon mit geringster Beherrschung der Wahrscheinlichkeitsrechnung im Vorhinein gewußt wird, was sich zu ereignen hat:[79]

„In der ersten Spielversion kommt klar zum Ausdruck, daß Eindeutigkeit der Auslese aus der Anwendung der konformen Strategie S_+ für Bildung und Zerfall folgt. Die zweite Version zeigt, daß Mutationen bei Gleichwertigkeit der Raten wieder Variabilität ins Spiel bringen. Erst in der dritten Version erleben wir die mit einer Vorzugsrichtung ausgestaltete Evolution, die aus dem Zusammenwirken von Reproduktion, Mutation und selektiver Bewertung resultiert und die wir mit dem von Darwin geprägten Begriff „survival of the fittest" umschreiben können. „Fittest" ist hier durch eine Bewertung nach den Gesetzen der molekularen Kinetik festgelegt und nicht mehr – wie in der 1. Version – allein ein Produkt des Zufalls. Zufällig ist, in *welcher Reihenfolge welche Mutationen* erscheinen. Gesetzmäßig notwendig ist, daß Mutationen auftreten und daß darüber hinaus das „Wenn-Dann"-Prinzip der Selektion gilt. Diese Kombination von Gesetz und Zufall ist hinreichend, die zeitliche Vorzugsrichtung der Evolution zu erklären."

Und er folgert ferner:[80]

„Zur Selbstorganisation einer Molekülklasse benötigt man immer eine Strategie, die der gesamten betreffenden Klasse inhärent ist. Nur so ist eine kontinuierliche Entwicklung möglich. Aus diesem Grunde mußten von der Natur die Nukleinsäuren geradezu erfunden werden. Alle Lebewesen spiegeln ihre fundamentale Reproduktionsstrategie S_+ wider, und diese war die wesentliche Voraussetzung für die molekulare Selbstorganisation lebender Strukturen. Allein wo im vorhinein programmierte Regelmechanismen eingesetzt werden, findet die konträre Strategie S_- simultan für beide Prozesse Verwendung. Auch der Mensch bedient sich in seinen technischen Regelkreisen spezieller Schaltelemente, die diese Strategie simulieren.

Darwin waren derartige Einsichten ins Detail natürlich noch verwehrt. Die Überschrift zu diesem Kapitel stellt mit den Worten „Darwin" und „Moleküle" eine Verbindung her, die erst in unserer Generation durch die Molekularbiologie, man kann auch sagen: durch die großartige Gemeinschaftsleistung von Biologie, Chemie und Physik geknüpft wurde. Was Darwin durch scharfsinnige Beobachtung erschloß und auf eine einfache Formel brachte, findet in der Zurückführung auf die statistische Theorie der Materie ihre naturgesetzliche Bestätigung. Beide Disziplinen entstammen derselben historischen Ära. Ludwig Boltzmann und Charles Darwin waren Zeitgenossen. Jener führte die statistische Aussage in die Physik ein, dieser entdeckte die Gesetzmäßigkeiten in der Entwicklung der Lebewesen. Wir werden auf die Synthese dieser Erkenntnisse und damit auf die physikalische Begründung des Selektionsprinzips im Teil II noch zu sprechen kommen."

Die „synthetische Theorie" des Darwinismus scheint „bewiesen" und die Ausführungen von Küppers sind nur die logische Konsequenz:[81]

„Organization in a functional context is the subject of Eigen's... evolution theory. His detailed analysis of the dynamics of biological reaction systems does not offer any support for the hypothesis that life phenomena involve any forces or interactions not otherwise known in physics. This is clearly demonstrated by the introduction of an objective value parameter giving a physical foundation of Darwin's... evolution principle. The concept ‚value' is then applied to various selforganizing systems in order to answer the question of the origin of life".

Experimentell glaubt Eigen seine Hypothese durch in-vitro-Versuche bewiesen zu haben, wenn er schreibt:[82]

„Man kann im Reagenzglas unter künstlichen Bedingungen und in zellfreien Systemen Selektions- und Evolutionsverhalten im Sinne Darwins eindeutig reproduzieren. Dabei ist es reine Semantik, ob man die materiellen Träger dieser Eigenschaft – auch wenn sie aus natürlichen Zellen isoliert wurden – als Evolutionsprodukte oder einfach als Makromoleküle bekannter chemischer Zusammensetzung ansieht. Im

Prinzip kann der Chemiker solche Strukturen aus den Elementen synthetisieren. Man benutzt in den Evolutionsexperimenten allein aus Gründen der Zeitersparnis das von der Natur angebotene Material wie Enzyme und Nukleinsäuren.

Das Darwinsche Prinzip ist physikalisch erklärbar und bei genauer Spezifizierung der Voraussetzungen und Randbedingungen exakt begründbar. Das geht aus dem soeben beschriebenen Kugelspiel „Selektion" eindeutig hervor."

Unglücklicherweise – für Eigen – ist sein Konzept ebenso lamarckistisch wie darwinistisch, wie das auch die „Systemtheorie" (s. u.) – zu deren Anhängern Eigen zu zählen ist – auszeichnet. Denn es entsteht schon in der Ursuppe Informationszuwachs, d.h. „Lernen". Die Biomoleküle „lernen", sie befriedigen ihren Hunger (Nahrungsaufnahme) usf.. Bei aller dem Darwinismus latenten Inhärenz auch lamarckistischer Tendenzen – im Begriff der Anpassung – ist es doch ein fundamentaler Unterschied, ob an die Vererbung erlernter Eigenschaften – Information – geglaubt wird oder nicht. In Eigens Ursuppe werden erworbene Informationen über mancherlei „Informationskrisen" und „Schwellen" zweifellos weitervererbt –, neben den schon in den Biomolekülen auftretenden Punktmutationen (deren spezielle Problematik oben aufgezeigt wurde). Dieser Zusammenhang ist dem Nachbildner und Demiurg der „Lebensentstehung" entgangen, seine Theorie könnte ebenso – und sehr viel besser – lamarckistisch gedeutet und ebenso mathematisch quantifiziert werden. Aber dieser Einwand genügt vorläufig, um den Physikalismus molekularer Kinetik als letztes Movens der Evolution zum Einsturz zu bringen: Lernen, Informationserwerb, Vererbung derselben und natürliche Auslese, Selektion, schließen als heterogene Theorien einander aus. Oder sollten vielleicht nur die zum Lernen und das Erlernte vererbenden Individuen – Biomoleküle – „ausgelesen" werden? Das wäre ein ganz neuer Aspekt der Evolution – auch er ließe sich in der Kombination geometrischer Verfahren als Funktion darstellen. (Von den erheblichen quantenphysikalisch-thermodynamischen Problemen der „biomolekularen Kinetik" ganz abgesehen, die von Eigen und Mitarb. weitgehend simplifiziert werden.)

Da in heutigen Lebewesen – Viren einbezogen –, und wie oben dargelegt wurde, die Replikation der DNA und RNA-Stränge von hochkomplexen Enzymen abhängig ist, stellte sich das Problem, wie die ersten selbstreplizierenden und informationstragenden Moleküle entstanden sind. Nachdem es Spiegelmann und später Samper gelungen war, matrizenabhängige und matrizenunabhängige (Samper) RNA-Moleküle durch das entsprechende Enzym in vitro zu synthetisieren, mußte M. Eigen zwar zugeben:[83]

„Man könnte einwenden, daß ein so komplexes biologisches Molekül wie die Q_β-Replikase nicht in einem Experiment verwendet werden sollte, das darauf angelegt ist, die präbiotische Situation möglichst wahrheitsgetreu nachzuahmen – selbst dann nicht, wenn das Enzym wie in unserem Fall nicht selbst der Reproduktion oder evolutionären Veränderung unterliegt, sondern einfach nur als Umweltfaktor fungiert. Durchaus richtig, ein gutes Argument! Es bringt uns auf eine andere wichtige Frage."

Unter Bezug jedoch auf die Experimente von Leslie, Orgel und anderen, die unter extrem komplizierten Laboratoriumsbedingungen die Erdatmosphäre „simulierten" (s. o.), gelang es:[84]

„... Kurze Polymere des Adenin-Nucleotids (A-Oligomere), wenn man einzelne A-Moleküle mit Matrizen zusammenbringt, die aus langen Polymeren des zu A komplementären Uracil-Nucleotids (Poly-U) bestehen. Dazu ist weder ein Enzym noch ein anderer Katalysator erforderlich. Die entstehenden Ketten sind im Mittel fünf Nucleotide lang, können aber auch die doppelte Länge erreichen. Die Ausbeute steigt dramatisch an, wenn Blei-Ionen als Katalysatoren zugegen sind; außerdem werden die Monomere größtenteils (zu 75 Prozent) so miteinander verknüpft wie in der heutigen RNA: durch eine Phosphatgruppe, die eine Brücke vom 3'-Kohlenstoffatom des einen zum 5'-Kohlenstoffatom des nächsten Zuckers bildet."

Er folgert weiter:[85]

„Nach den Befunden von Orgel zu urteilen, brachten Polymere, die reich an G und C waren, besonders günstige Voraussetzungen für die frühe Evolution mit. Sie allein besaßen schon zu einer Zeit, als es noch keine wirksamen Enzyme gab, eine ausreichende Kopiergenauigkeit. Nur bei ihnen hafteten die Basen so fest aneinander, daß auch große Boten-RNA-Moleküle in funktionsfähige Proteine übersetzt werden konnten, bevor noch die Ribosomen, die Übersetzung-„Apparate" heutiger Zellen, vorhanden waren. Kinetische und thermodynamische Untersuchungen, die Dietmar Pörschke in unserem Laboratorium durchführte, stellten diese Schlußfolgerungen auf ein quantitatives Fundament. Die Bindung der G-C-Paare erwies sich als zehnmal so stark wie die der A-U-Paare. Komplementäre Stränge bleiben also viel länger miteinander verbunden, wenn sie reich an C und G sind. Überdies tritt ein kooperativer Effekt auf: Die Bindung wird durch benachbarte Basenpaare verstärkt. Aus diesen Daten haben wir Regeln der Basenpaarung für ein Evolutionsmodell abgeleitet, nach dem sich wohlbekannte RNA-Strukturen (wie das charakteristische Kleeblatt der Transfer-RNA) als evolutionäres Ergebnis von Prozessen darstellen, die nach dem Prinzip von „Versuch und Irrtum" abliefen.
Die wichtigste Folgerung aus diesen Untersuchungen besteht in der Erkenntnis, daß die RNA auch ohne die Hilfe komplizierter Enzyme zur Selbstreplikation fähig ist. Nun können wir den nächsten Schritt tun und die Folgen dieser Selbstreplikation im Frühstadium der Evolution betrachten, ohne uns den Kopf darüber zerbrechen zu müssen, ob die präbiotische Evolution auch wirklich so fortschreiten konnte. Sie schritt voran!"

Dieses Experiment wurde für M. Eigen verbindlich, die Anwesenheit der ersten sich selbst replizierenden Moleküle in der „Ursuppe" zu postulieren, die durch die Exaktheit ihrer „Kopierfähigkeit" u. a. in der Lage waren „zu überleben". Das ist die eigentliche „Selbstorganisation", die zur Entwicklung der ersten RNA-Quasi-Spezies geführt haben soll. Das „Problem", wie überhaupt in der „Ursuppe" ein Adenin-Nukleotid „spontan" entstehen kann, von den langen Polymeren des Uracilnukleotids ganz abgesehen, darf kaum als „gelöst" angesehen werden – es sei denn, es wird auf die oben geschilderten Laborversuche zurückgegriffen, die als beweisschlüssig anzusehen dem Beobachter offensteht. Das entscheidende Problem jedoch wird in der Satz- und Behauptungsfolge sichtbar, die mit „daß auch große" (Zitat 85, s. o.) beginnt: Hier wird schlechthin die Übersetzung in Proteine behauptet, die nicht nur bereits die Informationstheorie, Entstehen der Information usf. impliziert, sondern das „Wie" der „Übersetzung" (die auch Codierung voraussetzt – wie?) erklärt haben muß. Diese „Erklärung" jedoch fehlt – von den Spekulationen abgesehen, die der Leser im „Hypercycle" nachlesen kann. Evolution – so ist hier offenkundig – beruht auf der besseren Bindung der G-C-Paare, die ein Problem der Art und Weise der Valenzen ist, quantenphysikalische Probleme kompliziertester Art impliziert und hier schlechthin als „Selektion" bezeichnet wird. Selektion – fitness – Anpassung usf. sind chemophysikalische Vorgänge, das glauben Eigen und seine Mitarbeiter damit bewiesen zu haben. Hier wird die Unredlichkeit der Beweisführung eklatant: anstatt die – ganz artifiziellen – Modellversuche valenzengerecht chemisch zu interpretieren, wie jeden beliebigen Versuch der organischen Chemie, wird unter Rekurs auf eine völlig andere Hypothese – Darwin – der Darwinismus in die Chemie eingeführt. Aber Nobelpreisträger müssen ja Gründe für die Unmöglichkeit haben, chemische Prozesse darwinistisch zu erklären. Es wird also auf ein den „Lebewesen" zukommen sollendes Verhalten zurückgegriffen, das wieder „chemisch" klassifiziert wird, um damit chemische Prozesse zu erklären: daß ein chemischer Bindungsmodus „stärker" (konkurrenzfähiger im Kampf ums Dasein) ist, als ein anderer! Die Unredlichkeit geht noch weiter, wenn der Begriff der Anpassung angeführt wird:[86]

„Konkurrenz bewirkt, daß diejenige RNA-Sequenz überlebt, die den herrschenden Bedingungen am besten angepaßt ist. Wir wollen sie als Stammsequenz bezeichnen. Sie ist stets von einem „Kometenschweif" ähnlicher Sequenzen begleitet, die durch Mutationen aus der Stammsequenz hervorgegangen sind. Obwohl man die Geschwindigkeitskonstanten, die für die Reaktionen in der Ursuppe gelten, nicht genau kennt, lassen sich doch einige quantitative Aussagen aus der Konkurrenztheorie der Selbstreplikation ableiten. Eine davon lautet, daß es einen Fehlerschwellenwert für die stabile Selbstreplikation der Erbinformation gibt. Wenn diese Schwellenbedingung nicht erfüllt war, konnte keinerlei genetische Botschaft überleben."

Nicht nur ist inzwischen und höchst überflüssig – als wahrer Deus ex machina – die „genetische Botschaft" aufgetaucht, überflüssig, da es sich schon um eine im Vorhinein konkurrenzbedingte automatische Optimierung der RNA-Stabilität handelt. Aber diese RNA-Moleküle müssen sich entweder gegenseitig „auffressen" oder sich anderswie „ernähren", um zu „überleben". Wie aber stellt man sich z. B. die Ernährung bei „Energiekrise" der RNA vor? Durch „Anlagerung" von Zuckern? Fetten? Aber das gäbe doch ganz neue Verbindungen... Wie Eigen über ein solches Kernproblem sich hinwegsetzt, wird deutlich:[87]

„Auch in der Ursuppe gab es eine Energiekrise. Die frühen Lebensformen waren darauf angewiesen, Molekülen in ihrem Lebensraum chemische Energie zu entziehen. Wie sie das taten, ist für die Geschichte, die wir zu erzählen haben, nicht wichtig. Man kann davon ausgehen, daß irgendein System zur Speicherung und Gewinnung von Energie existierte, das vermutlich auf kondensierten Phosphaten basiert: Dieses Energiereservoir mußte zumindest solange auf einem nicht-metabolischen (stoffwechsel-unabhängigen) Weg immer wieder aufgefüllt werden (vielleicht durch irgendeine Form der Umwandlung von Sonnenenergie in chemische Energie), bis sich ein Mechanismus zur Vergärung bestimmter, ansonsten „überflüssiger" Komponenten der Ursuppe herausgebildet hatte. Die Gärung hätte dann ausreichend Energie geliefert, bis mit der Photosynthese schließlich eine stetig sprudelnde Energiequelle zur Verfügung stand."

D.h. die Moleküle haben schon „irgendwie" eine Botschaft – Information –, die sie instruiert, sich adäquat zu ernähren, um zu überleben... Und sie passen sich natürlich ihrer Umwelt an. Der ebenso komplizierte wie umstrittene Begriff der Anpassung (s. Teil III) impliziert „Informationsaufnahme" aus der Umwelt –, Anpassung der aufgenommenen „Information" entsprechend. So dürfte er hier verstanden sein..., die chemische und quantenphysikalische Bindungsproblematik ist zu gunsten eben von Hypothesen aus ganz anderen Bereichen schlechthin verschwunden.

Da es dem Verfasser nicht möglich gewesen ist, eine über die oben zitierte Definition der „Information" hinausgehende M. Eigens und seiner Mitarbeiter zu finden – von dem Rekurs auf „Schöpfung" und „Offenbarung" in seinem Buch „Das Spiel" abgesehen – ist es jedoch wesentlich, daß vor der noch ferner darzulegenden (s. Teil II) letztlichen Identität von semantischen (sprachlichen) und molekularen Informationen, für Eigen Information und biomolekulare Funktion dasselbe sind.

Er schreibt:[88]

„Hier, auf dem molekularen Niveau, liegen die Wurzeln der alten Streitfrage, was zuerst da war: das Huhn oder das Ei – beziehungsweise die Funktion oder die Information. Wir werden zeigen, daß keine der Alternativen zutrifft: Funktion und Information mußten simultan entstehen."

Dazu ist prinzipiell und kritisch zu vermerken: Wenn die Information der – chemischen – Funktion der Moleküle entspricht, den Valenzen, dann ist jedes Molekül Informationsträger. Das ist zweifellos nicht der Fall. Die im Labor hergestellte RNA – ohne Enzyme – enthält keinerlei „Information". Information als Summe der Funktionen der RNA-Sequenzen ist eine komplexe Nukleinsäure –, sonst nichts. Aber Eigen ist sich dieses Mangels seiner Gleichsetzung von Funktion und Information zu bewußt, als daß er im „Spiel" nicht auf „Schöpfung" der Information zurückgreifen müßte. Es bleibt absolut ungelöst, wie die RNA zum Informationsträger wird, die die Herstellung spezifischer Proteine mitbestimmt. Er spricht vom „ersten Informationsgehalt" der Quasi species:[89]

„Alle derartigen Funktionen müssen dem Informationsgehalt einer ersten Quasi-Spezies entstammen, deren Mutanten sich schließlich differenzierten, indem sie sich zu funktionell gekoppelten Hyperzyklen organisierten. Die Prinzipien, die der Evolution eines solchen Hyperzyklus zugrundeliegen, sind heute erkannt und experimentell gesichert. Was noch zu entdecken bleibt, ist, wie die günstigsten molekularen Strukturen im einzelnen ausgesehen haben."

Die Funktion entstammt der Information – das ist jedoch keine Identität beider.

Es ist schwer nachzuvollziehen, wie M. Eigen zwar von zunehmenden „Informationskrisen" in der Entwicklung der „Ursuppe" spricht, aber dennoch eindeutig behauptet, daß erst die RNA-Stränge, dann die Proteine und Enzyme entstanden seien... Es sind auf bloßen Vermutungen beruhende Hypothesen, die sich dann zu der Oberhypothese eines Hyperzyklus DNA-RNA-Protein zusammengeschlossen haben. Wissenschaftstheoretisch ein rein spekulatives Verfahren. Selbst das „Wie" des Zusammenschlusses bleibt hypothetisch:[90]

„Eingangs war von Energiekrisen die Rede, die es in den ersten Stadien der Biogenese zu überwinden galt. Jetzt wollen wir auf Hemmnisse zu sprechen kommen, die eine noch größere Rolle bei der Entwicklung des Lebens gespielt haben: die Informationskrisen. Die ersten Darwinschen Molekülsysteme verdankten die Fähigkeit zur Selbstreplikation inhärenten physikalischen Kräften, die die Paarung komplementärer Basen bewirkten. Die Fehlerrate begrenzte die Länge der Moleküle auf maximal hundert Nucleotide. Dieses Limit galt freilich nur für solche RNA-Sequenzen, die reich an G- und C-Nucleotiden waren – für andere lag es noch niedriger. Aufgehoben wurde es erst, *als die präbiotischen Systeme fähig waren, die Gene in Proteine zu übersetzen und sich damit eine Enzym-Maschinerie* zu schaffen, die die Fehlerrate so weit erniedrigte, daß Genlängen von einigen Tausend Nucleotiden möglich wurden. Diese neue Barriere zeigt sich immer noch an den begrenzten Genlängen heutiger einzelsträngiger RNA-Viren, wenngleich diese Viren eine viel spätere Entwicklungsstufe verkörpern.

Für eine neuerliche Vergrößerung der Genlänge bedurfte es der Herausbildung von Mechanismen zum Aufspüren und Korrigieren von Fehlern. Eine Unterscheidung zwischen falsch und richtig ließ sich treffen, wenn der Tochterstrang mit der Elternmatrize in Verbindung blieb. „Falsch" hatte dann eine leicht erkennbare chemische Bedeutung: Es hieß soviel wie „ungepaart".

Dieser *Fortschritt wurde möglich*, als die *doppelsträngige DNA auf dem Plan erschien*. DNA-Polymerasen verfügen über so wirksame Methoden zum Korrekturlesen und Ausmerzen von Fehlern, daß sie stabile Stranglängen mit Millionen von Nucleotiden möglich machen. Wie Lawrence A. Loeb von der medizinischen Fakultät der Universität Washington anhand von Mutanten zeigte, hat eine DNA-Polymerase, die nicht in der Lage ist, Fehler zu verbessern, eine ebenso geringe Replikationsgenauigkeit wie eine RNA-Replikase. Der Anteil richtiger Kopien liegt zwischen nur 99,9 und 99,99 Prozent.

Dank der *Erfindung* der DNA konnten isolierte Zellen entstehen, deren Teilung mit der Replikation des Erbguts einherging. Doch nun tauchte eine Informationskrise mit anderem Vorzeichen auf: Die äußerst genaue Replikation engte den Spielraum ein, der durch Punkt-Mutationen erst die für die Auslese nötige Variabilität gewährleistete. Auch aus dieser Sackgasse fand die Natur einen Ausweg: Sie schuf die bekannten Rekombinationsvorgänge, die der geschlechtlichen Vermehrung zugrunde liegen. Damit wurde der Selbstreplikation die Mendelsche Genetik aufgepfropft und der Darwinschen Evolution von neuem der Boden bereitet.

Der einzige Ausweg aus der ersten *Informationskrise* bestand darin, eine enzymatische Maschinerie für die Replikation zu entwickeln, die sich selbst optimierte und von einer stabilen Quasi-Spezies getragen wurde. *Dieser evolutionäre Sprung* machte es erforderlich, die in der RNA enthaltene Information in eine neue, nunmehr funktionelle Sprache zu übersetzen: die Proteine." (Hervorhebungen vom Verf., nicht im Original)

Hierzu ist prinzipiell zu bemerken:
a) die Darwinsche Selektion ist primär ein chemo-physikalischer Vorgang (s. o.); b) präbiotische Systeme werden zur „Übersetzung" fähig; c) „falsch" und „richtig" sind chemische Begriffe – gepaart, ungepaart; d) die Doppelstrang-DNA erscheint „auf dem Plan" „erfunden" – Wie???; e) die DNA-Polymerase war bereits in der „Ursuppe" vorhanden. Der Gedankengang Eigens, der diesen Vorstellungen – Hypothesen – zu Grunde liegt, besteht einfach darin, die in allen Lebewesen vorhandene molekular-unauflösbare Abhängigkeit der DNA-, mRNA-, tRNA-Protein-Synthesen durch die Polymerasen u. a. Enzyme in ein zeitliches Nacheinander aufzulösen, erst die RNA entstehen zu lassen, dann die Enzyme, dann die DNA – nach der Entstehung der Polymerase – und sie endlich im Hyperzyklus zusammenzuschließen. Die in ihre „Elemente" zerlegte „Vererbungsmaschinerie" wird in ein zeitliches Nacheinander aufgeteilt, das dann wieder zu einem räumlich gegenseitig abhängigen katalytischen „Zyklus" zusammengefügt wird. Diese Prozesse sollen sich nicht nur in der „Ursuppe" der Ozeane abgespielt haben, sondern das räumliche Zusammenkommen der RNA mit der DNA usf., ferner mit jenen – anscheinend aber unabhängigen von diesen (?) entstandenen – Proteinen ist zufällig.

Andererseits soll aber die RNA diese Proteine und die sie herstellenden Enzyme schon selbst erzeugt haben.(!)

Alle die von einem Minimum an Kritik verlangten „Krisen" und „Zwischenstufen", einschließlich der Entstehung der Nucleotid-Nukleinsäure sind jedoch, was die Vergangenheit anbetrifft, absolut unbewiesen. Es geht nach dem Motto „In 1–2 Milliarden Jahren kann sich viel ereignen" (Zufall) – wobei dieser Zeitraum bis zu dem ersten Auftreten von Mikrofossilien, von der Abkühlung der Erde an gerechnet, so schrumpft, daß ein solches zufälliges Zustandekommen des Hyperzyklus absolut unwahrscheinlich ist (s. die Ausführungen oben). Die Selektion und die Fehlerrate werden physikalisch gedeutet, diese Moleküle verfügen bereits über „Information" (der dunkelste Punkt unter zahlreichen dunklen Punkten, s. nächster Abschnitt), woher, das bleibt unbeantwortet. Die einerseits darwinistisch (und finalistisch) interpretierte Selektion ist andererseits ein autonomes physikalisches Optimierungsverfahren – im krassen Widerspruch zu allen thermodynamischen Gesetzen, da diese selbstregulative Optimierung über Reduplikation, Reversibilität und Zunahme der Komplexion gegen die Entropiezunahme verstößt. Am unglaubwürdigsten erscheint die Annahme, daß die RNA-Sequenzen ihre „Replikationsmaschinerie" vermittels Übersetzung selbst herstellen, d.h. die Polymerasen. Nichtsdestoweniger enthält diese Darlegung Eigens das „Credo" des modernen (mechanistischen) Materialismus bzw. Nihilismus. Es ist nicht „Jehova", der die Erde und ihre Lebewesen schafft – sondern M. Eigen.

Zu diesen Hypothesen Eigens nimmt der Bio- und Molekularchemiker B. Vollmert, nach kritischem Durchgang durch die Hyperzyklustheorie, ausschließlich auf Grund chemischer Faktenüberprüfung, abschließend wie folgt Stellung:

1. Zum Problem der Kettenbildung der Peptide aus Aminosäuren schreibt der Verfasser:[91]

„Außerdem: Wenn in der Uratmosphäre Methyl- und Äthylamin und Fettalkohole entstanden, muß auch die Bildung von Fettaminen angenommen werden. Alles zusammen aber, Aminosäureester, Fettamine sowie langkettige Essigester und andere Ester, hätte wieder die im unteren Teil der Abbildung 4 dargestellte Situation ergeben, das heißt keine Kettenbildung. Schließlich weiß jeder Chemiker, der die Bedingungen kennt, unter denen sich Aminosäureester bilden, daß diese in einer alkalischen Ursuppe (Kontakt mit einer ammoniakhaltigen Atmosphäre) erst gar nicht entstehen konnten."

2. Zu dem der Länge der DNS und der Auto-Replikation derselben:[92]

„Die vielbesprochene präbiotische Evolution, durch die das Leben mit der Notwendigkeit eines Naturgesetzes (RNS-Replikation mit bestimmten Fehlerquoten und Selektion der bestangepaßten Moleküle) entstanden sein soll, setzt das Vorhandensein von DNS- oder RNS-Kettenstücken als Startbasis voraus. Naturgesetze aber sind es – und zwar altbekannte Naturgesetze: der zweite Hauptsatz der Thermodynamik und das Gesetz der konstanten Proportionen, die ausnahmslos alle chemischen Reaktionen beherrschen –, die die Bildung von RNS- und DNS-Kettenstücken in Ursuppen nicht zulassen. Die gleichen Naturgesetze stehen auch dem weiteren Wachsen der DNS-Ketten entgegen, solange nicht hochselektiv wirksame Enzyme verfügbar sind.

Bis zu lebenden Zellen indessen war von den in allen Selbstorganisationshypothesen einfach vorausgesetzten kurzen RNS- und DNS-Kettenstücken (von denen kein Mensch weiß, wie und wo sie entstanden sein könnten) noch ein sehr weiter Weg, der – wenn man den Verlängerungsfaktor der DNS-Kette als Maß wählt – noch erheblich weiter war als der Weg vom Einzeller zum Säugetier: Die DNS-Kette von Coli-Bakterien erhält rund drei Millionen Nucleotide (Kettenbauteile), was – verglichen mit den kurzen Kettenstücken, von denen bisher die Rede war – einer Verlängerung um das Hunderttausend- bis Millionenfache entspricht. Die Länge der Säugetier-DNS liegt in der Größenordnung von einer Milliarde Nucleotiden, hat sich also (ausgehend von der zirka eine Million Nucleotide langen Bakterien-DNS) „nur" um das Tausendfache verlängert."

Und:[93]

„Seit man die Funktion des DNS-Makromoleküls kennt, weiß man auch, welche Vorgänge auf Molekül-Ebene den bei Tier- und Pflanzenzüchtung zu beobachtenden, plötzlich ohne erkennbare Ursache auftretenden Änderungen der Erbfaktoren zugrunde liegen: Es sind dies die bei der DNS-Verdoppelung (Replikationssynthese, die jeder Zellteilung vorausgeht) immer wieder einmal als Replikationsfehler auftretenden Änderungen in der Reihenfolge der vier Nucleotide (Mutationen), die dann zwangsläufig die Änderung der Aminosäure-Reihenfolge in der Molekülkette eines Enzyms und damit Ausfall, Störung oder Änderung von dessen Funktion zur Folge haben. Da Sequenzänderungen oder Mutationen nur an bereits vorliegenden DNS-Ketten stattfinden können, die Entstehung der ersten Zelle aber eine millionenfache Kettenverlängerung, also eine stetig oder sprunghaft verlaufende Neusynthese (Polykondensation) von DNS erfordert, können Mutationen (Replikationsfehler) nicht die Basis für die Entstehung der ersten Zelle gewesen sein, ebensowenig wie sie eine Erklärung für das Auftreten einer neuen Klasse von Lebewesen im Laufe der Geschichte des Lebens darstellen."

Die prinzipiellen Bedenken Eigen gegenüber richten sich gegen das Zusammenschließen von RNA, DNA und Enzymen – letztere bereits höchstentwickelte Proteine sind – zufällig in der Ursuppe zum „Hyperzyklus". Die Wahrscheinlichkeit eines solchen Zufalls – von dem fraglichen Vorhandensein dieser Stoffe in der Ursuppe ganz abgesehen –, der Zusammenschluß jener Substanzen ferner zum Hyperzyklus und das Zusammenbleiben derselben (was Information benötigt), stellen Anforderungen an den Leser, daß es plausibler erscheint, „an den lieben Gott" zu glauben oder an die Entstehung von Lebewesen aus dem Nilschlamm. Der Leser verfolge, was allein z.B. die „Natur" bei Eigen alles bewerkstelligt – was ist diese „Natur"?

Ohne daß M. Eigen spezifisch – wie z.B. Pattee (s. Abschnitt II) fragt, wie es möglich ist, daß z.B. ein Molekül überhaupt zur „Information" werden kann, wird die gesamte Informationstheorie – Informationsentstehung, Speicherung, Weitergabe – als bereits in der „Ursuppe' vorhandene, nicht als „Negentropie", sondern als Theorie im Sinne Shannons und Brillouins vorausgesetzt, es wird verschlüsselt (codiert), es wird übersetzt, es wird Information in Funktion übertragen, es wird bewertet, unterschieden, erkannt und das positiv Bewertete (Phänotyp) zurückgemeldet – der Genotyp kybernetisch verändert. Wer „macht" das? „Die Natur".

M. Eigen, so darf geschlossen werden, hat das Problem der Entstehung des Lebens „gelöst". Nicht zu Unrecht vergleicht er sich in dieser Beziehung mit Newton, obwohl er eigentlich schon ein „Demiurg", wenn nicht Gott-Vater selbst ist. Allerdings dürfte es wenige Beispiele wissenschaftlicher Theorienbildung geben – von der Phlogiston-Theorie abgesehen –, in denen sich der „Irrsinn" so manifest im „Gewande der Logik" zeigt (Th. Lessing).[94]

Kritisch zusammengefaßt ist zu den Hypothesen M. Eigens noch einmal folgendes zu bemerken:

1. Keine von M. Eigens Voraussetzungen, die „Ursuppe" betreffend, ist wissenschaftlich unbestritten geblieben. Selbst die Erzeugung der Aminosäuren durch elektrische Entladung setzt die Annahme einer bestimmten Atmosphäre voraus – eine Annahme, der ebenfalls widersprochen wurde. Von den Zucker- und Phosphorverbindungen wird abgesehen, deren Vorhandensein in der Ursuppe höchst unwahrscheinlich ist, es sei, daß eben ein kolloidaler „Hexenkessel" postuliert wird, in dem sich in 1–2 Milliarden Jahren die Versuchsbedingungen erstellen, wie sie Orgel und Leslie u. a. etwa zur Erzeugung von Adenosin benutzt haben.

2. Die Theorie des Darwinschen Konkurrenzkampfes ist innerhalb der Evolutionstheorie keineswegs unbestritten geblieben (Abschnitt II). Die komplizierten Einzelheiten dieser Theorie werden von M. Eigen ungeprüft und ungefragt auf die molekulare Ebene übertragen. Faktisch beobachtet wird in Organismen – als Analogie ausdrücklich vermerkt – nur ein „Konkurrenzkampf" von Enzymen um bestimmte Substrate[95] (Rapoport). Die prinzipielle, schon gestellte Frage, die hier auftaucht, ist folgende: Treffen für die postulierte „Ursuppe" biochemische, von den Valenzen der Moleküle bestimmte „physikalische" Gesetzmäßigkeiten zu oder „darwinistische"? Welcher Biochemiker würde es wagen, bei der Beschreibung etwa von Stoffwechselvorgängen im Organismus über biochemische Gesetzmäßigkeiten hinausgehend plötzlich „Auslese" und „Kampf ums Dasein" – etwa bei der Interpretation des Insulin-Haushaltes zu benutzen? Es ist jedoch nicht so, daß M. Eigen „dialektisch" „Biochemie" in „Kampf ums Dasein" auflöst – oder „Kampf ums Dasein" in „Biochemie". Beide Erklärungsprinzipien stehen unvermittelt nebeneinander. Die Evolution der RNA-Quasi-Spezies, ihre „Optimierung" im Vergleich zu anderen Molekülen wird im Sinne von Darwin interpretiert – nicht nach biochemischen Gesetzmäßigkeiten. Biochemische Gesetzmäßigkeiten – Valenzen – scheinen offenbar nicht auszureichen, um die Optimierung der RNA-Quasi-Spezies zu erklären – nur im groben Verstoß (s. o.) gegen die Entropiezunahme. M. Eigen äußert sich nicht eindeutig, ob er Leben nur für einen „biochemischen Prozeß" hält oder ob hier noch andere „Faktoren' (z. B. „Organisationsprinzip", Information!) hinzukommen.

Wenn biochemische Gesetzmäßigkeiten nicht die RNA-Optimierung und Selektion ausreichend erklären können, wird offenbar eine Theorie (Darwin) herbeigeholt, die Leben nicht nur nach biochemischen Gesetzmäßigkeiten zu erfassen sucht, sondern nach denen des „Kampfs ums Dasein", insbesondere denen der „Anpassung". Der noch aufzuzeigende Anthropomorphismus der Informationstheorie wird hier durch einen Teromorphismus ergänzt.

3. Wie kommt die sich selbst replizierende RNA-Quasi-Spezies dazu, „Information" zu speichern und diese Information dann eines Tages mit der der DNA zu verkoppeln, Übersetzungsmechanismen zu bilden und gar Proteine entstehen zu lassen? Warum sich die RNA mit der DNA überhaupt verkoppelt (s. o.)
– um diese Frage zu beantworten, muß der Leser sich damit begnügen, daß die DNA eines Tages auf der „Plattform des Lebens" erscheint, sich dann – nach welchen Gesetzen? – mit der RNA „verkoppelt". „Zufall" und Verstoß gegen die Thermodynamik zeichnen diese Annahme aus.

4. Was versteht eigentlich M. Eigen unter dem „Organisationsprinzip" – auf das er anfänglich hinweist? Kommt hier nun doch die Finalität, die Teleologie hinein? Es ist die „Selbstorganisation" der Moleküle, die den Hyperzyklus bilden – das „Organisationsprinzip" der Selektion ergibt sich notwendigerweise aus dem Hyperzyklus – so die Hypothese. „Selbstorganisation" ist nichts als eine Metapher, mit der entweder das Leben als Prinzip anerkannt wird, das über die Entropie hinausweist – und es bleibt bei dem Verstoß gegen den zweiten thermodynamischen Hauptsatz (vgl. Prigogines Interpretation).

5. Die so eindrucksvoll mathematisch „belegte" Topologie der Quasi-Spezies nimmt Theorien von Sewall Wright auf, d.h. der Populationsgenetik, die – wie u.a. Lewontin aufzeigte (s. Abschnitt III) – sehr umstritten ist. Es ist dies nur ein Beispiel dafür, wie eine „Sandkastenhypothese" mathematisch verbrämt, ihren Eindruck auf die Leserschaft nicht verfehlen soll. Die Quantifizierung der Quasi-Spezies ist eine typische Unredlichkeit, es wird etwas mathematisch dargelegt, das überhaupt nicht existiert oder existiert hat.

6. Die Eigen'sche Theorie ist durch und durch tautologisch. Was bewiesen werden soll – wird stets schon vorausgesetzt. Der Begründungszusammenhang ist wie in der Evolutionstheorie bereits in der Hypothese enthalten. Damit wird bestenfalls bewiesen, daß Mathematiker nicht immer Logiker sind.

7. Ohne die Problematik einzelner biochemischer Probleme – wie z.B. gerade die Entstehung der Phosphorverbindungen oder der Zucker, die Entstehung der Nukleinsäuren überhaupt – im einzelnen zu erörtern, sei auf die thermodynamische Problematik des „Organisationsprinzips" verwiesen. Es ist beim besten Willen nicht einzusehen, warum, nachdem sich in der „Ursuppe" alle Biomoleküle gegenseitig „aufgefressen haben" – Darwin folgend –, überhaupt noch so etwas wie „Leben" entstanden ist. Aber offenbar haben diese „Biomoleküle' schon „gelebt". Denn es handelte sich ja nicht nur um reine Oxydationen der Zucker oder Aminosäuren – da es ja angeblich zu dieser Zeit noch keinen Sauerstoff gab. Also müßten die anaerob „lebenden" Biomoleküle schon den thermodynamischen „Sprung" über die rein biochemischen Prinzipien der Bindung und des Austauschs von Bindungen getan haben; – d.h. eben der Entropie entgegengewirkt haben.

Beginnt etwa hier die „Urinformation"? Die „Neg-Entropie" Schrödingers und Bertalanffys?

8. Nur geringe Beachtung schenkt M. Eigen dem Zeitproblem. Die „Ursuppe" müßte praktisch ein Unendliches an Milliarden Jahren als „Kolloid" bestanden haben, um „zufällig" (biochemisch, nicht darwinistisch) das System DNA-RNA-Protein erstellt zu haben.

Die Einführung der darwinistischen Konzeption in molekular-biologische Vorgänge in der „Ursuppe" ist letzlich ein Rückgriff auf vitalistisch-teleologische Theorien, die mathematisch präsentiert – „fitness" als mathematische Funktion(!) –, aber immer im vorgegebenen teleologischen Sinne benutzt werden. Ein grober Denkfehler! Wenn Biebricher und Luce unter Laborbedingungen die Vervielfältigung von RNA-Strängen durchführen, so wird z. B. auch das als „evolutionärer Prozeß" bezeichnet. Was ist dann aber Evolution? M. Eigen kommentiert diese Untersuchungen wie folgt:[96]

„Wichtiger sind jedoch die neuen Einsichten, die uns diese Versuche über Darwinsche Prozesse vermitteln. Natürliche Auslese und Evolution, beides Folgen der Selbstreproduktion, finden bei Molekülen ebenso statt wie bei ganzen Zellen oder biologischen Arten. Das wahrhaft Überraschende und eine in der Tat bedeutsame Entdeckung ist die hohe Effizienz des Anpassungsvorganges in einem so einfachen Selbstreproduktions-System wie dem hier betrachteten."

(Es ist hier nicht nur erstaunlich, daß natürliche Auslese und Evolution durch Selbstreproduktion im kausalen Sinne „verursacht" [Folgen] sind – sondern es ist, abgesehen von den oben ausgeführten Problemen, nicht einzusehen, warum Selbstreproduktion zu natürlicher Auslese und Evolution führen soll.)

Abgesehen von der oben dargelegten prinzipiellen Kritik an den Hypothesen M. Eigens – auf die im Schlußteil noch wissenschaftstheoretisch eingegangen wird – wirft M. Eigen in seinem „Hyperzyklus" am Schluß (S. 76 ff.) noch 10 Fragen auf, die die aufgeführten Probleme weiter differenzieren und spezifizieren. Bei dem Problem, ob es nur einen Vorläufer der RNA gegeben hat (Frage Nr. 1), der Einschränkung auf die Annahme, daß es sich hierbei um die GC-C/Polymeren handelt, so bleiben noch 10^{30} mögliche Kombinationen, um eine möglichst stabile RNA zu stellen. Eigen folgert:[97]

„Dies muß unvermeidlich zu darwinistischem Verhalten führen, in Verbindung mit Auswahl einer bestimmten Quasi-Spezies."

Nach den Gesetzen einer wissenschaftstheoretisch fundierten Logik sind deduktive Schlüsse dieser Art – Hypothesen durch Hypothesen zu begründen – nicht zulässig. Dem Autor wäre zu empfehlen, sich mit dem Modus tollens und Modus ponens in der Logik zu befassen.

Was aber bestimmt den selektiven Vorteil? (Frage Nr. 2). Was bedeutet ein selektiver Vorteil einem Molekül? – die M. Eigen wie folgt beantwortet:[98]

„Ein selektiver Wert wird durch die optimale Kombination von struktureller Stabilität und Wirksamkeit einer getreuen Replikation definiert."

Diese Eigenschaften sind nicht notwendigerweise aus den molekularen Gesetzmäßigkeiten biochemischer Verbindungen abzuleiten. Über das Problem der Valenzen hinaus, müssen „natürliche Auslese" und „Evolution" (als mathematische Funktionen) eingeführt werden. Die mathematisch verbrämte Teleologie (Finalismus) im Konzept Eigens (vermutlich sein „Organisationsprinzip") wird ganz offenkundig: Warum sollen – gewiß nicht auf Grund physikalischer Gesetzmäßigkeiten – Moleküle strukturelle Stabilität und getreue Reproduktion erwerben oder anstreben? Diese „mystische Tendenz" der Moleküle impliziert eine Veränderung des zweiten thermodynamischen Hauptsatzes – auf die wiederholt verwiesen wurde: anstatt Entropie entsteht Neg-Entropie und Information, d.h. „Leben". Wie die Probleme dann in den Fragen Nr. 3 und 4 aufzeigen, entgeht dem über Milliarden von Jahren dahingleitenden, scharfsichtigen Blick M. Eigens nicht:[99]

„Die hyperzyklische Stabilisierung mehrerer miteinander existierender Mutanten ist einer Evolution durch Duplizierung von Genen gleichzusetzen. Ursprünglich erschienen Mutanten als einzelne Stränge eher denn als kovalent miteinander verbundene Duplikate. Die Einschränkung auf getreue [Reproduktion, d. Übersetzer] würde nicht eine solche Längenextention zulassen..."

So weiß auch M. Eigen (Frage Nr. 4), daß die tRNA notwendig ist, um überhaupt Selbstreplikation zu beginnen. Die Frage wird auf Grund der Beobachtung an Viren-Phagen beantwortet, d.h. bei „lebenden" Viren beobachtete Vorgänge werden in dem wissenschaftstheoretisch tautologisch bewährten Verfahren auf die Vorgänge „zurückübersetzt", die sich vor ca. 2–3 Milliarden Jahren abgespielt haben sollen, denn:[100]

„Doppelfunktionen der RNA-Folgen sind unverzichtbar."

Die die ganze Informationstheorie bereits voraussetzende Frage:[101]

„Wie können kommafreie Messenger-Muster entstehen?" wird ebenfalls ebenso spekulativ wie verbindlich beantwortet: „Die ersten Messenger müssen mit den ersten Adaptern identisch gewesen sein (oder ihren sie ergänzenden Strängen). Es besteht tatsächlich eine strukturelle Übereinstimmung zwischen Adapter- und Messengerfunktionen. Was auch immer für ein Codon-Muster in der Messengerfolge auftaucht – es muß seine komplementäre Repräsentierung im Adapter haben."

Wie aber eine solche genau komplementäre Ergänzung sich „entwickelt" haben soll..., dafür wird wieder die darwinistische Evolutionstheorie in Anspruch genommen, die Auslese als chemische Optimierung.

Die weiteren zu stellenden Fragen – wie z. B. die ersten Proteine aussahen, die ersten Enzyme, ob eine Synthetase überhaupt notwendig für den Anfang war... werden ebenso spekulativ wie (anscheinend) „verbindlich" beantwortet. Warum z. B. sich Zellen und einheitliche Genome entwickelt haben, wird von M. Eigen im Prinzip dahingehend „geklärt", daß bei Kompartimentierung der Hyperzyklen diese sich noch „vorteilhafter" evolvieren können. Bessere Informationsaufnahme – stets kybernetisch interpretiert – bessere Übersetzung: kurzum „Optimierung" im technisch-ökonomischen, insbesondere energetischen Sinne (erhöhte, maximale Sparsamkeit des Energieverbrauchs – „Wertzuwachs") sind jetzt die „Triebkräfte" der Evolution geworden. Es wird M. Eigen und seinen Mitarbeitern noch einige Schwierigkeiten bereiten, aus dem „Hyperzyklus" die Prokaryonten zu konstruieren.

Broda faßt seine (kritische) Auffassung über die Hyperzyklustheorie wie folgt zusammen:[102]

„Während schon viele empirisch fundierte Experimente mit Coacervaten und Mikrosphären durchgeführt wurden, hat die Annäherung des Eigen-Typus [Theorie, d. Übersetzer] bis jetzt überwiegend theoretischen Charakter."

f) Von „Proteinen" zu Einzellern

Die Hypothesen von irgendwie und irgendwann im Ozean schwimmenden – wie? – oder in einer Pfütze sich aufhaltenden bzw. dort entstandenen Biomolekülen, die Hypothesen ferner von aus Biomolekülen entstandenen „Protozellen", die je nach Vorstellungs-Bedarf des sie postulierenden Wissenschaftlers zu ihrer Genese entweder der Sonne, des Blitzes, vulkanischer Hitze, dann des Wassers, der Austrocknung, der Befeuchtung oder der Verdampfung bedurften – sollen in einer weiteren Hypothese sich dann zu den Prokaryonten, endlich zu Eukaryonten entwickelt haben. Den Prokaryonten werden die obengenannten Mikrofossilien zugesprochen – was allerdings ebenfalls entgegengesetzte Ansichten auf den Plan gerufen hat. Die Übergangsstufen zwischen den ersten, sog. primitiven Lebewesen und den Pro- und Eukaryonten sind jedoch durchweg nicht abgesichert. So gibt es Autoren wie z. B. Stanier,[103] die die Ansicht vertreten, daß die Prokaryonten sich nicht vor den Eukaryonten entwickelt haben können.

Der Abgrund zwischen Bakterien und ihren bereits hochkomplizierten Strukturen, ihrer Artenvielfalt – sie sollen die Arten der Wirbeltiere an Anzahl übersteigen – und den „Eobionten" oder Prokaryonten oder Biomolekülen scheint morphologisch unüberbrückbar zu sein (Broda, a. a. O.). Es hat jedoch auch hier nicht an Versuchen gefehlt, zellähnliche Tropfbildungen zu konstruieren, die die Vorläufer der Prokaryonten seien, sog. „Eobionten" oder eben jene Biomoleküle. Dabei handelt es sich vor allem um die von Oparin entwickelten Koazervate, d.h. Tropfengebilde, die sich in der „Eiweißsuppe" entwickelt haben sollen. Statische Systeme sollen auf diese Weise allmählich dadurch „dynamisch" geworden sein, daß die in jenen Tropfen sich befindenden Aminosäuren mit denen der Umgebung reagierten. Fox stellte in komplizierten Versuchen seine „Proteinoide" her, die unterschiedlich durch Diffusion Lösungen aufnehmen konnten. Der Mangel jedoch, unter dem diese konstruierten Eobionten u.a. leiden, ist nicht nur das Fehlen der für die Replikation entscheidenden Nukleinsäuren, der wichtigsten Porphyrine, des ATP, der Enzyme und anderer Proteine. Noch gravierender für diese Hypothese ist die durch nichts bewiesene Annahme, daß diese Eobionten bereits Informationsträger infolge vorher aufgenommener spezifischer DNS-RNS-Moleküle seien. Das Fehlen ferner eines anaeroben, jedoch Adenosintriphosphat (ATP) enthaltenen Atmungsmechanismus gibt den Oparinschen Tropfenbildungen den Charakter von Luftballons, die jeweils mit der Phantasie ihrer Verfasser gefüllt werden. Wie sich darüber hinaus das für die Atmungsvorgänge der Lebewesen entscheidende ATP entwickelt haben soll – das von Fox einfach in diese Protozellen hinein hypothetisiert wird –, ist ebenfalls eine noch ganz offene, weitgehend umstrittene Frage. Bei den Oparin-Foxschen Tropfenbildungen handelt es sich um räumlich abgegrenzte Moleküle, die zu einem ganz geringen Ausmaß chemische Bindungen eingehen bzw. synthetisieren. Wie jedoch in den frühen Ozean Stärke und Phosphorylase gelangen konnten, ohne nicht sofort aufgelöst zu werden – bleibt den Autoren noch zu erklären überlassen. Das Problem ferner, wie aus anaeroben Protokaryonten aerobe geworden sind, insbesondere wie die Bildung von Chlorophyll entstanden ist – es wird angenommen, daß die heute lebenden verschiedenen Formen anaerober oder wechselnd aerob-anaerob lebender Bakterien nicht direkt auf ihre entsprechenden Vorfahren zurückzubeziehen sind – wird auch durch hypothetische Zwischenformen sowohl aerob als auch anaerob lebender Bakterien nicht gelöst. Dieser Übergang – analog zu dem von Prokaryonten zu Eukaryonten – wird von Broda als das „dunkle Zeitalter" in der Evolution bezeichnet. Das Problem wird erschwert, da in der „Eiweißsuppe" mit an Sicherheit grenzender Wahrscheinlichkeit keine Porphyrine – wesentlicher Bestandteil des Chlorophylls – angenommen werden können und darüber hinaus geochemisch-fossil nachweisbare Porphyrine umstritten sind. Der Auffassung entsprechend, daß erst durch die aerobe Atmung eine O_2-Atmosphäre sich entwickelt hat, entsteht das Problem, wie schon vorhandene Eobionten oder Prokaryonten sich vor dem O_2 geschützt haben sollen, das hochgradig toxisch ist. Es wird postuliert, daß diese sich in entsprechend größere Meerestiefen, in Schlamm oder in die Erde zurückgezogen haben, falls sie dort nicht früher schon zum Schutz vor der allen Lebewesen tödlichen UV-Strahlung gelebt haben. (Diese Annahmen haben auch ihren geologisch wohlfundierten Widerspruch gefunden.) Die Hypothese ist nur charakteristisch dafür, wie leichtfertig hier Lebewesen in Meerestiefen versetzt oder in Schlamm getunkt werden, um anderen Hypothesenbildungen gerecht zu werden.

Es darf also zusammengefaßt werden, daß über die früheste Evolution – die Übergangsstufen von Eobionten zu Protokaryonten und Eukaryonten, die Entstehung der Photosynthese und der aeroben Atmung – wenig Gesichertes bekannt ist.

II. Probleme der genetischen Informationstheorie

a) Einleitung

Die Vererbung bestimmter Eigenschaften – „Merkmale" – von den Eltern auf die Nachfolgegeneration ist als Beobachtung schon seit der Antike bekannt. Sie war darüber hinaus Grundlage der wahrscheinlich seit Menschheitsbeginn bestehenden Züchtung bestimmter Pflanzen und Haustierrassen. Die wissenschaftlich nachprüfbaren Grundlagen jedoch wurden im vergangenen Jahrhundert durch G. Mendel gelegt, der das regelmäßige – anscheinend durch Gesetze bedingte – Auftreten bestimmter Merkmale (Farben von Blüten, Länge von Gewächsen usf.) beobachtete und experimentell erprobte, die Mendelschen Gesetze aufstellte. Im Verlaufe der weiteren Forschung bemühte sich die Biologie – zur Zeit der Jahrhundertwende noch nicht von der Genetik getrennt – um die Aufklärung der angenommenen materiellen Grundlagen oder Träger jener vererbten Merkmale, deren Erforschung mit den Name Weißmann und insbesondere Morgan verbunden ist. Es kam zur Entdeckung der Chromosomen als der materiellen Grundlage der Erbsubstanz, deren Grundlage wiederum die DNS (Desoxyribonucleinsäure) bildet, wie das Avery 1944 nachwies, deren weitgehende Verifizierung dann 1953 durch Watson und Crick erfolgte. Röntgenoskopische und biochemische Untersuchungen scheinen die spiralförmig gebaute, eindimensionale Helix dann als biochemischen Träger der Vererbung identifiziert zu haben.

Die Eigenschaften des DNS (oder auch DNA)-Moleküls werden von Bresch zusammengefaßt:[1]

„Ein DNA-Molekül besteht aus zwei Strängen, die eine gegenläufige Polarität besitzen und zu einer Doppelschraube umeinander gewunden sind. Je zwei gegenüberliegende, zueinander „komplementäre" Basen bilden dabei mit ihren Nebenvalenzen Wasserstoff-Brücken. Adenin paart stets mit Thymin, Guanin mit Cytosin.
In schematischer Darstellung:
oder noch weiter schematisiert:
Die Paarung komplementärer Basen durch zwei bzw. drei Wasserstoffbrücken sieht so aus:

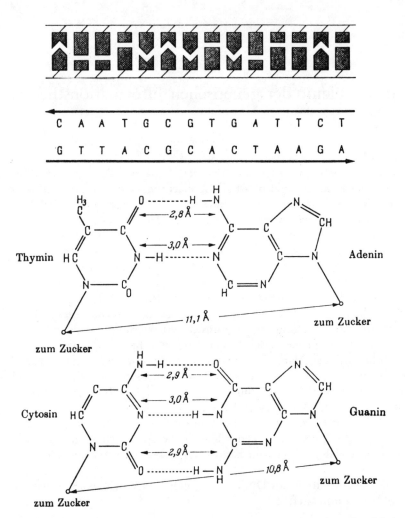

Abbildung 1: Struktur der DNA (aus Bresch, C. und R. Hausmann: Klassische und molekulare Genetik. 3. erw. Auflage, Springer, Berlin, Heidelberg, New York 1972, S. 143).

Unter Berücksichtigung der Schraubenform ist die DNA-Struktur einer verdrillten Strickleiter vergleichbar, bei der die breiten Sprossen jeweils durch die Basenpaare, die Seile durch eine Zucker-Phosphat-Kette (mit gegenläufigem Richtungssinn) gegeben sind.

Man beachte, daß
1. eine Schraubenwindung etwa zehn Basenpaare umfaßt;
2. die beiden Stränge weniger als eine halbe Windung versetzt sind (etwa ⅜);
3. die Basenpaare wohl senkrecht zu einer gedachten Zentralachse, nicht aber senkrecht zu den Zucker-Phosphatsträngen stehen;

4. die paarenden Basen sich nicht diametral gegenüberliegen, so daß die Wasserstoffbrücken sich *seitlich* von der Zentralachse befinden;
5. zwischen den hydrophoben Seiten eng nebeneinander liegender Basen (wie in einem Stapel magnetischer Plättchen) Stapelkräfte (stacking forces) auftreten. Diese (und nicht die H-Brücken komplementärer Basen) stabilisieren die Doppelhelixstruktur der DNA."

Bresch fährt fort:[2]

„Heute weiß man, daß die Basenanordnung schriftartig ist, d.h. in einer unregelmäßigen aber sinnvollen Folge besteht, die in einer uns jetzt verständlichen Sprache die genetische Information der Organismen wiedergibt. Diese Erkenntnis einer schriftartigen Erbsubstanz ist ebenso erregend wie Mendel's Entdeckung von Faktoren, die für die Entstehung einzelner Merkmale verantwortlich sind. Die Basensequenz stellt einen verschlüsselten Text dar mit Syntheseanweisungen für die Zelle. Die Aufklärung des entsprechenden Codes in den 60er Jahren war eines der spannendsten Kapitel biologischer Forschung."

b) Die Definition der Information

Der hier von Bresch bereits dargelegte, angenommene (!) Zusammenhang zwischen den chemischen Grundlagen der Vererbung und ihrer Beziehung zur Information – daß die Anordnung der Basen jeweils einem Schriftzeichen entspricht, ein „Code-Wort" darstellt – sei in folgendem an Hand weiterer Zitate belegt. Bresch formuliert an anderer Stelle:[3]

„Wir hatten das Phänomen der Vererbung generell erklärt durch die Weitergabe eines „Erbguts" von Generation zu Generation. Inzwischen haben wir gesehen, daß dieses Erbgut aus einzelnen voneinander unabhängig vererbbaren Teilinformationen besteht. Je mehr Merkmale wir untersuchen, desto mehr voneinander trennbare Teilinformationen treten auf. Wir erkennen immer deutlicher die Notwendigkeit, die Aufteilung des Erbguts bis zur letzten Konsequenz zu führen, d.h. für jedes einzelne Merkmal eine eigene Teilinformation anzunehmen. Nach dieser Hypothese besteht die genetische Information eines Organismus also aus vielen einzelnen Faktoren, die für die Ausbildung je eines Merkmals verantwortlich und untereinander kombinierbar sind. Diese einzelnen Erbfaktoren bezeichnet man als „*Gene*„. Ein Gen enthält also jeweils die Teilinformation für ein bestimmtes Merkmal. Die Gesamtheit aller Gene bildet das Erbgut, die genetische Information oder das *Genom* des Organismus."

Hier sei festgehalten:
1. die Gleichsetzung von Information und Nachricht;
2. die Gleichsetzung von Anlage und Information;
3. Information gibt Anweisung und „Rezepte", wie etwas hergestellt werden soll. So schreibt z.B. W.M. Gelbart:[4]

„Gerichtete, gen-spezifische Transformationen von elf verschiedenen Loci der Drosophila wurden durch DNA-Behandlung junger Embryonen durchgeführt. Die Richtung des Wechsels wird durch den Gehalt der genetischen Information der DNA diktiert..."

4. Information ist „schriftähnlich".
5. Information muß verstanden werden, denn sie wird gelesen und auch übersetzt.
6. Verstanden wird sie durch den „Gesamtapparat der Zelle".

Demgegenüber ist es nicht uninteressant festzustellen, daß sich Watson in seinem klassischen Lehrbuch[5] „Molecular biology of the gene" mit dieser Problematik überhaupt nicht mehr befaßt. „Information" wird einfach ohne Definition vorausgesetzt, höchstens von „genetischer Information" gesprochen.

Es fällt auf, daß bei Bresch der Information bereits eine größere Anzahl sehr heterogener Funktionen definitorisch unterstellt werden: Anlage = Information, Information = Schriftzeichen, Information gibt Anweisungen usf.. Kuhn definiert die Information wie folgt:[6]

„Vorerst sei betont, daß man es hier beim Auftreten eines ersten lernfähigen Systems mit einem Qualitätssprung zu tun hat, in welchem sich plötzlich eine grundsätzliche Eigenschaft der Materie manifestiert hat. Die Systeme beginnen, Information, also eine sinnvolle Botschaft, zu tragen, deren Inhalt in dem Maß wächst, wie der Lernprozeß voranschreitet."

Information ist nach diesen Ausführungen als „sinnvolle Botschaft" definiert, die erlernt werden kann. In einer ersten Unterscheidung zu der Kommunikationstheorie Shannons präzisiert dann Kuhn seine Ausführungen, indem er darlegt, daß nicht die Nützlichkeit – die für die Evolution wohl notwendig erscheint – durch das Shannonsche Maß der Information gemessen werden kann:[7]

„Es wächst eine wichtige Funktion, die ein Maß des Evolutionsgrades des Systems ist, die Kenntnis des Systems. Unter dieser Größe verstehen wir, stark vereinfacht gesagt, die Information (gemessen an der Zahl der bits, der ja-nein-Entscheidungen), welche in allen Bauplänen zusammen enthalten ist, die im Verlauf der Evolution bis zum Erreichen der betrachteten Stufe notwendigerweise weggeworfen werden mußten. Die Kenntnis ist ein Maß für die Nützlichkeit der in der Evolution angesammelten Information. (Shannons bekanntes Maß der Information mißt die Menge, die Zahl bits, nicht die Nützlichkeit einer Information.)"

An anderer Stelle führt Kuhn wie folgt seinen Gedanken aus:[8]

„Alle bekannten Lebewesen vom Einzeller bis zum Menschen enthalten die zu ihrem Aufbau notwendige genetische Information als fadenförmiges Makromolekül – Desoxyribonucleinsäure (DNA) – gespeichert. Mit Hilfe eines universellen Codes werden Teile der DNA übersetzt und Proteine aufgebaut, welche für den Ablauf der Lebensvorgänge sorgen. Die Information kann sozusagen auf Abruf in Funktion umgewandelt werden. Auf der Suche nach einem für die Selektion entscheidenden Maß für die Fähigkeit zu überleben, beginnen wir deshalb mit dem Begriff der Information, welche z.B. der „Informationstheorie" von Shannon zugrunde liegt.

Die Informationstheorie geht von der bereits fertigen, vorgegebenen Information aus. Selbstorganisation bedeutet aber, daß Information erst allmählich entsteht. Der Prozeß der Erzeugung von Information aus dem ungeordneten Zustand, der uns in der Evolutionstheorie interessiert, liegt außerhalb der konventionellen Informationstheorie. In der Biologie wird die Information durch Selektionstheorie gebildet; der „Wert" einer bestimmten Information entscheidet sich erst durch die Konkurrenz zwischen den einzelnen Informationsträgern. An die Stelle der „Alles oder Nichts"-Entscheidung – richtig oder falsch – tritt hier eine graduelle Abstufung. Die Zahl der möglichen unterschiedlichen Sequenzen ist bei allen Biopolymeren unvorstellbar groß; im Gesamtbereich der Natur kann daher nur ein verschwindender Teil der strukturellen Kapazität ausgenützt werden.

In der Biologie erhält die Information ihren Wert durch Selektionsprozesse. Evolution kann daher überhaupt erst beginnen, wenn sich Information in Funktion verwandeln läßt. Dies ist im Prinzip auf verschiedene Arten denkbar: Die einfachste Möglichkeit besteht darin, daß die einzelnen Sequenzen selbst die Funktion übernehmen, z.B. indem sie sich direkt in der Fähigkeit zur Selbstreproduktion unterscheiden. Eine andere Möglichkeit besteht darin, daß die einzelnen Sequenzen einen Code für die tatsächlichen Katalysatoren der Reproduktion darstellen. Die Information muß „übersetzt" werden, bevor sie als Funktion wirksam werden kann. Wie wir später sehen werden, ist in der Natur nur der zweite Fall realisiert, der gegenüber dem ersten eine ganze Reihe entscheidender Vorteile hat."

Pauschal und damit den Begriff der Information übernehmend, stellt Lewin in seinem grundlegenden Werk „Gene expression" fest:[9]

„Daß die Chromosomen, die in den Kernen der Zellen höherer Organismen beobachtet wurden, die genetische Information tragen, wurde bereits im letzten Jahrhundert realisiert."

Waddington definiert Information wie folgt – unter Bezugnahme auf die vorausschauenden Untersuchungen von H.J. Müller:[10]

„Heute, moderne Sprache gebrauchend, würden wie dies einfach etwas umändern [die Ausführungen H.J. Müllers über die Vererbung von Spezifität, der Übersetzer], indem wir das Wort Information anstatt der Spezifität benutzen: ein System lebt, wenn es durch Vererbung übertragbar Information codiert. Ferner wenn diese Information manchmal Veränderungen erfährt und diese veränderte Information ebenfalls übertragen wird."

Der Übertragung der Shannon-Weaverschen Informations-(Kommunikations-)Lehre auf die Biologie steht Waddington jedoch kritisch gegenüber:[11]

„Es bestand deshalb eine große Versuchung, die Shannon-Weaversche Theorie in Verbindung mit biologischen Prozessen zu bringen. Nichtsdestoweniger wurde ihre [Shannon-Weavers, der Übersetzer] Informationstheorie in Verbindung mit einer besonderen Form von Kommunikation [Prozeß, d. Übersetzer] entwickelt und hat Grenzen, die es außerordentlich schwer machen, wenn nicht gar unmöglich, sie in den zahlreichen biologischen Kontexten zu benutzen, die für viele eine Versuchung darstellen, sie auf diese anzuwendsen."

Ayala stellt die Notwendigkeit (der Annahme!) eines genetischen Codes dar, der den Informationstransfer von der DNA zu der RNS und dann zu den Proteinen gewährleistet. Ayala führt aus:[12]

„Die Colinearität der Gene und Polypeptide ist eine logische Schlußfolgerung aus der Hypothese, daß vererbte Information codiert in einer linearen Folge von Basenpaaren in der DNA codiert ist und in einer linearen Folge von Aminosäuren in den Polypeptiden. Diese Beziehung wird stillschweigend vorausgesetzt, da DNA und Polypeptide beide lineare Polymere sind. Nichtsdestoweniger hat die Beweisführung 1964 ergeben, daß Polypeptide und Gene colinear sind und damit eine Bestätigung mehr als zehnjähriger Überlegungen, die auf der Sequenz-Hypothese beruhen."

Zu dem Problem allein des „Codons" und der „Codierung" bezieht G. W. R. Walker Stellung:[13]

„Die verschiedenen Modelle, die vorgeschlagen wurden, um die Art zu erklären, wie der gegenwärtige genetische Code zu existieren begonnen haben kann (Zusammenfassung s. Woese, 1967), leiden alle an dem grundlegenden philosophischen Defekt einer bloßen Annahme..."

Der Autor weist nach, daß sowohl die älteren mechanistischen Modelle von Gamow wie die neueren stochastischen reine Hypothesen darstellen, da niemals eine eindeutige Evidenz der Annahmen erwiesen wurde.

Die Speicherung („Gedächtnis") der Information nimmt Sengbusch wie folgt an:[14]

„Die genetische Information ist in Form einer linearen Nukleotidabfolge in der DNS (RNS) gespeichert. Sie wird in eine lineare Abfolge von Aminosäuren in einem Polypeptid (Protein) übersetzt. Drei hintereinanderliegende Nukleotidbasen bilden ein Codon (Triplett), das eine bestimmte Aminosäure codiert. Der genetische Code legt die Zuordnung der Codons zu den Aminosäuren fest."

c) Vererbung und Informationsübertragung

Sengbusch faßt die Informationsübertragung zusammen:[15]

„Man unterscheidet dabei einmal zwischen dem enzymatischen Prozeß, durch den eine bestimmte Nukleotidsequenz von einem Makromolekül (DNS-Matrize) auf ein anderes (RNS: Matrize der Proteinbiosynthese) übertragen wird und den Erkennungsvorgängen, die dafür sorgen, daß die Transkriptionsmaschinerie die spezifische Start- und Stopsignale auf der DNS-Matrize findet. Hierdurch wird eine Selektivität der Transkription gewährleistet. Beim Informationstransfer (DNS → RNS) sind sowohl spezifische Basenpaarungen als auch Protein-Nukleinsäurewechselwirkungen beteiligt. Die Geschwindigkeit, mit der die Polymerase den Anfang eines Gens oder einer Gengruppe erkennt und dort die RNS-Synthese einleitet, entscheidet darüber, ob und in welcher Menge eine bestimmte genetische Information als RNS verfügbar wird. Die „Zugriffszeit" bestimmt somit letztendlich auch die Effizienz der Transkription. Die Nukleotidsequenz, die als „Adresse" ein oder mehrere Gene markiert, wird als Promotor bezeichnet. Er bindet die Polymerase mit hoher Affinität und determiniert die Richtung der RNS-Synthese sowie mit hoher Wahrscheinlichkeit auch die erste Base, die von DNS in RNS überschrieben wird. Sobald der Polymerase-Promotorkomplex gebildet worden ist, kann das Enzym bei Anwesenheit von Nukleosidtriphosphaten die erste Phosphodiesterbindung ausbilden und damit die Synthese der RNS initiieren. Die Reaktion ist biomolekular und läuft über mehrere, teils reversible, teils irreversible Schritte ab."

Wie aus den Ausführungen Sengbuschs hervorgeht, verläuft der Vererbungsprozeß gestuft: von den DNS-Molekülen über zwei weitere Stadien: die Überschreibung, dann die Übersetzung bis zur Bildung der hochmolekularen Proteine aus den aus Aminosäuren gebildeten Peptiden. Den Ablauf faßt Strickberger wie folgt zusammen und betont den nichtmateriellen Gehalt der Information:[16]

„Im Augenblick mag es genügen zu betonen, daß das genetische Material die Herstellung von Proteinen in der Zelle durch die Vermittlung von einem Protein synthetisierenden Apparat beeinflußt, der drei verschiedene Arten von RNA beinhaltet. Dem Kern unseres Verstehens der Beziehung zwischen dem genetischen Material und den Proteinen liegt die Annahme zu Grunde, daß die dreidimensionale Struktur der Proteine – d.h., ihre Form, ihr Umriß und ihre daraus folgenden Funktionen – im wesentlichen durch die lineare Folge von Aminosäuren bestimmt wird, aus denen sie zusammengesetzt ist. Diese lineare Folge der Aminosäuren ist wiederum ihrerseits durch die lineare Folge der Basen in den Nucleinsäuren determiniert. Kurz gesagt, das genetische Material stellt durch den Prozeß der „Umschreibung" ein Molekül der Boten-RNA her, das Base um Base eine Ergänzung zu den Basen einer der Stränge [der DNA, der Übersetzer] darstellt. Durch die Vermittlung von Ribosomen, die ihrerseits aus ribosomalen RNA und Proteinen bestehen, wird eine Folge der Basen innerhalb der Boten-RNA „übersetzt" und zwar in die Folge der Aminosäuren. Diese Übersetzung folgt der „Triplet"-Regel, daß eine Folge von drei Boten-RNA-Basen eine der 20 verschiedenen Arten der Aminosäuren bezeichnet. Während des Übersetzungsvorgangs wird keinerlei Materie („physical material") durch die Boten-RNA in das Protein eingeführt, es ist nur die Information, die übertragen wird. D. h. die Boten-RNA bezeichnet nur die lineare Position, in welcher jede Aminosäure plaziert werden muß – durch die speziellen Moleküle der Übertragungs-RNA, die die Aminosäuren zu dem Boten bringen. Mit Hilfe von Ribosomen und verschiedenen Enzymen werden die Aminosäuren dann in einer bestimmten Folge von Peptid-Bindungen zusammengebracht. Auf diese Weise wird eine Polypeptid-Kette von Aminosäuren gebildet, in der die genaue Lage von jedem Teil letztlich durch das genetische Material bestimmt worden ist."

An anderer Stelle schreibt Strickberger der DNS die Potenz („potentiality") zu [17], „viele verschiedene biologische Nachrichten zu tragen und zu verdoppeln".

Ferner postuliert er:[18]

„Mit einem hohen Grad an Vertrauen können wir annehmen, daß das spezifische chemische Material DNA von Generation zu Generation weitergegeben wird und daß dieses Material in sich selbst die Potenz enthält, viele verschiedene biologische Nachrichten zu transportieren und zu verdoppeln."

Woodward und Woodward beschreiben einen „generellen Informationsfluß", der auch Informationen zwischen Atomen und Molekülen miteinbezieht, wobei diese Autoren ebenfalls ausdrücklicher auf die Speicherfunktion der DNS gegenüber der Information verweisen:[19]

„Auf jeder Ebene von Komplexität ist die Übertragung von Information von einem Ort zum andern oder von einem Objekt zu einem anderen zu sehen. *Die Anzahl von Elektronen in einem Atom liefern bezeichnende Informationen über dasselbe.* (Hervorgehoben durch Übersetzer.) Die Anzahl und die Art der Individuen innerhalb einer Population offenbaren Informationen über die Vergangenheit derselben wie auch über ihre Zukunft. Darwins Evolutionstheorie ist nur ein Beispiel, Informationsfluß auf der Ebene von Arten zu beschreiben, nicht auf der Ebene von Individuen oder Zellen oder Makromolekülen. Nichtsdestoweniger sagt uns genaue Beobachtung des Informationsflusses auf diesen Ebenen, daß dort gemeinsame Mechanismen vorhanden sind, die den Informationsfluß innerhalb verschiedener dieser Ebenen erleichtern... Die Diskussion der Information innerhalb biologischer Systeme wird auf einfachere Phänomene zurückgeführt, einschließlich der Informationsspeicherung, der Verdoppelung, Umschreibung und Übersetzung von Information und die Regulierung der Information und ihrer Umwandlung in den Phänotyp... Die Hauptblickrichtung (der molekularen Genetik, d. Übersetzer) geht auf die Beziehung zwischen Struktur und Funktion innerhalb einer Familie großer Moleküle, die Informations-Makromoleküle genannt werden, diese sind DNA, RNA und Proteine. Von einem streng genetischen Gesichtspunkt aus gesehen, sind diese allgemeinen Typen von Makromolekülen die primären Vermittler genetischen Informationsflusses."

Der Begriff der Information ist nach diesen Autoren dahingehend erweitert, daß sowohl die Elektronen Informationen über die Art des Atoms liefern, wie auch Arten (Darwin) über ihre spezifischen Eigenschaften – Individuen über ihre Zukunft und Vergangenheit, Makromoleküle über zu vererbende Anweisungen. D.h. der Begriff der Information ist weitgehendst unspezifisch und physikalisch nicht mehr definierbar. Riedl, der sich bemüht, den Informationsbegriff nach seiner kommunikationstheoretischen Seite für die Biologie zu erhellen und in die Genetik, insbesondere aber auch die Morphologie der Typen zu integrieren, kommt zu folgender Definition:[20]

„Praktisch gehe ich nur einen kleinen Schritt weiter, wenn ich folgere, daß die Summe aus Indeterminationsgehalt (I_D) und Determinationsgehalt (D) eines definierten Systems, der allgemeine Informationsgehalt, gleich bleibt:
$$I_D + D = \text{konstant} \quad \quad \text{(Formel 17)},$$
weil in dieser Welt wie zwischen den Alternativen von Zufall und Notwendigkeit auch nur zwischen den Erwartungen, kausal zu verstehen und kausal nicht zu verstehen, zu wählen ist; und zwar unabhängig davon, wie oft wir uns am Wege der Erkenntnis irren."

Für Eigen und Schuster impliziert der Begriff der Information grammatikalischen Sinn (!), wenn Eigen von „molekularen Symbolen" spricht. Er schreibt:[21]

„Wir haben die molekulare Art als die sich replizierende Einheit mit einem bestimmten Informationsgehalt definiert, die durch eine spezielle Anordnung von molekularen Symbolen dargestellt wird."

Moleküle instruieren (!) sich:[22]

„Die konkurrierenden molekularen Strukturen müssen die inhärente Fähigkeit haben, ihre eigene Synthese zu instruieren."

Nachrichten müssen „sinnvoll" sein:[23]

„Das Ziel ist, eine sinnvolle Nachricht zu erzeugen aus einer mehr oder weniger zufälligen Folge von Buchstaben."

Die Autoren berechnen an anderer Stelle den „Symbolgehalt" der DNS (d.h. den Gehalt „möglicher, sinnvoller Informationen").

Eigen kommt zu einer Identität von molekularen, physikalischen Wechselwirkungen mit der Grammatik menschlicher Sprache. Dies belegen folgende Zitate:[24]

„Der Begriff Information ist – nicht nur aufgrund seiner sprachlichen Herkunft – mit dem Form- und Gestaltbegriff eng verwandt. Information kann als Abstraktion von Gestalt, als ihre Darstellung in den Symbolen einer Sprache aufgefaßt werden. So wie sich im Wesen der „Gestalt" Gegenständlichkeit *und* Funktionalität treffen, so hat auch Information zwei komplementäre Aspekte: einen quantitativen, mengenmäßigen, und einen qualitativen, nach Sinn und Bedeutung der Symbolanordnung fragenden.

Der letztere ist im Sprachgebrauch wohl der geläufigere. Jemanden *informieren* heißt, ihn in Kenntnis setzen. Dabei müssen Sinn und Bedeutung der Nachricht offenbar werden.

Für die Erfassung des quantitativen Aspekts – den wir bereits im Zusammenhang mit dem Verteilungsmaß Entropie eingeführt hatten – ist es nötig zu wissen, *wieviel* Information bzw. Detailwissen man braucht, um eine gegebene Symbolanordnung exakt identifizieren zu können. Der Sinn der in den Symbolen enthaltenen Nachricht steht dabei nicht unmittelbar zur Debatte, es sei denn, bestimmte an den Sinn geknüpfte Erwartungen – vor allem, daß es überhaupt einen solchen gibt – spielen für die Auswertung eine Rolle. Dieses Quantitätsmaß der Information ist im einfachsten Fall durch die Zahl der „ja-nein"-Entscheidungen gegeben, die zur Identifizierung aller Symbole in einer Sequenz nötig wäre."

Er fährt an anderer Stelle fort:[25]

„Die phänotypische, molekulare Funktionalsprache weist gewisse Analogien zu den phonetisch begründeten menschlichen Gebrauchssprachen auf. Wie diese benötigt auch sie ein ausdrucksstarkes Alphabet. Es besteht aus ca. zwanzig Symbolen, den sogenannten „natürlichen" Aminosäuren, deren jede eine spezifische chemische Funktion trägt. Wir wollen dieses Proteinalphabet den Phonemen bzw. den daraus abstrahierten ca. dreißig Buchstaben unseres Schriftalphabets gegenüberstellen.

Die „Wörter" der Proteinsprache repräsentieren alle im Organismus anfallenden Exekutivfunktionen: Reaktionsvermittlung, Steuerung oder Transport. Wie in den Wortkombinationen unserer Sprache treten jeweils mehrere – etwa vier bis acht – Symbole zu einer kooperativen Einheit zusammen. Diese funktionell wirksamen Symbole sind in den Wortgebilden der Proteinsprache nicht einfach linear aneinandergereiht, sondern entsprechend ihrer chemischen Aufgabe in bestimmter räumlicher Koordination angeordnet. Das wiederum ist nur dadurch möglich, daß zwischen den funktionell wichtigen Aminosäuren spezifisch faltbare Kettenstücke eingelassen sind, die allein dazu dienen, die strategisch wichtigen Aminosäuren exakt im Raum zu fixieren. Obwohl also das aktive Zentrum – das eigentliche dreidimensionale Wortkorrelat der Proteinsprache – nicht mehr Schriftzeichen umfaßt als die Tätigkeitswörter unserer Sprachen, muß ein Proteinmolekül insgesamt ca. ein- bis fünfhundert Kettenglieder in sich vereinen, um ein solches aktives Zentrum aufbauen zu können. Jedes dieser Moleküle repräsentiert eine bestimmte Tätigkeit, und man könnte die Enzyme als die „Tätigkeitswörter" der Molekülsprache bezeichnen.

Alle Funktionen im Organismus sind minuziös aufeinander abgestimmt. Das bedeutet: Alle Wörter der Molekülsprache sind zu einem sinnvollen Text zusammengesetzt, der sich nach sätzen gliedern läßt. Die Weitergabe dieses Textes von Generation zu Generation und die Nachrichtenübermittlung zwischen Legislative und Exekutive innerhalb der Zelle können jedoch nicht mit dem auf funktionelle Effizienz zugeschnittenen Alphabet der Proteine verwirklicht werden."

Über die Analogie hinausgehend, postuliert Eigen die Identität von grammatischer Sprache und molekularen Prozessen, indem er scheinbar den Unterschied betont:[26]

„Eine Gegenüberstellung der *molekularen* und *phonetischen* Sprache, wie wir sie in den vorangehenden Abschnitten vorgenommen haben, ist nur so lange sinnvoll, als durch Hervorkehrung der Parallelen nicht auch der Blick für die essentiellen – aus der Verschiedenartigkeit der Funktionen resultierenden – Unterschiede getrübt wird.

Beide Sprachen spiegeln in allererster Linie die charakteristische Eigenart der ihnen jeweils zugrundeliegenden Kommunikationsmaschinerie wider. Die Aussageform der Genetik sind Sätze, deren Struktur durch Steuerungsfunktionen bestimmt sind. So sind im Operon-Abschnitt eines Bakteriengenoms mehrere funktionell miteinander in Beziehung stehende Strukturgene durch Steuereinheiten, sogenannte Operatoren, zusammengefaßt. Die gesamte genetische Nachricht des Bakteriums, das Genom, besteht aus derartigen Sätzen, die zu einem einzigen Riesenmolekül miteinander verbunden sind. Die Chromosomen der höher entwickelten Lebewesen haben eine stark aufgefächerte Struktur, die bereits im Elektronenmikroskop gut sichtbar ist, deren „Syntax" aber im einzelnen noch keinesfalls aufgeklärt ist.

Der Satzbau der phonetischen Sprachen weist ebenfalls allgemeine Strukturprinzipien auf. Nach Chomsky wird in den Tiefenstrukturen eine universelle generative Grammatik sichtbar, die in unmittelbarer Beziehung zum „generativen" Organ der Sprache, dem Gehirn, steht.

Auf alle Fälle kann man sagen, daß die beiden großen Evolutionsprozesse der Natur: die Entstehung aller Formen des Lebens und die Evolution des Geistes, die Existenz einer Sprache zur Voraussetzung hatten. Das molekulare Kommunikationssystem der Zelle gründet sich auf die reproduktiven und instruktiven Eigenschaften der Nukleinsäuren wie auch auf die katalytische Effizienz der Proteine. Die durch die integrierte Funktion repräsentierte Sprache stellt eine neue, aus den *Einzelleistungen* der Vorläufer nicht ohne weiteres ableitbare Eigenschaft dar."

Liegt es nicht nahe, bei dieser über die Analogie hinausgehenden Identität von molekular-physikalischen Prozessen – deren biologische Problematik schon aufgezeigt wurde –, mit der menschlichen Sprache endlich an den „Logos" zu appellieren und dieses durch und durch materialistische System theologisch absegnen zu lassen? Der Leser bedenke: In Ermangelung einer ausschließlich biochemischen „Erklärung" – etwa dem katalytischen Ab- und Aufbau der Atmungskette vergleichbar – wurden Hypothesen gebildet, die den genetischen Vorgang in Analogie zu fundamental unterschiedlichen Bewußtseinsprozessen des Menschen „erklären" sollen. Schon diese Hypothese, die eine Kapitulation der kausalistisch-biochemischen Erklärung der genetischen Prozesse bedeutet, da sie aus Anleihen am menschlichen Begriffs- und Erkenntnisvermögen besteht, ist – gelinde gesagt – „problematisch" genug. Aber der hypothetische Charakter dieses Vorgehens wird „unter den Teppich" gekehrt, genetisch-biochemische Prozesse werden per analogiam technologisch (Code – Decodierung) „anthropomorphisiert" und am Schluß der Anthropomorphisierung „struktural" gleichgesetzt, wenn Eigen den molekularen Vorgang als semantisches (sprachliches) Symbol identifiziert (s. o. Zitat). Was ist ein „molekulares Symbol"? Nur verschwommenste Vorstellungen über das Wesen des Symbols und seine Entstehung in menschlichen Sozietäten können die Autoren veranlassen, molekulare Verbindungen – für die über einen komplizierten Abstraktions-Prozeß chemische „Symbole" entwickelt wurden, die die Valenzen und Verbindungsarten beziffern – als „Symbole" mit der Sprache, damit dem Begriff identisch sein zu lassen. Hier entwickeln philosophische Dilettanten eine materialistische Identitätsphilosophie – die aber mangels Reflexion durch die Wissenschaft von dieser sanktioniert wird.

Aus diesen Zitaten läßt sich über den Informationsbegriff folgendes schließen:
1. Information umfaßt die Nachrichten, die im Vorgang der Vererbung das „Wie" der Entstehung eines Proteins aus Aminosäuren – Polypeptiden – „wissen" und „machen" („know how"),
2. das „Was" der Proteine (welches Protein jeweils) bestimmen,
3. das „Wann" ihrer Entstehung oder Erstellung festlegen.

D. h. das Wie, Was und Wann der Proteine wird durch die Information vermittelt. Als Informationsträger wird die DNS angesehen. Sie muß gegen Stoffwechselvorgänge geschützt sein und sich über viele Dezennien von Millionen Jahren gleichbleibend erhalten können. Darüber hinaus ist die Information verschlüsselt (codiert). Die Codone werden jeweils durch die Basen-Triplets dargestellt und von der DNS auf die RNS „überschrieben", „übertragen" und „übersetzt". Im Übersetzungsprozeß korrelieren sie die Aminosäuren-Polypeptide zu Proteinen, um mit diesem entscheidenden Vorgang den Organismus aufzubauen.

d) Ist die Informationstheorie notwendig?

Die aus den vorausgegangenen Definitionen und Hypothesenbildungen sich ergebenden (logischen!) Schlußfolgerungen legen nahe, daß das Leben in der Schlüsselsubstanz DNS „programmiert" ist und Entwicklung (Ontogenese) im „Abrufen" der Programme besteht, wie dies auch konsequent Mayr postuliert:[27]

„Allen Organismen sind eine Reihe von Organisationsmerkmalen gemein, die in der unbelebten Welt unbekannt sind. Die Existenz dieser Merkmale ist für die besondere Natur der organischen Evolution verantwortlich, die von der kosmischen Evolution so grundlegend verschieden ist. Zu diesen Charakteristika gehören:
a) die Existenz eines genetischen Programms,
b) die Replikation des genetischen Programms in jeder Generation,
c) die Kombination differenter genetischer Programme mit Hilfe mehrerer Mechanismen der geschlechtlichen Fortpflanzung in jeder Generation,
d) die Übersetzung genetischer Programme in Phänotypen, wobei dieser Vorgang die Natur des genetischen Programms in keinerlei Weise verändert.

Das bei weitem außergewöhnlichste dieser Merkmale ist die Existenz genetischer Programme, die durch die Molekülstruktur der DNS möglich gemacht werden! Dies ist eine absolut einmalige Einrichtung ganz und gar unbekannt in der unbelebten Natur; eine Einrichtung, die in der Lage ist, geschichtliche Information zu akkumulieren und zu speichern und sie von Generation zu Generation weiterzugeben."

Demgegenüber stellt B.C. Goodwin sehr viel kritischer fest:[28]

„Das Programm ist eine Sammlung von Instruktionen, die den genetischen Prozeß in einer besonderen Weise bestimmen und zwingen („constrain"). Wenn diese Art von Computer-Analogie in einem biologischen Zusammenhang benutzt werden soll, glaube ich, daß die äußerste Klarheit notwendig ist, um eine Konfusion zu vermeiden. 1. Das DNS-„Programm" funktioniert nicht in derselben Weise wie ein Computer-Programm, da es nicht direkt dazu Stellung nimmt, wann Zellen „Entscheidungen" über Zustandsänderungen fällen. Die kritischen Punkte im epigenetischen Prozeß sind die Schaltungen (Switching-points), wo die Zellen „entscheiden", welchen der möglichen alternativen Pfade der Differenzierung sie folgen müssen. In Ausdrücken der Computer-Sprache: die Zelle muß bis zu einem solchen Punkt der Sub-Routine folgen, die die Form einer konditionierten Instruktion annimmt: wenn diese und jene Bedingungen erfüllt sind, tue dieses und jenes. Die Analogie mit dem Computer impliziert, daß die Zelle ihren eigenen Zustand „computerisiert". Daß sie auf das DNS-Programm für weitere Instruktionen hinblickt und dann ihren Zustand dementsprechend verändert. Das ist aber nicht das, was eine Zelle tut, obwohl eine formelle Analogie zwischen einem biochemischen Verhalten einer Zelle und der Operation eines Automaten, der ein bestimmtes Programm verfolgt, gemacht werden kann. Es mag elementar erscheinen, darauf zu bestehen, daß alle Ausführungen des Automaten bis zu einem bestimmten Punkt in biochemischen und physiologischen Termini interpretiert werden müssen, wenn ein Prozeß wie die Epigenese diskutiert wird, aber ich bin zu einem gewissen Grad enttäuscht worden über das Ausmaß an Konfusion, das durch das Versagen derjenigen entstanden ist, die die Computer-Analogie benutzt haben, um die Operation algorithmischer Instruktionen auf dem biochemischen Niveau zu illustrieren. Was auf dieser Ebene aktuell in einer Zelle geschieht, hört sich ziemlich unterschieden zu dem an, was oben beschrieben worden ist... Tatsache ist, daß es nicht eine einzige unabhängige Computerisierung eines Zellzustandes gibt, der sich auf die DNS als Quelle der Instruktionen bezieht und sich entsprechend diesen Instruktionen in seinem Zustand verändert. DNS arbeitet, indem sie teilweise den vorübergehenden-plötzlichen Zustand (instantaneous) der Zelle determiniert, indem sie an der Regulierung vorausgegangener Synthesen von Enzymen und anderer Makromoleküle teilgenommen hat und indem sie deren kinetische Charakteristika (wie die allosterischen Eigenschaften) spezifiziert. Die Zelle macht eine „Entscheidung" auf Grundlage ihres vorübergehend-plötzlichen Zustandes, der sofort bestimmt, welche biochemischen Reaktionen stattfinden sollen..."

Diese Darlegungen Goodwins, eines der maßgeblichsten anglo-amerikanischen Zellforscher, lassen die Gefahr unspezifisch-hypothetischer Verallgemeinerungen erkennen, die Mayr und mit ihm zahlreiche andere Biologen betreiben, indem sie die Computer-Mechanik auf biologische Prozesse übertragen. In diesem Zusammenhang wurde schon vor ca. 2 Jahrzehnten von einem maßgeblichen Molekularbiologen[29] die „Computerisierung einer Maus" vorausgesagt – die aber bis zum heutigen Tage sich noch nicht ereignet hat.

Es ist dem Verfasser noch kein biologisch-biochemisch ernstzunehmender Autor begegnet, der die obige Frage (ist die Info-Theorie notwendig?) gestellt hat. Die „Informationsübertragung" durch Vererbung hat in der Genetik einen anscheinend nicht weiter überprüften, in vielen Jahrzehnten übernommenen Charakter einer selbstverständlichen Voraussetzung erhalten, obwohl zweifellos Genetiker, Biochemiker und Physiker sehr unterschiedliche Meinungen über Wesen und Art der biologischen Information entwickelt haben. Auch René Thom[30] stellt sinngemäß fest, daß kein Biochemiker bei der Aufklärung irgendeines enzymatischen Auf- oder Abbauprozesses, des Krebszyklus, der Atmungskette, der Glukoneogenese oder des Einflusses des Insulins auf den Zuckerstoffwechsel auf den Gedanken käme, die Informationstheorie anzuwenden. So nimmt es wunder, wie problemlos der Informationsbegriff in den zweifellos biochemisch-enzymatischen Prozessen der Vererbung „integriert" bzw. nicht aus diesen Vorgängen wegzudenken ist. Seine Annahme ist notwendig, um das „Wie", „Was" und „Wann" der herzustellenden Proteine zu bestimmen – die eben nicht etwa nach dem Schema der Atmungskette verlaufen. Um das „Wie", „Was" und „Wann" der Proteinherstellung festzulegen, bedarf es nicht nur einer entsprechenden „Information", die das jeweilige „Wie", „Was" und „Wann" determiniert, das „know-how", sondern die Information muß 1. im Code gespeichert sein, um sie nach Bedarf abzurufen; 2. die Information muß in der Replikation der DNS erst kopiert werden (milliardenfach im Verlauf der Ontogenese und des Lebens, ganz zu schweigen von den Zahlen, mit denen die Phylogenese aufwarten würde), übersetzt, „erkannt", „gelesen", um „sinnvolle Nachricht" zu sein; 3. sie unterliegt den oben beschriebenen Überschreibungs- und Übersetzungsprozessen, wobei die Überschreibung von dem Zweistrangmolekül der DNS auf das Einstrangmolekül der RNS erst erfolgt und mit erheblichen, biomolekularen Problemen[31] verbunden ist. Die Analogie jedoch zu den Prozessen humaner Grammatik, Überschreibung, Übersetzung usf. wird noch gesteigert, wenn es sich für die Erklärung der Prozesse als notwendig erweist, auch Interpunktionszeichen einzuführen, Halte- und Stopsignale, „Leserahmen". Welcher Biochemiker würde einen dieser Begriffe bei dem Einfluß des Insulins auf den Kohlenhydratstoffwechsel anwenden?

Die enzymatisch bedingten Prozesse des Organismus sind maßgeblich durch die chemischen Valenzen in ihrer Wirkung bestimmt, ihre Bindungsmöglichkeiten, die die der aufgenommenen Substanzen (Substrate) und ihre eigenen Reaktionsmöglichkeiten mitdeterminieren. Jedoch scheinen die bekannten biochemischen Verbindungsmöglichkeiten zwischen Substanzen nicht auszureichen, den Vererbungsvorgang zu „erklären", obwohl z. B. das

Kopieren der DNS und RNS auf einer Matrize auch in anderen enzymatischen Prozessen vorkommen soll. Den Unterschied zwischen den „normalen" biochemischen Vorgängen und den zwischen den Informationsmodellen präzisiert Yockey wie folgt:[32]

„Der Grund dafür, daß genetische Nachrichten in Informations-Biomolekülen gespeichert werden können, ist der, daß die Anordnung der [die Nachricht, d. Übersetzer] zusammensetzenden Elemente (d. h. Nukleotide oder Aminosäuren) nicht durch ein Minimum potentieller Energie bestimmt wird, durch freie Energie oder irgendeinen rein chemischen Faktor. Ein Kristall von Natriumchlorid ist geordnet, aber ich kann keine Information in ihm speichern, denn seine Ordnung ist durch das Muster der potentiellen Energie des Kristalls determiniert. Nicht-lebende Materie speichert niemals Informationen von sich aus [von alleine, d. Übersetzer], obwohl Information durch äußere Aktionen (photographische Platten z. B.) gespeichert werden kann. Vielleicht ist die Fähigkeit, Informationen zu speichern, zu überschreiten, zu verdoppeln und zu überzeugen, der Unterschied zwischen lebender und nicht lebender Materie."

Der Prozeß der Anordnung der Proteine – als Resultat der Information – scheint demnach aus thermodynamisch-energetischen Gesichtspunkten grundsätzlich anders zu sein als der „normaler" biochemisch-chemischer Verbindungen. Die Komplexität des Vorgangs, die an diesem noch nicht übersehbare Zahl beteiligter Enzyme, die Komplexität ferner z. B. des „Aufwickelns" der Helix, ihrer Spaltung in zahlreiche Fragmente, die dann wieder zusammengefügt werden usf., sind nur weitere Hinweise dafür, daß diese Prozesse ohne entsprechende „Anordnungen" (Instruktionen, Befehle) einer „Information" sich nicht abspielen würden. Es ereignet sich, was Kuhn als „Funktion" bezeichnet, Eigen als „Symbol", d. h. der Übergang von einer „Ordnung des Daseins" in eine andere, für die die herkömmlichen, aus der „ersten Anordnung" gebräuchlichen Erklärungsmuster nicht ausreichen. Es sei in diesem Zusammenhang erinnert, daß auch für die Entstehung der Polypeptide aus den Aminosäuren für jede Aminosäure ein spezifisches Enzym benötigt wird, wie dies auch für die Erstellung der Proteine aus den Peptiden zuzutreffen scheint. Ganz zu schweigen ist auch von der Präzision dieser Vorgänge insbesondere bei der Zellteilung, wenn z. B. bei der Drosophila der allein zwei Zentimeter lange lineare Doppelstrang aufgelöst und wieder zusammengefügt wird. Auf diese, das menschliche Vorstellungsvermögen wahrscheinlich übersteigende Komplexität des molekularen Aufbaus und der molekularen Prozesse, weist Sengbusch wie folgt hin:[33]

„Die Oberfläche des DNS-Moleküls weist zwei schraubig strukturierte Rillen (Furchen), eine große und eine kleine auf. Das kommt daher, daß zwar die Basenpaare, aber nicht die jeweiligen Zucker- und Phosphatreste, mit denen die Basen verknüpft sind, einander direkt gegenüberstehen. DNS kann in drei verschiedenen Konformationen (A, B und C) vorliegen. Die B-Form, so wie wir sie im Watson-Crick-Modell repräsentiert sehen, ist die häufigste und die in wässrigem Medium genügender Ionenstärke stabilste Konformation. Ihr wesentliches Merkmal: Die Basenpaare stehen senkrecht zur Molekülachse."

Und am selben Ort:[34]

„Das Molekül [von Escheria coli, d. Ref.] enthält Anteile mit einer Superhelix-Konformation (*supercoil, supertwist*). Es ist zu 12–80 Schleifen gefaltet und an der Membran fixiert. Außer der DNS sind im Bild zahlreiche mehr oder weniger lange RNS-Moleküle zu erkennen, die als Transkriptionsprodukte z. T. noch an die DNS gebunden sind und die zusammen mit Proteinen für das Zustandekommen einer Faltung des Moleküls zu einer Anzahl wohldefinierter Schlaufen sorgen (Worcel und Burgi, 1972). Eine DNS-Helix wurde lange Zeit für eine starre, unveränderliche Struktur gehalten. Heute weiß man, daß das nicht zutrifft und daß das Molekül eine dynamische, modifizierbare Struktur ist. Replikation und Transkription sind Prozesse, bei denen die Wasserstoffbrücken vorübergehend gelöst werden. Man spricht dabei von Schmelzen.

Elektronenmikroskopisch sind geschmolzene Bereiche als Gabeln oder als Blasen auszumachen. Doppelstrang-DNS ist starrer als Einzelstrang-DNS. In den Blasen ist die DNS einsträngig und elektronenmikroskopisch somit als reine relativflexible Struktur auszumachen."

Die Informationstheorie stellt – so scheint es – eine notwendige Hypothese dar, um das „Was", „Wie" und „Wann" (die Spezifität!) der Proteine zu „erklären" und um die ungewöhnliche Komplexität des Vererbungsvorganges als eines einheitlichen Vorganges – der eben der Information als Übermittler von einer Generation zur anderen bedarf – zu veranschaulichen. Sie soll vor allem auch – und das dürfte wohl mit ausschlaggebend sein – die Kontinuität des erwachsenen Organismus im Verhältnis zum Keim erklären. Allerdings impliziert diese Kontinuität den durch und durch präformistischen Charakter der Informationstheorie: der erwachsene Organismus ist qua Information im Keim enthalten. Andererseits ist er wiederum dieser Keim selbst nicht – sondern nur der sich entwickelnde, zum erwachsenen Organismus ausreifende Keim. Die Paradoxie jedoch, daß der Keim faktisch nicht der erwachsene ist, aber „doch schon" (präformiert) der erwachsene ist, indem er erwachsen wird, „potentiell" erwachsen ist – diese Paradoxie bemüht sich die Informationstheorie letztlich durch ihren einheitlichen, wenn auch höchst problematischen und ungeklärten Begriff der „Information" zu überbrücken. Der erwachsene Organismus ist in der DNS gewissermaßen als „Gedächtnis" gespeichert – und die Information weiß, wie aus dem Keim der erwachsene Organismus „hergestellt" wird.

e) Zur allgemeinen Problematik des biologischen Informationsbegriffes

Nach Aufhellung der Struktur der DNS 1953 durch Watson und Crick bemühten sich wiederholt Biologen und Physiker um eine Präzisierung des genetischen Informationsbegriffes. Allerdings blieb der Erfolg aus, obwohl dieser Begriff ständig, insbesondere jetzt auch von Evolutionisten, benutzt wird. Anläßlich eines Symposions zur Klärung des Informationsbegriffes schreibt schon 1956 H. Quastler folgendes:[35]

„Die Informationstheorie ist zu ihrer negativen Seite hin sehr stark, d.h. indem sie aufweist, was nicht getan werden kann; auf der positiven Seite hat ihre Anwendung in der Erforschung der lebenden Dinge nicht viele Resultate bis jetzt gezeigt; sie hat nicht zu der Entdeckung neuer Fakten geführt, noch konnten bekannte Fakten durch ihre Anwendung in kritischen Experimenten getestet werden. Bis heute ist ein definitives und gültiges Urteil über den Wert der Informationstheorie in der Biologie nicht möglich."

Diese Situation dürfte sich seit 1956 nicht wesentlich geändert haben. Dabei hat bereits 1953 H. Quastler versucht, den Begriff der Spezifität in enzymatischen Prozessen informationstheoretisch anzuwenden und auszuwerten. Er kam zu hochkomplizierten logarithmischen mathematischen Transformationen. Für die Verwirrung auf diesem Gebiet ist es charakteristisch, daß er nicht die Information der Enzyme und das Verhältnis derselben zu den Substraten „mißt", sondern die Information, die er als chemische Reaktion der Enzyme zur Kenntnis nimmt und entsprechend informationstheoretisch verarbeitet. Dabei sei an folgende grundlegende Begriffe erinnert, z.B. wie der Begriff der Information von Shannon und Weaver definiert wird:[36]

„Das Wort *Information* wird in dieser Theorie in einem besonderen Sinn verwendet, der nicht mit dem gewöhnlichen Gebrauch verwechselt werden darf. Insbesondere darf *Information* nicht der Bedeutung gleichgesetzt werden.
Tatsächlich können zwei Nachrichten, von denen eine von besonderer Bedeutung ist, während die andere bloßen Unsinn darstellt, in dem von uns gebrauchten Sinn genau die gleiche Menge an Information enthalten. Dies meint Shannon zweifellos, wenn er sagt, daß „die semantischen Aspekte der Kommunikation unabhängig sind von den technischen Aspekten." Dies bedeutet aber nicht, daß die technischen Aspekte unabhängig sind von den semantischen. Anders ausgedrückt: Information in der Kommunikationstheorie bezieht sich nicht so sehr auf das, was gesagt *wird*, sondern mehr auf das, was gesagt werden *könnte*. Das heißt, Information ist ein Maß für die Freiheit der Wahl, wenn man eine Nachricht aus anderen aussucht.
Um etwas genauer zu sein: Der Betrag der Information ist im einfachsten Fall definiert als der Logarithmus der Anzahl der Wahlmöglichkeiten."

Es handelt sich bei Shannon und Weaver um eine rein quantitative Bestimmung der Information – ohne Rücksicht auf deren Inhalt, d.h. auf deren spezifische Bedeutung. Aber die letztere ist für die biologischen Prozesse ausschlaggebend: Ein minimalster, molekularbiologischer „Fehler" in der „Übertragungsmaschinerie" und das Lebewesen wird zu Tode kommen. Diesen Sprung, von der quantitativen Meßbarkeit der Information – hier liegt ihre Beziehung zur Wahrscheinlichkeitsrechung und zu den Problemen der Entropieminderung oder -steigerung – zur qualitativen, spezifischen Bedeutung („Nachricht", „Sinn") eben der Proteine für den gesamten Organismus können nur Gewaltlösungen im Stile Eigens bilden. Es sei ferner erinnert, daß in dem Kommunikationssystem von Shannon und Weaver drei Apparaturen unterschieden werden: der Sender, die Störquelle und der Empfänger. Wie sind diese im biologischen System unterzubringen? Darüber gehen die Meinungen sehr auseinander: die einen betrachten die Elterngeneration als Sender, das Keimplasma als Empfänger, die anderen wiederum die DNS als Sender und das Protein als den Empfänger. Der als selbstverständlich benutzte Begriff der Codierung stellt sich ursprünglich wie folgt dar:[37]

„Die Übersetzung der Nachricht in das Signal durch den Sender beinhaltet oft einen *Codiervorgang*. Was sind die charakteristischen Merkmale eines effizienten Codiervorganges? Und wenn die Codierung so effizient wie möglich ist, mit welcher Übertragungsrate kann der Kanal Information weiterleiten?"

Hier liegt die Frage nahe: Wer hat wen und vor allem wie in den biologischen Systemen – und wofür – codiert? Vergeblich wird man hier bei Eigen u. a. eine verbindliche Auskunft suchen. Der „klassische" Informationsbegriff ist ferner ein stochastischer: höchste Präzision des Vererbungsvorganges, höchste Komplexität desselben bei höchster „Kontrolle" aller Vorgänge schließen jedoch „Wahrscheinlichkeiten" aus. Deshalb kann Waddington wie folgt argumentieren:[38]

„Die Grundlage der Shannon-Weaverschen Kommunikationstheorie bildete das Kabelsystem der Telefonleitungen. Hier kann sich eine Analogie – vorausgesetzt, daß Störungsfreiheit nachgewiesen ist – zu den Vernetzungen des Nervensystems bilden, insbesondere was die Impulsmessung innerhalb desselben anbetrifft. Damit jedoch – so meint Waddington – hat sich die Analogie erschöpft, da schon für die Vererbungsvorgänge zu zahlreiche Störungsvorgänge („Rauschen") angenommen werden müssen, als daß die Einheit von Sender, Störquelle und Empfänger aufrecht erhalten werden kann."

Er fährt fort:[39]

„Wenn wir jedoch beginnen, die Beziehungen zwischen dem Genotyp und Phänotyp zu betrachten, dann werden die Grenzen der Theorie [Informationstheorie, d. Übersetzer] von überwältigender Wichtigkeit und machen sie zu einer ganz nutzlosen, aber gefährlichen Angelegenheit. In dem allerersten Schritt des Übergangs vom Genotyp zum Phänotyp kann sie noch angewandt werden. Die Gene, die aus DNA bestehen, wirken sich dahingehend aus, wie wohl erfahren wurde, [„Feld", d. Übersetzer], indem sie als Muster (templates) dienen, auf denen die Messenger-RNA synthetisiert werden. In diesen besteht für jede Zuckernucleotid-Einheit in der DNA eine genau entsprechende Zuckernucleotid-Einheit in der RNA. Der Wechsel ist nicht mehr als der von einem römischen Gesicht zu einem italienischen Typus, in dem das gleiche Alphabet benutzt wird. Der Vorgang wird im allgemeinen in der Biologie als Überschreibung bezeichnet. Selbst in dem nächsten Schritt ist noch nichts beunruhigendes enthalten. Die Folge der Zuckernucleotid-Einheiten in der Messenger-RNA bildet das Muster, um eine korrespondierende Folge von Aminosäuren zu Polypeptiden niederzulegen, die dann das Protein bilden. Das impliziert bereits eine drastischere Veränderung, vielleicht den Wechsel von einem normalen Alphabet zu einem Morsecode. Im allgemeinen wird in der Biologie von „Übersetzung" gesprochen... Im nächsten Stadium der Bildung des Phänotyps wird die Informationstheorie unfähig, mit der Situation umzugehen. Es ist ganz offensichtlich, daß der Phänotyp eines Organismus nicht nur einfach in einer Ansammlung aller Proteine besteht, die den Genen im Genotyp entsprechen und nichts anderem. Er [der Organismus, der Übersetzer] ist vielmehr aus einer ungewöhnlich heterogenen Ansammlung von Teilen entstanden, in jedem derselben einige aber nicht alle der Proteine vorhanden sind, für die die Gene als Muster hätten dienen können und in jedem derselben ebenfalls viele andere Substanzen und Strukturen sind, über und jenseits der primären Proteine herausgehend, die einem speziellen Gen entsprachen."

Ausgehend von der zwischenmenschlichen Situation überhaupt, daß z. B. eine Person eine andere um Rat fragt und dies dann Grundlage einer Nachricht oder „Information" wird, kritisiert René Thom eingehend den biologistisch-physikalischen Informationsbegriff, sowie die Verfälschung der empirischen Tatsachen durch ihn. In Auseinandersetzung insbesondere mit H. Quastler führt er über den Informationsbegriff folgendes aus:[40]

„Es handelt sich hier im wesentlichen um die genetische Information einer lebenden Art, wie man sie in dem Zentraldogma von Watson-Crick vorfindet:„Die genetische Information eines Lebewesens ist codiert in der Komposition der Nucleotiden seiner DNA."

Zwei Interpretationen können hier vorgeschlagen werden. Die erste betrachtet das Ei wie eine Nachricht, die von einem gebenden (sendenden) Elternteil vermittelt wird: der Empfänger ist der Embryo, der aus dem Ei selbst kommt. Die Nachricht, so müßte man daraus schließen, wird zu ihrem eigenen Empfänger und das ist eine Betrachtung, die wohl schwer aufrechtzuerhalten ist.

Die zweite Interpretation wurde von einigen Theoretikern der Informationstheorie in der Biologie, wie von Dancoff und Quastler verteidigt: sie betrachtet den lebenden Organismus als den Sender („Geber") (X) der Information, den Empfänger (Y) dagegen als den Beobachter selbst. Genauer: die gesamte natürliche Morphologie wird als eine Nachricht von einer fiktiven Quelle (X) angesehen, die an den Wissenschaftler (Y) adressiert ist, der der Empfänger ist.

Man findet hier eine sehr alte Idee wieder: Gott spricht zu uns durch die Erscheinungen der Welt, und es kommt uns zu, seine Sprache zu entziffern. Zweifellos erhebt diese Art, die Dinge zu sehen, erhebliche ontologische Probleme... Im wissenschaftlichen Gebrauch, insbesondere in der Biologie, in der sowohl der Empfänger wie auch die Sender-Quelle ausgelöscht wurden, besteht die Unehrlichkeit, wenn überhaupt von Unehrlichkeit gesprochen werden kann, darin, daß sie nur von intellektueller Art ist. Die Anwendung des Wortes „Information" im Fall der „genetischen Information" bezeugt folgende psychologische Situation: in der ungeheuer komplexen Entfaltung der morphogenetischen Prozesse in der Embryologie hat die Molekularbiologie einen wichtigen Mechanismus, die Synthese der Proteine, zutage gefördert. Die natürliche Tendenz des Spezialisten besteht darin zu behaupten, daß diese Etappe die wesentliche Etappe sei. Die anderen Etappen seien nur einfache Folgen. Der Begriff „Information" dient ganz offenkundig in einem solchen Fall nur dazu, die fast totale Unwissenheit zu verschleiern, in der wir uns befinden, um die anderen sogen. untergeordneten Mechanismen zu präzisieren, insbesondere deshalb, da der Begriff der Information Intentionalität umschließt, damit eine den Finalismus implizierende Vorwegnahme, die jeden biologischen Gedanken unterläuft. In diesem Sinne ist die Information die obskure Form der Kausalität."

Nachdem durch die dargelegten Meinungen noch einmal die allgemeine Problematik des biologischen Informationsbegriffes aufgewiesen wurde, sei im nächsten Abschnitt seine physikalische Relevanz oder Irrelevanz erörtert.

f) Zur physikalischen Problematik des Informationsbegriffes

Der physikalischen Problematik des Informationsbegriffes ging Pattee wiederholt nach, insbesondere in seiner Arbeit „Wie kann ein Molekül eine Nachricht werden?"

In kritischer Auseinandersetzung mit der Vorstellung von Crick und Watson, daß der genetische Code sich aus „frozen accidents" (erfrorene Zufälle) entwickelt hätte, d. h. aus einer Ansammlung und dann erfolgenden Festlegung von „Zufällen", weist der Biophysiker Pattee nach, daß diese Hypothese keineswegs ausreicht, um zu erklären, warum die DNA und keine andere Verbindung als spezifische die „Information" trägt. Dies dürfte überhaupt eine zentrale, noch ganz ungelöste Frage der biologischen Informationstheorie sein: was befähigt die DNA zur „Speicherung", zum Transport usf. von Information? Im „normalen" isolierten Zustand, in vitro und denaturiert, sammelt sie Information nicht, sondern ihr ist dies nur in Verbindung mit Enzymen möglich – wie Kernberg (s. Sengbusch a.a.O.) nachwies. Warum gerade die DNS, die in ihrer chemischen Zusammensetzung ein relativ unkompliziertes Molekül ist, im Vergleich etwa mit den Proteinen oder organischen Verbindungen wie den Sterenen. Von dieser zentralen, ganz ungelösten Frage abgesehen, der sich Chargaff in seinem 3-bändigen Werk widmete,[41] kommt Pattee zu dem nicht sehr befriedigenden Ergebnis, daß ein:[42]

„Molekül nicht eine Nachricht wird aufgrund einer besonderen Form, Struktur oder Verhaltens. Ein Molekül wird zur Nachricht nur im Zusammenhang eines größeren Systems physikalischer „Zwänge" (constraints), die ich als „Sprache" bezeichnet habe – in Analogie zu dem normalen Gebrauch des Begriffs der Nachricht."

Pattee versucht, diese Ausführung dahingehend zu spezifizieren, daß eben in dem sogenannten primären Ozean sich Ökosysteme gebildet hätten, die die Sprache erzeugt hätten, unter deren Einfluß dann spezifische Nachrichten im evolutionären Sinne entstanden wären.

Da die biologische Informationstheorie „Entscheidungen" impliziert, wann z. B. wie und was abgerufen wird (s. o.), die über die Kybernetik der Lac/Operon-Verhältnisse (Monod, Jacob) hinausgehen (s. o., Goodwin), untersucht Pattee an anderer Stelle das Problem, wie es innerhalb physikalischer, insbesondere quantentheoretischer Prozesse zu „informationserzeugenden Zwängen" kommt, die Entscheidungen verursachen. Die Diskussion umschließt detaillierte quantenphysikalische Probleme, insbesondere wie diese „constraints" in molekularen Systemen erfahren werden können:[43]

„Wenn zum Beispiel ein Enzym-Molekül als elementares, entscheidungsfällendes System („constraint") betrachtet wird, können wir feststellen, daß das klassische Bild seiner chemischen Struktur für die Begriffsbildung nützlich ist aber noch völlig inadäquat, wenn es darum geht, seine katalytische Kraft zu erklären oder seine Spezifität in einer quantitativen Weise. Nichtsdestoweniger, wenn wir versuchen, den Gedanken entscheidungsfällender Systeme (constraints) in quantenmechanischer Sprache auszudrücken, sind wir sofort mit ernsthaften Schwierigkeiten innerhalb des Meß-Problems konfrontiert, die wir schon genannt haben."

Das für die biologische Informationstheorie so wichtige Problem des Lebens und Überschreibens der Information durch die Biomoleküle stellt sich ihm wie folgt dar:[44]

„Das Schlüsselproblem ist nicht der Speicher selbst – wir kennen die DNA-Struktur in größeren Einzelheiten –, vielmehr wie diese Struktur interpretiert oder gelesen wird, im Sinne der alles übersteigenden hierarchischen Kontrolle, die die Handlungen des Organismus bestimmt. Ich meine hier nicht nur die Kenntnis des genetischen Codes, sondern die aktuelle Dynamik, den Prozeß der Codon-Erkennung und die darauffolgende Reaktion. Die Resultate des Lese-Prozesses – der Handlungen – interpretieren wir als klassische Ereignisse auf allen Ebenen, von der Auswahl einer spezifischen Aminosäure bis zur Bildung eines Protein-Moleküls im Vergleich zu der Auswahl des Gehirns Worten gegenüber, um einen Satz zu bilden. Als klassische „Ereignisse" meine ich nicht, daß wir sie als Überlagerungen von Zuständen beschreiben, sondern als diskrete, bestimmte Ereignisse, die mit einer bestimmten Präzision oder Wahrscheinlichkeit stattfinden."

Pattee kann auch nicht umhin, den Lebensvorgang als verbindlich für das Entstehen sprach-ähnlicher Kategorien in den biologischen Vorgängen anzunehmen, die jedoch mit quantenphysikalischen Prozessen schwierig zu vereinen sind, wie das der Verfasser später darlegt. Das Problem der Entscheidungen, des Lesens, Schreibens, insbesondere des Erkennens innerhalb der biologischen Informationstheorie, scheint von der physikalischen Ebene her weitgehendst ungelöst zu sein. An anderer Stelle gibt Pattee eine detaillierte Kritik des Matrizen-Begriffes wieder, der „template", der für die Reduplikation der DNS von so entscheidender Bedeutung ist und im allgemeinen mit dem Begriff der „Kopie" bezeichnet wird:[45]

„Nichtsdestoweniger entfernt sich die geläufige Betonung der Matrizen-Replikation als das Geheimnis der Vererbung nicht nur zu einem gewissen Grad von der traditionellen biologischen Vorstellung der Vererbung, sie versagt vielmehr darüber hinaus, die logische und physikalische Beschreibung des Vererbungsprozesses darzustellen. Die traditionelle Vorstellung des Vererbungsprozesses umschließt die Übertragung von besonderen Merkmalen von den Eltern zum Kind, die eine Sammlung von Alternativen darstellen. Die Merkmale, die aktuell dann übertragen werden, hängen von einer Beschreibung der Merkmale ab, die von einer früheren Zeit her gespeichert oder erinnert werden. Der entscheidende Punkt ist der, daß die erbliche Verbreitung eines Merkmals die Beschreibung oder den Code desselben impliziert und damit einen Klassifizierungsprozeß und nicht nur Anwendung der physikalischen Bewegungsgesetze auf eine Sammlung von Anfangsbedingungen. Diese Bewegungsgesetze hängen nur von der unmittelbaren Vergangenheit ab und können nicht mit den Begriffen des Gedächtnisses, der Beschreibung des Codes oder der Klassifizierung verbunden werden... Der dementsprechende biologische Aspekt der vererbten Evolution ist, daß der Prozeß der natürlichen Auswahl auf den aktuellen Zügen oder dem Phänotypus sich ereignet und nicht auf der Beschreibung des Phänotyp in dem Erinnerungs-Speicher, der das Gen genannt wird. Dies ist wesentlich, denn es erlaubt die innere Beschreibung oder das Gedächtnis als eine Art von Scheinzustand der für eine begrenzte Lebenszeit von der direkten Interaktion mit dem Phänotypus isoliert ist, diese direkte Interaktion der Phänotypus ständig vor Angesicht hat. Direktes Kopieren wie Kristallwachstum oder Matrizenreplizierung, wie in der Basenverdopplung der DNA, implizieren weder Code noch Klassifizierung von Alternativen. Aus diesem Grunde ist das einfache Kopieren nach dem Matrizenmuster nicht ausreichend für die Evolution durch natürliche Auslese. Wenn keine Unterscheidung zwischen Genotyp und Phänotyp besteht oder zwischen der Beschreibung eines Merkmals und dem Merkmal selbst, oder in anderen Worten: wenn kein Codierungsprozeß besteht, der das Beschriebene mit dem was beschrieben wird verbindet, dann kann kein Vererbungsprozeß in der Evolution durch natürliche Auslese bestehen."

Im Zusammenhang dieser höchst aufschlußreichen Kritik eines so elementaren Begriffes wie den der Matrize, der in allen Lehrbüchern ungefragt übernommen wird, sei an die analogen Ausführungen von Wigner und Polanyi erinnert.

Wigner deduziert mathematisch die quantenphysikalische Unmöglichkeit eines sich selbst replizierenden Systems – wie das der DNA-Helix. Ausgehend von einer Kritik der sich selbst reproduzierenden Maschinen von Neumanns – die auf Turings universaler Automatisierung beruhen – legt Wigner dar, daß für diese nur eine diskrete Sammlung von Zuständen zutrifft, während in lebendigen Prozessen alle Variablen kontinuierlich sind. Er beruft sich dabei auf von Neumann selbst, der sich darüber im klaren war, daß seine Vorstellungen nicht auf biologische Systeme angewandt werden können. Wigner schreibt in diesem Zusammenhang bezüglich der Crick-Watsonschen Modellvorstellungen:[46]

„Der zweite Teil konfliktträchtiger Mitteilungen ist das Modell, das Crick und Watson für die Fortpflanzung vorgeschlagen haben und das einen bestimmten Mechanismus für die Übertragung der Merkmale auf die Nachkommen voraussetzt. Dieses Modell ist eher auf klassischen als auf quantenphysikalischen Vorstellungen aufgebaut... Es ist nicht beabsichtigt, dieser Ansicht [von Watson-Crick, der Übersetzer] absolut zu widersprechen. Nichtsdestoweniger ist es notwendig zu unterstreichen, welche Einzelheiten des Funktionierens des Modells nicht vollständig ausgearbeitet worden sind. Analog wurde die Verläßlichkeit des Modells und die Wahrscheinlichkeit seines Schlecht-Funktionierens nicht ausgearbeitet und experimentell nicht verglichen. Deshalb mag man der Ansicht zustimmen, die auch Elsässers Vorstellungen implizieren, daß der Typus von Fortpflanzung, für den das Modell von Crick und Watson anwendbar zu sein scheint, wie für alle ähnlichen Prozesse, durch die gut bekannten Gesetze der Natur beschrieben werden können, jedoch nur approximativ. Nichtsdestoweniger ist die scheinbar wörtlich absolute Verläßlichkeit des Funktionierens des Modells die Folge eines biotonischen Gesetzes [nicht von physikalischen Gesetzen, d. Übersetzer]."

Zu analogen Ergebnissen kommt Polanyi in seiner Untersuchung „Life's irreducible structure", in der er ebenfalls die angenommenen molekularmechanischen Vorgänge der DNA-Replikation und ihre Folgen mit programmierten, sich selbst herstellenden Automaten nach von Neumann vergleicht, um die fundamentalen Differenzen zwischen beiden aufzuweisen. Er dringt in die biochemische Problematik der DNA-Bindungen ein, nachdem er die Redundanz des genetischen Codes und seine „Degeneration" – die stets Präzision in Frage stellt, – erörtert hat. Wie kann ein Molekül ein Code werden, so fragt er, wie Pattee:[47]

„Angenommen, daß die derzeitige Struktur der DNA-Moleküle auf die Tatsache zurückzuführen ist, daß die Bindungen seiner Basen sehr viel stärker wären als die Bindungen für irgendeine andere Verteilung der Basen, dann würde ein solches DNA-Molekül keinen Informationsgehalt haben. Sein Code-ähnlicher Charakter würde durch eine überwältigende Redundanz ausgelöscht. Wir können feststellen, daß dies der Fall für ein gewöhnliches chemisches Molekül ist, da seine geordnete Struktur Folge eines Maximums an Stabilität ist, die einem Minimum an potentieller Energie entspricht, seiner Ordnung fehlt die Möglichkeit, als Code zu funktionieren. Das Muster der Atome, die ein Kristall bilden, ist ein anderes Beispiel einer komplexen Ordnung, ohne einschätzbaren informativen Gehalt..."

und a. a. O.:

„Im Licht der derzeitigen Evolutionstheorie wird angenommen, daß die code-ähnliche Struktur der DNA durch eine Folge von zufälligen Variationen im Verlauf der natürlichen Auslese sich hergestellt hat. Aber der Aspekt der Evolution ist unzureichend hier: Was immer auch der Ursprung der DNA-Konfiguration ist, sie kann nur als ein Code funktionieren, wenn seine Ordnung [Aufbau, der Übersetzer] nicht die Folge der potentiellen Energie ist. Es muß eine physikalische Indeterminante sein, vergleichbar der Folge der Worte auf einer gedruckten Seite... Es ist die physikalische Unbestimmtheit der Folge, die die Unwahrscheinlichkeit des Vorkommens irgendwelcher spezieller Folgen hervorruft und sie damit befähigt, einen bestimmten Sinn zu haben, einen Sinn, der wiederum eine mathematisch determinierte Information enthält, die der numerischen Unwahrscheinlichkeit der Ordnung entspricht... und ich möchte hinzufügen, daß DNA selbst ein solches System ist, da jedes System, das Information überträgt, unter einer doppelten Kontrolle steht, denn jedes System schränkt ein und schafft Ordnung im Dienst der Übertragung der Information. Im Fall der DNA ist dessen Grenzbedingung die Kopie eines wachsenden Organismus... Wir können schließen, daß in jeder Embryonalzelle das Doppel der DNA anwesend ist, das eine lineare Anordnung seiner Basen hat, eine Anordnung, die, da sie unabhängig von den chemischen Kräften innerhalb des DNA-Moleküls ist, einen großen Betrag an sinnvoller Information enthält. Und wir sehen, daß wenn diese Information den wachsenden Embryo formt, produziert es in diesen Grenzbedingungen, die wiederum selbst unabhängig von den physikalisch-chemischen Kräften sind, in die sie zwar eingefügt sind, jedoch den Lebensmechanismus in dem sich entwickelnden Organismus kontrollieren."

Er fährt an anderer Stelle fort:

„Das Entstehen zusätzlicher Kontrollen nach Prinzipien einem selektiven Prozeß in der Evolution zuzuschreiben, läßt ernsthafte Schwierigkeiten offen. Die Erzeugung von Grenzbedingungen in dem heranwachsenden Embryo durch Übertragung der Information, die in der DNA enthalten ist, stellt ein Problem dar. *Wachstum der Kopie innerhalb der komplizierten Maschine, die sie beschreibt, scheint ein System zu verlangen von Ursachen, die nicht in physikalischen oder chemischen Termini spezifiziert werden können*, Ursachen, die zu den Grenzbedingungen noch hinzugefügt werden müssen, der DNA und zu den morphologischen Strukturen, die durch die DNA hervorgebracht werden." [Hervorhebung durch Übersetzer]

Im Gegensatz zu diesen Darlegungen stehen z.B. die Untersuchungen von Yockey,[48] der sich ebenfalls mathematisch bemüht, die Verbindlichkeit der Shannonschen Kommunikationstheorie für die biologischen Informationsvorgänge aufzuzeigen. Dies gelingt ihm unter anderem nur, wenn er den Begriff der Bedeutung, d.h. der qualitativen Spezifität aus der biologischen Informationstheorie eliminiert. Die biologische Information wird – analog zum Computer – in bits berechnet, obwohl die Moleküle Symbolträger sind, deren Umwandlung spezifische „Bedeutungen" haben, die nicht selbstverständlich sind. Der Autor bemüht sich (analog zu Eigen) darzulegen, daß die Information unspezifisch, bedeutungslos ist, aber dennoch Spezifität hat. Das Problem der Wahrscheinlichkeit – für Shannon maßgeblich – impliziert „Wahl" (Entscheidung). Diese – die Wahl – sei der Sender oder die Quelle die Information und die „Unbestimmtheit" oder Wahrscheinlichkeit sei der Empfänger (die Proteine). Die Ansichten wiederum von Yockey blieben nicht unwidersprochen, sie sind in ihrer Widersprüchlichkeit – Bedeutung gegen Spezifität, Spezifität wiederum gleich Unwahrscheinlichkeit der Proteine usf. – jedoch charakteristisch dafür, wie mathematische Deduktion auf schwankendem empirischen Grund sich einsetzen läßt und ihren Eindruck als „Wissenschaft" nicht verfehlt. Die Informationszunahme im Verlauf der Evolution entsteht durch zufälligen Ersatz von Molekülen durch jene ersten Formen natürlicher Auslese – die auch für Eigen und Kuhn bereits bei den Makromolekülen einsetzt. Yockey kann nicht umhin zuzugeben – dies ist auch Eigens Problem –, daß die genetischen Nachrichten (Informationen) einen erheblichen Grad an genetischem „Lärm" (Störung, Shannon) enthalten. Die genetische Störung wird dann einfach den Teilen des Genoms zugesprochen, die angeblich keine Spezifität enthalten oder eine größere sich wiederholende Sequenz bilden. Abgesehen von der Schwierigkeit der Konstruktion eines genetischen Codes, der nicht nur doppelt sondern auch dreifach sich darstellt, der Wechsel von einem zweifachen zu einem dreifachen Code jedoch mit einer tödlichen Mutation verbunden wäre, nimmt Locker wie folgt zu den Ausführungen Yockeys Stellung:[49]

„Nach meiner Ansicht ist Ihre Bemerkung, daß die Information nur in lebenden und nicht in nicht-lebenden Entitäten existiert, ein Ausdruck dafür, – in anderen Worten, – der Tatsache, daß lebende Dinge Eigenschaften entfalten, die einem subjektähnlichen Selbst ähneln durch Mittel, vermittels derer sie die Nachricht (den Sinn) von Informationen „verstehen", die sie erhalten. Nichtsdestoweniger als Information eine abstrakte (oder formale) meßbare Quantität ist, kann sie kaum unabhängig von ihrem Träger oder Überträger betrachtet werden, während Information „handeln" kann – vorausgesetzt, daß sie überhaupt handeln kann –, aber nur in Verbindung mit einem Träger, in dem sie auch gespeichert werden kann. Sie (Yockey) bieten sehr überzeugend eine Erklärung für die Möglichkeit von Informationszuwachs an. In dieser Beziehung ist es mir nicht klar, in welcher Weise der Zuwachs einen kompensierenden Prozeß für die Ansammlung von Störungen (Lärm) darstellt. Ein einfacher Übergang von Lärm zu Information, der formal und ganz naiv ähnlich dem Auftauchen einer Organisation auf Kosten einer vor- oder unorganisierten Entität erscheinen würde – wird natürlich durch Shannons Theorem ausgeschlossen, das die Irreversibilität der Information zur Lärm-Umwandlung impliziert. Aus diesem Grund muß notwendigerweise die Vorexistenz eines Systems angenommen werden, das sowohl Information umschließt als auch Lärm, jedoch als voneinander unterschiedene Teile. Kein Prozeß, der Information entwickelt – d. h. Sinn – kann in Wirklichkeit vorkommen, ohne daß ein System besteht, in bezug auf welches die wahrscheinlich (zufällig) entstandene informative Konfiguration (Folgen usw.) der Moleküle einen Sinn bilden. Ich kann völlig mit der Vorstellung übereinstimmen, daß ein Zuwachs an Information, der zufällig entsteht, durch glückliche Umweltumstände begünstigt wird, oder selbst durch solche Umstände aufrechterhalten wird. Aber kann dies auch für die Entstehung von Information aufrechterhalten werden? Es scheint mir – indem ich wage eine Vorstellung in Analogie zu Gödels Theorem zu formulieren – *daß die Entstehung von Information durch die Informationstheorie selbst nicht erklärt werden kann...*" [Hervorhebung durch Übersetzer]

Der Leser vergleiche die problematischen Fakten, die ungewöhnliche

Problematik allein der physikalisch/quantenphysikalischen Situation der „Informationstheorie" mit den im Verhältnis zu den bisherigen Darlegungen maßgeblicher Forscher extrem simplifikatorischen Meinungen z. B. Eigens, Breschs, Mayrs u. a. bezüglich z. B. des Ursprungs der Information, Eigen sich im folgenden wenigstens zu seinem Ignoramus bekennt und an die „Schöpfung" appelliert:[50]

„Kann Information überhaupt entstehen, oder offenbart sie sich lediglich? Es ist wieder die Dichotomie: Schöpfung oder Offenbarung, die hier angesprochen wird. Für den Prozeß der Lebenswerdung hatten wir uns klar von Monod distanziert: Evolution ist Schöpfung *und* Offenbarung zugleich. Ja, erst die Verquickung beider macht das Wesen des *evolutiven* Vorganges aus.

Eine Nachricht, die man empfängt, soll verstanden werden. Dazu muß sie ihren Sinn „offenbaren", daß heißt an gewisse existierende Erfahrungen oder Vereinbarungen anknüpfen und diese reproduzieren. Gleichzeitig kann sie jedoch auch unsere Erfahrungen bereichern. Das Herstellen des Zusammenhanges, das Einordnen, das Verstehen ist dann zugleich ein Akt der Schöpfung."

Abschließend sei im Zusammenhang der physikalisch-chemischen Problematik der Informationstheorie auf die Ausführungen von Weizsäckers verwiesen, die er in seinem Vortrag „Sprache und Information" darlegte:[51]

„Was bezeichnet das Wort Information? Ein materielles Ding, etwa die Druckerschwärze auf dem Telegrammzettel, oder einen Bewußtseinsinhalt, also das, was ich denke, wenn ich das Telegramm lese? Diese Frage hat die Informationstheoretiker unserer Tage beunruhigt, und sie sind zu dem sie vielleicht noch mehr beunruhigenden Ergebnis gekommen: Keins von beiden. Information ist weder ein materielles Ding noch ein Bewußtseinsinhalt. Beide Deutungen scheitern an dem, worum willen der Informationsbegriff überhaupt eingeführt worden ist, an dem objektiven Charakter der Information."

„Man beginnt sich daher heute daran zu gewöhnen, daß Information als eine dritte, von Materie und Bewußtsein verschiedene Sache aufgefaßt werden muß. Was man aber damit entdeckt hat, ist an neuem Ort eine alte Wahrheit. Es ist das platonische Eidos, die aristotelische Form, so eingekleidet, daß auch ein Mensch des 20. Jahrhunderts etwas von ihnen ahnen lernt."

„Man kann gewiß den Knoten durchhauen und versuchen, Information ohne jeden Bezug auf Sprache oder Mitteilung zu definieren. Dann gibt es Information, d. h. meßbare Strukturmengen, in der Natur objektiv, und wir sprechen nur das Vorgefundene nach. Man kann aber auch umgehend vermuten, daß es eben die Beschaffenheit unseres sprachlich sich artikulierenden Denkens ist, die uns aus der unendlichen Vielfalt der Natur gerade diese Aspekte heraushebenläßt; wir treten an die Natur mit der Frage nach informationsartigen Strukturen heran, und dann finden wir sie. Wie schwer diese beiden Standpunkte überhaupt voneinander zu unterscheiden sind, zeigt jeder Versuch, Information nicht-sprachlich zu definieren. Nennt man z. B. Information jede Form, die durch eine Aufzählung einer endlichen Anzahl von Ja-Nein-Entscheidungen beschrieben werden kann, so rekurriert diese für den Anschein objektive Definition ja auf unsere Beschreibungsmittel („Aufzählung", „Ent-

scheidung"). Ich vermute, daß eine genaue Analyse jeder anderen Definition ähnliche Ergebnisse zeitigen wird. Andererseits ist es nicht a priori selbstverständlich, daß wir in der Natur so saubere Ja-Nein-Entscheidungen, ja einen offensichtlich auf solche Entscheidungen angelegten Apparat wie den der Chromosomen vorfinden. Wir finden hier nicht nur die Ostereier wieder, die wir selbst versteckt haben; auf diese Ostereier waren wir nicht gefaßt. Gibt es eine prästabilierte Harmonie von Natur und Sprache?
Vielleicht ist hier die naivste Ausdrucksweise auch wirklich die sachgemäßeste: diejenige, die sprachliche Kategorien auch dort anwendet, wo kein sprechendes und kein hörendes Bewußtsein ist. Chromosom und heranwachsendes Individuum stehen in einer solchen Beziehung zueinander, als ob das Chromosom spräche und das Individuum hörte; Metaphern, die sich jedem Naturforscher aufdrängen, legen davon Zeugnis ab, z.B. die Redeweise, daß das Chromosom die Art des Wachstums vorschreibt oder daß das Wachstum dieser Vorschrift gehorcht. Ich benütze aber überall sonst im heutigen Vortrag einen Begriff von Sprache, der menschliche Personen als Sprechende voraussetzte; daher meine Vermutung, daß ich mit den begrifflichen Hilfsmitteln, auf die ich mich um der vorläufigen Klarheit willen heute beschränke, gar nicht imstande sein soll, dieses Problem zu lösen. Ich wende mich deshalb von der Information jenseits der menschlichen Sprache zurück zur Sprache als Information."

Das von Weizsäcker anvisierte Problem der Wahrheit – in Auseinandersetzung mit Tarskis Sprachphilosophie, mit Hilbert und Gödel, mit der Kalkülproblematik Lorenzens – sei in Bezug auf die biologische Information hier nicht weiter erörtert. Auch v. Weizsäcker tritt in diese Problematik nicht ein. Er weist jedoch ausdrücklich nach, daß – ob Kalkül oder Metasprache – diese Begriffe der Information stets die natürliche Sprache schon voraussetzen. So faßt er zusammen:[52]

„Die ganz in Information verwandelte Sprache ist die gehärtete Spitze einer nicht gehärteten Masse. Daß es Sprache als Information gibt, darf niemand vergessen, der über Sprache redet. Daß Sprache als Information uns nur möglich ist auf dem Hintergrund einer Sprache, die nicht in eindeutige Information verwandelt ist, darf niemand vergessen, der über Information redet. Was Sprache ist, ist damit nicht ausgesprochen, sondern von einer bestimmten Seite her als Frage aufgeworfen."

Abgesehen von dieser Konzeption v. Weizsäckers, wie sie sich in den letzten Worten darstellt, sei jedoch festgehalten, daß Weizsäcker Information als immateriell-materielles „Etwas" im platonisch-aristotelischen Sinne versteht.

g) Vorläufige Zusammenfassung: Probleme des biologischen Informationsbegriffes

Ohne in die erst am Schluß der Untersuchungen darzulegende fundamentale Kritik der verschiedenen biologischen Theorien einzutreten, sei hier aufgrund des Vorausgegangenen nur gefolgert, daß der biologische Informationsbegriff für die Ermöglichung überhaupt des Verstehens von Vererbung notwendig ist, sie aber nicht im kausalen Sinne erklärt. Sie ist deshalb wissenschaftstheoretisch als eine typische „faute de mieux" – Erklärung anzusehen: er ist weder definitorisch zu präzisieren, noch kausal ableitbar, noch quantenphysikalisch oder klassisch physikalisch eindeutig bestimmbar, noch präzise mathematisch faßbar. Er wird auf diese Weise Anlaß für heterogenste Meinungsbildungen. Die angeführten Versuche – insbesondere der maßgeblichen Lehrbücher –, Information zu definieren, sind durch und durch tautologisch, da sie das, was sie definieren sollen, stets schon als definiert voraussetzen. Das erstaunlichste Phänomen dieser wissenschaftlich verbrämten, jedoch pseudowissenschaftlichen Aberration (vgl. o. R. Thom) ist die in keiner Weise von irgendeinem Informations-Biologen hinterfragte absolute Gleichsetzung von Bewußtseinsvorgängen und biologischen Prozessen der Genetik. Auf dieses eigenartige Phänomen, daß hier noetische Prozesse – Erkennen, Wiedererkennen, Gedächtnis, Lesen, Übersetzen, Überschreiben, Kopieren usf. – mit biochemischen gleichgesetzt werden, sei vorerst nur verwiesen. Welcher Nicht-Biologe darf es sich anmaßen, maßgeblichen Nobelpreisträgern die Frage zu stellen, ob die in ihrem Bewußtsein sich ereignenden logischen Schlußfolgerungen, die Erkennung von Identität, der Satz des Widerspruches, des ausgeschlossenen Dritten usf. die gleichen sind, die sich bei der Befruchtung ihrer Gattinnen und der Erzeugung von Kindern darbieten? Dieser nur als grotesk zu bezeichnende Anthropomorphismus der modernen Informationstheorie kulminiert durchaus in dieser Richtung: wenn Crick in seinem letzten Buch[53] „Life itself" (s. u. VI.) dafür plädiert, Spermatozoenbänke anzulegen, um, falls die Erde zerstört wird, noch rechtzeitig vorher vermittels Raketen und seiner „Panspermie-Weltanschauung" das kostbare Erbgut der Menschheit auf andere Planeten abzuschießen.

Der psychologisch und philosophisch etwas geschulte Laie weiß bereits um die erhebliche Differenz zwischen einer „Nachricht", das notwendige „Verstehen" derselben, eine Handlungs-Anweisung wiederum, die diese Nachricht enthält (Befehl), die Anweisung darüberhinaus Einzelheiten des „Wie" ihrer Ausführung beinhaltet, er weiß um die fundamentalen Unterschiede, die eine Kopie von einer Umschrift, eine Umschrift von einer Übersetzung trennen, er weiß um die Fehlerquellen etwa von Übersetzungen ihrem originalen Text entsprechend usf. Er weiß insbesondere, daß es „präzise" Übersetzungen nicht gibt, sondern nur „sinngemäße". Alle diese Zusammenhänge, die auf der Hand liegen, wird der Student, der Schüler oder der gebildete Laie nicht in den maßgeblichen Lehrbüchern verzeichnet finden, in denen – gleichgültig ob Bresch, Strickberger, Ayala, Sengbusch u. a. m. – dieser Informationsbegriff als nicht weiter hinterfragter, selbstverständlich gesicherter Bestandteil der Naturwissenschaft fungiert.

Gegenüber diesen hier nur in einem ersten Entwurf zusammengefaßten Problemen der Informatik sei festgehalten, daß die Notwendigkeit der Anwendung der Informationstheorie sich letztlich nicht nur aus der faute de mieux-Erklärung der Naturwissenschaften ergibt, sondern aus der Konfrontation derselben mit einem lebendigen Geschehen: Reduzierung des gesamten, ausgewachsenen Organismus auf die Keimzelle, dann auf biomolekulare Prozesse, dann auf die Information, Entstehen des ausgewachsenen Organismus wiederum aus der eben diesen Organismus von ca. 40 Milliarden nie miteinander identischen Zellen präformierenden „Information". Der Biologe/Biochemiker sollte sich die Frage vorlegen, ob die kausalistische Verstehens- und Erklärensmöglichkeit der Naturwissenschaft hier nicht an eine entscheidende Grenze gestoßen ist. Diesen Tatbestand visiert v. Weizsäcker mit seinem Begriff der „Form" an, die sowohl materiellen wie auch immateriellen Charakter hat, womit jedoch die problematischen Vorgänge der Genetik gewiß noch lange nicht erschöpfend aufgedeckt worden sind.

h) Spezielle Probleme der Genetik auf der molekular-biologischen Ebene

Es würde dem präformistischen Konzept der derzeitigen Genetik entsprechen, wenn die Basen-Anordnung auf der DNS-Helix in einer der Entwicklung des Organismus aus der Keimzelle bis zum Erwachsenen entsprechenden Reihenfolge sich befinden, die es idealiter ermöglichen würde, aus dem jeweiligen Codon-Triplet die zeitliche Abfolge der Entstehung der Proteine vorauszusagen, insbesondere nachdem der genetische Code „geknackt" wurde. (Es gibt wenige angloamerikanische Autoren, die nicht mit Vorliebe das Wort „cracking" des genetischen Codes triumphierend benutzen. „To crack" oder „knacken" sind Formulierungen der Gaunersprache, die sich längst anstelle der berühmten angloamerikanischen „academic humility" – jedenfalls in zahlreichen Fällen – eingebürgert haben.) Die Präformationstheorie zu erweisen ist jedoch aus technischen Gründen bis jetzt nicht möglich gewesen. Lewin schreibt dazu:[54]

„Eines der bemerkenswertesten Vorkommnisse bei Eukaryonten ist die enorme Anzahl von DNA, die in dem Kern von jeder Zelle enthalten ist. Der diploide Kern einer menschlichen Zelle z.B. enthält 5,6 Picogramm ($3,5 \times 10^{12}$ Daltons) an DNA. In einer linearen Duplex organisiert würde das DNA 174 cm ausstreckbar sein. Innerhalb der Zelle muß es aus diesem Grunde vielfach der Länge nach komprimiert sein. Einen anderen Weg, das Problem der Verpackung der DNA zu betrachten, wäre die totale Länge der DNA zu berechnen, die ein durchschnittlicher Erwachsener einnimmt, wenn sie von einem Ende zum andern Ende in einer Duplex-Form ausgestreckt würde; die 100 Gramm DNA würden sich auf $2,5 \times 10^{10}$ km ausstrecken – mehr als 100 Mal die Distanz von der Erde zur Sonne."

Und an anderer Stelle:[55]

„Diese ungeheure Komprimierung der DNA erhebt mehrere topologische Probleme. Zuallererst: wie ist die DNA im Chromosom physikalisch geordnet und wieviel Präzision ist in dieser Organisierung enthalten? Gibt es nur eine generelle Struktur für die meisten chromosomalen Regionen oder sind bestimmte Folgen der DNA immer in Interaktion mit spezifischen Proteinen. Wie verändert sich diese Struktur während des Zellzyklus? Eine zweite Sammlung von Fragen betrifft den Ausdruck von Kern-DNA. Angenommen, daß seine Replikation und Überschreibung den allgemeinen Gesetzen folgen, die in Bakterien bestehen: wie kann sich die Doppel-Helix entwinden innerhalb der Einschränkungen des Kernvolumens, so daß sie repliziert wird und wie können sich die Stränge der Tochter-Duplex trennen, um die replizierenden Chromosomen zu bilden, die auf die Tochterzellen während der Mitose verteilt werden? Wie werden spezifische Folgen der DNA für die RNA-Polymerase zur Überschreibung greifbar?"

Ist in Anbetracht dieser, das menschliche Vorstellungsvermögen weit überschreitenden Möglichkeiten molekularbiologischer Anordnung und Verhältnisse der Begriff des „Knackens" noch angebracht?

Von diesen Fakten abgesehen, hat jedoch die Abfolge der Basen auf den DNS-Strängen größte Probleme mit sich gebracht, da die meisten der Basenabfolgen gar nicht codieren, d. h. sich nicht zu einem zu transkribierenden Codon zusammenfügen. Diesen Sachverhalt charakterisiert Sengbusch wie folgt:[56]

„DNS eukaryotischer Zellen gleicht strukturell der in prokaryotischen. Sie unterscheidet sich von ihr nur durch die Menge (auf das haploide Genom bezogen), die Länge der Moleküle und die Anordnung spezifischer Nukleotidsequenzen. Die DNS ist in der Regel mit Proteinen assoziiert und bildet einen Nukleoproteinkomplex, das sog. Chromatin. Das *Escherichia coli*-Genom enthält rund 2000 Strukturgene, wenn man davon ausgeht, daß jedes etwa 1500 Basenpaare lang ist. Das menschliche Genom müßte demnach 3×10^6 enthalten. Tatsächlich rechnet man aber nur mit rund 50 000 Genen, was wiederum heißt, daß größenordnungsmäßig nur etwa 2% der DNS als Träger genetischer Information benötigt wird."

Die enorme Zahl repetitiver – nicht-codierender – Sequenzen führt zu der Annahme von Britten und Davidson, daß diese an der Regulierung der Transkription beteiligt wären, da sie selbst nicht transkribiert werden. Eine Hypothese, die aber noch nicht bestätigt wurde, ganz abgesehen davon, daß das „Wie" einer solchen Kontrolle noch zu präzisieren wäre. Nagl unterscheidet vier Klassen von DNS-Folgen:[57]
1. Einmalige Folgen, von denen jedoch viele nicht codieren.
2. Vermutliche repetitive Folgen, die an der Kontrolle von Gen-Abläufen beteiligt sein können.
3. Hochgradig reiterierende Folgen, die in der Anzahl von 10^6 pro Genom vorkommen und
4. Palindrome: „Das sind Nucleotidsequenzen, die sich in sich selbst aufhalten und eine Haarnadelstruktur (ein Palindrom) ausbilden."[58]

Das Problem der hohen Anzahl nicht codierender und nicht-transkribierender DNA-Folgen wurde von Orgel und Crick in einigen Arbeiten untersucht: „Egoistische DNA – der letzte Parasit?" Sie ergänzen Dawkins Darlegungen über das „egoistische Gen". Orgel und Crick führen aus:[59]

„Ein Stück egoistischer DNA, in seiner reinsten Form, hat zwei deutliche Eigenschaften:
1. Es entsteht, wenn eine DNA-Folge sich ausbreitet, indem sie zusätzliche Kopien ihrer selbst innerhalb des Genoms herstellt.
2. Es trägt nicht spezifisch zu dem Phänotypus bei."

Und an anderer Stelle:

„Die große Menge von DNA in Zellen fast der meisten höheren Organismen und im besonderen die ausnehmend hohen Anhäufungen in einigen Tieren und Pflanzenarten – das sogen. C-Wert-Paradox – ist ein ungelöstes Rätsel für eine beachtliche Zeit gewesen."

Im Hinblick auf verschiedene andere Autoren referieren Orgel und Crick:[60]

„Diese Autoren schließen, daß nur „eine Interpretation vernünftig sein kann, und diese ist, daß die spezifischen Folgen vieler der einfachen DNA-Kopien funktionell nicht während des Lebens eines Tieres verlangt werden." Damit ist nicht gesagt, daß die DNA ohne Funktion ist, nur daß ihre spezifische Folge unwichtig ist."

Und an anderer Stelle:

„Obwohl die Evidenz noch sehr vorläufig ist, liegt es sicher nahe, daß viele der Basenfolgen im Inneren einiger Introns nur Abfall sein mag [„Junk", d. Übersetzer]. Und daß diese Folgen in der Evolution schnell driften, sowohl im einzelnen wie auch in der Größe... Ob Abfall (Junk) zwischen den Genen besteht, ist unklar, aber es ist bemerkenswert, daß vier Gene des menschlichen beta-ähnlichen Globins, die ziemlich nahe zusammen in einem einzigen Strang von DNA vorkommen, einen Bezirk innehaben, der nicht weniger als 40 Kilobasen lang ist."

Die Autoren führen weiter aus, daß innerhalb der neodarwinistischen Theorie der natürlichen Auslese die Lebewesen überleben, deren Gene als „nützliche" zum Überleben beitragen. Das trifft für das „egoistische" DNA nicht zu, da dies nicht zum Phänotyp beiträgt und allein mit seiner eigenen Verbreitung innerhalb des Genoms beschäftigt ist. Die Verfasser kommen dazu, eine Art von „molekularem Kampf" innerhalb der DNA anzunehmen, der der natürlichen Auswahl insofern folgt, daß die codierenden Gene sich gewissermaßen gegen die nicht-codierenden zur Wehr setzen müssen. Nichtsdestoweniger vermuten die Autoren, daß die „egoistische DNA" auch unter Umständen eine nützliche Funktion erwerben kann, die dem Organismus einen Vorteil in der Auslese vermittelt.

Nicht nur die Probleme der „Verpackung" der Doppelhelix im Zellkern, nicht nur die verschiedenen Folgen und Arten der DNA, sondern insbesondere die ungewöhnlich großen Frequenzen nicht-codierender DNA, lassen eine präformistische Theorie ganz unwahrscheinlich erscheinen. Auch wird die Vorstellung einer kontinuierlichen Informationsübertragung innerhalb der DNA durch das Vorkommen von jede Information schlechthin blockierenden, nicht-codierenden Sequenzen noch weiterhin problematisiert. Hier müßte es sich um Störquellen ersten Ranges handeln.

Es besteht darüber hinaus – wie eigentlich anzunehmen wäre – keine Korrelation zwischen der Zunahme der Komplexität der Funktion eines Organismus und seinem DNA-Gehalt. Wie schon erwähnt, ist der DNA-Gehalt bei Salamandern am höchsten. Diesen Tatbestand faßt Sengbusch wie folgt zusammen:[61]

„Aus solchen Daten lassen sich mehrere Tendenzen ablesen (Mirsky und Ris, 1951):
- Es gibt eine Zunahme der DNS-Menge (pro haploidem Genom) in der Gruppe der Invertebraten als Funktion der Entwicklungsstufe.
- Verwandte Arten, z.B. Mitglieder einer Familie, enthalten ähnliche DNS-Mengen.
- Die Evolution der Landvertebraten geht mit einer Verringerung der DNS-Menge einher."

Und folgert:

„1. Die relative Häufigkeit bestimmter Nukleotidsequenzen hat sich verändert.
2. Die Gesamt-Menge an DNS nahm zunächst zu und in späteren Stadien wieder ab."

„Evolutionshöhe und Komplexität des Genoms. Wie ist die „überschüssige" DNS organisiert? Wenn DNS bei einer Spezialisierung verlorengeht, gehen sowohl repetitive als auch singuläre Sequenzen verloren. Eine hohe Komplexität des Genoms ist nicht automatisch die Ursache einer höheren Evolutionsstufe. Die Komplexität des Genoms der Qualle Aurelia z.B. ist etwa sechsmal so hoch wie die von Drosophila, und dennoch werden in Aurelia keinerlei Organsysteme angelegt. Urodelen (Schwanzlurche) enthalten mehr DNS als Anuren (Frösche, Kröten). Einige Beispiele:

Triturus cristatus	23 pg DNS/haploidem Genom
Necturus maculosus	52 pg DNS/haploidem Genom
Xenopus laevis	3 pg DNS/haploidem Genom
Bufo bufo	7 pg DNS/haploidem Genom

Innerhalb einer jeden Gruppe haben die beiden hier genannten Arten die gleichen Mengen an singulären Sequenzen, aber unterschiedliche Anteile der intermediär repetitiven. Dabei bleibt die Anzahl der Klassen repetitiver Sequenzen erhalten, und es variiert lediglich die Anzahl der Kopien pro Klasse."

Von dieser mangelnden Korrelation abgesehen, die nicht den („logischen") Erwartungen und Hypothesen der Evolutionsforscher und Genetiker entspricht und ihrerseits zu ihrer Erklärung wieder neue, noch komplizietere Hypothesenbildungen verlangt, sei der dieser Thematik nicht nahestehende Leser nur erinnert, daß die Replikation der DNS, die Aufwicklung der Spirale, ihre Fragmentierung, dann erneute Synthese, die Verwendung derselben dann als „Matrize" zu milliardenfachen Kopien in über Millionen von Jahren annähernd gleicher Präzision – von Mutationen oder ähnlichen „Fehlern" abgesehen – sich als ein äußerst komplizierter Vorgang abspielt, der in seinen einzelnen Schritten noch gar nicht überschaubar ist. Bei der Replizierung, wie auch bei der Synthese der DNS, laufen die Prozesse in ermittelten, präzise eingehaltenen „Stellen" ab, die jedoch wiederum von Art zu Art wechseln. Sengbusch stellt fest:[62]

„Auch die Länge der S-Phase in verschiedenen Entwicklungsstadien einer Art variiert. Während früher Phasen der Embryonalentwicklung ist sie kürzer als in differenzierten, somatischen Zellen. Besonders lang ist sie in den Vorstufen der Keimzellen vor Einsetzen der Meiose. Beim Molch Triturus vulgaris beträgt sie in der frühen Blastula 1 Std., in differenzierten Zellen 48 Std. und in prämeiotischen Spermatozyten 200 Std. (Callan und Taylor, 1968).
Diese Unterschiede beruhen fast ausschließlich auf der Zahl der Initiationspunkte. Offensichtlich werden jene im Verlauf der Entwicklung mehr und mehr reprimiert. Natürlich stellt sich auch hier die Frage, wodurch sie charakterisiert sind. Sind es spezifische Nukleotidsequenzen oder sind es Strukturen, die durch Proteine in unterschiedlichem Maße exponiert, aktiviert oder geschützt werden? Man weiß heute noch so ziemlich gar nichts über Erkennungsregionen für Polymerasen bei Eukaryonten. Das Vorkommen spezifischer Sequenzen ist lediglich ein Analogieschluß."

Von dieser Thematik ist die für die Evolution – s. u., insbesondere Abschnitt „Hyperzyklus" – und die für die Crick-Watsonsche Konzeption wichtige Fragestellung nicht zu trennen, ob die DNA oder die Enzyme „zuerst" da waren. Die DNA benötigt zu ihrer Erstellung Enzyme, die sie aber wiederum selbst produziert. Commoner nimmt zu dieser Ansicht kritisch in seinem Aufsatz „Failure of the Watson-Crick-theory as a chemical explanation of inheritance" Stellung. Er führt aus:[63]

„Die biochemische Spezifität eines neu synthetisierten DNA-Moleküls (d.h. seiner Nukleotidfolge) entsteht teilweise aus der Nukleotidfolge eines vorher existierenden DNA-Moleküls, aber auch durch das mitbeteiligte Enzym: DNA-Polymerase; auf diese Weise ist DNA nicht aus sich selbst zu einer Selbstverdoppelung in der Lage. Ich schlug ebenfalls vor, daß die biochemische Spezifität der Proteine (d.h. ihrer Aminosäurenfolgen) teilweise von der DNA (durch mRNA) abgeleitet wird und teilweise von den Aminosäuren-tRNA-Komplexen, die an der Proteinsynthese beteiligt sind. Auf diese Weise ist die biochemische Spezifität des Proteins und seine daraus sich ergebende biologische Spezifität Folge der Enzymaktivität eines solchen Proteins und nicht allein von der DNA abzuleiten. In diesem Sinne ist die Übertragung biochemischer Spezifitäten innerhalb einer Zelle fundamental eher kreisförmig angeordnet als linear und nicht ein einzelner Konstituent, sondern das gesamte System ist für die biochemische Spezifität verantwortlich, die die Grundlage der biologischen Spezifität ist."

An anderer Stelle führt er aus:[64]

„Folgende Evidenz unterstützt nicht die Watson-Crick-Theorie:
a) die Theorie behauptet, daß die Nukleotidsequenzen der DNA ausschließlich durch die Nukleotidsequenzen eines vorher existierenden DNA-Moleküls determiniert sind; d. h. „DNA ist ein sich selbst replizierendes Molekül." Die Evidenz nichtsdestoweniger zeigt, daß sowohl die DNA-Grundlage (primer) und die DNA-Polymerase zu der Nukleotidfolge einer neuen DNA-Phase beitragen, so daß DNA nicht fähig zur Selbstreplizierung ist.
b) Die Theorie behauptet, daß die Aminosäurenfolgen des Proteins ausschließlich durch die trinukleotiden Codons bestimmt werden, die in der mRNA enthalten sind, die Spezifität der letzteren ausschließlich von der DNA-Nukleotidfolge abgeleitet wird, d. h., „DNA ist der chemische Meister der Zelle". Nichtsdestoweniger zeigt die Evidenz, daß die Aminosäurenfolgen der Proteine zumindestens durch fünf Klassen von biochemischen Agenzien bestimmt werden, die zur mRNA hinzuzufügen sind, so daß die DNA nicht die einzige Quelle der Proteinspezifität ist."

Commoner widerlegt das zentrale Dogma von Watson-Crick – keine Reversibilität des Vorgangs DNA → Protein – und kommt zu dem Ergebnis, daß es biochemische Kreisprozesse sind, die keine lineare, kausale Interpretation des Vererbungsvorgangs zulassen, sondern bestenfalls eine gegenseitige Abhängigkeit:[65]

„Zur gleichen Zeit ist die biochemische Spezifität in den Aminosäurenfolgen der Proteine verkörpert und entsteht teilweise in Proteinen [Enzymen, der Übersetzer] und teilweise in der DNA. Tatsächlich handelt es sich hier um die vertraute „Huhn und Ei-Beziehung" der Biologie, die sich hier in der molekularen Ebene ausdrückt."

Diese Problematik, die Commoner schon 1968 mit dem Postulat eines Systems sich gegenseitig bedingender Abhängigkeiten – DNA/Enzym/Protein – zu lösen versucht hatte, wurde noch vertieft durch die zunehmende, jedoch noch keineswegs abgeschlossene Entdeckung von „Informationsträgern" außerhalb des Kerns, d. h. außerhalb der DNA-Helix. Dazu zählen DNA-Moleküle in Mitochondrien, die für Proteine, aber auch für die mRNA und tRNA codieren sollen und eine Abweichung wiederum derselben: die Kinetoplasten-DNA. Über diese Probleme der DNA und die zunehmende Komplexität derselben, insbesondere nach Entdeckung auch der mitochondrealen DNA (mtDNA) äußert sich Sengbusch wie folgt:[66]

„Es wurde schon kurz darauf hingewiesen, daß mtDNS genetische Information trägt. Von besonderem Interesse ist in diesem Zusammenhang die Frage nach dem Zusammenspiel der Genome von Kern und Mitochondrien. Beide sind in gewisser

Weise semi-autonom, doch läuft die DNS-Replikation nach unterschiedlichen Mechanismen und zu unterschiedlichen Zeiten ab. Die beiden Systeme zeigen weitere Eigenarten:
a) Sie sind topologisch voneinander getrennt.
b) Sie verfügen offenbar über keinerlei gemeinsame Basensequenzen.
c) Es gibt keinen Hinweis darauf, daß die mRNS des einen Systems im anderen translatiert wird. Mitochondriale Ribosomen unterscheiden sich deutlich von cytoplasmatischen.

Mitochondrien sind Organellen, die sich semiautonom replizieren; die Synthese der DNS wird durch eine mitochondriale Polymerase katalysiert. Das Genom der Mitochondrien ist nicht groß genug, um alle in den Mitochondrien nachgewiesenen Proteine zu codieren. Ein großer Teil der Proteine wird durch den Kern codiert und wandert aus dem Cytoplasma in die Mitochondrien ein. Damit stellt sich die Frage, welche Proteine im Plasma und welche in Mitochondrien gebildet werden. Wie schon gesagt, enthalten Mitochondrien in ihrer „Grundsubstanz" den vollständigen proteinsynthetisierenden Apparat (Ribosomen, tRNS, regulierende Faktoren usw.), ferner die Enzyme für den Citratzyklus, die Fettsäureoxidation, die Atmungskette, die Oxydative Phosphorylierung sowie für die Transkription und Replikation der mitochondrialen DNS."

Sehr problematisch und weitgehend ungeklärt ist die Funktion der sogen. „Satelliten-DNA",[67] die durch Fraktionierung und Zentrifugierung gewonnen wird und extrem unterschiedliche Basenfrequenzen bei verschiedenen Arten aufweist. „Springende Gene" und Palindrome, die von Enzymen an einer Stelle des Genoms aus –, an anderer wieder eingebaut werden, seien nur erinnert, ohne hier weitere Einzelheiten aufzuweisen. Hingewiesen sei ebenfalls noch auf die IS-Elemente, ohne ihre hochkomplizierte Funktion – zum größten Teil noch unaufgeklärt – zu detaillieren, ferner auf die Informosomen, über die Strickberger schreibt:[68]

„Cytoplasmatische Teilchen, die Protein und RNA enthalten, vielleicht maskierte RNA, wurden Informosomen genannt."

Diese Vorkommnisse, die die für jede Informationsspeicherung und den mit ihr verbundenen „Fluß" notwendig materiell-energetischer Basis in Frage stellen, werden durch das Vorkommen von Vererbung bei pflanzlichen Chloroplasten noch unterstrichen. Die extrakaryotische oder zytoplasmatische Vererbung außerhalb der bereits erwähnten Mitochondrien beruht jedoch auf den in den entsprechenden Organellen im Plasma entdeckten DNS-Molekülen. Diese replizieren sich nach zwei Typen,[69] sie codieren ebenfalls die mRNS-tRNS und scheinen die Vorgänge im Kern zu beeinflussen. Beale und Knowles haben in einer Monographie das Vorkommen von extranukleärer Vererbung zusammengestellt, die sowohl bei Einzellern als auch bei Eukaryoten – Insekten – nachgewiesen worden ist. Sie fassen ihre Ergebnisse und deren Folgerungen wie folgt zusammen:[70]

„In den vorausgegangenen Kapiteln haben wir verschiedene Typen extranukIärer genetischer Systeme beobachtet [einen Überblick über diese verschafft, der Übersetzer]. Es ist offensichtlich, daß, anders als das Kernsystem, welches sich bemerkenswert einförmig durch die ganze Reihe der eukaryotischen Organismen erstreckt, die extranukIären genetischen Systeme sehr unterschiedlich sind. Viele unserer Beispiele beruhen auf kleinen, ungewöhnlich kreisförmigen Strängen von DNA, die eine Histon- und Chromatinstruktur nicht aufweisen; aber die Größe dieser DNA-Kreise und die Anzahl der genetischen Informationen, die sie tragen, variiert zu einem großen Teil. Auch die Übertragung von extranukIären genetischen Faktoren von Generation zu Generation ist ebenfalls sehr variabel: in vielen Fällen wird sie ausschließlich über das Zytoplasma der weiblichen Fortpflanzungszellen übertragen, aber auch in einigen Fällen durch die männlichen Zellen... Wie zu Beginn des Buches festgestellt wurde, ist der Anteil der Vererbung, der durch extranukIäre Gene kontrolliert wird, sehr klein im Vergleich zu dem, der durch die Kerngene kontrolliert wird. Nichtsdestoweniger ist der extranukIäre Teil oder zumindestens ein Anteil desselben, der in Mitochondrien und Plastiden gefunden wird, sehr wesentlich für die Erhaltung des Lebens in seiner derzeitigen Form. Im Hinblick auf das universale Vorkommen dieser getrennten genetischen Systeme von Mitochondrien und Plastiden und auf die doppelte genetische Kontrolle dieser Organellen durch nukläre und extranukIäre Genome ist natürlich zu fragen, ob irgendein Vorteil in diesen Systemen besteht, der, wie vorher erwähnt wurde, zumindestens einem menschlichen Beobachter unnötig kompliziert erscheint. Es muß zugegeben werden, daß eine befriedigende Antwort auf diese Frage nicht gegeben werden kann..."

Von diesen Ergebnissen ist nicht zu trennen, daß es unabhängig von der nur geringen Anzahl überhaupt codierender DNA-Sequenzen im Zellkern fraglich erscheint, ob sich überhaupt ein Genom, d.h. die gesamte genetische Information in einer Zelle, während der Differenzierung des Organismus konstant zu erhalten vermag. Auf die in diesem Zusammenhang zu sehenden Transplantationsversuche wird zwar noch eingegangen, es sei jedoch bereits darauf verwiesen, daß Ebert und Kaighn – unter Berufung wieder auf Schulz und andere Autoren – sowohl Beispiele für die Erhaltung des genetischen Materials erbringen, wie auch umgekehrt Beispiele, daß in der zunehmenden Entwicklung des Organismus der Verlust ganzer Teile der Chromosomen beobachtet wurde: So bei Ascaris (Boveri, 1887) und bei Sciara (Metz, 1938).[71]

Die Autoren verweisen in diesem Zusammenhang auf Schulz, der bereits 1965 die Idee einer differenziellen Replizierung und eines Wechsels im Informationsgehalt in verschiedenen Kernen annahm. Diese fand nur allmählich Anerkennung, während der Gedanke differenziellen Abrufens der Information bereits allgemeiner akzeptiert wird. Nichtsdestoweniger bestehen Beispiele undisproportionierter Replizierung der DNS, wenn diese auch auf einige Insekten und Amphibien beschränkt sind. Die Autoren fassen zusammen:[72]

„Die Evidenz eines differenziellen Wechsels im Informationsinhalt ist klar."

An anderer Stelle folgern sie weiter:[73]

„Der Unterschied zwischen replikativen und transkriptiven Funktionen der DNA muß erweitert werden. Gene in unterschiedlichen Zellen können von gleicher replikativer Funktion sein und zur gleichen Zeit unterschiedlich in ihren transkriptiven Funktionen. Es besteht Evidenz dafür, daß regionale Auslese-Handlungen zwischen den Chromosomen stattfinden."

Sie verweisen in diesem Zusammenhang auf die Transplantationsversuche von Gurdon und Brown (1965):

„die bewiesen haben, daß die Art der RNA, die durch die Nachkommen eines transplantierten Kernes synthetisiert wird, sich von der unterscheidet, die von dem Kern des älteren Spenders vor der Transplantation produziert wird."

Die Autoren führen ebenfalls aus, daß die DNS- und RNS-Menge innerhalb verschiedener Stadien der Embryogenese verschieden stark synthetisiert, teilweise in ihrer Bildung unterbrochen, dann wieder aufgenommen wird. Diese Vorkommnisse – so dürfte ganz offenkundig sein – machen den Vergleich des Vererbungsprozesses mit einem computerisierten Programmablauf absolut problematisch – auf das die Neodarwinisten fast ausnahmslos immer wieder zurückgreifen. Diese Thematik wird jedoch in weiterer Diskussion der ontogenetischen Vorgänge noch einmal diskutiert werden.

Darüber hinaus sei dem Leser versichert, daß die bis jetzt nur skizzenhaft dargelegten Probleme der genetischen Prozesse die reale Komplexität dieser noch in keiner Weise überschaubaren Vorgänge nur annähernd wiedergeben. Es kann darüber hinaus kein Zweifel bestehen, daß, je mehr die molekularbiologischen Einzelheiten untersucht werden, die Problematik an Komplexität und Ungelöstheit gewinnt. Dies verhält sich analog zu der Entwicklung von der klassischen Physik zu der Quanten- und subatomaren Physik, in der das Auffinden „kleinster Teilchen" die Probleme nicht vereinfacht, sondern ungewöhnlich, von Schritt zu Schritt, „verkompliziert" hat. Im Zusammenhang der „Informationsübertragung" sei – abschließend und extrem gerafft – auf die Vorgänge der sog. Transkription (Um- oder Überschreibung) der DNS auf die RNS und die höchst komplizierten Fragen der sog. Übersetzung bei der „Informationsübertragung" von der mRNS auf die Aminosäuren und die daran sich anschließende Polypeptid- und Proteinbildung eingegangen.

Die Überschreibung (Transkription), bedarf hochspezifischer und in ihrer Zahl noch nicht abgeklärter Enzyme, die alle wiederum über sekundäre Prozesse höchstwahrscheinlicher kreisförmiger Verschränkungen zwischen DNS und Enzymbildung entstanden sind (vgl. Commoner, s.o.). So wurde nicht nur *eine* mRNS entdeckt, sondern deren mehrere, mit sehr unterschiedlichen Funktionen. Die sog. heterogene RNS wird zum größten Teil wiederum im Kern degradiert, die eigentliche mRNS wird über die Polypeptide „codiert" und die tRNS ist ein „Adaptor", der die Aminosäuren an die Ribosomen heranführt. Die ribosomale RNS ist ferner ein „Strukturelement", das mit ribosomalen Proteinen in spezifischer Wechselwirkung steht. Jede tRNS entspricht einer Aminosäure.[74]

Mechanismen der Transkriptionskontrolle sind umso komplexer und diffiziler, je höher die Komplexität der „genetischen Information" ist. Wie die eukaryotische Zelle mit dieser Problematik fertig wird, impliziert nicht nur die Frage, aus welchen Vorläufern die mRNS gebildet wird, sondern unklar ist auch die Interaktion zwischen Nukleinsäuren und Proteinen. Einen Überblick dieser – nur die mRNS betreffende – Komplexität gibt Sengbusch:[75]

„Jede Zelle enthält RNS, die man aufgrund ihrer Funktion und ihrer Struktur verschiedenen Klassen zuordnen kann.
a) mRNS (messenger RNS),
   hn RNS (heterogene RNS),
b) rRNS (ribosomale RNS),
c) tRNS (transfer RNS).
Zelluläre RNS entsteht stets als primäres Transkriptionsprodukt, d. h. die Information zu ihrer Bildung wird von der DNS abgeschrieben. Nach der Transkription wird die RNS einem unfangreichen *Processing* unterworfen, wobei
– sie in kürzere Stücke geschnitten wird,
– einzelne Basen enzymatisch modifiziert werden.
– an das 3'- und an das 5'-Ende weitere Nukleotide anpolymerisiert werden können.
mRNS wird für die Proteinbiosynthese benötigt. Sie enthält eine Teil-Abschrift genetischer Information, und für ihre Funktion ist die Primärstruktur (Abfolge der Basen) von besonderem Interesse.

Die Rate der RNS-Synthese in den Kernen eukaryotischer Zellen ist enorm hoch. Die Transkriptionsprodukte sind, was ihre Länge betrifft, außerordentlich heterogen, was in dem Namen hnRNS zum Ausdruck kommt. Nur ein geringer Prozentsatz dieser RNS-Fraktion verläßt den Kern und wird im Cytoplasma an Polysomen als mRNS eingesetzt. Die Bedeutung der hnRNS ist weitgehend unbekannt. Es ist sogar schon darüber spekuliert worden, daß sie lediglich als Reservoir für Nukleotidbasen dient, denn die Überführung von Monomeren in Polymere führt bekanntlich zu einem Abfall der osmotischen Leistung der Moleküle, weil der osmotische Druck der Molarität der Zellinhaltsstoffe proportional ist.

Ribosomale RNS(rRNS) ist primär ein Strukturelement. Sie steht mit den ribosomalen Proteinen in direkter, spezifischer Wechselwirkung. Diese Nukleotidsequenz wird also nicht in Proteine übersetzt. Teile der rRNS binden mRNS und fixieren damit ihren Anfang (das 5'-Ende) an das Ribosom".

Besondere Probleme ergaben sich ferner aus dem „Gene-Slicing", das zu einem „völlig neuartigen Konzept" (Sengbusch, S. 85 ff.) der Transkriptionsprozesse führte – das jedoch hier nicht weiter diskutiert sei. Zweifellos bleibt ein Hauptproblem, wie es möglich ist, daß die einsträngige RNS ihre Abschrift von der zweisträngigen DNS bewerkstelligt, – ohne daß bei dieser „Abschrift" Fehler entstehen. Es werden – analog – zwei Buchseiten auf eine „abgeschrieben". Im „normalen Schriftverkehr" wäre dies nur vermittels einer Kurzschrift möglich. In diesem Zusammenhang sei erwähnt, daß auch die Zelle „Korrektur lesen" kann:[76]

„Man unterscheidet dabei einmal zwischen dem enzymatischen Prozeß, durch den eine bestimmte Nukleotidsequenz von einem Makromolekül (DNS-Matrize) auf ein anderes (RNS: Matrize der Proteinbiosynthese) übertragen wird und den Erkennungsvorgängen, die dafür sorgen, daß die Transkriptionsmaschinerie die spezifischen Start- und Stopsignale auf der DNS-Matrize findet. Hierdurch wird eine Selektivität der Transkription gewährleistet. Beim Informationstransfer (DNS → RNS) sind sowohl spezifische Basenpaarungen als auch Protein-Nukleinsäurewechselwirkungen beteiligt. Die Geschwindigkeit, mit der die Polymerase den Anfang eines Gens oder einer Gengruppe erkennt und dort die RNS-Synthese einleitet, entscheidet darüber, ob und in welcher Menge eine bestimmte genetische Information als RNS verfügbar wird. Die „Zugriffszeit" bestimmt somit letztendlich auch die Effizienz der Transkription. Die Nukleotidsequenz, die als „Adresse" ein oder mehrere Gene markiert, wird als Promotor bezeichnet. Er bindet die Polymerase mit hoher Affinität und determiniert die Richtung der RNS-Synthese sowie mit hoher Wahrscheinlichkeit auch die erste Base, die von DNS in RNS überschrieben wird. Sobald der Polymerase-Promotorkomplex gebildet worden ist, kann das Enzym bei Anwesenheit von Nukleosidtriphosphaten die erste Phosphodiesterbindung ausbilden und damit die Synthese der RNS initiieren. Die Reaktion ist bimolekular und läuft über mehrere, teils reversible, teils irreversible Schritte ab."

Außer ferner der Interpunktion erwies es sich als notwendig, bestimmte „Leserahmen" einzuführen, und es ist wesentlich, daß in diesem Überschreibungsprozeß wie folgt unterschieden wird:[77]

„Der Transkriptionsprozeß läuft mit hoher Präzision ab. Die Fehlerrate beträgt 1 in 2×10^3 bis 1 in 2×10^4, mit anderen Worten: eine Base pro 2000–20 000 wird falsch eingebaut. So gering diese Fehlerrate auch scheinen mag, diese Werte erreichen bei weitem nicht die Exaktheit der Replikation, denn dort wird nur eine Base pro 10^{10} falsch eingebaut. Eine der Ursachen für diese hohe Genauigkeit liegt in einem zusätzlichen Kontrollmechanismus, dem *Proof-reading* (unter Mitwirkung der DNS-Polymerase I)."

Abgesehen von der Problematik des „Erkennens" – das sich nicht auf stereochemische Anlagerungen reduzieren läßt – fällt die Bedeutung der Zeit auf, die diesen Vorgängen immanent ist. So stellt Sengbusch in diesem Zusammenhang die Frage: „Ist die Geschwindigkeit als Funktion der Zeit und der Basensequenzen konkret?" Sie bleibt aber offen. Hierzu wird die weitere, den enzymatischen Vorgängen noch übergeordnete Komplexität der Steuerungs- und Regelvorgänge diskutiert, wobei Steuerungsvorgänge nicht kybernetisch aufzuschlüsseln seien, sondern hierarchisch an oberster Stelle stehen. Zu den Regelungsvorgängen zählen z. B. die von Monod und Jacob aufgedeckten lac-Operon-„Mechanismen". Der Frage jedoch nach der Zeit, die selbst im molekularen Bereich in Mini-Einheiten von my-Sekunden von Bedeutung ist, ging u. a. Goodwin ausführlich nach. In bezug auf die Komplexität der „Informations-übertragung" dürfte die Frage der Zeit zu den interessantesten, jedoch weitgehendst noch ungelösten Problemen der Molekularbiologie und Biologie überhaupt zählen. Im Hinblick auf den Erwachsenen-Organismus und seine milliardenfach zeitlich verschieden ablaufenden Prozesse – in jeder Zelle wiederum verschieden, in jedem Kompartiment der Zelle wiederum anders – in den ontogenetisch, ganz heterogen zeitlich verlaufenden Vorgängen, ist es fraglich, ob überhaupt noch von einer „Zeiteinheit" gesprochen werden kann, die das Gesamt nicht überschaubarer Prozesse umfaßt. Jede Zelle hat ihre „eigene" Zeit, die sich kaum zu dem ganzen Organismus aufsummieren läßt. Die „Information" in den weiblich und männlich geteilten Keimzellen muß ja, der „Logik" (den Postulaten) der Informationstheorie folgend, in allen molekularen Vorgängen der DNS-Sequenz vorgegeben sein, damit diese „fehlerfrei" ablaufen, d.h. nicht aus der Zeitfunktion „herausfallen". Die Präformationstheorie impliziert die milliardenfach differenzierten Zeiteinheiten des gesamten Organismus als bereits in der DNS gespeichert. Diese „präformierte" Zeit-Information und ihre Differenzierung in die „konkrete Zeit-Information" dürfte nur eines der weiteren, zahlreichen Probleme sein, die sich aus der Informations-Theorie ergeben. Die Geschwindigkeit, innerhalb derer die „Abrufungen" der molekularen Prozesse stattfinden, können nicht auf die molekulare Struktur der DNS zurückzuführen sein – sie müssen diesen vorgegeben werden, um überhaupt „Information" im Sinne einer „sinnvollen Nachricht" abrufen zu können. D.h. der zeitliche Ablauf muß die zu erfolgenden Polypeptid- und Proteinbildungen schon antizipieren, diese müssen „mit einkalkuliert" sein.

Die nun abschließend zu den Proteinen erfolgende „Übersetzung" der „Codon-Morsesprache" in die der Aminosäuren, der Polypeptide und Proteine, übertrifft an Komplexität der Interaktion noch bei weitem die der Abschrift. Auch hier wird die „Botschaft" von der tRNS und ihrem „Anti-Codon" gelesen und es bedarf dazu spezieller „Raster" (Rahmen, s.o.), insbesondere auch spezieller Interpunktionen, um nur einige der Begriffe zu nennen. Sie sind längst zum ungefragten Bestand der biologischen Informationstheorie geworden. Allerdings konnte das zentrale Dogma von Watson/Crick – daß der Informationsprozeß DNA-Protein irreversibel ist und nicht in umgekehrter Richtung verlaufen kann – nicht aufrecht erhalten werden (s. oben). Diese von Commoner schon 1965 dargelegte „Prophezeiung" bestätigt Sengbusch, indem er von diesem Dogma als von einem „Vorurteil" spricht.[78] Er hält den Informationsfluß DNA → RNA für zumindest begrenzt reversibel. Hingegen sei die Umkehr RNA → Protein aus der Komplexität der Prozesse heraus und auch aus thermodynamischen Gründen ausgeschlossen. Im Zusammenhang der Informationsübertragung legt Sengbusch die Proteine betreffend folgendes dar:[79]

„Wir haben in den vorangegangenen Kapiteln informationstragende Moleküle kennengelernt und gesehen, daß Informationen nur dann einen Wert haben, wenn die Anweisungen in physikalische Vorgänge umgesetzt werden. Die Nukleinsäuren allein sind hierzu nicht oder nur bedingt in der Lage. Besser geeignet sind Proteine. Sie bestimmen das gesamte, zeitlich und räumlich korreliert ablaufende Syntheseprogramm in der lebenden Zelle. Proteine sind Makromoleküle, die in der Regel aus 20 voneinander verschiedenen Aminosäuren in definierter Anordnung aufgebaut sind.

Warum gibt es gerade 20, warum nicht 5 oder 50 Aminosäuren? Ganz allgemein gilt, daß jede Makromolekülklasse die geringstmögliche Anzahl verschiedener Bausteine enthält. Viele Polysaccharide wie die Stärke und die Cellulose enthalten nur einen Grundbaustein, das Glucoseskelett. Ihr Aufbau ist einförmig, wird aber den Anforderungen, die an sie gestellt werden (Speicherstoffe, Strukturelemente), voll gerecht. Man kennt auch einige Proteine, die ausschließlich als Schutz- und Strukturelemente wirken, wie z. B. das Kollagen, das Keratin und die Seide, und wie wir noch sehen werden, zeichnen auch sie sich durch einen relativ monotonen Aufbau aus.

Mit wenigen Bauelementen lassen sich keine komplexen Strukturen ausbilden, und komplexe Strukturen wiederum sind die Voraussetzung von Spezifitäten (Schrödinger, 1943). Nukleinsäuren bestehen aus vier Elementen, von denen je zwei einander komplementär sind. In den Basenpaarungen liegt die inhärente Fähigkeit zur Instruktion der Synthese neuer Kopien. Durch diese strukturelle Festlegung ($A = T$, $G \equiv C$) gehen jedoch Freiheitsgrade zur Variation der räumlichen Molekülstruktur verloren.

Speziell bei RNS, etwa der tRNS, findet man spezifische Tertiärstrukturen, die in dieser Form für die Proteinbiosynthese essentiell sind. Offensichtlich ist das jedoch bei Nukleinsäuren das Maximum an Strukturspezifität. Das reicht nicht, den im Laufe der Evolution entwickelten Bedürfnissen der Zelle nachzukommen. Die Synthese von Nukleinsäuren ist wenig aufwendig, die der Proteine hingegen sehr komplex und teuer. Die Zelle investiert einen hohen Anteil ihrer Energie in ihre Produktion, wobei jedoch zu berücksichtigen ist, daß ohne Proteine ein effizienter Energieumsatz in der Zelle überhaupt nicht möglich wäre."

An diesen Ausführungen sind nicht nur die Begriffe der „Anweisungen" und des Energieumsatzes im physikalischen Sinne bemerkenswert – wozu die Proteine in besonderer Weise „auserwählt" sind. Diese „bestimmen das gesamte zeitliche... Syntheseprogramm in der lebenden Zelle". Hier stellt sich wieder die Frage: Wer bestimmt was? Die DNS die Proteine oder die Proteine die DNS? Darüber hinaus ergibt sich die bemerkenswerte Feststellung, daß – die dreidimensionale Proteinstruktur betreffend – die Basencodons für diese Synthese nicht ausreichen, weshalb die so ökonomisch kalkulierende „Natur" rechtzeitig für die Tertiärstruktur der mRNS, insbesondere aber der tRNS gesorgt hat, die für die Proteinbildung „essentiell" sind.

Nichtsdestoweniger bleibt die Übertragung der Information aus einer linearen, eindimensionalen Sequenz – wobei die Eindimensionalität der Helix besondere geometrisch-stereochemische Schwierigkeiten in sich birgt, auf die nicht weiter eingegangen sei – in eine zwei-, dann dreidimensionale „Form" ein ganz zentrales Problem. Waddington macht aus dieser Not eine Tugend, indem er nachweist, daß durch die Entwicklung einer dreidimensionalen „Ebene" der Information sich Lebewesen insbesondere von Maschinen und Computern unterscheiden, die die Information bestenfalls zweidimensional vermitteln (Waddington, Theoretical biology, 4/110ff.). Bresch behauptet dagegen schlichtweg:[80]

„Alle Schriften zeigen eine eindimensionale Anordnung. Auch die gesprochene Information ist eindimensional in der Zeit. Die Unterbrechung der Schrift durch Beginn einer neuen Zeile bzw. einer neuen Seite erfolgt aus Gründen der Zweckmäßigkeit. In ähnlicher Weise kann auch eine flächenhafte Information, ein Bild, beim Fernsehen in aufeinanderfolgende Streifen zerlegt werden.
  Es ist umgekehrt ohne weiteres möglich, eine eindimensionale Nachricht so zu verschlüsseln, daß sich aus ihr in eindeutiger Weise ein mehrdimensionales Gebilde zusammenfalten läßt. Ein solches Prinzip soll durch das Schema von Abb. 6,4 veranschaulicht werden. Die Form des Schriftbandes ist dabei direkt durch den Text der Schrift festgelegt. Es sei dem Leser überlassen zu erkennen, nach welchen Regeln die Faltung des Bandes erfolgte."

Das Vermögen dieser Autoren (Bresch/Hausmann), komplexe Vorgänge lehrbuchmäßig zu simplifizieren, schmälert nicht nur deren Rang als Wissenschaftler, sondern ist überhaupt ein Charakteristikum zahlreicher „Lehrbücher" analogen Inhalts. Wie komplex sich allein die Auffaltung von Polypeptiden zu Proteinen darstellt, und auch stereochemische und quantenphysikalische Probleme noch der Lösung harren, sei den Ausführungen von D.E. Koshland und M.E. Kirteley entnommen.[81]

„Werden Proteine stets in der thermodynamisch stabilsten Form hergestellt? Diese Frage muß vorsichtig beantwortet werden. Der Faltungs-Prozeß führt zu einem Molekül, das unter der Bedingung des Faltens selbst zu Anfang in seinem thermodynamisch stabilsten Zustand gebildet wird. So können wir sagen, daß im Fall der Ribonuklease die Struktur der wieder gefalteten Ribonuklease die gleiche ist, wie die des ursprünglichen Enzyms. Nichtsdestoweniger muß betont werden, daß das nicht heißt, daß das Enzym immer die gleiche Struktur aufrecht erhält. Der pH der Umgebung kann wechseln, neue metallische Metallionen können anwesend sein oder sich im folgenden einstellende physiologische Ereignisse können die Struktur modifizieren. Tatsächlich kann der Grund für die Bildung von Disulfit-Bindungen, nachdem das Molekül sich gefaltet hat, sehr gut der sein, das Protein „festzuhalten", so daß der Wechsel in einer unterschiedlichen Umgebung keine zu großen Veränderungen der Struktur des Moleküls hervorruft..."

An anderer Stelle:[82]

„Obwohl die einzelnen Vorgänge des Faltens unbekannt sind, können physikalisch-chemische Prinzipien anscheinend die Grundvorgänge erklären."

Und an anderer Stelle (kritisch zu der Kopie von Enzymen Stellung nehmend):[83]

„Der klassische Schlüssel/Schlüsselloch- oder Kopier-(Template)-Mechanismus als

Erklärung für enzymische Spezifität, der von Emil Fischer 1894 dargestellt wurde, fordert, daß die Oberflächen der Enzyme eine katalytische Gruppe beinhalten, die in Gegenüberstellung mit der reagierenden Bindung des Substratmoleküls kommen, damit eine Reaktion stattfindet... Wir haben Phänomene beobachtet, die sehr schwierig auf der Basis der Kopier-Theorie (Template, Matrize) der enzymalen Aktion erklärt werden konnten. Nachdem einmal diese Saat des Zweifels gesät war, wies das Studium der Literatur darauf hin, daß es noch andere Beispiele gab, die nicht mit der Kopier-Theorie erklärt werden konnten, aber die, wie man so sagt „unter den Teppich gefegt worden waren" und die die zahlreichen Erfolge der Theorie in dem Erklären der meisten Enzymtätigkeiten verdunkelten."

Ohne auf die weiteren Einzelheiten der ungewöhnlich komplizierten Vorgänge der Proteinfaltung aus Polypeptiden einzugehen – dies führen die Autoren in bezug auf die DNS-Problematik auf S. 239 noch detaillierter aus – sei der Leser mit diesen empirischen Fakten vergleichsweise mit den zitierten (s. o.) Behauptungen etwa von Autoren wie Bresch und Hausmann konfrontiert. Die Ausführungen von Koshland et al. sind darüber hinaus von Bedeutung, insofern sie den Matrizen-Kopier-Mechanismus enzymatischer Aktionen in Frage stellen, der als so wesentlich innerhalb der DNS → RNS-Informations-Übertragung angesehen wird. Die Autoren stellen die DNS-Replizierung als simplistisches Modell in Frage.

i) Die Auflösung der Genvorstellung

Sengbusch fragt:[84]

„Was ist ein Gen? Der Genbegriff – 1903 von dem Dänen Johannsen eingeführt – hat viele Wandlungen durchgemacht. Ursprünglich bezeichnete er die Erbanlagen für bestimmte phänotypisch erkennbare Merkmale. In den vierziger Jahren stellten Beadle und Tatum ihre ein Gen – ein Enzym-Hypothese auf. Abgewandelt könnten wir heute auch sagen: ein Gen – ein Protein oder ein Gen – ein Polypeptid. Doch auch diese Bezeichnungen sind, obwohl immer noch sehr nützlich, nicht mehr zeitgemäß, denn man weiß inzwischen, daß es Proteine gibt, die durch im Genom weit voneinander entfernt liegende Abschnitte codiert werden."

Mit diesen einleitenden Worten charakterisiert v. Sengbusch bereits die Problematik des Genbegriffes. Aus einer ursprünglich „atomistischen" Konzeption ist der Genbegriff immer funktionaler geworden. Das letzte für die Vererbung zugängliche „Teilchen" ist zur Zeit das Cistron – aber auch dies muß in komplexen Funktionszusammenhängen gesehen werden. Die Genetik unterscheidet im Prinzip zwei Gen-Arten: die Struktur- und die Regulatorgene. Die Gene wirken einzeln, aber sie wirken auch zusammen, gegen- und miteinander von getrennten und von gemeinsamen Loci aus. Es ist also von einer „Vermaschung" zumindest der Regulatorgene zu sprechen. Man bedenke dabei, daß allein die Geißelbewegung des Bakteriums Escheria coli von 18 Genen kontrolliert und reguliert wird.[85] Es ist Williams[86] zu folgen, der das Gen nur noch als „kybernetischen oder stochastischen Begriff" gelten läßt.

Das Cistron betreffend stellt Strickberger den sehr komplexen Sachverhalt wie folgt dar, nachdem er Benzers Untersuchungen referierte:[87]

„Durch dieses Verfahren entdeckte Benzer, daß alle RII-Mutanten in zwei komplementäre Gruppen zerfallen, A und B, und Mutationen in einer Gruppe waren nur komplementär zu Mutationen in der anderen Gruppe. Da diese Unterscheidungen auf Grund des cis-trans Test getroffen wurden, nannte Benzer jede dieser zwei funktionalen Gruppen ein Cistron. Es scheint jetzt wahrscheinlich, daß diese Cistrone Proteine produzieren, die sich an die Zellmembranen des Bakterien-Wirtes binden und diesen zwingen, sie leichter aufzubrechen."

Wird von einer „Gene-expression" oder „Gene-Exprimierung" gesprochen, so wird darunter das Zusammenwirken verschiedenster Gen-Funktionen von durchaus verschiedenen Loci auf der DNS oder im Gesamt der Chromosomen verstanden. Wie höchst unterschiedliche Funktionen oder sog. „Merkmale" von verschiedenen Genen zu verschiedenen Zeiten und von verschiedenen Loci aus bewirkt werden – über den Zellstoffwechsel –, dies muß dahingestellt bleiben. Im besten Fall kann man eine hierarchische Gliederung der Prozesse annehmen (Lewin). Jedoch, selbst kritische und vorsichtige Autoren wie Lewin, Ayala und Strickberger neigen dazu, aus der „Gene-expression" eine Weltanschauung zu bilden: Denn was das Gen ist, das wurde eben in seiner Problematik aufgezeigt – die auch für das „Programmieren" zutrifft. So kommt v. Sengbusch zu einer der wenigen persönlichen Ansichten in seinem enzyklopädischen Werk – nach der Diskussion der „springenden Gene":[88]

„Die weite Verbreitung der *IS*-Elemente läßt darauf schließen, daß sie eine entscheidende Funktion bei der *Beweglichkeit von Genen* ausüben und Ursache für die hohe Frequenz des Aus- und Umtausches genetischer Information sind: *Jumping genes* (springende oder wandernde Gene). Sie fördern eine rasche Verbreitung von Genen in Bakterienpopulationen, beschleunigen die Evolution von Pro- und Eukaryonten und steuern Differenzierungsprozesse. *Wenn alles im Fluß ist, bleibt unerklärlich, wieso es dennoch klar definierte Genkarten und gegeneinander abgegrenzte Arten gibt.*"

Ohne den Begriff des Gens hätte es jedoch nicht den für die Evolution – insbesondere seit Morgan – so folgenschweren Begriff der Mutation gegeben (Morgans Chromosomenexperimente). Mutationen können heute an bestimmten, gekennzeichneten Abschnitten der DNS als Punkt- oder Blockmutationen experimentell vorgenommen werden. Bei den sog. Punktmutationen wird lediglich eine Nukleotidbase durch eine andere ersetzt oder ein ganzes Nukleotid wird substituiert – und es entstehen sog. „Nonsense-Mutationen". D. h. die weitaus überwiegende Zahl solcher Experimente führt entweder zu Verstümmelungen der Tiere oder verläuft tödlich. Das „Gene engineering" befaßt sich mit dem Zerteilen von DNS-Abschnitten, dem Problem der Rekombination von dem Gen-Polymorphismus und der Amplifikation u. a. m., die für die Probleme der Evolution von Bedeutung sein könnten. Ayala definiert Rekombination wie folgt:[89]

„Die Erzeugung einer neuen Verbindung von DNA-Molekülen (Chromosomen) oder Teilen von DNA-Molekülen (Chromosomen)."

Er definiert Polymorphismus:[90]

„Die Anwesenheit mehrerer Formen (eines Zuges [train, d. Übersetzer] oder eines Gens) in einer Population, die Proportion von polymorphen Gen-loci in einer Population."

Amplifikation stellt eine selektive Vervielfachung einzelner Teile des Genoms dar und wurde vor allem am Genom beobachtet. Die Ursache derselben ist nicht geklärt, wie auch die der Rekombination, bei der eine Zusammensetzung der Chromosombrüche nach der Teilung erfolgt, wobei diese Brüche selbst zum Teil in ihrem Herkommen ungeklärt sind. Dahingegen wird der Polymorphismus als Gen-Kombination gedeutet.[91]

j) Die Diskussion Geno-Phänotyp

Der Phänotyp wird von Ayala wie folgt definiert:[92]

„Die beobachtbaren Merkmale eines Individuums, die aus der Interaktion des Genotyps und der Umgebung resultieren, in dem dessen Entwicklung vorkommt."

Bresch definiert wie folgt:[93]

„Bei Diplonten muß der „Genotyp", d.h. die Erbanlagen, vom „Phänotyp", den sichtbaren Merkmalen, unterschieden werden. Verschiedene Genotypen können wegen der Dominanz praktisch gleiche Phänotypen hervorbringen, z.B. kann die schwarze Fellfarbe des Rindes durch das Allelpaar schwarz/rotbraun oder durch schwarz/schwarz bedingt sein.
Ein Organismus mit zwei gleichen Allelen eines Gens wird als „homozygot" für dieses Gen bezeichnet („reine Rasse" in bezug auf dieses Gen). Entsprechend charakterisiert „Heterozygotie" das Vorliegen unterschiedlicher Allele. Ein solches Individuum wird auch „mischerbig" oder ein „Bastard" oder eine „Hybride" genannt. Man unterscheidet die monohybride Situation (Heterozygotie in *einem* Gen) von dihybrider, trihybrider usw.
Dominante Mutationen werden meist durch große Buchstaben gekennzeichnet. So ist z.B. bei Drosophila das mutierte Allel B (Bar eyes = schmale Augen) dominant über das Wildallel B^+. Hingegen ist vg (vestigial wings = verkrüppelte Flügel)

rezessiv gegenüber dem Wildallel vg$^+$. Oft werden zwei Allele auch durch Groß- und Kleinbuchstaben (A und a) unterschieden. Hierbei wird zwar die Dominanz erkennbar, aber keine Zuordnung des Wildtyps. Das ist erwünscht, wenn die beiden Allele in verschiedenen Wildrassen gefunden werden.

Die genetische Schreibweise eines diploiden Organismus ist z. B., wenn Homozygotie für vestigial und Heterozygotie für Bar vorliegt:

$$\frac{vgB}{vg+} \text{ oder } \frac{vgB}{vg+} \text{ oder } vgB/vg+ \text{ oder } vgvgBB+"$$

Die Problematik, die mit diesen beiden Begriffen verbunden ist, wird in dem Abschnitt über die Evolutionstheorien näher erörtert. Sie liegt grundsätzlich darin, daß die genotypischen Veränderungen durch Rekombination von Genen nach allgemeiner Ansicht zufällig oder „endogenen" Ursachen zufolge entstehen sollen, was vielfachen Widerspruch ausgelöst hat (s. u.). Der Phänotyp zeigt Veränderungen, die als „sinnvolle Anpassungen an die Umwelt" gedeutet werden. Nach Ansicht der einen (Neodarwinisten) wirkt die Selektion nur auf den Genotyp – Überleben des „fittest", nach Ansicht der anderen (Waddington, Lewontin u. a. m.) auch auf den Phänotyp (über die sog. „Epigenese", d. h. die Entstehung von Neubildungen). Hinter dieser Problematik steht die viel fundamentalere: Wie kann die Umwelt auf den Genotyp – direkt über den Phänotyp – einwirken, damit sich die Art selektiv herausbildet? „Anpassung" muß in jedem Fall auf die Gene wirken –, aber wie? Nach den oben dargelegten Anschauungen der Genetiker dürfte dies kaum möglich sein, es wäre nicht mit dem „zentralen Dogma" zu vereinen, auch wenn dies inzwischen modifiziert wurde. So greifen die Neodarwinisten und die mit ihnen im Bund stehenden Genetiker auf die Vorstellung eines „Gen-Pools" zurück – worunter die gesamten Gene einer Population verstanden werden –, der ein Potential noch nicht verwirklichter Möglichkeiten darstellt, die dann durch Umgang mit der Umwelt verwirklicht und selektiert werden. Wie die Vorstellung der Epigenese jedoch mit der genetischen Präformationstheorie in Einklang zu bringen ist – das dürfte kaum zu beantworten sein, es sei denn durch neue, noch komplexere Hypothesenbildungen. Die derzeitig in der Genetik allgemein obwaltenden Vorstellungen erlauben keine direkte Umwelteinwirkung auf das Genom oder die „Gene". (Diese Problematik wird im nächsten Abschnitt eingehend diskutiert.)

k) Die genetische Interpretation der Evolution
(Die Entstehung des genetischen Codes:
Wiederholung und Zusammenfassung)

Die Problematik der Entstehung des genetischen Codes zeigte sich bereits in der Auseinandersetzung mit der Theorie von Eigen und Schuster (Kap. I). Grundzüge dieser Theorien wurden ferner in der Nennung der Arbeiten von Kuhn, Yockey u. a. in diesem Abschnitt dargelegt. Die Problematik der Themen hängt unmittelbar mit der von Geno- und Phänotyp zusammen: denn wie sollen im Verlaufe der Evolution zusätzliche „Informationen" als Lernprozesse gespeichert werden, oder ganz einfach gesagt, wie können Keimzellen DNA-Sequenzen „Erfahrungen" machen und diese – wie – „speichern"? Wie ist diese Vermehrung des „genetischen Codes" denkbar? Zweifellos nicht nur durch bloße Aneinanderreihung weiterer Nukleotidsequenzen – zumal viele von diesen nicht codieren. Wie im vorausgegangenen Abschnitt ausgeführt wurde: die Organismen scheinen nicht über „Zugangswege zu den Genen" zu verfügen, die diese beeinflussen können. Das ist weder über das Nervensystem – bis jetzt – denkbar, noch über hormonelle Faktoren. Über mögliche, direkte Beeinflussung der DNS-Sequenzen durch „Erfahrungen" („Lernen"), d.h. auf der Ebene der Molekularbiologie: durch chemische Substanzen, wird in den Abschnitten III und V berichtet. Wie ist es denkbar, daß aus dem „gespeicherten Lernprozeß" neue Typen, Familien, übergeordnete Gattungen und höhere Kategorien der Tierarten entstehen? Der Genetiker führt dies alles auf eine zufällige (random) Vermischung von Rekombination und Punktmutation zurück. Nachgewiesen ist bei Pflanzen, daß eine Vervielfachung der Genome zu einer Veränderung führen kann: in erster Linie jedoch nur bei Kultur-/Zuchtpflanzen. Jedoch muß in diesem Zusammenhang v. Sengbusch die Einschränkung machen, daß die DNS-Vervielfachung mit einem Zuwachs an Kompliziertheit der Funktionen verbunden ist. Die stammesgeschichtliche Korrelation ist – wie oben bereits dargelegt – nicht eindeutig. So bleibt dem Genetiker nichts anderes übrig, als aus den nicht eindeutigen, auch meist deletär-schädlichen Punktmutationen eine „Umprogrammierung" ganzer Gen-Abschnitte sich vorzustellen, die dann anschließend einer Selektion anheimfallen (Ayala, Strickberger, Herskowitz, Woodward/Woodward, Bresch/Hausmann u.a.m.). Lewontin und Waddington formulieren dagegen folgende These – nach Diskussion der mangelnden Korrelation zwischen DNA-Zunahme und den verschiedenen evolutiven Stufen der Arten –:[94]

„Es wird postuliert, daß jede Tendenz, die Quantität der Information im Genom während der Evolution zu erhöhen, zurückgehalten wird durch die Fortschrittsrate unter den Bedingungen der natürlichen Auslese und umgekehrt proportional zu der Anzahl von Informationseinheiten sich verhält..."

Nach einer mathematisch-quantifizierten Darlegung dieses Theorems fassen die Autoren zusammen:[95]

„Wir sehen, daß für einen gegebenen totalen Phänotyp mit der Rangstufe A die zusätzliche genetische Variation umgekehrt proportional ist zu der Anzahl seiner [im Gen, der Übersetzer] den Charakter [den Phänotyp, d. Übersetzer] determinierenden Loci. Für eine bestimmte durchschnittliche Genhäufigkeit würde sie (die Anzahl) abnehmen, wenn eine große Variation in der Genhäufigkeit von Locus zu Locus besteht."

An anderer Stelle führt Waddington aus,[96] daß, ohne grundsätzlich die zufällige Mutation in der Evolution zu bezweifeln, jedoch unterschiedliche Komplexitätsgrade innerhalb dieser anzuwenden sind. Im Vergleich eines Flußbettes und den in diesem sich befindenden Kieseln sei die Anordnung der Kieseln zufällig und entspräche den Mutationen innerhalb der Evolution. Wollte man jedoch aus diesen Kieseln eine Brücke bauen, so tritt eine neue Anordnung der Komplexität hinzu, die aus der ersteren – der zufälligen Mutationen – nicht abzuleiten sei. Die Verwechselung dieser Stufen der Organisation wäre verhängnisvoll und dem gut bekannten Theorem von Whitehead zu vergleichen, der „Täuschung fehlplazierter Konkretheit" (Fallacy of misplaced concreteness).

Die vorausgegangenen Darlegungen mögen dem Leser eine skizzenhafte Vorstellung von der ungewöhnlichen und noch gar nicht überschaubaren Komplexität der Vererbungsvorgänge auf der rein bio-molekularen Ebene vermittelt haben. Funktionale und strukturale Verknüpfungen wirken in einer Weise zusammen, die noch zahllose Stufen vermissen lassen – allein von der Proteinbildung bis zu der Ausbildung von Zellen oder gar spezifischen Zell-Merkmalen: Nervensystem, Bindegewebe, Epithelzellen usf.. Die der „synthetischen Theorie" (s. u. Abschnitt III) entsprechend mit zufälligen Mutationen arbeitende Genetik, damit eben in Einklang mit der neodarwinistischen Evolutionstheorie, muß es verständlich machen, wie aus Zufällen, d. h. „Nonsense"-Ereignissen auf der molekularbiologischen Ebene sinnvolle Systembildungen entstehen können. Wieweit ferner diese Ebene Störungen – Zufälle – („Lärm") – zu kompensieren vermag, bedarf neuer Hypothesen. Nur eine vom gesamten molekularbiologischen System „integrierte" „zufällige Störung" (Punktmutation) dürfte sich nicht deletär auswirken, sondern u. U. lebensfähige oder lebenssteigernde Veränderungen im Organismus hervorrufen. Aber eine Punktmutation verändert noch lange nicht den Organismus. Dazu bedarf es fundamentaler Umbildungen im gesamten „Gen-Apparat", seiner unübersehbar-komplexen funktionalen Verknüpfungen, den Verknüpfungen auch der Genome untereinander, ihrer Beziehung zum Chromosom usf. In welchen „Gen-Loci" (man bedenke: das Gen ist ein stochastischer Begriff!) welche Veränderungen („Mutationen") sich ereignen müssen, um einen gesamten Organismus derart zu verändern, daß eine neue Art entsteht, in welchen Genen ferner „latente Eigenschaften" sich befinden, die bei entsprechendem Polymorphismus dann innerhalb der Populationen und ihrer Selektionen plötzlich auftauchen: dies zu ersinnen bedarf einer Hypothesenbildung, die bestenfalls als wissenschaftliche Fabulierkunst bezeichnet werden kann.

l) Hinweise auf Probleme der ontogenetischen Transplantationen

Bei der Transplantation von Kernen aus Zellen des Darmepithels von Kaulquappen des Frosches Xenopus laevis in Eizellen, deren Kern vorher entfernt worden war, entwickelten sich in den meisten Fällen normale Tiere. Die mit den Problemen der Differenzierung und Determinierung verbundene Ontogenese kennt seit Spaemann, P. Weiss und A. Gurwitsch zahllose Beispiele dieser Art (insbesondere auch die Versuche von Hadorn). V. Sengbusch kommentiert dies wie folgt:[97]

„Aus der Kombination: Plasma der Eizelle und Kern einer differenzierten Zelle entwickelte sich in vielen Fällen ein ganz normaler Frosch, d.h. die hier gewählten Kerne spezialisierter Zellen enthalten alle Informationen, die zur Bildung eines vollständigen Organismus erforderlich sind. Der Versuch sagt aber auch, daß die Aktivität des Kerns durch das Plasma gesteuert wird. Bei einer spezialisierten Zelle reprimiert es nämlich zahlreiche Aktivitäten, zu denen der Kern in der Lage wäre. Diese Aktivitäten werden reaktiviert, sobald er wieder in die „richtige" Umgebung gebracht wird, in unserem Fall also in das Plasma, die Eizelle."

Zweifellos kann hier nicht einfach von einem „Umschalten' oder „Rückschalten" des Programms die Rede sein, zumal der „Informationspegel" des Keimes schon auf weiterentwickelte Zellen eingestellt war. Für die hier vorliegende Untersuchung geht aus den Experimenten insbesondere hervor, daß die „Information" des Kernes durch das Zytoplasma des Eies zumindest mitbestimmt wird, der Kern dann die Entwicklung – nach Beeinflussung durch das Zytoplasma des Eies – wieder von Anfang an „determiniert" und vorher „bemerkt" hat. Induktion impliziert die vielfach erprobten Möglichkeiten, in Keimen durch Transplantation zellfremder Gewebe an nicht ortsgemäßen Stellen Organe sich bilden zu lassen, die entweder vom Transplantat oder vom Wirt bestimmt werden – bis zur Transplantation, die Mischbildungen verschiedener Arten beinhaltet.[98] Für die Genetik und speziell die sog. Informationstheorie ist jedoch nicht uninteressant, daß solche Induktionen durch einfache chemische Substanzen gehemmt oder gefördert werden können, wobei diese Substanzen sonst nicht zu den die Gene beeinflussenden „Mutagenen" zählen (hier sind insbesondere die Untersuchungen von Holtfreter zu nennen, Zusammenfassung bei Needham, op. cit.). Diese Problematik wird z.B. auch durch die sog. Transdetermination (Hadorn) veranschaulicht: wenn z.B. bei der für ca. 10 verschiedene Zelltypen (Augen, Flügel usf.) determinierten Imaginalscheibe der Drosophila-Larve – die zehn- bis zwanzigtausend nicht zu unterscheidende Zellen aufweisen können – in die Bauchregion einer anderen Larve transplantiert werden[99] (Zusammenfassung s. bei Ebert/Sussex „Interacting systems in development" op. cit.). Bei der Transplantation der Imaginalscheibe in die Bauchregion einer anderen Larve entwickeln sich Wirt und Transplantat normal. Wird jedoch die Scheibe einer ausgewachsenen Tierart eingepflanzt, findet keine

Differenzierung statt. Es wird angenommen, daß die Determinierung „verloren gegangen ist". Wird das Transplantat der Larve aber in einem zweiten Vorgang wieder herausgenommen und einem zweiten erwachsenen Wirt eingesetzt, ist es möglich, daß sich dann vorher nicht determinierte Strukturen bilden: anstelle einer Antenne z. B. ein Flügel usf.. Die Zellen werden „transdeterminiert" und einem dreifachen Wechsel des Wirtes unterworfen. Wie sich mit diesen Vorkommnissen ein Forscher vom Range v. Sengbuschs „plagen" muß – um von dem unverifizierten, nicht greifbaren Schlagwort des „Umprogrammierens" innerhalb der Genetik sich zu distanzieren, kann auf S. 583 des zitierten Werkes (Sengbusch) nachgelesen werden.

Ontogenese bedeutet Differenzierung, Wachstum (morphologisch) und Gestaltbildung (Formung). Diese sind drei ganz unterschiedlich zu definierende, aber miteinander engstens verschränkte Prozesse, die den Phänotyp bestimmen (s. Ebert/Sussex, de Haan, Willmer, Waddington, Thom, Stark u. a. m. op. cit.). Die Ontogenese des Keimes bedarf mehrerer jeweils unterschiedlicher und noch höchst problematischer Theorien, um – wie Waddington[100] ausführt – die vier Stufen der Morphogenese, der Entwicklung, der Differenzierung und des Wachstums zu „erklären". Die Komplexität wächst, wenn allein die Beziehung zwischen den Chromosomen und der molekularbiologischen Ebene, endlich den Genen miteinbezogen wird.

Lewin berichtet darüber, wobei sich jeder fragen muß, wer kontrolliert hier noch wen und was –:[101]

„Eine allgemeine Interpretation der Experimente, die eine gewisse Spezifität in der Einschränkung der Überschreibung (Transkription) des Chromatins in vitro betreffen, ist die, daß Genexpression durch die Organisation der Chromatinstruktur kontrolliert wird; [dies bedeutet, daß die Gene ihre eigenen Kontrollen in der Chromatinstruktur erzeugen! Anm. des Übersetzers]; aktive Folgen von DNA können so exponiert werden, daß sie für die Überschreibung durch RNA-Polymerase zugänglich sind, während inaktive Folgen von Proteinen bedeckt werden und deshalb für die Überschreibung unerreichbar sind. Die dementsprechende Implizierung von Wiederherstellungs-Experimenten ist die, daß alle Information, die gebraucht wird, um die Struktur des Chromatins zu spezifizieren, in dessen Komponenten enthalten sind, die unter entsprechenden Bedingungen entweder dissoziiert oder wiederhergestellt werden, ohne daß sich die Struktur dabei verliert (analog zu der Dissoziation und Rekonstitution von bakteriellen Ribosomen). Da alle diese Experimente bakterielle RNA-Polymerase benutzen, als ein Versuch, die jeweils greifbaren Folgen durch nicht spezifische Überschreibung zu identifizieren ist, implizieren diese Resultate, daß Exposition der DNA [Aussetzung, exposure, d. Übersetzer] ausreichend ist, wie auch notwendig für die Herstellung von der Genexpression." [Es sei erinnert, daß Information auch demzufolge „beliebig" geteilt und wieder zusammengesetzt werden kann.]

Die Interaktion Zellkern-Mitochondrien-Zytoplasma kann nicht linearen Instruktionen, Befehlen und „Informationsabgaben", entsprechen – vielmehr müssen hier ständige Wechselwirkungen maßgeblich sein. Dieses

Ergebnis dürfte auch die Phäno-Genotyp-Problematik mitbestimmen. Lewin faßt diese Perspektive wie folgt zusammen:[102]

„Eine Frage, die allgemein in den frühen Tagen der Entwicklungsbiologie gestellt wurde, war die, wieweit Kern oder Zytoplasma die Entwicklung kontrollieren. So eine Frage scheint heute zu direkt, natürlich, denn wir verstehen Entwicklung darin, daß sie eine Reihe von kreisförmigen Interaktionen zwischen Kern und Zytoplasma konstituiert. Es ist das Zytoplasma des Eies, das die notwendige Information enthält, um damit aus dem Kern die Antwort zu wecken, die für die Entwicklung des Embryos entsprechend ist; und die Produkte der Gene, die in dieser Zeit ausgedrückt werden, modifizieren ihrerseits das Zytoplasma, so daß neue Muster von Genexpression aus dem Kern während der folgenden Entwicklung geweckt werden."

Die vorausgegangenen Darlegungen werden dem Leser eine „Ahnung von der Komplexität der Vorgänge – und der Dürftigkeit der Theorien" vermittelt haben. Wie jedoch Wissenschaftler mit Fakten umgehen können, sei an einigen Beispielen der Untersuchung Nagls aufgezeigt.

Nagl, ein renommierter Forscher, steht nicht an, 11 Thesen zu behaupten, von denen nicht eine erwiesen ist. Er weiß:[103]

„Makroevolution wird durch Wechsel im Basengehalt nuklearer DNA „dirigiert", in erster Linie durch Zunahme von DNA. Die Quantität, deren Zunahme der Entwicklung eine Direktion, eine Richtung gibt, kann Komplexität sein. Zweitens: Anagenese [Entfaltung, d. Übersetzer] und Anpassung beruhen auf Duplizierung und Mutation der codierenden Gene; das Resultat ist Enzympolymorphismus. Drittens: Kladogenesis [Aufspaltung, d. Übersetzer]. Artenbildung und Spezialisierung sind durch qualitative und quantitative Wechsel charakterisiert, insbesondere in den nicht-codierenden, repetierenden, regulierenden Folgen. Eine alternative Strategie ist die erneute Musterbildung des Karyotypus (Karyotype riparterning). Viertens: der hauptsächliche Mechanismus von Genom- und Karyotyp-Entwicklung ist Amplifikation (sprunghafte Replizierung) der nicht-codierenden Folgen, ihrer Verzweigung und Verteilung durch das Genom, durch Heterochromatinpolymorphismus und Verschmelzungen nach Robertson, durch generative Polyploidierung und karyotypische (Karyotype) Aufzweigung, durch Addierung und Verlust von b-Chromosomen. Diese Mechanismen agieren als Entwicklungsstrategien, die sich gegenseitig ausschließen oder überschneiden können."

Der Autor setzt diese Hypothesen – als erwiesene Thesen – bis auf die Anzahl von 11 fort. Wenn Hypothesen zu Dogmen werden, entstehen pseudo-religiöse Gebilde. Man darf sich fragen, ob der Verfasser Wissenschaftler oder Religionsstifter ist. Eine Frage, die zahlreiche der hier aufgeführten Autoren angeht. Naturwissenschaft? Was die raffinierte „Hypermethodik" der Biochemiker anbetrifft: ja. Was ihre Theorien angeht: nein.*

III. Probleme der Evolutionstheorie

a) Definition der Evolution

Wie in der Frage nach der Entstehung des Lebens gehen die Meinungen über den Begriff der Evolution, ihre Voraussetzungen und mögliche Verursachungen ebenfalls auseinander, trotz der heute allgemein verbreiteten „synthetischen Theorie".

E. Mayr definiert Evolution im Prinzip als „gerichtete Veränderung". Seine Ausführungen erhellen ebenfalls den historischen Hintergrund des Begriffes, seine Problematik:[1]

„Vielleicht sollte man zuerst erklären, was der Ausdruck Evolution bedeutet. Wie ist dieser Terminus zu definieren? Wenn wir die einschlägige Literatur heranziehen, so stoßen wir auf große Meinungsverschiedenheiten. Jeder Spezialist definiert das Wort so, wie es für sein Fachgebiet am brauchbarsten ist."

An anderer Stelle:[2]

„Merkwürdigerweise wurde das Wort Evolution erst in der Mitte des 19. Jahrhunderts für kosmische und biologische Vorgänge verwandt. Die Vorstellung eines sich wandelnden Universums war natürlich bereits in den Werken von Whiston (1696) und Kant (1755) deutlich zum Ausdruck gekommen, und die der organischen Evolution in den Schriften von Lamarck (1809) und mehrerer anderer Vorläufer Darwins in Frankreich, England und Deutschland, aber sie alle bedienten sich offensichtlich einer Terminologie, die nicht das Wort Evolution einschloß. Tatsächlich fehlt es sogar in der ersten Auflage des *Origin of Species* (1859). Allerdings benutzte Darwin das Verb *evoluieren*. In allen diesen Fällen beschreiben die Autoren, gleichgültig, welcher Terminologie sie sich bedient haben mögen, Veränderungen in der Zeitdimension. In der Tat bedeutet Evolution immer Veränderung, aber nicht jede Veränderung ist Evolution."

Mayr definiert dann Evolution wie folgt:[3]

„Wenn wir den gemeinsamen Nenner aller jener Vorgänge zu finden suchen, bei denen die Verwendung des Wortes Evolution gerechtfertigt zu sein scheint, so stellen wir fest, daß mindestens zwei Bedingungen erfüllt sein müssen:
1. ein fortwährender Wandel und
2. das Vorhandensein einer Richtungskomponente.

Diese Richtung braucht nicht immer gleich zu bleiben. Man spricht daher ohne zu zögern von der Evolution der Wale, obgleich deren fischartige Vorfahren zuerst vom

Wasser ans Land kamen und dann vom Land wieder zum Wasser zurückkehrten. Verbinden wir diese beiden Kriterien miteinander, so gelangen wir zu folgender weitgefaßter Definition: *Evolution ist ein Vorgang oder eine Folge von Ereignissen, welcher bzw. welche eine starke Richtungskomponente aufweist.*"

Im Verlaufe der weiteren Untersuchung wird wiederholt auf Mayrs umfassendes Werk „Artbegriff und Evolution" Bezug genommen werden. Daß seine Meinungen häufig widerspruchsvoll erscheinen, hängt mit seinem Werdegang als Evolutionist zusammen.[4]

Wie A.J. Cain zusammenfaßt, betrachtete Mayr 1942 den Polymorphismus der Arten als ein neutrales Vorkommnis. Ab 1945 jedoch schloß er sich der Ansicht an, daß Selektion ein aktiver Vorgang sein müßte, der den Polymorphismus bedingt. Vorher sah er die Evolution prinzipiell durch Wechsel in der Gen-Häufigkeit verursacht, aber 1977 als einen Wechsel in den Organismen selber: daß die Gen-Sequenzen und ihre Häufigkeit lediglich Folgen wiederum der Auslese wären. Früher vertrat er die Ansicht, daß die Evolution in großen Populationen am schnellsten und dort die Auslese am häufigsten vorkäme, heute nimmt er an, daß für die Evolution kleine, periphere Populationen und deren „genetische Revolution" für die Entwicklung der Arten maßgeblich seien.

(Dem möge der Leser entnehmen, wie wechselhaft die Hypothesenbildungen anerkannter Evolutionisten sind.)

R.A. Fisher[5], dem die Evolutionstheorie neben Haldane und Sewall Wright vor allem ihre mathematisch-stochastische Ausweitung verdankt, setzt Evolution bereits mit Mutation, d.h. einer vermeintlichen Ursache derselben gleich. Er unterscheidet vier grundlegende Theorien der Evolution, d.h. die über die Definition derselben hinaus bereits Ursachen der Evolution postulieren:[6]

„Die Theorien der Evolution, die auf hypothetischen Agenzien („agencies") beruhen, die fähig sind, die Häufigkeit oder Richtung, in der Mutationen stattfinden, zu verändern, fallen in vier Klassen. In der Erwähnung dieser wird es angemessen sein, den Begriff der „Mutation", dem viele verschiedene Meinungen zu verschiedenen Zeiten zugesprochen wurden, anzuwenden, um damit einfach den Beginn einer vererbten Erneuerung zu bezeichnen."

Diese vier Klassen sind nach Fisher die lamarckistische Evolutionstheorie – Bedürfnisse der Tiere führen zu morphologischen Veränderungen der Gestalt –, die der physiologischen Anpassung, die des Einflusses der Umwelt auf die Lebewesen und die Mutation durch einen „inneren Drang". Er schreibt:[7]

„Es kann angenommen werden, daß die Mutationen, die ein Organismus erfährt, durch einen inneren Drang bedingt sind (nicht unbedingt mit seiner geistigen Verfassung verbunden), der in den ersten Vorfahren implantiert wurde und der dadurch die vorbestimmte Evolutionsrichtung richtungsweisend determiniert."

John Maynard Smith, ein führender Evolutionstheoretiker neodarwinistischer Richtung, sieht die Evolution wie folgt:[8]

„Die Theorie der Evolution gibt an, daß lebende Tiere und Pflanzen durch Abstammung voneinander entstanden sind, mit Abweichungen von einer mehr oder weniger einfachen, vorelterlichen Form. Wenn das wahr ist, folgt, daß alle Charakteristika, mit denen wir sie in Klassen einteilen können, sich gewandelt haben und noch wandeln, und daß darüber hinaus anläßlich vieler Gelegenheiten in der Vergangenheit eine einzige Population Anlaß zur Entstehung von zwei oder mehreren Populationen gegeben hat, deren Nachfolger heute genügend unterschieden voneinander sind, um als unterschiedliche Arten klassifiziert zu werden. Es besteht nun Grund anzunehmen, daß sowohl der Prozeß der Modifizierung in der Zeit oder der Prozeß der Teilung einer Population in zwei, immer oder gewöhnlich sich in einer Reihe scharf diskontinuierlicher Schritte ereignet hat. Deshalb muß jeder Versuch, alle lebenden Dinge, vergangene und gegenwärtige, in scharf definierte Gruppen, zwischen denen keine Verbindung existiert, zu trennen, zum Scheitern verurteilt sein. Geschichtlich wurde natürlich dieses Argument umgekehrt, die Beobachtung, daß Tiere und Pflanzen nicht befriedigend in unterschiedliche Arten geteilt werden können, trug zu der Verbreitung der evolutionären Ansichten unter Biologen bei."

Für einen anderen maßgeblichen Evolutionstheoretiker und Paläontologen, G. Simpson[9], reduziert sich Evolution auf zwei Funktionen: Größenzunahme von Individuen und Populationen, ferner morphologische Veränderungen – zunehmende Differenzierung –, die einen regelhaften Verlauf zu haben scheinen.

Der Genetiker Waddington definiert Evolution zusammenfassend wie folgt:[10]

„Das wesentliche Merkmal einer Evolutionstheorie ist die Vorstellung, daß Tiere und Pflanzen, so wie wir sie heute sehen, eine zweckvolle Angepaßtheit zur Schau tragen, sie zu ihrem heutigen Zustand durch einen in der Zeit sich erstreckenden Prozeß gebracht worden sind und nicht in ihren derzeitigen Formen entworfen waren. Das muß nicht – wie zahlreiche Zeitgenossen Darwins dachten, daß er dies täte – notwendigerweise die Existenz irgendeinen intelligenten Entwerfens verneinen. Es meint nur, daß jede entwerfende (planende, „designing") Tätigkeit – die da sein könnte – über einen langen Zeitraum hinweg gewirkt hat und nicht plötzlich jede der biologischen Gestalten in das Leben gerufen hat – wie wir sie heute sehen."

L. L. Whyte definiert Evolution wie folgt:[11]

„Wie sind voneinander differenzierte Teile und Vorgänge eines Organismus räumlich aufgeteilt („arranged"), daß die Lebensfunktionen erhalten bleiben, wie kam diese Aufteilung ursprünglich zum Dasein" („Existenz") und wie wird sie in jeder Generation wieder hergestellt?"

Diese Fragen, so führt Whyte weiter aus, seien der Gegenstand der Evolutionstheorie.

Unter Einbeziehung der Problematik der sog. Stammbäume definiert Remane Evolution:[12]

„Nur als Anhang sei eine kurze Übersicht über den Stand der Evolutionstheorien gegeben. Das Problem der Ursachen der Stammesentwicklung ist ja das letzte und schwierigste Evolutionsproblem. Die Konstruktion der Stammeslinien im Aufbau der Verwandtschaftsbeziehungen ist von seiner Lösung völlig unabhängig. Gleichwohl neigt der Phylogenetiker dazu, von seiner Kenntnis des Stammesablaufs das Problem der Ursachen dieses Ablaufs zu diskutieren – dafür ist die Literatur eines Jahrhunderts ein beredtes Zeugnis –; aus diesem Grunde sei die folgende Übersicht gegeben, in der Hoffnung, auch auf diesem Gebiete durch Präzisierung der Diskussionsbasis unnötige Diskussionen einzuschränken.

Die im Stammbaum darstellende Phylogenie verläuft in zwei Prozessen: 1. in der Spaltung von Einzelarten in zwei oder mehrere Arten = Speziation, 2. in einer Organisationsumbildung = Evolution. Obwohl im praktischen Ablauf beide Prozesse eng verflochten sind, muß aus logischen Gründen ihre Trennung gefordert werden. Der erste Prozeß entspricht den Gabelungsstellen des Stammbaums. Diese Gabelung von Arten, d.h. die Trennung erst einheitlicher Fortpflanzungsgemeinschaften in zwei oder mehr isolierte Fortpflanzungsgemeinschaften kann völlig ohne Neubildung von Erbanlagen, lediglich durch Umgruppierung und Verteilung schon vorhandener Erbanlagen vor sich gehen (Speziation = Artspaltung). Der zweite Prozeß entspricht etwa dem Wachstum der Stammbaumzweige. Diese Organisationsumbildung kann an sich ohne jede Artenspaltung ablaufen, denn eine Organismenart kann sich, ohne neue Fortpflanzungsgemeinschaften abzuspalten, in ihrer Organisation tiefgreifend wandeln (Evolution = Umbildung)."

Hier sei ausdrücklich vermerkt – wie unten noch ausgeführt wird –, daß „alogische Gründe" Speziation und Evolution trennen, daß ferner die Stammeslinien „Konstruktionen" sind.

Die derzeitige Situation der Evolutionstheorie zeichnet sich durch eine permanente Verwechslung der Bedingungen der Evolution mit denen ihrer direkten Verursachung aus, ein verhängnisvoller Irrtum. Auf diesen haben Autoren u.a. wie Spaemann[13] und Hengstenberg[14] bereits eingehend – vergeblich – verwiesen, da sie – als Philosophen – von Biologen kaum für „diskussionsfähig" gehalten werden. So werden in der heute verbindlich angesehenen „synthetischen Theorie" die 3 wesentlichen „Ursachen" der Evolution genetisch durch Mutation, ferner Selektion (impliziert „Anpassung") und geographische Isolation mit Bedingungen derselben gleichgesetzt. Hengstenberg hat hier deutlich unterschieden:[15]

„Nun scheint es uns unbestreitbar, daß dieser Realzusammenhang zwischen Organen und Funktionen der früheren und jenen der späteren Art naturwissenschaftlich nur als *Konditional-*, nicht *Kausal*zusammenhang ausgesagt werden kann. „Wenn es die frühere Art nicht gegeben hätte, wäre auch die spätere nicht entstanden", so lautet diese konditionale Formulierung. Mehr scheint uns in den empirischen Fakten nicht drinzustecken.

Ein Konditionalzusammenhang ist noch kein Kausalzusammenhang, weil *condicio* noch nicht *causa* ist.

Wenn eine Stoßkraft als Ursache eine bislang ruhende Kugel in Bewegung versetzt, dann hat die Wirkung, die Bewegung, noch andere Bedingungen als die physikalische Ursache selbst (z. B. die Eigenschaften der Kugel, Rundheit, Glätte, die Unterlage usw.), und selbst die Ursache ist durch den Trägheitswiderstand der Kugel mit bedingt, da sie sich erst an diesem Widerstand realisiert, aber all diese Bedingungen „erwirken" nicht die Bewegung. Oder: *condicio* ist die Zeit, die ich für eine Arbeit brauche, sie ist aber keineswegs eine Ursache, die meine Arbeit vorantriebe; daß ich Speise zu mir nehme, ist Bedingung dafür, daß ich meine Gedanken sammle, sie ist aber nicht Ursache, die meinen Gedanken von bestimmter Qualität hervortriebe.

Wohlgemerkt, solche Konditionen können, in sich betrachtet, durchaus Ursachen sein, aber in bezug auf das erwartete Resultat sind sie in den obigen Beispielen nur Konditionen. So sind die Verdauungsvorgänge meines Organismus an der Nahrung ganz gewiß in sich Kausalvorgänge. Aber in bezug auf das erwartete Resultat – Fassen eines Gedankens – stellen diese Ursachen nur Konditionen dar.

Es ist aber wesentlich zu beachten, daß solche Konditionalzusammenhänge echte *Realzusammenhänge* sind. Es wäre ein Irrtum zu glauben, Realzusammenhänge könnten nur als Kausalzusammenhänge auftreten.

Es ist nun nicht einzusehen, wieso die reale Verbindung zwischen früheren Strukturen und Funktionen im Kosmos und späteren den *Naturwissenschaftler* von den naturwissenschaftlich beobachtbaren Fakten her zu mehr berechtigen sollte als zu einer *konditionalen* Formulierung dieses Realzusammenhanges. Dafür geben wir folgende Gründe an.

Der erste besteht darin, daß noch kein Naturwissenschaftler beobachtet hat, wie eine frühere Art die entsprechende spätere kausal aus sich hervorgetrieben hätte oder wie dies durch andere Faktoren, z. B. die Umwelt, sinnfällig bewerkstelligt worden wäre. Bester Beweis dafür ist, daß die bekannte These, die Verbindung von niederer und höherer Form geschehe durch Umprägung des Erbgutes, bereits ein *Postulat* der Evolutions*theorie* ist und kein Bestandteil der Faktengrundlage."

E. Mayr sieht die Bedeutung der synthetischen Theorie „kritisch" wie folgt:[16]

„Die Tatsache, daß die Synthetische Theorie jetzt so allgemein angenommen wird, ist an sich selber noch kein Beweis ihrer Richtigkeit. Zur Warnung sollte man nachlesen, mit welchem Spott die Mutationisten im ersten Jahrzehnt unseres Jahrhunderts die zeitgenössischen Naturforscher wegen ihres Glaubens an graduelle Wandlungen und an die immense Bedeutung der Umwelt angriffen. Niemals fiel den Saltationisten ein, daß ihre eigene typologische und antiselektionistische Auffassung der Evolution viel weiter von der Wahrheit entfernt sein könnte, als der spätdarwinistische Standpunkt ihrer Gegner. Unglücklicherweise wird die Synthetische Theorie von manchen immer noch als eine Form des Mutationismus betrachtet. Nach meiner Erfahrung ist jeder neuere Angriff auf die Synthetische Theorie in Wirklichkeit mehr ein Angriff auf einen groben Mutationismus gewesen als eine vernünftige Argumentierung gegen die wirklichen Lehrsätze der Synthetischen Theorie. Alles was die Synthetische Theorie über Mutationen aussagt, steht in Widerspruch zu den Behauptungen des Mutationismus. Keineswegs glauben wir jetzt, daß die Evolution durch Mutationen geleitet wird; die Wirkung einer Mutation ist sehr oft viel zu klein, um sichtbar zu sein. Rekombination erzeugt weit mehr selektiv wichtige Phänotypen als die Mutation, und die Formen der Mutationen und Rekombinationen, die in einem bestimmten Organismus erfolgen können, sind streng beschränkt. Diese Feststellungen stehen mit der Synthetischen Theorie vollständig in Einklang, aber sie würden wohl bei denen Erstaunen erregen, die von den modernen Entwicklungen nichts ahnen und noch immer den Kampf der letzten Generation ausfechten."

Kritisch fährt Mayr fort:[17]

„Die meisten zeitgenössischen Argumente beziehen sich auf die relative Bedeutung der verschiedenen in Wechselwirkung stehenden Faktoren. Man wird recht unterschiedliche Antworten erhalten, legt man einer Reihe heutiger Evolutionisten die folgenden Fragen vor:
Welche Bedeutung haben zufällige Ereignisse in der Evolution?
Welchen Platz nimmt die Bastardierung in der Evolution ein?
Wie wichtig ist der Genfluß zwischen Populationen?
Welcher Prozentsatz an neuen Mutationen ist vorteilhaft?
Wieviel der genetischen Variablität ist durch balancierten Polymorphismus bedingt?"

Einen ersten Blick auf die Ziele und Probleme der Evolutionstheorie gibt Siewing:[18]
1. Es sei das Ziel der Evolutionstheorie nachzuweisen, daß sich die heute lebenden Organismen aus andersgearteten entwickelt haben.
2. Das Problem impliziert das des Nachweises der Verwandtschaft bestimmter Organismenformen oder -arten.
3. Es impliziert ferner das Problem gemeinsamer Ahnenformen als „Abstammungswurzel".
4. Diese Frage ist nicht von der zu trennen, ob eine gemeinsame Ursprungsform aller zur Zeit lebenden Organismen anzunehmen ist.

Die von Siewing aufgewiesenen Probleme umschließen bereits die stillschweigende Voraussetzung der Evolutionstheorie überhaupt: daß das Komplizierte sich aus dem Einfachen entwickelt hat. Wie zu zeigen sein wird, ist das nur eines der (unbewiesenen) „Hauptdogmen" der Evolutionisten. Diese von maßgeblichen Evolutionisten und Biologen gegebenen Definitionen „unterschlagen" oder verabsäumen ein zentrales Moment der Evolution: die Neu-Entstehung von Organen, Organsystemen, Phylen, Gattungen, Arten, die Neogenese überhaupt. Diese definiert Woltereck:[19]

„Diejenige Formenfolge, die in ihren heutigen Endgliedern die „konzentrierte" Mannigfaltigkeit der Säugetiere und des Menschen erreicht, beginnt unvermittelt mit dem Auftauchen des ganz neuartigen Bauplans der *Wirbeltiere* (und Chordatiere). Niemand weiß, wie dieser Bautypus eigentlich entstanden ist; es ist nicht ausgeschlossen, daß er bis zu *sehr* einfachen Tierformen herab mit den anderen Tiertypen (Würmer, Mollusken usw.) gar nicht verwandt ist.

Neben diesem Gefügetypus gibt es unter den vielzelligen Tieren nur noch drei andere Baupläne, die ebenso für sich dastehen, ebensowenig auf andere Grundtypen bezogen, von ihnen „abgeleitet" werden können. Das sind die *Hohltiere* (mit dem selbständigen Paralleltypus der Schwämme), die *Echinodermen* und die bilateralen *„Wurmartigen"* (mit zahlreichen Zweig- und Nebentypen); dazu also als vierter Grundtypus die Chordatiere und Wirbeltiere.

Von den „wurmartigen" Bilaterien lassen sich zwei weitere große Tierstämme *ableiten* – die also selbst keine *Grund*typen sind – und außerdem ein ganzes Bündel von kleineren Tiergruppen. Die beiden Tierstämme sind erstens die *Gliedertiere* als vermutliche Nachkommen der Ringelwürmer und zweitens die verschiedenen, z. T. uralten Gruppen der *Weichtiere*, die ebenfalls mit wurmartigen Geschöpfen zusammenhängen.

Wie die vier Grundtypen entstanden sind, wissen wir nicht, ebensowenig wissen wir, wie aus ihnen die Fülle von Zweigtypen („Klassen" usw. der Systematiker) hervorgegangen sind. Von den Zweigtypen lebt heute nur ein Bruchteil, von manchen einstmals formenreichen Gruppen nur wenige übriggebliebene Formen (z. B. Nautilus); ein weit größerer Teil ist ausgestorben und hat uns nur spurenhafte Dokumente in fossilen Resten hinterlassen."

Die zitierten Definitionen sind alles andere als einheitlich:
Mayr: Richtung und Wandel
Fisher: 4 Theorien – Erklärungen – der Evolution
Maynard Smith: Wandlungen, Herleitung aus einer ursprünglichen Population, Diskontinuität
Simpson: Größenzunahme und Differenzierung

Waddington: Prozeß mit zweckvoller Anpassung in der Zeit an unterschiedliche Umwelten
Whyte: Evolution als Problem: räumliche Differenzierung bei erhaltener Lebensfunktion
Remane: Probleme der Stammesentwicklung und des Stammbaumes. Trennung von Speziation und Evolution
Hengstenberg: Unterschied – fundamentaler – zwischen Ursache und Bedingung von Evolution
Mayr: Synthetische Theorie – Evolutionserklärung
Siewing: Ziele und Probleme der Evolutionstheorie
Woltereck: Probleme der Neogenese

b) Wie hat sich die Evolution vollzogen?

Die Evolution hat sich in einer Zeitspanne von ca. 500 Millionen Jahren ereignet – wird von dem Präcambrium abgesehen. Die wichtigsten Stämme der heutigen Tiergattungen sind bereits als Phylen im Cambrium nachgewiesen. Dazu nimmt Simpson wie folgt Stellung:[20]

„Dann, mit Beginn des Cambriums, erscheinen unzweifelhaft und in Fülle ganz unterschiedliche tierische Fossilien. Die Plötzlichkeit kann übertrieben sein, denn die meisten größeren Gruppen kämpfen sich durch das Cambrium, einen Zeitraum von einigen 75 Millionen Jahren und durch das folgende Ordovizium... Das ist nicht nur das verwirrendste Merkmal der gesamten fossilen Überlieferung, aber auch ihre offenbar größte Widersprüchlichkeit („inadaequacy")."

Für dieses Vorkommnis – relativ plötzliches Auftreten zahlreicher Tiergruppen – sind ca. 20 verschiedene Hypothesen von verschiedensten Paläontologen, Genetikern und Biologen aufgestellt worden, von denen jedoch Simpson keine einzige für verbindlich oder zwingend hält. Die „Vorfahren" der bereits im Cambrium vorkommenden Tierarten sind jedenfalls in der überwiegenden Zahl nicht bekannt. (Simpson, op. cit.) Da es vermutlich Weichkörpertiergruppen waren – so argumentiert S. Peters – sei dies der Grund ihrer Nicht-Nachweisbarkeit. Aber – wie und warum entwickelten sich bereits der Abwehr dienende Hartkörperteile? Das Problem erscheint nur zeitlich – chronologisch – verschoben.

Das Problem für lebende wie auch für ausgestorbene Arten, gemeinsame Ahnen vorzufinden, ist – wie Simpson ebenfalls kritisch darlegt – in zahlreichen Fällen auch eine Folge willkürlicher Interpretation, die jedoch das mögliche Vorkommnis solcher Ahnen nicht ausschließt. Die Realität stellt Simpson sich wie folgt vor:[21]

„Es ist ein Merkmal der bekannten Überlieferung von Fossilien, daß die meisten Taxa abrupt erscheinen. Sie werden in der Regel nicht als Folge von kaum wahrnehmbar sich verändernden Vorläufern hingeführt, wie Darwin glaubte, daß dies in der Evolution üblich sein müßte. Zahlreiche Folgen von ein oder zwei zeitlich unterschiedenen Arten sind bekannt, aber selbst auf dieser Ebene erscheinen die meisten Arten ohne bekannte unmittelbare Ahnen und wirklich lange, vollständig komplette Folgen von zahlreichen Arten sind äußerst selten... Das Erscheinen eines neuen Genus in der Überlieferung ist gewöhnlich noch abrupter als das einer Art, die das einbeziehenden Lücken sind im allgemeinen größer, d. h. wenn ein neuer Genus in der Überlieferung auftaucht, ist er gewöhnlich morphologisch gut getrennt von dem anderen, ihm am meisten ähnlichen Genus... Lücken zwischen bekannten Ordnungen, Klassen, Phyla, sind meistens immer groß."

Dies bestätigt – unter vielen anderen Paläontologen – z. B. Kuhn:[22]

„Das fossile Material, das zeitlich geordnet in den Schichtgesteinen der Erde vorliegt, spricht gegen eine kontinuierliche Umbildung und vor allem gegen ein allmähliches Auseinanderhervorgehen der Baupläne... Nirgends sind Übergangsformen zwischen den Typen und Subtypen bekannt (1979)."

Das Problem der stammesgeschichtlich mangelnden Übergänge zwischen den einzelnen Arten, Phyla, Genera, ihre Diskontinuität, wird von Simpson ferner wie folgt dargestellt:[23]

„Das gilt dann (die Diskontinuität, die Lücken der Überlieferung betreffend) für alle 32 Ordnungen der Säugetiere und in den meisten Fällen ist der Bruch in der Überlieferung noch auffallender als im Falle des Pleissodactylen. In den meisten Fällen ist der Bruch so scharf und die Lücke so groß, daß der Ursprung der [jeweiligen Säugetiere, d. Übers.] Ordnung spekulativ und vieldiskutiert ist..."

Ferner:[24]

„Die regelmäßige Abwesenheit von Übergangsformen ist nicht auf die Säugetiere beschränkt, sondern ist ein universales Phänomen, das seit langem von Paläontologen bemerkt worden ist."

Ferner:[25]

„Die meisten Lücken sind systematisch, aber nicht absolut. Isolierte Entdeckungen werden häufig gemacht innerhalb nicht überlieferter Übergänge. Diese unterteilen, aber füllen die Lücken nicht aus, wie das Simpson am Beispiel von Archäopteryx als einer von vielen möglichen Zwischenformen zwischen Reptilien und Vögeln dargelegt hat."

Und an anderer Stelle:[26]

„Das früheste bekannte australische Marsupil ist aus dem Miozän und ist von jeder bekannten Form, die möglicherweise aus morphologischen und paläographischen Gründen ein wirklicher Ahn ist, durch 30 Millionen Jahre getrennt... Die spätesten bekannten Reptilien, die möglicherweise Ahnen der Vögel waren, kamen im Trias vor, die frühesten bestimmten Vögel im mittleren Jura, d.h. sie kommen 15 Millionen Jahre, wahrscheinlich noch mehr, später vor..."

W. Hennig stellt die methodische Problematik – im Rückgriff auf die Intuition (!) – wie folgt dar:[27]

„Überlegungen dieser Art haben vielfach zu einer betonten Skepsis gegenüber den Ergebnissen der systematischen und überhaupt phylogenetischen Arbeit geführt. „Eingebildete Formen, die zu einer eingebildeten Zeit auf einem eingebildeten Raum leben, das ist", nach Einhorn (1924), „das Tatsachenbewußtsein der Deszendenztheorie" (zitiert nach Zimmermann 1931). In etwa gleichem Sinn meint Ihle (in Kükenthal-Krumbach 1935): „Wir können uns nun von dem Verlauf der Stammesgeschichte der Salpen eine gewisse Vorstellung machen, aber wir hüten uns davor, zu glauben, daß die unergründliche Phylogenese in der Tat diesen Weg zurückgelegt habe." Ein solches Vorgehen, zunächst eine Theorie über die mutmaßliche Phylogenese und damit ein phylogenetisches System einer Organismengruppe zu entwerfen und gleichzeitig die Richtigkeit von Theorie und System zu leugnen, muß zweifellos wegen seiner inneren Unehrlichkeit abgelehnt werden. Die Auffassungen vom Wesen der phylogenetischen Systematik, die darin zum Ausdruck kommen, beweisen aber zugleich eine durchaus unrichtige Vorstellung von der Natur eines Beweises und vom Begriff der „Wahrheit" und „Richtigkeit" ganz allgemein. Was zunächst die Rolle des „systematischen Taktes" bzw. der Intuition als einer „Methode" der phylogenetischen Systematik anbetrifft, so hat sie Lorenz neuerdings (1943) genauer zu analysieren versucht. Als Endergebnis findet er, daß der Systematiker ein Lebewesen durchaus nicht nur nach jenen Merkmalen beurteile, „die in seiner Tabelle angegeben sind, sondern nach einem Gesamteindruck, in dem geradezu unzählige Merkmale in solcher Weise eingewoben sind, daß sie zwar die unverwechselbare Eigenart des Eindrucks bestimmen, gleichzeitig aber in ihr aufgehen".

An anderer Stelle:[28]

„Die Leistungsfähigkeit des Phylogenetikers steigt nicht nur in arithmetischem, sondern in geometrischem Verhältnis zur Zahl der ihm bekannten Gruppenmerkmale, weil jedes neu hinzukommende Merkmal die Richtigkeit der Beurteilung aller schon vorher bekannten verbessert. Auf genau demselben Schlußverfahren beruhe nach Lorenz ausschließlich die Eiigkeitsdiagnose der Zwillinge: je zahlreichere erbliche Merkmale sie tragen, um so wahrscheinlicher wird die Eineiigkeit. Die Wahrscheinlichkeit zufälligen Zusammentreffens von n Merkmalen beträgt $\frac{1}{n}$."

Demgegenüber schreibt Mayr in seinem erwähnten Hauptwerk:[29]

„Die „missing links" zwischen den meisten der Hauptkategorien der Wirbeltiere sind in den hundert Jahren seit Darwin gefunden worden."

Rensch äußert sich analog:[30]

„In den letzten Kapiteln war, besonders bei der Besprechung der Konstruktionsänderungen, der Orthogenese und der Überspezialisierung an zahlreichen Beispielen wahrscheinlich gemacht worden, daß auch Gattungen, Familien und eventuell noch höhere Kategorien durch Fortwirken von Mutation und Selektion entstehen können, ohne daß zusätzliche autonome Entwicklungskräfte vorausgesetzt zu werden brauchen. Damit ist nun aber natürlich noch nicht bewiesen, daß die transspezifische Evolution generell nach dem Muster der infraspezifischen Differenzierung abläuft. Es bleibt vielmehr noch zu fragen, ob denn die auf den „Zufälligkeiten" der jeweiligen Umweltsituationen basierende Auslese genügen kann, um aus einer primär richtungslosen, mutativen Formwandlung zur Herausbildung völlig neuer Organe und zur Differenzierung ganz neuer Baupläne zu führen. Diese Frage ist in neuerer Zeit besonders von seiten der Paläontologie immer wieder gestellt worden, und diese Disziplin war hier zu einer Skepsis auch besonders berechtigt, weil die in präkambrischen Zeiten zu suchenden Übergangsformen zwischen den Tierstämmen (Phyla) nicht bekannt sind und auch für verschiedene Klassen und Ordnungen die historische Verknüpfung noch fehlt oder hypothetisch ist, und weil auch die rezente Tierwelt trotz der außerordentlich hohen Zahl der vorhandenen Formen und Formengruppen rein morphologisch Lücken zwischen den höheren Kategorien aufweist, die nicht durch Zwischenformen ausgefüllt sind."

Der biologische Laie kann sich über diese Widersprüche unter anerkannten Forschern nur wundern.

Aus dem Vorausgesagten darf zumindest geschlossen werden, daß die

Evolution – nicht die Evolutionstheorie – alles andere als das Bild einer gleichmäßigen Entwicklung und Umbildung von ursprünglich weniger einfachen „Urahnen" zu verzweigteren und differenzierteren Arten liefert.

Zu den eingangs aufgeworfenen vier Punkten Siewings kann bereits jetzt wie folgt Stellung genommen werden:

Zu 1: Ein „relativ" lückenloser Nachweis stammesgeschichtlicher Entwicklung im Sinne einer evolutiven Veränderung konnte nur für eine begrenzte Zahl von Arten gegeben werden. Es werden diametral widersprüchliche Meinungen geäußert, für die Mängel der paläontologischen Überlieferung verantwortlich gemacht werden. Mayr führt aus (S. 347 des genannten Werkes), daß von ca. jeweils 5000 Arten, die gelebt haben sollen, bis jetzt nur jeweils eine bekannt sei. Es bleibt jedoch die Tatsache unüberbrückbarer Lücken bestehen, insbesondere, wenn sie 15–30 Millionen Jahre betragen. Der Nachweis der Entwicklung der heutigen Arten aus Einzellern, endlich aus einem einzigen, „ersten", ist nicht möglich. (Aus dem „Undifferenzierten" das „Differenzierte".) Die Vorfahren der im Cambrium lebenden Tiere sind nicht – oder nur in ganz begrenztem, umstrittenem Maße – nachgewiesen worden, wenn sie überhaupt als Vorfahren bezeichnet werden können.

Zu 2: Verwandtschaften der Arten untereinander sind morphologisch – wie noch zu zeigen ist – nachweisbar. Sie verlangen jedoch den ebenfalls umstrittenen Typusbegriff, ohne den keine vergleichende morphologische Systematik betrieben werden kann – wie zumindest Remane überzeugend aufwies –, dem aber auch widersprochen wurde.

Zu 3: Das Problem gemeinsamer Vorfahren – z. B. Abstammung der heutigen Huftiere von den Creodonta des Eozäns, der Säugetiere von den Reptilien usf. – kann nicht als „gelöst" angesehen werden. Der Stammbaum mit seinen Abzweigungen (s. u.) hat fiktiven Charakter. Die „Ahnen" an den Abzweigungen festzustellen, ist Angelegenheiten u. a. der „Intuition". (Simpson, Hennig u. a. m., s. Peters u. Gutmann.)

Zu 4: Ob den heutigen Organismen eine oder mehrere Ursprungsformen zugrundeliegen, ist ebenfalls nicht zu entscheiden. (Problem des monohyletischen oder polyhyletischen Ursprungs.)

In seiner allgemeinen Evolutionstheorie nimmt Simpson drei Grundzüge der Evolution an: Trägheit, Richtung und „Momentum".[31]

Unter Trägheit versteht Simpson die Tendenz großer Stämme, ohne Abzweigung in eine bestimmte Richtung sich graduell auszubilden (Mayrs u. a. Autoren „Gerichtetheit"). Diese Tatsache führt zu zahlreichen Hypothesen bezüglich der „Gerade-Gerichtetheit" (Orthogenesis) der Evolution im Sinne des Neo-Lamarckismus. Sie impliziert a) die Annahme überhaupt einer „Richtung", einer direktiven Interaktion zwischen Organismus und Umwelt im Sinne der Anpassung, ohne Bezugnahme auf Veränderungen des Keimplasmas – z. B. durch die Interaktion – welche Veränderung in erster Linie den Phänotypus betrifft. Die Orthogenese verlangt aber auch b) die Einwirkung der natürlichen Auslese auf das Überleben der einzelnen Lebewesen und auf die Verteilung dann der spontanen Mutation in einer Population – eine Ansicht, der die meisten Neo-Darwinisten zustimmen (Haldane, S. Wright, Plate u.a.m.). Wie jedoch diese Verteilung erfolgt, fordert neue Hypothesen (Gleichgewicht/Ungleichgewicht).

Die Orthogenese fordert jedoch auch das Vorkommen bestimmter Abwandlungen der Evolutions-Richtung ohne sichtbaren Bezug (Anpassung) auf die Umwelt, wie dies z.B. die Saurierarten oder Ammoniten (Schindewolf) darstellen bei gleichzeitig anzunehmender Veränderung (Mutation) im Keimplasma. Der letzten Theorie gehören ebenfalls zahlreiche Vertreter an (die „innere", richtungsweisende Tendenzen ohne direkten Umweltbezug postulieren), diese werden von Simpson als „Metaphysiker" oder „Vitalisten" bezeichnet. Als kritisches Argument gegen die Vertreter der letzten Richtung macht Simpson geltend, daß die geradlinige Richtung zweifellos über lange Zeiträume nachweisbar ist, aber nicht durchgängig für die Evolution zutrifft. Nur für „gewisse Ebenen des Wechsels" sei sie zutreffend. Simpson führt ferner aus, daß die Vererbung konservativ und damit ebenso richtungsweisend ist wie die Mutation, die er – im Gegensatz zu zahlreichen anderen Neodarwinisten – aber nur für sehr begrenzt richtungsweisend hält. Er schreibt in diesem Zusammenhang:[32]

„Es liegt überwältigende Evidenz vor, daß die möglichen Richtungen der Mutation begrenzt sind."

Und an anderer Stelle:[33]

„Die offenbare Unmöglichkeit des gleichzeitigen Auftretens einer Anzahl morphologisch übereinstimmender „Zufalls"-(random) Mutation und die offenkundige Tatsache, daß funktionell unterschiedlich verbundene Merkmale gemeinsam entstehen, liegen der Revolte einiger Paläontologen und anderer zu Grunde gegen den Glauben, daß Gen-Mutationen, so wie sie im Laboratorium vorkommen, irgendetwas mit der Evolution im breiten Sinne zu tun haben."

Dies – der Leser merke auf! – ist das Urteil eines maßgeblichen Paläontologen, Evolutionisten und Neo-Darwinisten über die Möglichkeit der Mutation! – dennoch „bekennt" er sich zu ihr. Entscheidet hier „Wissen" oder „Glaube"?

Simpson kommt zu dem Schluß, daß die geradlinige Entwicklung jedoch nicht infolge dieser limitierenden Faktoren (Vererbung, Mutation, Rekombination) sich darbietet, sondern die Orthogenese sich vielmehr gegen diese begrenzenden Faktoren durchsetzt: Er schreibt:[34]

„Mit merkwürdiger Logik wurde die Tatsache, daß die meisten bekannten Mutationen nicht in der Richtung liegen, die von der Evolution bevorzugt wird, als Argument gegen die Kontrolle der Evolution durch die Auslese benutzt oder gegen die Orthogenese – aber in Wirklichkeit mußte gerade diese von der Theorie erwartet werden."

Simpson stellt hier eine primär genetische Kontrolle der Evolution ebenso in Frage wie jede Theorie, die ein irgendwie „inhärentes Prinzip" („Metaphysiker") der Evolution verlangt, zumal der geringe oder fehlende Einfluß der Mutation auf die Entwicklung den Modellen des Populationsgenetikers Wright entspräche, die dieser für größere Populationen aufgestellt hat. (Populationen sollen primär nach Gleichgewicht mit sich selbst und der Umwelt streben, daher geringe Mutation.) Die Auffassung, die Simpson der Selektion als entscheidend für die Orthogenese zuspricht, bezeichnet er als „Orthoselektion", diejenige, die „inhärente" Faktoren annimmt, dagegen als „Orthogenese", die unabhängig von der Auslese sein sollen. Die Auslese ist für Simpson – wie auch für Dobzhansky – „kreativ". Das Auftreten neuer Merkmale in mehr oder weniger geradliniger Richtung in der Evolution soll für Simpson die Hypothese der Orthoselektion ebenfalls stützen. Orthoselektion hieße: Überleben der jeweils Bestangepaßten in einer Population, die durch „innere" (Genpol) oder „äußere" Faktoren (Umwelt) in das Ungleichgewicht gerät. Wie aber aus dieser Selektion sich eine Richtung, d. h. ein übergeordneter Faktor entwickeln soll, der „kreativ" ist, bleibt offen. Das Kunststück, primär ungerichtete Mutationen über Selektion zu einer „gerichteten", „Entwicklung zu machen" greift hier auf die Populationstheorie zurück. In dem einen wie in dem anderen Fall bleibt es jedoch letztlich unerklärlich, wie aus „Unordnung" (zufällige Mutation) oder Gleichgewichtsverlust in der Population Ordnung, d. h. „Richtung" werden soll – zumal die Selektion (s. u.) bestenfalls nur zufällige Resultate mit sich bringt.

Nichtsdestoweniger gibt es jedoch auch zahlreiche Vertreter der Orthogenese im Sinne der Wirkung von „inhärenten Faktoren", zu denen z. B. auch der Paläontologe Osborn gehört. Riedl gibt einen Überblick der Anhänger einer Evolutionstheorie, die „inhärente" Faktoren annimmt, die indeterministisch naturwissenschaftlich nicht bestimmbarer Art sind. Die Liste ist jedoch durch die Namen Grassé, Driesch, Woltereck, Olson, Romer, Westoll, Japsen, Newell u. a. m. zu ergänzen:[35]

Baer 1876	*Jaennel* 1950
Bergson 1907	*Cuénot* 1951
Berg 1926	*Bertalanffy* 1952
Wedekind 1927	*Waddington* 1957
Beurlen 1932 bis 1937	*Cannon* 1958
Plate 1925	*Haldane* 1958
Rosa 1931	*Stammer* 1959
Osborn 1934	*Whyte* 1960 bis 1965
Dacqué 1935	*Lima-de-Faria* 1962
Schindewolf 1936 bis 1950	*Russel* 1962
Meyer-Abich 1943 bis 1950	*Eden* 1967
Schmalhausen 1949	*Schützenberger* 190967
Spurway 1949	*Salisbury* 1969.

Wenn auch Simpson der „immanent" arbeitenden Orthogenese – als

„Metaphysik" – gegenüber kritisch bleibt, so kommt er zwar zu einem ablehnenden, aber letztlich nicht eindeutigen Urteil.

Er unterscheidet ferner zwischen primären und sekundären Zügen der Evolution („trends"). Diese Züge sind insbesondere durch korrelierte Merkmale gekennzeichnet, deren funktioneller Zusammenhang jedoch bei verschiedenen Lebewesen wechseln kann: z. B. Volumen des Körpers im Verhältnis zum Gehirn, Verhältnis der Extremitäten zueinander usf.. Es handelt sich um Korrelationen, die noch von jeder Erklärung – wie Simpson meint – weit entfernt und die doch von erheblicher morphologischer Tragweite sind.

Unter „Momentum" endlich versteht Simpson das folgende, ebenfalls regelmäßig zu beobachtende Vorkommnis in der Evolution: eine Phyle entwickelt sich in gerader Richtung, die sie über ein Optimum auch der Spezialisierung hinausführt und die den Untergang des Stammes mit sich bringt. Erhöhte Spezialisierung soll zu dem Untergang führen – d.h. sie ist Folge letztlich maximal geglückter Anpassung. Da diese wiederum die Folge der Selektion ist – im Sinne Simpsons u. a. Neodarwinisten –, führt Selektion zu Spezialisierung und Untergang, nachdem sie erst „schöpferisch" Arten und Arterhaltung verursachte. Die „Kreativität" der Selektion erscheint verhängnisvoll. Die Hypothese von der Spezialisation, die zu vorzeitigem Untergang führen soll, ist nicht unwidersprochen geblieben (s. z. B. bei Remane, Rensch u. a.). Die widersprüchliche Rolle der „kreativen" Selektion ist kaum zu übersehen.

c) Der umstrittene Artenbegriff

Das Anliegen der Evolutionstheorie, so dürfte aus dem Vorausgegangenen erhellt worden sein, ist die „Evolution", d.h. die Entstehung („Ursprung") der Arten naturwissenschaftlich-kausal zu erklären. Dies war der „große" Ansatz Darwins. Jedoch hat sich Darwin – was die Entstehung der Arten anbetrifft – selber mißverstanden. Dies führt Mayr aus:[36]

„Die wirkliche Bedeutung der Formulierung „Ursprung der Arten" wurde erst in jüngster Zeit begriffen. Nicht nur Evolutionsforscher vor Darwins Zeit waren auf diesem Gebiet völlig unklar, auch Darwin selbst schien den „Ursprung der Arten" für dasselbe gehalten zu haben wie „Evolution" (Mayr 1959 a). So warf er zwei ganz verschiedene Probleme unter der einen Bezeichnung „Ursprung der Arten" durcheinander. Darwin war in erster Linie daran interessiert, den evolutiven Wandel selber zu beweisen, also den Prozeß, der von Romanes (1897) passend als die „Umwandlung der Arten in der Zeit" und von Simpson (1944) als „Phyletische Evolution" bezeichnet worden ist. Es ist durchaus möglich, daß evolutiver Wandel ohne Vervielfältigung der Arten verläuft. Eine isolierte Inselpopulation z. B. kann sich im Laufe der Zeit von der Art a über b und c in die Art d wandeln, ohne sich dabei aufzuspalten. Am Ende wird auf der Insel nur eine Art leben wie am Anfang. Dies wurde schon von Seebohm (1888) klar erkannt."

"Ursprung" der Arten (Darwin) und ihre angenommene Umwandlung müssen getrennt werden. Wie aus dem bisher Dargelegten sichtbar geworden sein dürfte, sind sowohl Ursprung wie auch Umwandlung umstritten.

Nach Mayr beträgt die Zahl der heute lebenden Arten drei bis zehn Millionen, an anderer Stelle ist sie bei Mayr auf zehn Millionen angestiegen. (Vgl. Mayr, „Evolution", S. 69 und S. 236)

Für die ausgestorbenen Arten nimmt Simpson eine Zahl zwischen fünfzig und viertausend Millionen an, einen wahrscheinlichen Durchschnitt von fünfhundert Millionen. Diese Zahlen sollen den Leser lediglich orientieren, wie von den Evolutionisten mit Größenordnungen operiert wird, die an die statistische Erfassung von Molekülen in einem Gas erinnern. Darwin hielt den Artbegriff für ein Konstrukt, den es in der Natur nicht gibt. Der Artbegriff ist dagegen für Mayr spezifisch durch morphologische Merkmale, gemeinsame Fortpflanzung und analoges Verhalten gekennzeichnet. Jedoch ist er sich der Problematik des Artbegriffes bewußt:[37]

„Die Geschichte der vielen Versuche, allgemein befriedigende Artkriterien zu finden, ist an anderer Stelle (Mayr 1957 a) berichtet worden. Die Schwierigkeiten, die sich solchen Bemühungen entgegenstellen, sind nicht nur ein schwerwiegender Hinweis auf die große Verschiedenheit der Populationsphänomene und der Typen von Arten, die in der Natur gefunden werden, sie zeugen leider auch von verworrenem Denken. Es ist offensichtlich, daß das Wort „Spezies" für verschiedene Menschen Unterschiedliches bedeutet hat und noch immer bedeutet. Es besteht so lange keine Hoffnung auf Einmütigkeit, bis nicht die verschiedenen Grundbegriffe verstanden werden, auf die der Ausdruck angewendet worden ist."

Als wichtig erwies sich für die Definition der Art die Isolation derselben, zu der in erster Linie die geographische gehört. Dazu zählen auch sog. „Isolationsmechanismen", die im Keimplasma wirken sollen. Hierzu bemerkt Peters kritisch, daß geographische Isolation notwendige Bedingung der Speziation sei, im Gefolge derselben Isolationsmechanismen nicht nur im Keimplasma entstehen, die die populationsgenetischen Grenzen der Art bestimmen. Hier muß – wiederum grundsätzlich – gefragt werden: Wie stellt sich die „geographische Isolation" etwa der Knochenfische dar, deren „plötzliches" Auftreten in der Evolution bei Tausenden von Arten ein weitgehend ähnliches Habitat ergeben hat? Wie können Grenzen der Art entstehen, wenn diese nicht – über das Keimplasma – vererbt werden? Die Art soll u. a. der Fortpflanzung Stabilität vermitteln. Dies ist ihr „Zweck". Wie aber kann Fortpflanzung Stabilität vermitteln? Wenn die Fortpflanzung selbst zu den labilsten und komplexesten, von „unendlichen" Zufällen abhängigen Vorgängen gehört – und warum soll die Art „stabil" sein –, wenn dies der Darwinist nicht unterstellt und die primäre Tautologie um des Überlebens willen nicht aktiviert wird? Für Rensch sind dagegen Arten und Rassen fließende Übergänge. Er spricht von „Großarten":[38]

„Es hat sich vielfach eingebürgert, „Großarten", die in mehrere geographische Rassen zerfallen, als *Rassenkreise* anzusprechen (vgl. Rensch 1926, 1929, 1934). Dieser Terminus wurde eingeführt, weil extremer differenzierte Glieder eines Rassenkreises sich nicht weniger voneinander unterscheiden als nahverwandte „gute Arten" im alten Sinne, die nicht geographisch variieren, und weil sich solche extremeren Rassen bei sekundärer Berührung oftmals nicht voll fertil oder gar nicht miteinander verbastardieren. Trotzdem sind Rassenkreise und Arten natürlich nur graduell unterschieden und beide Bezeichnungen oftmals synonym."

Williams lehnt jede Verbindung zwischen Artentstehung, Überleben derselben und Anpassung ab, wie sie sich notwendigerweise aus den vorausgegangenen Definitionen etwa Mayrs ergibt. Diese Trias des Artbegriffs – nach Mayr – bildet für zahlreiche andere Forscher eine Einheit, die jedoch fiktiv sei. Er schreibt:[39]

„Die Art ist deshalb ein taxonomischer und evolutionärer Schlüsselbegriff, aber er hat keine besondere Bedeutung für die Erforschung der Anpassung. Er ist keine angepaßte Einheit und es gibt keine Mechanismen, die für das Überleben der Art funktionieren. Die einzigen Anpassungen, die zweifelsfrei bestehen, drücken sich in genetisch bestimmten Individuen aus und haben nur ein Endziel, die höchstmögliche Fortsetzung der für einen sichtbaren Anpassungsmechanismus verantwortlichen Gene, ein Ziel, das Hamiltons „einbezogener Fitness"(inclusive fitness) entspricht. Die Bedeutung eines Individuums ist gleich dem Ausmaß, mit der es dieses Ziel erreicht. Mit anderen Worten: Seine Bedeutung liegt ausschließlich in seiner Beziehung zu einem Aspekt des Überlebens (vital) innerhalb der Statistik einer Population."

Die rein taxonomischen Schwierigkeiten, Arten voneinander zu unterscheiden – siehe hier Dansers eingehende Kritik (s. u.) – trifft nicht nur für die zahlreichen Arten zu, die sich nicht sexuell, sondern parthenogenetisch oder durch Teilung vermehren, sondern vor allem bei Verbreitung derselben Art über größere geographische Areale. Dies stellt Maynard Smith an der Verbreitung dreier Arten von Seemöwen dar. Dabei kommt er zu dem Schluß:[40]

„Diese beiden Beispiele mögen zeigen, wie willkürlich jeder Versuch sein muß, Tiere und Pflanzen nach unterschiedlichen geographischen Bezirken in Arten zu klassifizieren. Im Falle von zwei Arten, die den gleichen Bezirk bevölkern, sind Fortpflanzung innerhalb einer Art wie auch die Abwesenheit derselben, zwischen Arten zur gleichen Zeit, die Ursache wie auch die Kriterien spezifischer Unterschiedlichkeit. Fallen solche Kriterien fort, entweder durch asexuelle Fortpflanzung oder durch Isolierung in Raum und Zeit, verlieren die Grenzen zwischen Arten ihre Schärfe und die Aufteilung derselben erfolgt mehr aus Bequemlichkeit, als weil es der Wirklichkeit entspräche."

Diese Zitate maßgeblicher Forscher zeigen auf, daß der Artbegriff – von der prinzipiellen Problematik abgesehen, ob er „real" ist oder nur „nominalistisch" – nicht nur schwierig zu definieren ist, sondern konkret auch in zahlreichen Fällen gar nicht anwendbar zu sein scheint (s. u. die Darlegungen Dansers). Ein wesentlicher Grundbegriff der Evolution, die Art, ist demnach in seiner Diskussion noch nicht einmal abgeschlossen. Heterogenste Meinungen werden in seiner Definition vertreten. Einer radikalen Kritik unterzieht Danser den Artbegriff:[41]

Wenn wir allgemein fragen: Ist es möglich oder nicht, bestimmte Charakteristika zu erstellen, die zur Unterscheidung der Variationen, andere für die der Arten, andere wieder der Gattungen dienen? Die Antwort ist entschieden negativ... Nichtsdestoweniger ist es nicht möglich, eine scharfe Trennung durchzuführen und gleichermaßen unmöglich, irgendeine endgültige Kategorie der Wichtigkeit für irgendein Merkmal zu bestimmen."

Der gleiche Autor fährt an anderer Stelle fort:[42]

„Nachdem eine theoretische Definition der Art gefunden worden ist, wünschen wir Regeln für die Klassifizierung der ererbten Form innerhalb einer Spezies zu finden. Regeln dieser Art, seien es praktische, seien es theoretische, gibt es, so weit zu sehen ist, nicht."

Ungeachtet dieser Schwierigkeiten gibt Mayr eine überwiegend genetisch orientierte Definition der Art wie folgt:[43]

„Die Schlüsselrolle der Art im Evolutionsprozeß liegt in folgenden Fakten begründet. Jede Art ist 1. ein differentes Aggregat von Genen, das ein einmaliges epigenetisches System steuert, 2. eine einzigartige Nische besetzt, in der sie ihre eigene, spezifische Antwort auf die Anforderungen der Umwelt gefunden hat, 3. ist sie in einigem Ausmaß polymorph und polytypisch und so imstande, sich auf Wandlungen und Variationen ihrer totalen Umwelt einzustellen, 4. ist sie stets bereit, Populationen abzuzweigen, die sich in neuen Nischen versuchen. Ganze Spezies oder von Spezies abgetrennte Populationen können jederzeit a) eine neue Genkombination erwerben, ein neues epigenetisches System, das eine erfolgreiche Anpassung an die Umwelt bildet, oder b) in eine neue ökologische Nische wechseln, die so günstig ist, daß sie zu einer gänzlich neuen Adaptationszone wird (Simpson 1944); genetischer und ökologischer Wechsel gehen gewöhnlich Hand in Hand. Jede Population mit einer solchen Verschiebung ist ein Pionier der Evolution und in der Lage, einen neuen Typ, eine neue höhere Kategorie zu gründen."

Der Laie wird sich von der „Wissenschaftlichkeit" dieser Zusammenfassung beeindruckt zeigen. Schon zu Punkt 1. und dessen schwerwiegenden Inhalten wird sich jedoch jeder Genetiker fragen, was Mayr unter „differentem Aggregat von Genen" versteht, die darüber hinaus noch epigenetisch ein System steuern sollen – so daß es neue Gestalten zu entwerfen vermag? (Epigenese ist die darwinistische Verharmlosung der Neogenese, s. u.) Werden hier nicht Hypothesen entworfen, die der wissenschaftlichen Basis weitgehend entbehren? Wo beginnt hier das Wortspiel, die Gaukelei? Was – so wird der Populationsgenetiker fragen – versteht Mayr unter „einzigartiger Nische"? Trifft das nur für die zahllosen Arten der Läuse zu oder auch für die Kohlmeise und ihre ungewöhnliche Verbreitung auf dem euro-asiatischen Kontinents. Wo liegt die „Nische" Tausender von Arten analoger Oikoi, wie die erwähnten Hochseefische? Wie komplex und umstritten allein der Begriff der „Nische" ist, referiert Reif unter Bezug auf Hutchinson:[44]

„Der Begriff „Spezialisation" läßt sich in Anlehnung an Hutchinson (1965) definieren. Hutchinson faßt die ökologische Nische als vieldimensionalen Raum auf, dessen Achsen die verschiedenen Umweltfaktoren (wie Temperatur, Größe der Nahrungspartikel, Korngröße des Substrates etc.) sind. Der Begriff *„spezialisiert"* (der Gegensatz ist *generalisiert*) bezieht sich stets auf die relative Breite der Nische oder eines Nischenparameters bei einer bestimmten Organismengruppe oder bei Bauteilen der Organismen. Die Feststellung, daß eine bestimmte Struktur (oder ein Taxon) spezialisiert ist, impliziert immer den Vergleich mit der entsprechenden Struktur eines anderen Taxons (oder mit einem anderen Taxon)."

Woltereck nimmt zu dem Problem der „Nische" Stellung, indem er auf die Tiefenzonen des Meeres verweist – wo ist hier noch eine „Nische"?[45]

„Ein solches Medium ist das Meer der wärmeren Zonen. Einige seiner Bewohner, die sich seit dem Archäozoikum nicht geändert haben, darunter die berühmte *Lingula* beweisen, daß im Meerwasser die Lebensbedingungen niemals *sehr* anders gewesen sein können, als sie es heute sind. Am gleichmäßigsten sind die Lebensverhältnisse in der freien Wassermasse zwischen Oberfläche und Tiefe. Dieser ungeheure Lebensraum, dessen oberste Schichten warm und durchflutet, dessen (viel mächtigere), von ca. 300 m bis zu mehreren tausend Metern unter der Oberfläche reichenden Tiefenschichten dunkel und kühl sind, müßte nach den Vorstellungen des Lamarckismus eine monotone Lebewelt beherbergen; statt dessen ist sie von einer überreichen Fülle ganz verschiedenartiger Gestalten bewohnt. Zumal unter den einzelligen „Wurzelfüßern", die mit ihren ausgebreiteten Plasmanetzen reglos im Wasser schweben und die (innerhalb bestimmter Schichten) absolut identischen Bedingungen ausgesetzt sind, sollte man entsprechend ähnliche Formen in wenigen Formgruppen finden; statt dessen sind im Meer Tausende von immer wieder *anderen* Gestalten ausgebildet, am schönsten und reichsten bei den *Radiolarien*, die wir deshalb und aus anderen theoretische Gründen in vielen Formen abgebildet haben. Eine ähnliche Vielfältigkeit ökologisch gleichsituierter Lebewesen finden wir auch bei den größtenteils am Boden lebenden *Foraminiferen*, ferner bei verschiedenen Gruppen einzelliger Algen im Meere und Süßwasser, so den *Diatomeen*, Peridineen, Desmidiaceen, Coccolithophoriden usw."

Die Art muß (Punkt 3.) jedoch immer auch polymorph und polytypisch sein – sonst könnte sie sich kaum in der erstaunlichen Weise verwandeln. Wer denkt hier nicht an die von Simpson kritisierte „Präadaptation" oder „Prädestination". Es wird also – wie besonders dieser Punkt belegt – vorausgesetzt, was bewiesen werden soll (Polymorphismus, genetisch vorgegeben) – um damit etwas zu beweisen... und sich im tautologischen Zirkel zu bewegen. Der Artbegriff, bei kritischer Überprüfung dieser Punkte, könnte sich als eine reine Chimäre, ein Wunschgebilde erweisen. Zu diesen Bemühungen äußert sich – kritisch vernichtend – Lewontin wie folgt:[46]

„Während es eine Frage der elementaren Populationsgenetik ist, festzustellen, wieviele Generationen benötigt sind, daß die Häufigkeit einer Allele von q1 zu q2 wechselt, wissen wir nicht, wie eine solche Feststellung in eine Theorie der Entstehung der Arten inkorporiert werden kann, zum großen Teil, weil wir wirklich („virtually") nichts über die genetischen Veränderungen wissen, die bei der Artbildung ablaufen."

Wenn Mayr oben ausführt, daß Evolution und Entstehung der Arten zwei grundsätzlich verschiedene Vorgänge sind – oder zumindest zu unterscheidende –, so sind schon allein in der Definition der Art erhebliche Schwierigkeiten, ja gegensätzliche Auffassungen aufgetreten. Die Entstehung der Arten überhaupt wirft die Frage nach der Entstehung des Lebens auf. Diese soll jetzt, nach den vorausgegangenen Abschnitten, jedoch nicht wieder erörtert werden. Da die Naturwissenschaft kausal erklären möchte, fragt sie nach den „Ursachen" der Evolution, hier nach denen der Umwandlung der Arten, von ihrer Entstehung abgesehen. Für Mayr ist die Mutation nur begrenzt für die Umwandlung maßgeblich, wichtiger jedoch die ebenfalls ganz umstrittene genetische Rekombination. Diese definiert Mayr wie folgt:[47]

„Für uns genügt es hier, darauf hinzuweisen, daß die väterlichen und mütterlichen Chromosomen die Neigung haben, sich miteinander während eines Abschnittes der Meiose zu paaren, dabei an mehreren Stellen zu brechen und Stücke auszutauschen, ein Vorgang, der crossing over genannt wird. Die Chromosomen der entstehenden Gameten sind also Rekombination der homologen Chromosomen der Eltern. Der Beitrag an genetischer Variabilität, der durch dieses crossing over erreicht wird, ist enorm. Durch Rekombination kann eine Population eine breite phänotypische Variabilität für viele Generationen ohne genetischen Zuschuß (durch Mutation oder Genfluß) welcher Art auch immer, erzeugen. Die Versuche von Spassky u. a. (1958) und Spiess (1959) sind überzeugende Beweise für diese Tatsachen."

Das delikate Problem des Verhältnisses von Phäno- zu Genotypus (s. o. und u.) wird von Mayr in diesem Zusammenhang wie folgt dargestellt:[48]

„Phänotypen werden durch Genotypen erzeugt, die mit der Umwelt in Wechselwirkung stehen, und Genotypen sind das Ergebnis der Rekombination von Genen, die sich in dem Genpool einer lokalen Population vorfinden. Daher bildet die Mendelpopulation ein so entscheidendes Glied in der Evolutionskette. Das Studium der Variation ist das Studium von Populationen."

Wie aber kann der Genotyp mit der Umwelt in Wechselwirkung stehen? Ist Mayr hier nicht Neo-Lamarckist? Der Bedeutung der Rekombination – ein chromosomen-biologisch noch lange nicht genügend aufgehellter Vorgang – mißt z. B. Simpson keine maßgebliche Rolle bei:[49]

„Darüber hinaus können diese Prozesse (Rekombination) keine neuen genetischen Merkmale in einer Population einführen und eine Evolutionstheorie, die nicht das Auftreten echter Neuheiten in Rechnung stellt, läßt die Frage offen („begs the question") und ist kaum ernsthafter Betrachtung wert."

Und:[50]

„Es ist unwahrscheinlich, daß irgendein Grund – „Gen-Rearrangement" oder Rekombination – von sich aus irgendeine größere Wirkung in der Geschichte der Evolution produzieren kann."

Ganz kritisch äußert sich der von den Neodarwinisten so häufig benutzten Rekombinationstheorie gegenüber Maynard Smith – als Neodarwinist – in seiner Arbeit „Why the genome does not congeal". Er diskutiert die Unwahrscheinlichkeit überhaupt der Rekombination von Genen auf der molekularbiologisch-genetischen Ebene, um den hypothetischen Charakter der „Rekombination" herauszustellen.

Als weitere causa efficiens für die Evolution wird wiederum für die Entstehung neuer Arten wie auch ihre Umwandlung die geographische Isolation angeführt, die bereits diskutiert wurde. Mayr distanziert sich wiederum von der Bedeutung derselben in seinem Werk, ohne daß dies jedoch noch weiter ausgeführt sei (S. 416ff.).

Da für Populationen – nach Wright – das Erhalten des inneren und äußeren Gleichgewichtes ausschlaggebend sein soll, könnte ein plötzliches Ungleichgewicht die genetischen Verhältnisse, damit die Artentstehung und Umwandlung beeinflussen. Mayr spricht von der genetischen „Revolution":[51]

„Während einer genetischen Revolution wird die Population sich aus einem gut integrierten und stabilen Zustand durch eine hoch instabile Periode zu einer anderen Periode balancierter Integration bewegen. Das Durchlaufen des Engpasses und das Erreichen der neuen Balance wird charakterisiert durch das Auftreten verschiedener genetischer Prozesse. Am auffälligsten von diesen ist ein großer Verlust genetischer Variabilität. Er hat eine Anzahl von Ursachen: 1. die Gründer umfassen nur einen Bruchteil der Variabilität der Art; 2. infolge der Inzucht werden mehr Rezessive homozygot und so der Selektion ausgesetzt; 3. durch die verminderte Populationsgröße werden Änderungen im Selektionswert der Allele auftreten und bestimmte Allele werden eliminiert werden (Verlust von „guten Mischern"); 4. während des Wiederaufbaus der Epigenotypen werden viele Gene den Vorteil verlieren, Teil eines balancierten Systems zu sein und werden gegenausgelesen; 5. solange die neue Population klein ist, kann sie zufällige Gene verlieren durch Fehlzusammensetzung der Stichprobe."

Dagegen äußert sich Lewontin:[52]

„Mayr schreibt von einer „genetischen Revolution" bei der Artentstehung, aber wir können nicht quantitative Grenzen dieser Revolution (die nach allem nur eine kleine

Reform sein mag) setzen, bevor wir nicht beginnen, die genetischen Unterschiede zwischen Populationen in verschiedenen Studien der phänotypischen Abweichungen zu charakterisieren." (Die vernichtende Kritik des Isolations-Konzeptes von Mayr durch Lewontin sei dem Leser erspart – sie ist nur bezeichnend für den „Grad der Synthese" der „synthetischen Theorie".)

Aus den zitierten Darlegungen ergeben sich folgende, nicht unerhebliche Probleme für die Fragen der Populationsgenetik überhaupt, damit auch speziell für die Bedeutung der geographischen Isolation im Verlauf der Speziation und Evolution. In einer Kritik der Autoren Haldane, Fisher und Sewall Wright, den maßgeblichen Forschern innerhalb der Populationsgenetik, kommt z. B. Waddington zu folgenden Ergebnissen – wobei er zuerst Haldane referiert:[53]

„In einer nach Wahrscheinlichkeitsregeln sich vermehrenden Population ist diese von drei Genotypen bestimmt, die der Formel u^2AA: 2uAa: 1aa folgt. Diese Population ist stabil durch die Abwesenheit von natürlicher Auslese. Das gleiche trifft für jede Gruppe zu, die dieses stabile Gleichgewicht nach einer einzigen Generation, die sich nach der Wahrscheinlichkeit vermehrt hat, erreicht. Nun, nach der Auslese ist die Population u, 2AA: 2u, AA: 1aa auf u, 2AA: 2u, Aa: (1−k)aa reduziert.
Haldane hat dieses Beispiel in erster Linie in der Beobachtung der Abfolge des Wechsels von Genhäufigkeiten studiert, für Gene verschiedener Arten in Populationen mit verschiedenen Typen von Vermehrungssystemen. Die drastischsten Vereinfachungen, die in dieses Beispiel miteinbezogen wurden, sind folgende: Das System verlangt im Wesentlichen ein Gleichgewicht, in welchem die Häufigkeit eines ausgewählten Gens auf Null zurückgeführt wird, oder auf das Niveau, auf dem es durch wiedererfolgende Mutation erhalten bleibt. Aber das Beispiel impliziert nicht die vorausgegangenen Bedingungen, die sich nicht im Gleichgewicht befinden. Nichts wird ausdrücklich festgestellt, warum dies so sein soll...Der Phänotyp wird nicht explizit genannt und es finden sich keinerlei Hinweise, daß der Phänotyp ebenso durch die Umgebung betroffen werden kann wie der Genotyp. Es findet sich ferner keine Erwähnung der Tatsache, daß die Auswirkung eines gegebenen Gens durch den Rest des Genotyps beeinflußt wird...".

Zur wesentlichen Hypothese von Fisher: die Geschwindigkeitszunahme an Fitness für jeden Organismus zu jeder Zeit ist gleich seiner genetischen Variabilität in Fitness zu derselben Zeit, führt Waddington aus:[54]

„Das ist eine Behauptung, die in erster Linie sehr schwer zu interpretieren ist. Es ist offensichtlich, daß das Wort „Organismus" einen Kurzschriftausdruck für Population von Organismen darstellt; aber obwohl es dadurch leichter ist, einen Sinn dem Begriff „genetische Variation in fitness" zuzusprechen, trägt es doch nichts zur Erhellung dessen bei, was gemeint wird mit „Zunahme in der fitness eines Organismus (=Population)". Im allgemeinen wird es dafür gehalten, daß es eine Zunahme der Anzahl [der Individuen, d. Übersetzer] innerhalb einer Population meint, damit synonym ist, insbesondere weil genetische Variation im Wesentlichen als eine positive Quantität angesehen wird. Das würde zu dem Schluß führen, daß alle tierischen

Populationen in der Anzahl ihrer Individuen zunehmen müssen, was sie aber nicht tun...."

Und Sewall Wright gegenüber kommt Waddington zu dem Ergebnis:[55]

„Es ist nicht einfach, die spezifische Situation zu beschreiben und zu entwirren, die die Beispiele implizieren, die Sewall Wright im Auge hat. Seine Sorge war es nicht, den Punkt zu beweisen, für den Haldane glaubte, eine kühne Annahme zu machen: daß natürliche Auswahl eine wichtige Ursache der Evolution sei. Dies war für ihn schon eine feststehende Tatsache und so war er mehr an den Umständen interessiert, innerhalb derer die natürliche Selektion arbeitet, vermischt oder bei anderen Faktoren überwunden wird. Nichtsdestoweniger hat das grundlegende Bild einer sich entwickelnden Population bei ihm ein weiteres Element an Einbezogenheit und Flexibilität, das die übersteigt, die von Fisher eingeführt wurden. Wright beschäftigt sich mit den Auslesewerten ganzer Genotypen, die als Kombinationen von Allelen von großen Anzahlen von Genloci angesehen werden. Viele Werte werden in mathematischen Termini von Über-Oberflächen [topologisch, d. Übersetzer] in das Auge gefaßt, in einem Raum, in dem fitness eine Dimension liefert, während die anderen (Dimensionen) die große Anzahl möglicher Genkombinationen ausdrücken... In einem seiner ersten Artikel war Wright in erster Linie darum besorgt, wie sich die Anfangssituation eines Ungleichgewichtscharakters darstellt, wie diese sorgfältig definiert werden könnte. Er begriff fitness als eine Über-Oberfläche, die einem rauhen Stück Landschaft vergleichbar wäre, mit vielen Hügeln und Tälern und er begann von dort aus die Mechanismen zu betrachten, durch welche eine Population, die aus was für Gründen auch immer sich auf der Spitze eines Hügels befindet, nun durch ein Tal wandert und dann die Spitze eines anderen, möglicherweise höheren Hügels in der Nachbarschaft erreicht. Vieles seiner Arbeit ist deshalb mit dem beschäftigt, das als Quantisierungsprozesse bezeichnet werden kann."

Auch Wright gegenüber kritisiert Waddington dessen mathematisch reduzierte Simplifikationen, die sich ebenfalls durch Mangel an empirischer Konkretheit auszeichnen: indem er z.B. von einer halbstabilen Gleichgewichtssituation einer hypothetisch-konstruierten Population ausgeht, die, ohne Berücksichtigung etwa konkret spezifischer Arten von Populationen, ad libitum nach allen Seiten hin modifiziert werden kann, sowohl nach der Zeit wie auch nach dem Raum. Es stellt sich jedoch heraus, daß eben diese spezifischen Veränderungen nach der Zeit und nach dem Raum hin nicht in dem allgemeinen Paradigma (der eigentlichen Hypothese) impliziert sind. So kommt Waddington, die Populationsgenetik betreffend, zu dem Schluß, daß diese an zwei grundlegenden Fehlern krankt, die schon bei Haldane aufzuweisen sind: 1. das Problem von Gleichgewicht, bei dem keine Selektion stattfindet, und 2. „Ungleichgewicht", die Selektion veranlassen soll, aber die Population aufhebt (s. die „genetische Revolution"), und das Problem des Verhältnisses von Phäno- zu Genotypen:[56]

„Diese Probleme lassen sich nicht von dem von der Frage nach der Anpassung und damit von der jahrzehntelangen Debatte um den Lamarckismus trennen, da Organismen so oft Anpassungen zur Schau tragen, die aussehen, als ob sie Antworten auf die Umwelt sind, jedoch die sich dann nicht als solche in irgendeinem direkten Sinne darstellen. Jedes Arbeits-Paradigma (Hypothese), welches [darüber hinaus, d. Übersetzer] die Einwirkungen der Umwelt vernachlässigt, indem sie die Phänotypen einfach [genetisch, d. Übersetzer] verändert, macht es schwierig, wenn nicht unmöglich, mit einem solchen allgemeinen Paradigma zu arbeiten, indem dies der „Wahrscheinlichkeit der Mutation" überlassen bleibt... Das zweite Hauptproblem ist das der Speziation (Artenbildung). Hier wiederum führt uns alles zu dem Schluß, daß die Unterschiedlichkeit der Umwelt in Zeit und Raum wesentlich ist und wenn ein Paradigma impliziert, daß die fitness des Genotyps den einzigen Hauptwert (single-value) darstellt, sich dies bald als inadäquat herausstellen wird."

Zu den Problemen der Populationsgenetik und dem „Genfluß" fremder Gene nimmt Mayr wie folgt kritisch Stellung:[57]

„Der große und kontinuierliche Zufluß fremder Gene in jede lokale Population ebenso wie die Verschiedenheit der Umgebung in Raum und Zeit wird dem Genkomplex niemals erlauben, vollständige Stabilität zu erreichen."

Und a. a. O.:[58]

„Das ungelöste Problem ergibt sich aus dem Augenschein, daß dasselbe Gen in einer kleinen geschlossenen, in einer großen geschlossenen und in einer offenen Population verschiedene Selektionswerte haben könnte."

Zu den Untersuchungen Wrights meint Mayr:[59]

„Wright hat behauptet, daß eine besondere Artstruktur speziell geeignet ist, 1. „einen enormen Vorrat ziemlich leicht verfügbarer potenzieller Variabilität" zu führen und 2. „die günstigsten Bedingungen zur Umbildung als eine einzelne Art zu bieten." Diese begünstigte Artstruktur ist „eine große totale Artpopulation, die in eine große Anzahl von teilweise isolierten lokalen Populationen aufgespalten ist... ohne wesentliche umweltliche Unterschiede". Diese Feststellung bleibt unbestimmt und sinnlos, solange der Ausdruck „teilweise isoliert" nicht definiert wird. Bei allen weit verbreiteten erfolgreichen Arten beweglicher sexueller Organismen scheint ein ausreichender Genfluß große Ähnlichkeit der Genpools aller lokalen Populationen aufrechtzuerhalten. Die Kapazität einer Art als Ganzes für die Stapelung genetischer Verschiedenheit wird dadurch scharf herabgesetzt. Simpson ist zu einem ähnlichen Schluß gekommen:
Die hauptsächliche Schwäche dieses (Wright-)Modelles liegt wahrscheinlich in der Tatsache, daß m (Übertragung von genetischen Materialien von einer Deme auf eine andere) sehr niedrig sein muß, von der Größenordnung von 0,01 bis 0,001, oder die Trennung in Deme wird für die Evolution unwirksam, und die Art wird sich entwickeln, als sei sie panmiktisch, d. h. langsam, adaptionsgemäß aber mit geringer Möglichkeit schneller Wandlung oder Verschiebung in Richtung der Adaptation."

An anderer Stelle:[60]

„Sewall Wright läßt in seiner Diskussion der evolutionen Transformation der Arten folgende zwei Alternativen zu: 1. „panmiktische Arten" und 2. „Arten, die in viele teilweise isolierte lokale Populationen unterteilt sind". In Wirklichkeit besteht wahrscheinlich ein größerer Unterschied zwischen den Extremen von 2. als zwischen 1. und 2. In Anbetracht der ständigen Selektion zugunsten von Genen, die sich leicht mit eingewanderten Genen koadaptieren, kann eine fast ebenso große Kohäsion in einem teilweise isolierten System vorhanden sein wie in einem panmiktischen. Der wirkliche, schroffe Bruch besteht nicht zwischen dem panmiktischen und dem teilweise isolierten System, sondern zwischen dem zum Teil und dem praktisch völlig isolierten System. Die Bedeutung kompletter Isolation wird offensichtlich, sobald die ausgedehnten epistatischen Wirkungen der Gene richtig erwogen werden. Als Folgerung ergibt sich, daß eine Population sich nicht entscheidend zu ändern vermag, solange sie den normalisierenden Wirkungen des Genflusses ausgesetzt ist."

Abschließend kommt Mayr zu einem die Probleme von Gleichgewicht und Ungleichgewicht aufweisenden, aber sie nicht lösenden Ergebnis:[61]

„Der ständige und hohe genetische Neuzugang, der auf Genfluß beruht, ist der hauptverantwortliche Faktor für genetische Kohäsion zwischen den Populationen einer Art. Er führt nicht nur zu der beobachteten Ähnlichkeit zwischen zusammenhängenden Populationen, sondern ist auch einer der Hauptgründe für die geringe Evolutionsrate bei häufigen, weit verbreiteten Arten. Viele Autoren haben die Langsamkeit evolutiver Wandlungen betont (z. B. Haldane). Weder der ständige „Regen" von Mutationen auf eine Population, noch die unaufhörliche nagende Kraft der Selektion scheinen eine auch nur annähernd so starke Wirkung auf die genotypische Zusammensetzung und phänotypische Wandlung von Populationen zu haben, wie man erwarten möchte. Selbst in relativ „schnell sich entwickelnden Linien wie den Dinosauriern und den Vorfahren der Pferde änderten sich meßbare Längenwerte wie die zwischen homologen Punkten an homologen Zähnen oder Körperlängen im allgemeinen in Größenordnungen von 1 bis 10 Prozent pro Million Jahre. Für Längenverhältnisse, die als Maß für Körpergrößen betrachtet werden können, sind zwei Prozent eine repräsentative Zahl" (Haldane). In vielen Linien bewegt sich die Evolution sogar noch einen guten Teil langsamer. Diese Trägheit eines großen Teils der Evolution steht in betontem Gegensatz zu der explosiven Speziation, wie sie sich in der Fossilüberlieferung einiger Linien, auf tropischen Archipelen (Hawaii, Galagos, Westindien) und in Süßwasserseen darstellt. Es häufen sich die Befunde für ausgesprochen ungleiche Geschwindigkeiten der Evolution und Speziation, und ebenso die Belege dafür, daß dieser Unterschied mit Differenzen in der Populationsstruktur der betrefenden Arten im Zusammenhang steht und durch sie verursacht wird."

Vernichtend beurteilt R. C. Lewontin die Bemühungen der Populationsgenetiker, ohne daß seine Argumente einzeln wiedergegeben seien. Er legt dar, daß die Populationsgenetik seit 3 Jahrzehnten keine Entwicklung erfahren habe und schreibt:[62]

„Die Theorie der Populationsgenetik, so geschlossen sie erscheint, hat versagt, sich mit zahlreichen Problemen prinzipieller Wichtigkeit für das Verstehen der Evolution zu befassen."

Ohne die Bedeutung der ausgedehnten Bemühungen der Populationsgenetiker für die Evolution und die Evolutionstheorie zu unterschätzen, dürften jedoch die dargelegten in der Quantität zwar relativ geringen kritischen Anmerkungen zu den Untersuchungen der drei hauptsächlichen Forscher Haldane, Fisher und Sewall Wright die Problematik dieser Richtung des Evolutionismus zur Genüge aufgezeigt haben. Was z. B. erst bewiesen werden sollte: die Bedeutung etwa der „natürlichen Auswahl" für die Evolution, wird bereits wieder vorausgesetzt, ja sie wird von dem „größten der drei Forscher, Sewall Wright" (Waddington) überhaupt gar nicht befragt und als causa efficiens benutzt.

Gleichgewicht und Ungleichgewicht werden, so scheint es, willkürlich angenommen und unterliegen mathematischen Berechnungen, die dann wiederum mit der empirischen Beobachtung, u. U. auch mit dem Experiment höchst problematisch verbunden werden. Wie weit diese bei rezenten Arten angewandte Methode für ausgestorben gilt, wird auch von den genannten Autoren selbst bezweifelt. Bei Bedarf wird auf die Genetik zurückgegriffen: Genfluß, genetische Koadaptation oder genetische Kohäsion... – Begriffe, die, wie der Leser vielleicht sich erinnern wird, alles andere als – innerhalb der Genetik – endgültig geklärt anzusehen sind. Die höchst problematischen topologischen Modelle von Sewall Wright – mit denen er Selektionswert, Struktur und Anpassung festlegen will und die auf Analogien mit Landschaftsformen beruhen – werden kritiklos von Manfred Eigen in seinem Hyperzyklus (S. 32 ff.) übernommen – um dort wiederum pseudogenetische Probleme zu verbrämen, die dann „mathematisch" gelöst erscheinen. Zu dieser Thematik bezieht Woltereck z. B. wie folgt Stellung:[63]

„Das Gleichgewicht z. B. in einer dreigliedrigen pelagischen Biocönose Algen-Kladozeren-Jungfische beruht u. a. darauf, daß die Kladozeren, die ungeschützt und ohne Fluchtmöglichkeit dem Zugriff kleinerer Fische und drgl. ausgesetzt sind, in den gleichen zwei Monaten (Juni/Juli) und in den gleichen Wasserschichten leben, die auch die Lebensperiode und den Lebensraum ungezählter Jungfische bilden. Diese Fischchen gehören in ihrer großer Mehrzahl zu den uferbewohnenden Arten; sobald sie ein wenig größer sind, nehmen sie ihre Nahrung von den Pflanzen und aus dem Schlamm der Uferzone und des Grundes. Aber im Frühsommer leben sie, wenige Zentimeter lang, im offenen Wasser und nähren sich hier fast ausschließlich von den kleinen, ein bis wenige Millimeter großen Planktonkrebsen, die sie in unglaublichen Mengen konsumieren. Unter den Kladozeren finden sich nun in manchen Seen Individuen, die schon im Juni Dauereier produzieren; solche Eier brauchen eine monatelange Ruheperiode zur Entwicklung. Die Mehrzahl der Individuen ist aber dauernd lebendgebärend; diese Tiere werden mitsamt ihren Jungen fast durchweg von Raubkrebsen oder Fischen gefressen. Nur die abgelegten Dauereier sind vor der Vernichtung geschützt, denn aus ihnen entstehen erst dann junge Tiere, wenn die Fische schon groß geworden sind und diese allzu kleine Beute verschmähen.

Es gibt also in solchen Kladozeren-Populationen eine Majorität von ungeschützten und eine Minorität von geschützten Eiern uind Individuen. Die sehr scharfe und in jedem Jahr wiederholte Selektion *müßte* also die „angepaßten" vor den nicht angepaßten Tieren begünstigen und dahin führen, daß die Kladozeren während der „Hochsaison" der Jungfische sich durch Dauereier schützen. Das ist aber durchaus nicht der Fall, sondern die große Majorität der Krebsindividuen produziert in schneller Folge Junge, die mit geringen Ausnahmen nur dazu dienen, die Fische zu ernähren.

Dabei ist noch folgendes merkwürdig: einerseits bleiben diese Ausnahmen, bleibt also die Überproduktion an Jungen über die Zehrung hinaus immer ungefähr zahlengleich, sinkt vor allem niemals auf Null. Andererseits: die Jungfischschwärme, die von den durchschnittlich ca. 20 Nachkommen eines Krebses – es handelt sich nur um Weibchen – durchschnittlich 19 samt der Mutter wegschnappen, *fressen niemals* (statistisch genommen) *das zwanzigste*, rotten also niemals die Kladozeren ihres Gewässers aus. Aber die Kladozeren steigern auch nicht ihre Produktion von 20 auf durchschnittlich 25 oder 30, sondern bleiben jahraus jahrein bei einer *Vermehrungsziffer, die grade der Vernichtung die Wage hält.*

Wenn die Fische etwas mehr fressen würden, so müßte die Nahrung *verschwinden*; wenn die Kladozeren sich etwas schneller fortpflanzen würden (oder wenn weniger von ihnen den Fischen zur Beute fielen), so müßte ihre Zahl mächtig ansteigen, was eine viel stärkere Zehrung und vielleicht die Vernichtung der ihnen als Nahrung dienenden Kleinalgen zur Folge hätte. Kurz gesagt: die Anpassung oder wie wir sagen *Einpassung* dieser Tiere zielt gar nicht dahin, daß sie in möglichst großer Zahl „überleben", sondern dahin, daß *ein gegebenes Gleichgewicht des Kollektivgefüges* (unter enormen Verlusten) *erhalten bleibt.*

Dieses Verhalten aus Zufall und Selektion „erklären" zu wollen, erscheint besonders hoffnungslos."

Der Leser ist den Begriffen der fitness, der Auslese und der Anpassung wiederholt begegnet. Die Problematik gerade dieser für den Darwinismus wie auch für den Neodarwinismus so fundamentalen Vorstellung soll im weiteren Abschnitt aufgezeigt werden.

d) Die Problematik von fitness, Auslese und Anpassung

Bei aller weitreichenden Differenzierung der ursprünglichen Theorien Darwins, in ihrer wesentlichen Veränderung und Erweiterung insbesondere durch die Konzeptionen Mendels, der Genetik, werden nach wie vor von den meisten Evolutionisten älterer oder jüngerer Schule Selektion und Umweltanpassung, insbesondere „fitness" als verbindlich für die zeitliche und räumliche Entstehung der Arten im kausalen Sinne angesehen – obwohl schon deutlich geworden sein dürfte, wie problematisch die „Anpassung" sich verschiedenen Autoren darstellt. Wenn auch die „Lebenskampftheorie" als Mittel der Auslese – das Überleben des Geeigneteren und das Aussterben des Schwächeren im Kampf um die Futterstelle oder um die Forpflanzung – in den Hintergrund getreten ist, sind dennoch dieser Hypothese nach wie vor zahlreiche Forscher, – wie z. B. Dawkins –, verpflichtet. Die Voraussetzung für das Überleben im ursprünglichen Sinne Darwins war die „fitness" des Individuums, das seine Art repräsentierte. Zu diesem, für den Darwinismus ebenso fundamentalen wie höchst problematischen Begriff, schreibt schon Nicholson:[64]

„Das Prinzip der natürlichen Auswahl wird oft als das des „Überlebens des Geeignetsten" (fittest) definiert". Dieser Satz ist streng kritisiert worden, auf Grund dessen, daß er die Frage stellt. „Geeignet, für was?" (ohne die Frage zu beantworten).
Wie die Zitate vom Anfang dieses Kapitels klarlegten, meinte Darwin einfach, „zum Überleben Geeignetste". Es ist tautologisch, das Wort in diesem Sinne zu gebrauchen. Das „Überleben des Geeignetsten" setzt den Geeignetsten voraus."

Waddington beschreibt „fitness" wie folgt:[65]

„Überleben des Geeignetsten'. Darwin argumentierte oft, als ob er wirklich daran dachte, daß Überleben in dem Sinne Überleben wäre, daß das Lebewesen eine lange Periode ‚überleben' wird, und er gebrauchte das Wort ‚fittest' um damit zu bezeichnen ‚am besten geeignet, die gewöhnlichen Verrichtungen des Lebens zu vollbringen', solche wie Laufen, Nahrungssuche usw. Die neodarwinistische Ansicht ist ganz unterschiedlich. Dem Überleben unterstellen sie – ganz richtig – die Forpflanzung; und bei „fittest" meinen sie „höchst wirkungsvoll im Beitrag von Gameten für die nächste Generation". Auf diese Weise ist die ganze Betrachtung der Fähigkeit, die alltäglichen Dinge zu erledigen, in der neodarwinistischen Theorie verschwunden. Sie ist vollständig durch den Begriff der Fortpflanzungsfähigkeit ersetzt worden. Das reduziert nun wirklich den Darwinismus zu einer Tautologie und überläßt es einer ganz davon unabhängigen Diskussion – die aber nur selten stattfindet –, warum Tiere nur so hoch adaptive Strukturen entwickelt haben sollen, anstatt daß sie nur zu Bündeln von Eiern und Sperma, wie bestimmte parasitische Würmer, reduziert geblieben wären. Dieser Kommentar ist auch für die mathematischen Theorien der Neodarwinisten anwendbar... Man kann sich zu fragen beginnen, auf welches hauptsächliche Problem die Evolutionstheorie ein Licht werfen möchte. Wiederum ist die Antwort ganz unterschiedlich heute von der Zeit Darwins. Ihm war das hauptsächliche Problem, zu beweisen, daß Arten sich verwandeln und eine von der anderen abgeleitet werden kann. Heutzutage akzeptiert das jeder, und es hat keinen Sinn, dies fortzusetzen. Für uns ist das Hauptproblem eines, das für Darwin nur von sekundärer Bedeutung war. Es ist das Problem der Anpassung. Warum finden wir Tiere und Pflanzen, die Strukturen und Fähigkeiten haben, die sie bewundernswürdig befähigen, ungewöhnliche Lebensvorrichtungen auszuführen, in den ebenso unwahrscheinlichsten Situationen, die oft gerade der Fortpflanzung äußerst ungünstig sind? Ein zweites, großes Problem der heutigen Evolutionstheorie ist das, zu verstehen, wie und warum lebende Organismen sich in unterschiedene und getrennte taxonomische Kategorien aufgeteilt haben – und obwohl Darwin sein Buch „Der Ursprung der Arten" nannte, hat er über dieses Thema bemerkenswert wenig gesagt."

Analog zu den Neodarwinisten definiert dagegen Mayr fitness wie folgt:[66]

„Indessen hat auch die Selektion mit ihrer fast unglaublichen Wirksamkeit und Empfindlichkeit in ihrem Gefüge einen schwachen Punkt. Die Eignung (Tauglichkeit) wird an dem Beitrag gemessen, der zu dem Genpool der nächsten Generation geleistet wird, also am Ausmaß des Fortpflanzungserfolges. Normalerweise gibt es keinen besseren Weg, die allgemeine Eignung zu bestimmen. Doch gibt dies nicht nur der allgemeinen Lebensfähigkeit, sondern auch dem bloßen Fortpflanzungserfolg einen Vorteil. In den letzten Jahren sind nun in zunehmender Anzahl Fälle beschrieben worden, in denen ein Genotypus sich in einer Population nicht aus irgendwelchen Gründen allgemeiner Überlegenheit ausgebreitet hat, sondern allein deshalb, weil er sich überlegen fortpflanzte."

Williams definiert fitness im streng genetischen Sinne, wobei er auf die Problematik dieses Begriffes hinweist:[67]

„Ein gründliches Verstehen der durchschnittlich phänotypischen Wirkung eines Gens auf die „fitness" ist wesentlich für das Verständnis der natürlichen Auslese. Wenn Individuen, die das Gen A tragen, sich durch Vermehrung zu einem größeren A^+ zusammenschließen als die, die Gen A^- haben und wenn die Population so groß ist, daß wir den Zufall ausschließen können, haben wir damit eine Erklärung dafür, daß Individuen mit A^+, als Gruppe „geeigneter" (fit) waren, als die mit A^-. Der Unterschied in ihrer gesamten „fitness" würde durch das Ausmaß des Ersatzes des einen Individuums durch das andere gemessen werden. Nach der Definition des Durchschnitts würde die durchschnittliche Wirkung auf die individuelle „fitness" von A^+ günstig sein, die von A^- ungünstig. Diese Maxima des Durchschnitts individueller „fitness" ist die zuverlässigste phänotypische Auswirkung der Auslese auf genetischer Ebene, aber selbst hier gibt es Komplikationen und Ausnahmen. So kann ein Gen günstig ausgelesen werden, nicht, weil sein Phänotyp Ausdruck die individuelle Fortpflanzung begünstigt, sondern weil er die Fortpflanzung naher Verwandter des Individuums begünstigt."

Nach Definition der fitness ausschließlich im Sinne des Überlebens durch Fortpflanzung – die Reserven, Wohlbefinden usf. verlangt – weist Williams jedoch auch für diese Definition Probleme auf:[68]

„Gewöhnlich erwarten wir, daß Auslese nur „günstige" Charaktermerkmale erzeugt, aber auch hier gibt es wieder Ausnahmen in den Wirkungen eines Gens auf mehr als ein Charaktermerkmal. Ein gegebener Genersatz mag eine günstige Wirkung haben, ein anderer eine ungünstige, oft auch bei ein und demselben Individuum, aber nicht notwendigerweise auf verschiedene Teile des Lebenszyklus. Das eine Gen kann bei einem Individuum überwiegend günstige Wirkungen bezeugen und überwiegend ungünstige, bei einem anderen – auf Grund verschiedener Umwelten oder verschiedener genetischer Hintergründe."

Dobzhansky sieht die Problematik der „fitness" im direkten Bezug auf die Anpassung von Merkmalen an die Umwelt, insbesondere in der Menschwerdung. Er schreibt dazu:[69]

„Das entscheidende Problem ist offenbar jenes, wie die Umgebung welche Veränderungen bestimmt und welche Anpassungen vorkommen. Betrachte die evolutionären Umwandlungen, die zu dem Auftauchen der menschlichen Art geführt haben, von ihren vormenschlichen Ahnen an. Die Entwicklung z. B. der aufrechten Körperhaltung oder die Ausdehnung der Hirnrinde hat die Menschen zu einer in den unterschiedlichsten Umwelten überlegen erfolgreichen biologischen Art gemacht. Darüber hinaus sind diese Entwicklungen nicht in einer Vorwegnahme des Lebens [Fortpflanzung, Überleben!, d. Übersetzer] erfolgt oder aus der Absicht, den Menschen „geeignet" (fit) sein zu lassen, damit er in seiner jetzigen Umwelt leben kann. Natürliche Auslese hat keine Voraussicht, in jeder Stufe des Prozesses müssen die für ihre Träger nützlichen Veränderungen innerhalb der Umwelt, in der sie leben, bereits stattgefunden haben, während der Zeit, in der diese Veränderungen sich ereigneten. Selbst (Charakter-)Züge, die zweifellos schädlich sind, werden sie isoliert betrachtet, können wirklich angepaßte sein, wenn sie in der Evolution festgelegt wurden, weil sie Begleiter nützlicher Züge waren. So erscheint schwieriges Gebären [wie beim Menschen, d. Übersetzer] ein absurd unangepaßter Zug, eine Zufügung zu der aufrechten Körperhaltung, die einwandfrei jedoch an dieses angepaßt ist."

Dem Leser dürfte nicht entgangen sein, wie schwierig es sich die Neo-Darwinisten mit der Reduzierung ihres Begriffes der „fitness" auf die Fortpflanzungsfähigkeit gemacht haben, jedoch bleibt die Tautologie desselben in jedem Fall bestehen, ob fitness auf Fortpflanzungsfähigkeit oder im altdarwinistischen, etwas umfassenderen Sinne benutzt wird. Die Tautologie ist besonders hinsichtlich der Anpassung offensichtlich: angepaßt ist, was fit ist und fit ist (abgesehen von zahlreichen Fällen der „Nicht-Angepaßtheit, die sich jedoch auch fortpflanzen"), was angepaßt ist. Im Hinblick auf dieses Problem meint Dobzhansky:[70]

„Z. B. haben einige Arten der Drosophila Augen von helleren, andere von einer mehr gedämpften roten Farbe. Es besteht kein Grund zur Annahme, daß die genauere Schattierung der Augen für diese Fliegen wichtig ist, aber Nolte (1953) hat gezeigt, daß die Farbe von den Verhältnissen der Verteilung des Augengewebes zweier verschiedener Pigmente abhängt. Die Schattierung der Augenfarbe ist ein Indikator für die physiologischen Prozesse in dem sich entwickelnden Organismus. Ein angepaßter „Zug" [trend, d. Übersetzer] ist nur ein äußeres Zeichen für ein sich anpassendes Entwicklungsmuster. Nicht der „Zug", sondern der Weg, den die Entwicklung in einer gegebenen Umwelt einschlägt, ist es, der das Überleben und die Fortpflanzung des Organismus an seine Umwelt fördert oder hindert."

„Zug" entspräche den „inhärenten" Entwicklungstendenzen (s. o.), Weg dagegen impliziert bei Dobzhansky aktive Auseinandersetzung des Organismus mit seiner Umwelt, „fit" wäre der, der sich „am besten" auseinandersetzt – womit jedoch die Tautologie nicht aufgelöst wird, sondern das Problem auf die Interaktion Organismus/Umwelt verschoben wird. Was heißt „am besten"? Welches sind die Vergleichsmaßstäbe? Sofort tritt das Problem Phäno/Genotyp wieder auf den Plan, das der Neo- und Epigenese, deren wiederum genetisch-molekularbiologische Problematik usf....

Das Problem des Begriffs der „fitness" liegt – von seiner aufgewiesenen Tautologie abgesehen – in folgenden zwei Punkten:

1. Fit: für was? Bei einer kaum numerisch zu übersehenden Fülle unterschiedlicher Arten muß jedes Merkmal jeder Art „fit" für die einmaligspezifische Umwelt derselben sein, da sonst die Art aussterben würde. An der – umstrittenen – optimalen Anpassung wird festgehalten. Die neodarwinistische Reduktion der fitness auf Fortpflanzung – schon von Waddington kritisiert – übersieht diese Tatsache, daß das Ausbleiben von einigen Schuppen oder Borsten in der Vererbung bereits zum Tod des Individuums, dann auch der entsprechenden Population führen kann, von dem Instinktverhalten ganz abgesehen. Darüber hinaus ist der Begriff der „fitness" überzogen: er wird zu einem jener typischen Begriffe, mit denen eine „Wissenschaft" operiert, die es nicht für nötig befunden hat, sich über ihre eigene Begriffsbildung genügend Rechenschaft abzulegen. „Fitness" erklärt alles, damit nichts.

2. Wer und was bestimmt die „Eignung" (fitness) eben „unendlich" vieler Merkmale in „unendlich" vielen entsprechenden Umwelten? Wer bestimmt überhaupt, was ein Merkmal ist? Schon die letzere – untergeordnete – Frage dürfte zu erheblichen Meinungsverschiedenheiten unter den Evolutonisten führen. Wer jedoch bestimmt, was „fit" ist, prüfe doch die Abkunft seiner Vorstellungen bezüglich der „fitness": aus welcher technisch vorbedingten und entsprechend artifiziellen Welt stammt nicht die „fitness". Gewiß waren diese Vorstellungen in der technischen und gesellschaftlichen Umwelt Darwins anders als in der von Computern gesteuerten heutiger Evolutionisten, aber sie implizieren die technische Leistung und das Überleben im frühkapitalistischen Konkurrenzkampf. Es ist jeoch nicht nur die technische Abkunft des „fit", zu bemerken, seine problematisch-dubiose Offenheit für eine Vielzahl von Interpretationen läßt ihn auch für mancherlei ideologische Bestimmungen geeignet erscheinen. Von prinzipiellen Einwänden, die die historische Abkunft dieses so fundamentalen darwinistischen Begriffes betreffen, ganz abgesehen, kann ja das „fit" Lebewesen nur immer im nachhinein als „fit" bezeichnet werden: wenn es erwiesen hat, daß es lebt oder zumindest einige Millionen Jahre gelebt hat. Hier ließe sich dann weiter hinterfragen: Wieviele Millionen Jahre sind denn notwendig, um eine Art als „fit" bezeichnen zu können? Oder sollte überhaupt – zu Gunsten anderer Parameter – von der Zeitdauer der gelebt habenden oder lebenden Art abgesehen werden? Diese Probleme zu lösen, scheint weitgehend der Willkür der einzelnen Evolutionisten überlassen zu sein. Was „fit" ist und wie „fit" sich in der Evolution auszeichnet, das zu bestimmen, fällt z. B. Dawkins[71] nicht schwer: das „egoistische" Gen ist zweifellos das „fitteste".

Die definitorische Problematik des Selektionsbegriffes steht nicht hinter dem der „fitness" zurück. Olson gibt den folgenden Überblick. Um den Leser nicht durch weitere Definitionen vollständig an den Evolutionstheorien verzweifeln zu lassen, soll es bei dieser Zusammenfassung durch Olson bleiben:[72]

„Auslese hat sehr verschiedene Bedeutungen für verschiedene Evolutionisten gehabt, und zu einem gewissen Grad sind diese unterschiedlichen Bedeutungen für besondere Sparten der Biologie spezifisch. Selbst innerhalb einer bestimmten Disziplin – zum Beispiel der Genetik – gibt es ein Spektrum von mit diesem Begriff verbundenen, sehr verschiedenen Bedeutungen. Zur Klärung dieses Problems, insbesondere die Verwirrung zwischen natürlicher und künstlicher Auslese betreffend, widmet Lerner ungefähr 10 Seiten der Betrachtung von Bestimmungen der Auslese und ihrer Folgen für die Evolution in Begriffen, wie sie aus den Vererbungsmustern Mendels entwickelt wurden."

Olson zitiert dann Lerner wie folgt:

„Auslese kann in Begriffen ihrer beobachtbaren Folgen definiert werden als die nicht zufällige, differenzielle Fortpflanzung des Genotyps. (E. Lerner, S. 15)"

Er stellt fest:

„Natürliche Auslese ist ein Begriff, der zu sagen dient, daß einige Genotypen mehr Nachkommen haben als andere. Es kann geschlossen werden, daß sie stattfand und ihre Intensität kann nur ex post facto gemessen werden. Innerhalb der fünf von Sewall Wright betrachteten Ebenen an Komplexität (1959) kann eine außerordentlich interessante Reihe von Abwandlungen der Rolle und Bedeutung der Auslese festgestellt werden, wie diese durch die Theorien und die Entwicklung eines besonderen Modells bedingt ist, unter denen Auslese in das Auge gefaßt wird. In einer früheren Feststellung (1955) gibt Sewall Wright eine allgemeine Ansicht der Auslese im Sinne einer „Papierkorb-Kategorie", die alle Ursachen und richtungsgebenden Veränderungen in Gen-Häufigkeiten einbeziehen, die nicht Mutation oder Erfahrung äußerer Bedingungen entsprechen. Simpson definiert natürliche Auslese als „differenzielle Fortpflanzung"... Ein großes Vokabular wurde entwickelt, um die vorhandenen Aspekte der Auslese, die künstlichen von den natürlichen zu unterscheiden und auszudrücken: Auslese des Phänotyps (Haldane 1954), disruptive Auslese (Mather, 1955), kanalisierende Auslese (Waddington, 1942), stabilisierende Auslese (Schmalhausen, 1949)usw. in erheblicher Länge..."

Der Einfluß der Selektion auf die Entstehung der Arten – die Simpson und Dobzhansky (höchst „unwissenschaftlich", damit ihr Nichtwissen verbergend) als einerseits „schöpferisch", dann durchaus als kausal die Evolution der Arten bedingend ansehen, dann aber wieder den Zufallscharakter betonen – wurde schon oben erwähnt. Das Hauptproblem, dem insbesondere die Populationsgenetiker gegenüberstehen und das „Berge" von Literatur und Diskussion mit sich gebracht hat, ist ganz einfach folgendes: Die Auslese findet am Phänotyp statt: ausgelesene Merkmale sind jedoch nicht vererbbar. Der Phänotyp, an dem die Auslese erfolgen soll, ist zwar „Ausdruck" des Genotypus, vermag aber nicht auf diesen „zurückzuwirken". Das phänotypisch, durch Auslese und Umweltanpassung, insbesondere auch durch Fitness Erworbene ist nicht vererblich. (Der Lastenträger, der bekanntlich seine starke Rückenmuskulatur nicht auf den Sohn vererbt, wird diese verstärkte Rückenmuskulatur auch in einer Population von orientalischen Lastenträgern nicht auf die nächstfolgende Generation vererben.) Das Problem der „genetischen Informationsvermehrung", auf das die Auslese genetisch logischerweise reduziert werden müßte (s.o.), ist nur über den Erwerb des Gelernten, d.h. seine Festlegung in der DNA, molekularbiologisch zu „erklären". Das aber bedeutet nichts anderes als eine neue Form genetischen Lamarckismus – dem sich die Genetiker und Evolutionisten „offiziell" bereits in der „Systemtheorie" (s.u.) anschließen, obwohl das Anpassungskonzept ohne lamarckistische Modelle nicht denkbar ist, durch den ganzen Darwinismus ein „latenter Lamarckismus" (Illies) zieht.

Um dieses Problem zu lösen, haben Haldane und Wright die Hypothese „neutraler Gene" gebildet, die zwar nicht ohne weiteres nachweisbar sind, aber auf die sowohl die Auslese durch Anpassung des Phänotyps zurückwirkt, wie auch damit dessen Erfahrungen vererbt werden. Der Begriff der „Präadaptation" (Simpson, Mayr et al.) bezweckt Ähnliches: die natürliche Auswahl wählt nur aus, was im Genotypus latent vor-veranlagt ist. Im Phänotypus erscheint nur das, das im Genotypus vor-veranlagt ist – es wird durch die jeweiligen Umweltkonstellationen im Organismus zur Erscheinung gebracht. Dies faßt Simpson zusammen:[73]

„Die Selektion bestimmt auch, welche von Millionen möglicher Typen der Organismen in Wirklichkeit entstehen werden und sie ist aus diesem Grunde ein wirklich schöpferischer Faktor der Evolution."
(Im Gegensatz zu der Ansicht, daß nur genetische Mutationen schöpferische seien; vergleiche auch das Zitat von Simpson am Schluß dieses Teils, das den reinen Zufall apostrophiert.)

Die Notwendigkeit der Annahme einer Selektion wird vor allem auch daraus abgeleitet, daß Berechnungen von Fisher, Wright und Haldane ergeben haben, daß ohne Selektion die jeweiligen Stämme sehr viel länger zu ihrer Entwicklung gebraucht hätten, als dies unter Zuhilfenahme selektiver Faktoren der Fall gewesen wäre, wobei – wie ausgeführt – es ein höchst problematisches Anliegen ist, heterogenste, zur „Auslese" führen sollende Faktoren mathematisch zu bestimmen. Wie hypothetisch in diesem Zusammenhang die schon oben erwähnte Merkmalsbestimmung und das Errechnen des Verschwindens oder der Bevorzugung „ausgelesener" Merkmale sich darstellt, sei durch Simpson wiedergegeben:[74]

„Wenn die natürliche Auslese (Selektion) eine einmalig fixierte genetische Kombination bevorzugt, so hat Wright aufgezeigt, daß das wenig Wirkung auf die Abnahme der Variationsbreite hat, es sei denn $s = 1/8 N$ oder mehr. Stärkere Auswahl würde die Variabilität erheblich reduzieren bis sie fast ausgeschaltet ist, bei $s = 4/N/$. Für eine

Population von 100000 wäre der Wert von S nur .00004, ein Wert, der so niedrig ist, daß er zu viel beweist. Dementsprechend würden Merkmale mit zu schätzendem selektiven Wert in größeren Populationen fast invariant sich darstellen, wohingegen sich anpassende Charaktere in Populationen immer über eine erhebliche Anzahl von Variabilität verfügen, sowohl genetischer wie auch morphologischer... Die Mutationsraten steuern ebenfalls eine gewisse Variabilität bei, die nicht völlig durch die stärkste Auslese vermieden werden kann... Trotz der Dürftigkeit adäquater beobachtbarer Daten ist es klar, daß die Selektion in der Tat die Variabilität [von Populationen, d. Übersetzer] beeinflußt."
[U.a. muß Simpson hier mit „mehr oder weniger angepaßt" argumentieren... sehr problematisch]

Da andererseits für diese potentielle Variabilität „nicht codierende Codes" (s.o.) maßgeblich für die Arterhaltung bzw. für die übergeordneten Kategorien der Familien und Gattungen postuliert wurden – kann nur gefolgert werden: in der „Wissenschaft" der Evolutionserklärung ist der Theorien- und Hypothesenbildung vorläufig noch keine Grenze gesetzt. So unternimmt z.B. Riedl eine detaillierte Hypothesenbildung, die es ermöglicht, vermittels von Computermodellen – Schaltungen nach elektrischem Muster usf. – die Begriffe des Code und des Codierens, die sog. Latenz, Potenz, Aktualität, den realen Phänotyp und seine Beziehung zum latenten Genotyp, ihr Verhältnis zu Stämmen und Gattungen, darzustellen. Er versucht u.a. damit den Begriff des „Typus", der von zunehmend vielen Neodarwinisten als rein nominalistischer aufgefaßt wird (vgl. z.B. Gutmann u.a.) eine strukturale Basis zu verleihen – unter Anwendung der Hypothese einer latenten Variabilität des Genotyps, der entsprechend „codiert" sein soll.

Mayr entwickelt in diesem Zusammenhang seine „2-Phasen-Theorie":[75]

„Die Evolution durch natürliche Auslese ist ein Zwei-Schritte-Prozeß. Der erste Schritt ist die Erzeugung genetischer Variabilität durch eine Reihe von Vorgängen (Mutation, Rekombination, stochastische Prozesse), während der zweite Schritt im Ordnen dieser Variabilität mittels der natürlichen Auslese besteht. Die durch den ersten Schritt erzeugte Variation ist weitgehend eine Sache des Zufalls, d.h. sie steht in keinem ursächlichen oder sonstigen Zusammenhang mit den augenblicklichen Bedürfnissen des Organismus oder der Natur seiner Umwelt. Die „willkürliche, planlose" Komponente der Darwinschen Evolution – das ist dieses Fehlen eines Zusammenhangs zwischen den Bedürfnissen des Organismus und der Natur neuer genetischer Varianten."

Gegen diese 2-Phasen-Hypothese ist einzuwenden: a) Ein Organismus im Zustand der Phase 1 wäre absolut lebensunfähig, und es wäre doch zu wünschen, daß die Neo-Darwinisten einen solchen Organismus einmal nachwiesen, der „in keinem ursächlichen oder sonstigen Zusammenhang mit den augenblicklichen Bedürfnissen des Organismus oder der Natur seiner Umwelt" steht. Dieser Organismus ist ein reines Hirngespinst. Peters bemerkt hierzu: „Dieser Einwand ist schlicht falsch. Die „Phase 1" ist der normale Dauerzustand. Hätten Sie recht, könnte man z. B. keine Tier- und Pflanzenzucht treiben". M. a. W.: Der Organismus der ersten Phase, der stets eine Variation (Mayr, Dauerzustand: Peters) ist – steht als Variation in keinem ursächlichen etc.". Die wirklichkeitsfremden Konstrukte solcher Postulate, ihre absurden Folgen, sind „Wissenschaft". Die „ungerichtete" genetische Variabilität (Rensch u. a.) hat z. B. die vielen tausend Variationen von höchst „unangepaßten" Radiolarien, Foraminiferen, Ammoniten usf. entstehen lassen. b) Zufall ist im Hinblick auf die oben aufgewiesene molekularbiologische Superpräzision der genetischen Vorgänge – (fragliche!) Rekombination, Mutation usf. – unmöglich, er wäre letal und c) wurde bereits auf die Problematik überhaupt von Rekombination und Mutation für die Evolution hingewiesen (vgl. Simpson), d) die Trennung der zweiten Phase ist darüber hinaus rein artifiziell: die aufgewiesene Problematik von Phäno- und Genotyp sieht Mayr als „Dualismus" an, um damit zu bestätigen, daß die Selektion am Phänotyp wirkt, ohne erblich zu werden (s. o.). Außerdem ist die „Selektion" letztlich ebenso „zufällig" von äußeren und inneren Faktoren abhängig, wie die der Phase 1. Wie weit „dualistisch" Mayr – erste und zweite Phase – die Organismen sieht, sei noch belegt. Dabei stellt die „fitness" eine neue Variante dar, Mayr läßt widerspruchsvoll einen phänotypisch sich dokumentierenden „Fortpflanzungserfolg" nach unbekanntem Rezept erblich werden:[76]

„Die Dualität des Individuums. Jedes biologische Individuum besitzt eine seltsam dualistische Natur, da es einmal aus seinem Genotypus (seinem genetischen Programm) und zum andern aus seinem Phänotypus besteht. Der Genotypus ist ein Teil des Genpools der Population, wohingegen die Phänotypen untereinander aktiv um Fortpflanzungserfolg konkurrieren. Dieser Erfolg (die „Fitness" des Individuums) ist nicht durch bestimmte Anlagen vorausprogrammiert; er ist vielmehr das Resultat vielfältiger Wechselbeziehungen im Ökosystem einschließlich der Reaktion auf Feinde, Konkurrenten und Pathogene. Darüber hinaus ändert sich die Konstellation dieser verschiedenen Selektionsdrucke im Verlauf der Jahreszeiten, der Jahre und je nach geographischen Gegebenheiten. Diese Variabilität und Vielfalt der Wechselbeziehungen ist einer der Gründe für das große stochastische Element in der biologischen Evolution."

Das „Grundprinzip der natürlichen Auslese" sei noch einmal durch Mayr zusammengefaßt:[77]

„Das Grundprinzip der natürlichen Auslese ist, daß in einer Population von zehntausend oder hundertmillionen Individuen, die alle auf einzigartige Weise voneinander differieren, einige Individuen Genkonstellationen besitzen werden, die für die momentane Kombination ökologischer Faktoren besser geeignet sind als andere. Für diese Individuen wird eine statistisch gesehen größere Wahrscheinlichkeit bestehen, zu überleben und sich fortzupflanzen, als für andere Angehörige der Population."

Diese, jedem Laien so einleuchtend dargestellten Sätze Mayrs, die nur auf einer populärwissenschaftlichen Ebene resümieren, was ein Teil jener oben erwähnten Autoren ebenso – populationsgenetisch – bezweifelt (z. B. Williams), dürften jedoch nicht hinterfragt werden: es sind Dogmen. Glaubt Mayr damit mehr als eine selektive „Ausmendelung" einer Art zu behaupten – nämlich die Entstehung neuer Arten? Ohne die Hypothese ferner des genetischen Polymorphismus, der genetischen Potenz oder Latenz gegenüber dem Phänotypus kann einerseits ein Wechsel und gleichzeitiger Bestand phänotypischer Erscheinungen kaum vorstellbar sein, andererseits kann nicht mit den Begriffen der Potenz, des Polymorphismus, der Rekombination usf. jederzeit molekularbiologisch-genetisch unverbindlich operiert werden – ohne daß der Nachweis der Faktizität dieser Vorgänge erbracht werden muß. Darüber hinaus handelt es sich ja auch stets um Erklärungen post hoc, nachdem die sog. Auslese schon stattgefunden hat. Vorausgesagt und dann erwiesen wird mit dieser Hypothese letzlich – nichts. Was ist ferner für eine ökologische Kombination „geeignet" – d. h. „fit"? Hier tritt der verhängnisvolle Zirkelschluß von fitness und Selektion wieder auf: was der Auslese anheim fällt, ist nicht fit, was fit ist, überlebt. Als drittes Problem sei noch einmal auf das des Merkmals verwiesen: Was ein Merkmal biologisch ist, darüber gibt es keine eindeutige Meinung. Soll das Merkmal nur genetisch bestimmt werden? Durch eine Punktlokalisation in der DNS-Kette? Aber das Problem stellt sich sogleich: taxonomische Merkmale sind stets komplexe Gen-Kombinationen, zahlreiche Loci bewirken ein Merkmal. Das Gen ist aber letzlich ein statischer Begriff – wie schon Williams darlegte. Ist ein „Bein", eine „Flosse" ein Merkmal? Eine Schuppe – oder nur die Struktur derselben? Zweifellos sind Beine und Flügel „Merkmale", die zur taxonomischen Bestimmung wichtig sind. Über den jeweiligen „ökologischen Wert" von Merkmalen – ein modernes Wort für Zweckmäßigkeit – unabhängig vom taxonomischen bestehen Zweifel, wird z. B. die Formenfülle von Radiolarien und Foraminiferen und der Variabilität ihrer Merkmale bedacht, deren ökologischer Wert technologisch dubios ist. Aber „Beine" und „Flügel" sollen nicht selektiert werden – die Selektion findet nur den Punktmutationen gemäß an Mini-Merkmalen (Punktmutation) statt, deren „ökologischer Wert" so minimal ist, daß er ökologisch kaum in das Gewicht fallen dürfte.

Nicht zuletzt sei erinnert, wie hier statistische Möglichkeiten (genotypisch bedingte Phänokonstellationen) gegen statistische Möglichkeiten („reine" Genkonstellation) benutzt werden: Die Wahrscheinlichkeit des Überlebens von Individuen in einer Population ist nur statistisch zu ermitteln. Die Wirkung der Auslese ist damit eine zweifellos zufällige. Es überleben die Individuen, die auf Grund ihrer genotypisch bedingten Phäno-Konstellation zum Überleben geeignet sind. Die Gen-Konstellation ist jedoch ebenfalls eine nur wahrscheinliche, bzw. nur stochastisch zu ermittelnde. Die Matrize, mit der hier gerechnet wird, operiert in der X- wie auch in der Y-Richtung mit rein stochastischen Möglichkeiten: statistisch wahrscheinlich/unwahrscheinliche

Gen-Konstellation gegen Wahrscheinlichkeiten/Unwahrscheinlichkeiten des Überlebens. Für das Überleben jedoch ist das „ausgelesene Merkmal", d. h. zumindest eine Kombination höchst spezifischer Merkmale notwendig, auf dem Hintergrund komplexer Gen-Konstellationen. Welcher Autor aber würde es wagen, die Stufenfolge zwischen Gen-Konstellationen und Merkmalen zu beschreiben? Wenn – s. o. – für den Schlag der Cilie eines Einzellers schon mindestens 18 Gen-Loci notwendig sind?

In der Faktizität entscheidet die Schnelligkeit des Laufens, des Wärmeschutzes, des Lidschlages, der Tarnfarbe usf.. Wie aber wird zwischen der faktischen Realität und den „stochastischen" Wahrscheinlichkeiten vermittelt? Indem die Realität gar nicht mehr wahrgenommen, sondern nur noch stochastische Veränderungen festgehalten und populärwissenschaftlich als „Faktum" hingestellt werden. Zu diesem problematischen Ensemble, das hier die Kombination von Populationsgenetik, Selektion, fitness und permanentem Rückgriff auf den „deus ex machina" (R. Thom) der Gene darstellt, seien abschließend die Meinungen von Lewontin wiedergegeben:[78]

„Die beiden größten Triumphe der genetischen Schule Morgans waren erstens die Demonstration, daß die Chromosomen die physikalischen Gegenstücke der die Vererbung bedingenden Faktoren im Sinne Mendels bilden und zweitens, daß die Chromosomen aber nicht wirklich die physikalischen Gegenstücke der die Vererbung bedingenden Faktoren im Sinne Mendels sind. Die den Chromosomen zugrundeliegenden, noch kleineren „Quantitäten" folgten nicht Mendels Gesetz der unabhängigen Verteilung von vererbten Merkmalen. Die wirkliche Struktur des Genoms hat bemerkenswert wenig Eindruck auf die Populationsgenetiker gemacht oder zumindestens auf die theoretischen Populationsgenetiker. Die Populationsgenetiker werden oft beschuldigt, daß sie es nicht vermocht haben, die Entdeckungen der modernen molekularen Genetik zu integrieren. Aber die Situation ist viel schlimmer als das. Sie haben nicht einmal die Entdeckung von Morgan inkorporiert. Fast das gesamte Korpus der Literatur in theoretischer Populationsgenetik ist vom Standpunkt einfacher Mendelscher Gene aus geschrieben oder von Genen, die alle dem Gesetz der unabhängigen Verteilung folgen. Mit der Ausnahme einer zufälligen Betrachtung von Fisher und Wright in einem speziellen Kontext wurde die Tatsache, daß die Gene sich auf Chromosomen befinden, buchstäblich für eine lange Zeit ignoriert. Das klassische Lehrbuch in diesem Gebiet ist durch zwei Auflagen gegangen, innerhalb derer nur wenige Seiten der Dynamik von zwei Genen eines und desselben Chromosoms gewidmet sind. Seit 1956 und insbesondere in den letzten 10 Jahren hat eine exponentiell zunehmende Aufmerksamkeit sich den Problemen der theoretischen Populationsgenetik gewidmet, die durch Verbindungen von Genen entsteht. Diese Entwicklung ist von der Betrachtung eines Genpaares, die gleichzeitig sich trennen, zu Modellen mit Dutzenden von Loci fortgegangen und hat zu einem überraschenden Ergebnis geführt. Wie ich zeigen werde, sind die Gene vollständig aus der Theorie verschwunden, indem sie nur die Chromosomen als betrachtungswerte Einheiten übrigließen..."

Abschließend sei das Problem der Anpassung erörtert. Das Problem der Anpassung eines Lebewesens an seine Umwelt ist ebenfalls heute überwiegend zu einem genetischen geworden, damit ist jedoch seine Problemtik nur verstärkt worden. Es ist wohl der Pionierarbeit J. von Uexkülls zu verdanken, der die enge Verschränkung zwischen Organismus und Umwelt aufdeckte und mit der von Schlüssel und Schloß verglich. Das „Wunder der Anpassung" als Inbegriff höchster, sinnvoller Zweckmäßigkeit innerhalb der Natur wurde von Theologen immer wieder dem Darwinismus vorgehalten, der diese extremen Vorkommnisse sinnvoller Anpassung – etwa die Anpassung von Insekten und deren spezifischer Bau an spezifische, nur einmalig vorkommende Blütenarten – für eine „zufällige Folge der Auslese" erklärte. Simpson und Dobzhansky halten die Anpassung der Organismen an ihre Umwelt für deren höchste Leistung, die sie allerdings der Selektion verdanken – weniger Angepaßte überleben nicht –, um damit das tautologische Rad wieder in Schwung zu bringen und sich zu fragen, was zuerst für das Überleben im zeitlichen Ablauf notwendig ist: die Anpassung, die fitness oder die Selektion?

Die Ansichten über die Bedeutung der Anpassung, die heute in eine geographische, in eine existenzielle, in eine ökologische, nicht-genetische und andere mehr (s. Mayr, Hauptwerk) unterteilt wird, werden allerdings sehr unterschiedlich artikuliert. Dem „Wunder der Anpassung" (Dobzhansky, Simpson et al.) gegenüber stellt Riedl z.B. radikal fest:[79]

„Evolution ist ein steter Kompromiß und das Ergebnis ein Sammelsurium überkommener Strukturen und funktioneller Halbheiten. Die meisten Biologen werden es schwer finden, hier zuzustimmen, weil wir alle in begründeter Admiration für das Wunder der Anpassung aufwuchsen. Aber man muß zugeben, daß die Evolution, wäre sie geplant, schief und verquer geplant wäre; eine Fischflosse für das Piano, ein archaisches Riechhirn für unsere Logik und eine Torpedokonstruktion, welche, bei den Tetrapoden zur Brückenkonstruktion zurechtmanipuliert, zuletzt noch auf zwei Beinen (des hinteren Brückenpfeilers) balanciert zu werden hat. Evolution ist eben nicht geplant und nicht final. In ihr besteht, was die Selektion aus dem Reservoir historischer Gegebenheiten gerade noch duldet.

Sie steckt so voll zweckloser Geschichte wie die Landesgrenzen Europas, und sie unterscheidet sich wie das gewachsen Kontra-Funktionale (allein schon in der Straßenführung) unserer ehrwürdigen Städte von der atmosphärelosen Nur-Funktionalität jener, die wir vorgestern geplant und gestern fertiggestellt haben. Evolution ist zunächst einmal *nur* Tradierung; ‚Order-on-Order', wie Schrödinger (1951) sagte; und erst wenn diese geregelt ist, kann über Adaptierung des schon wieder nicht mehr Adaptierten verhandelt werden."

Demgegenüber definiert Simpson die Anpassung wie folgt:[80]

„Anpassung hat einen bekannten Mechanismus: natürliche Auslese, die auf die Genetik einer Population wirkt. Mehr über die Durchführung (Operation) dieses Mechanismus wird gesagt werden, wenn mehr über Anpassung und andere evolutive Prozesse erfahren wird. Sie (die Anpassung) ist bis jetzt noch nicht ganz verstanden, aber ihre Wirklichkeit ist festgestellt und ihr Zutreffen ist sehr wahrscheinlich. Auf der

Suche nach der die Evolution bestimmenden Faktoren haben wir gesehen, daß dies in einigen Fällen bei aller vernünftigen Voraussetzung Anpassung sein muß und in allen, selbst in den zweifelhaftesten, konnte es Anpassung sein. So haben wir die Wahl zwischen einem konstruktiven Faktor mit dem bekannten Mechanismus und der Unbestimmtheit inhärenter Tendenz, vitaler Dränge oder kosmischer Ziele, ohne bekannte Mechanismen."

Diese Ausführungen Simpsons geben den Konflikt des Forschers wieder, der nicht in der Lage ist, die Anpassung nur als zufälliges Resultat von selektiven Faktoren zu verstehen, sondern in ihr einen über diese selektiven Faktoren hinausgehenden, sinnvollen Vorgang sieht, der ihn möglicherweise in den Verdacht des Vitalismus bringen könnte. Dies, obwohl er an anderer Stelle ausführt, daß eben die Selektion die Anpassung schafft. Wie problematisch sich der Begriff der Anpassung erweisen kann, führt Simpson selbst an dem von ihm dargelegten Beispiel der Entwicklung der Pferdefamilie aus:[81]

„Das Beispiel der Entwicklung der Pferdefamilie wurde als typisch für eine übergeordnete, nicht angepaßte Art von Kontrolle bestimmter Züge (trends) vorgebracht [von den Vitalisten, der Übersetzer]. Es ist vertreten worden, daß in der Pferdefamilie die meisten Züge unvariiert und unkontrolliert einander folgten, ohne Bezug auf eine Veränderung von Gewohnheiten oder Umweltfaktoren. Wir haben schon genügend Fakten der Evolution an dieser Familie gesehen, um zu vermuten, daß dies nicht stimmt. Eine kurze weitere Beobachtung bestätigt diese Vermutung vollständig. Es gibt in der Evolution dieser Familie keine wirklichen einheitlichen und allgemeinen Züge. Alle Züge sind zu einem gewissen Ausmaß der einen wie der anderen Linie eigen oder zu einer oder anderen Zeit wirksam. Der beinahe allgemeinste Zug, wie der Fortschritt in der Hirnstruktur, kann allen Pferden nützlich und angepaßt sein, wie auch immer ihre genaue Umwelt gewesen sein mag. Zunahme an Größe fehlte im Eozän und in einigen Linien zu späterer Zeit und es wurde bei anderen Linien umgekehrt. Wo sie vorkam, war sie offenbar angepaßt, ihre erhebliche Unregelmäßigkeit verneint jedoch jeden übergeordneten Zug, der seiner Natur nach nicht angepaßt ist."

Anpassung wird von Simpson als Selektionsfolge angesehen – aber er ist nicht in der Lage zu begründen, warum größere Pferde mit erweitertem Hirn „besser" angepaßt sein sollen als die älteren Pferdefamilien. Demgegenüber argumentieren „Vitalisten", daß die Anpassung sekundär ist, die Entwicklung der Pferdefamilie – Größenzunahme von Körperbau und Gehirn – einem „inhärenten" Zug folgt, die Selektion dabei keine Rolle spielt. Operieren die „Vitalisten" mit unbekannten „Zügen", so stehen Simpson und mit ihm alle Neo-Darwinisten vor der Schwierigkeit zu beweisen, daß überhaupt eine Selektion stattgefunden hat – die sie nicht direkt, sondern nur aus der vermuteten „besseren Anpassung" z. B. der größeren Tiere im Vergleich zu den kleineren schließen. Diese Denkweise – aus nicht erwiesener „besserer Anpassung" nicht erwiesene Selektion zu schließen – trifft z. B.

143

auch für Mayrs Behauptung zu. Sie ist wissenschaftstheoretisch so problematisch, daß sie schon als grotesk bezeichnet werden kann.

Die Widersprüchlichkeit der Gedankengänge Simpsons wird von dem Gesagten abgesehen noch deutlicher: Nicht direkt bewiesene Anpassung, aber „Orthogenese" lassen einen Forscher Vitalismus-verdächtig erscheinen. Um diesen Verdacht zu vermeiden, wird die ganze Entwicklung der Pferde-Familie (Equiden) als eine nur „bedingt" angepaßte beschrieben, obwohl Simpson nicht umhin kann, immer wieder die Angepaßtheit etwa der frühen Equiden an den Wald, der folgenden an den Übergang zu Hochgras und Steppenform usf. zu postulieren und den Bau der Hufe und des Gebisses entsprechend als Anpassungen eben an die jeweils spezifische, wechselnde Umwelt darzustellen. Nicht zuletzt wird dann wieder behauptet, daß die natürliche Auslese (Selektion) die Anpassung kausal bedingt – dies impliziert jedoch, daß – wie schon ausgeführt – vor der möglichen Anpassung unangepaßte Arten gelebt haben, die dann erst durch die Selektion innerhalb ihrer Population angepaßt wurden (vgl. Mayr). (Die „Eohippus"-Konzeption Simpsons wurde z. B. durch R. Rosen einer scharfen Kritik unterzogen: es handelt sich bei dieser ganzen Evolutionsreihe um eine idealisierte Typologie, nicht um konkrete Individuen[82].) Wie will aber der Paläontologe oder auch der die gegenwärtigen Faunen erforschende Zoologe bestimmen, wodurch und weshalb eine „weniger" angepaßte Art einer angepaßteren weicht? Eben dadurch, daß eine bestimmte Tierart – z. B. die endemische Nachtmotte in Industriegebieten Englands und die Veränderung ihrer Flügel-Färbung als vermutliche Anpassung auf die Industrieabgase – „Merkmale" entwickelt, die dann überwiegend in der Fortpflanzung dominieren – aber zweifellos noch keine neue Art bilden, sondern nur eine „Abart" oder Rasse (Rensch). Dies zu erklären, macht für den Darwinismus die typische Gedankenführung, die Mobilisierung des gesamten oben ausgeführten Hypothesen-Arsenals notwendig: 1) von dem latenten Polymorphismus möglicher Gen-Kombinationen, der Latenz derselben, ihrer „Aktualisierung" durch die Umwelt – wie, das ist ein ganz ungelöstes molekularbiologisches Problem; 2) die Implikation, daß „Anpassung" „sinnvoll" ist (Teleologie- bzw. Vitalismus-Verdacht), über die Simpson u. a. immer wieder stolpern, da „sinnvoll" nicht stochastisch oder mechanisch erfaßbar ist; 3) die Probleme der Populationsgenetik. Ein solcher Vorgang impliziert ferner die Revision des fitness-Begriffes im Sinne der fitness ausschließlich für sexuelle Reproduktion, da ein solches Merkmal – wie die veränderte Färbung des englischen Birkenspanners – nicht primär der Fortpflanzung dient, aber Tiere mit dieser Kennzeichung vor Beutemachern geschützter sind und sich erst dann u. U. besser vermehren, d. h. erst sekundär auch der Fortpflanzung „dient". Das ungelöste Rätsel bleibt: Wie paßt sich der Organismus an – ohne ihm erworbene „zweckvoll" angepaßte, dann vererbliche Eigenschaften zuzusprechen?

Kann aus diesen Veränderungen – in der Färbung der Flügel – überhaupt geschlossen werden, daß die jetzt überlebende Art besser „angepaßt" – gegenüber Prädiatoren z.B. – sei, als die vorausgegangene? Der mit gewissen Grundregeln der Logik – insbesondere der wissenschaftstheoretischen „Logik" – Vertraute dürfte eine solche Schlußfolgerung nicht zugelassen, bedenkt er etwa in der Logik den Modus tollens oder Modus ponens. Die Tatsache der Veränderung, das zahlenmäßige Überleben einer mit einem geringfügigen Merkmal sich von einer vorausgegangenen Art unterscheidenden Rasse (nicht „Art") berechtigt nicht zu dem Schluß, daß die jetzt „überlebende" besser angepaßt sei, da unter anderem der Vergleich „besser", „schlechter" angepaßt fehlt, denn über viele Jahrzehnte hin hat offenbar die erste Art der Birkenspanner es durchaus verstanden, sich mit den industriellen Veränderungen der Landschaft „angepaßt" abzufinden – ohne vorher oder nachher verstärkt „Beutemachern" zum Opfer zu fallen. Betrifft diese Problematik allein die Gegenwart – wie, nach welchen Maßstäben oder Kriterien, soll der Paläontologe die besser „angepaßte Art" von der „weniger gut angepaßten Art" in der Vergangenheit von Jahrmillionen unterscheiden? Jedenfalls nicht nach der Dauer des Bestandes einer Art innerhalb der Evolution – die zu bestimmen schon wieder strittig ist –, sondern nur aus dem Auftreten einer neuen Art. „Neue" Art scheint „besser angepaßt" zu beinhalten, was aber weder logisch-wissenschaftstheoretisch statthaft ist, noch mit den Fakten übereinstimmt.

Die merkwürdige Zwiespältigkeit der Evolutionisten gegenüber dem unabdinglichen Begriff der Anpassung, der gerade für die Ökologie und eben die Populationsgenetik von erheblicher Bedeutung ist, spitzt sich in dem Problem der Vererbung von instinktbedingten Verhaltensweisen, insbesondere innerhalb der Arthropoden zu. Die „Angepaßtheit", Umweltabhängigkeit wie auch Komplexität dieser Verhaltensweisen sei nur erinnert – insbesondere auch, daß ein geringer Fehler im Ablauf derselben in den meisten Fällen tödliche Folgen, d.h. Aussterben des Individuums, dann der Art haben muß. Wie sollen sich hier weniger angepaßte, in ihrem Instinktverhalten „mißleitete" Lebewesen jemals behauptet haben? Um als „weniger Angepaßte" dann „besser Angepaßten" zu weichen? Dies setzt auch voraus, daß Instinkte in ihrem Gebrauch erlernt, erworben und dann wiederum vererbt worden sind... Alles Annahmen, die den bekannten Gesetzen der Genetik widersprechen. Für das Instinktverhalten gilt jedoch kein „weniger" oder „mehr" perfekt – sondern in den meisten Fällen das ‚Entweder/Oder" von Tod und Leben.

Zu dieser Problematik äußert sich R. Woltereck wie folgt:[83]

„Der doppelte Kern des *Darwinismus* ist das (heute unstreitbare) Vorhandensein von zahlreichen erblichen Varianten und die wohl ebenfalls unbestreitbare Ausmerzung ungeeigneter Varianten bei der Konkurrenz um Nahrung und Lebensraum, die unter den in übergroßer Zahl produzierten Nachkommen herrscht. Hier haben wir es zwar mit einer empirisch gut gestützten Theorie zu tun, aber ihre *Tragweite* ist zweifelhaft. Kann wirklich die *gerichtete* Entstehung bestimmter Typen von Tieren und Pflanzen und bestimmer nützlicher Organe und Organformen durch *Selektion* unter zufälligen und richtungslosen Varianten geschehen sein?

Man braucht die bekannten Argumente gegen diese Lehre heute nicht mehr ausführlich zu behandeln; wir wollen uns daher mit der Bemerkung begnügen, daß zunächst die Entstehung „selektionswertiger" Organanfänge erklärt werden müßte; außerdem weisen wir nochmals auf die sicherlich nicht „nützlichen" Tausende von Radiolarien-, Diatomeen-, Desmidiaceenformen usw. hin, ferner auf die ebenfalls nicht nützlichen (sondern sogar schädlichen) Formübertreibungen, endlich auf die (...) „fremddienliche" Zweckmäßigkeit von Gallenbildungen.

Unter den Artreihen, die mit diesen Hinweisen gemeint sind, befinden sich viele, die ausgeprägt *gerichteten* Charakter aufweisen, indem sie einer bestimmten Maximalausprägung sich schrittweise nähern. Auf die Notwendigkeit, solche gerichteten Formreihen zu erklären, hat zuerst Nägeli nachdrücklich hingewiesen und einen inneren *Vervollkommnungstrieb* (im Zusammenhange seiner „Mizellen"theorie) dafür verantwortlich gemacht. Eimer suchte dann die gerichtete Ausbildung bestimmter Zeichnungen bei Eidechsen, Schmetterlingen usw. auf „Orthogenesis" zurückzuführen; er denkt dabei an die allmähliche Verwirklichung potentieller Raumordnungen, deren vollständige Entfaltung zunächst durch andere Einflüsse verhindert, gleichsam aufgehalten war. Bei Eimer handelt es sich um eine (durchaus nicht teleologisch gedachte) Entwicklung einzelner Merkmale und Organanlagen, während Plate den Begriff der autogenen und ektogenen Orthogenese im gleichen Sinne für bestimmte *Art*änderungen anwendet. Göbel endlich setzte an die Stelle des Nägelischen Vervollkommnungstriebes auf Grund seiner Studien über die Organogenese der Pflanzen den *immanenten Bildungs-* oder Entfaltungstrieb der Organismen, ohne den „nicht auszukommen ist", weil die Mannigfaltigkeit der Gestaltungsverhältnisse weit größer ist als die der (heutigen und früheren) Lebensbedingungen."

Das Problem der Anpassung betreffend und der natürlichen Auswahl gilt jedoch ganz einfach folgendes: Entwicklung – Evolution – impliziert morphologische und Verhaltensänderungen (s. o.), für deren „Verursachung" (schon fälschlicherweise!) Mutation – Zufall – dann die natürliche Auswahl in Anspruch genommen wird. Diese wiederum impliziert den Übergang von „weniger angepaßten", weniger „fitten" Lebewesen oder Populationen zu „fitteren", d. h. Evolution nach der Meinung der Neo-Darwinisten wäre Übergang von weniger angepaßten zu angepaßteren Populationen. Es ist jedoch nicht zu entscheiden – aus der empirischen Erfahrung jedenfalls selbst nicht ableitbar – und vor allem nicht vorauszusagen, was „weniger angepaßt" gegenüber dem „Angepaßteren" ist, es sei denn, daß dies post propter hoc einfach erschlossen wird: zu Gunsten der Theorie. Nach diesem Verfahren jedoch arbeitet die Mehrzahl der Neo-Darwinisten.

Die Komplexität des Anpassungsgeschehens, insbesondere da dieses auch Verhalten – Instinkte, „Triebe" – der Lebewesen impliziert, sei noch an einem Beispiel demonstriert, das Tinbergen an einer Seemöwen-Art aufgezeigt hat. Bei dieser gibt es 24 verschiedene instinktbedingte Verhaltensweisen in Verbindung mit entsprechenden anatomischen Merkmalen: von der Art des Alarmrufes bis zu dem Vermögen, sich – ebenfalls durch die hochspezialisierte Klauenbildung – an bestimmten Klippen festhalten zu können, vom Brut- und Nestverhalten bis zu der Färbung des Gefieders. Alle diese mit morphologischen „Merkmalen" verbundenen Verhaltensweisen implizieren Anpassung, insbesondere aber auch ständige Vorwegnahme von noch nicht eingetretenen Ereignissen: Feinde, Nahrungssuche, Werbeverhalten usf.. Das Fehlen nur eines Verhaltens-Merkmals kann bereits tödliche Folgen haben. Dazu schreibt Tinbergen:[84]

„Diese Untersuchungen legen nahe, daß angepaßte Merkmale Systeme sind, die aus vielen funktionellen, in Beziehung stehenden „Charakteren" zusammengesetzt sind. Darüber hinaus ist es unmöglich, funktionelle Verhaltensmerkmale von morphologischen oder physiologischen zu trennen: Färbung der Eier und Wachstumsgeschwindigkeit ganzbrütender Vögel sind ebenso Teile eines angepaßten Systems wie die Zeremonien der Nest-Vorführung. Das schwarze Nackenband der jungen Möwenart, dem zugesprochen wird, die Signalisierung des Wegblickens zu verstärken, ist ebenso Teil des angepaßten Systems dieser Möwenart wie die Zahmheit dieser Art oder ihre Bewegung auf der Nestplattform, Lehm niederzutreten."

Grundlegend erhellt Woltereck die Anpassungsproblematik:[85]

„Die Umwelt eines Organismus ist nicht die objektiv irgendwie so-seiende Umgebung; aus dieser Umgebung „macht" der Organismus seine Umwelt, seinen spezifisch begrenzten und gearteten (gestalteten) Lebensraum oder Um-Raum, indem er:
erstens: nur mit bestimmten Teilen seiner Umgebung in Beziehungen tritt, während er andere, für ihn irrelevante oder nicht wahrnehmbare Teile und Agentien der objektiven Umgebung gar nicht erlebt;
zweitens: indem er diese „ausgewählten" Teile durch seine Aktionen verändert und sich dadurch gegebenenfalls einen besonderen Lebensraum abgrenzt und materiell gestaltet;
drittens: indem er durch die Reichweite seiner Organe oder Bewegungen auf einen gewissen Raumumfang angewiesen ist;
viertens: indem er durch die Beschaffenheit seiner Sinnesorgane und seines Zentralorgans (Gehirn) aus seiner Umwelt bestimmte Zeichen, Signale, Wahrnehmungen, gegebenenfalls Vorstellungen erhält, die den erlebten Charakter der Umwelt bestimmen."

Abschließend seien die Grundbegriffe des Darwinismus und Neodarwinismus, die der fitness, der Selektion und der Anpassung noch einmal zusammen- und gegenübergestellt:
1. Überleben um des Überlebens willen: die Selektion, die fitness, die Anpassung in ihren tautologischen Verschränkungen dienen alle durchweg dem Überleben um des Überlebens willen. Dies ist der Sinn der Evolution. Diese „Überlebenspsychologie" entspricht den nackten Überlebensstrategien der Slums, der KZ- oder GULAG-Lager – das ist die „geistige" Grundlage des Darwinismus.
2. Die Begriffe „fitness", „Selektion", „Anpassung" umfassen heterogenste

147

Inhalte. Ihre Definition ist nicht einheitlich, sondern widerspruchsvoll. Sie sind andererseits diffus und offen, da sie, da sie alles erklären sollen, nichts erklären. Die synthetische Theorie tritt jedoch mit dem Anspruch auf, „alles zu erklären" – um damit schon gegen einen fundamentalen Grundsatz der Wissenschaftstheorie zu verstoßen: eine Theorie, die „alles" erklärt – erklärt nichts.

3. Selektion und Anpassung werden von zahlreichen Forschern nicht koordiniert in ihrer Wirkung angesehen, sondern ganz heterogen angesprochen. Zum Beispiel schreibt Williams:[86]

„Der weiße Pelz des Eisbären ist notwendig, um in den schneeigen Gegenden, in denen er lebt, Beute zu machen. Das Weiße wurde durch Auslese begünstigt, weil dunklere Individuen unfähig zu überleben waren. Ich würde dieses Argument dahingehend korrigieren, indem ich „notwendig" durch „vorteilhaft" im ersten Satz ersetze und durch Hinzufügen des Wortes „ebensogut" am Ende des zweiten Satzes. Ökologische oder physiologische Notwendigkeit ist kein evolutionärer Faktor und die Entwicklung einer Anpassung ist kein Beweis, daß sie notwendig für das Überleben der Art war."

Aufgrund seiner Experimente an der Drosophila kommt Nicholson zu folgendem Ergebnis:[87]

„A) Die Art von Genveränderung, die erfolgen kann, ist vollständig unabhängig vom Einfluß der Auslese."

„B) Natürliche Auslese schafft und entwickelt Anpassung, indem sie nur die Genveränderungen benutzt, die in jedem Stadium der Entwicklung von Anpassung angemessen sind."

Hier wird experimentell erwiesen, daß die Auslese nicht auf die Genkombination wirkt, letztere von der Selektion unabhängig arbeitet – womit den Hypothesen von Mayr, Simpson, Dobzhansky usf. über die Bedeutung der Selektion als „schöpferische" Ursache der Evolution widersprochen ist. Selektivität hat keinen Einfluß auf die Evolution, die Evolution wäre reine Genveränderung. Wo aber setzen dann Selektion und Anpassung an? Jetzt erscheint Evolution als absolut „blinde', ausschließlich genbedingte Veränderung. Wie aber dann doch die Auslese die Genveränderung benutzt – via Anpassung –, diesen Zirkelschluß zu erklären vermag Nicholson nicht. Der Widerspruch ist eklatant.

Darüber hinaus wird von „Entwicklung" der Anpassung, d.h. einem „mehr" oder „weniger" gesprochen – was der Annahme eines der Evolution inhärent-teleologischen Faktors entspricht, der diese Entwicklung bestimmt, da die „Selektion" nicht ausschlaggebend ist. Eine wahrhaft erstaunliche Folgerung – eines experimentell arbeitenden Neo-Darwinisten.

Eine fundamentale Kritik an der Verbindung von natürlicher Auslese mit der Vorstellung der Anpassung wird von S.J. Gould und R.C. Lewontin

(s. o.) dargelegt. Ausgehend von der „Ganzheit" jedes Organismus untersuchen sie die Begriffe des Merkmals, der Charakteristika von Lebewesen usf. eingehend. Die Untersuchungen können nur in ihrer Zusammenfassung dargestellt werden:[88]

„In den letzten 40 Jahren wurde in England und den Vereinigten Staaten die Evolutionsforschung durch das Programm der „Adaptationisten" beherrscht. Es fußt auf dem Glauben an die Macht der natürlichen Auslese als eines Optimisierungs-Agenten [im Sinne der causa efficiens, der Übersetzer]. Es [das „Programm"] arbeitet so, den Organismus in unabhängige „Merkmale" aufzuteilen und schlägt eine Anpassungs-Geschichte vor, die jedes einzelne Merkmal betrifft. „Trade-offs" zwischen miteinander in Konkurrenz stehenden selektiven Anforderungen über die einzige Grenze auf die erstrebte Vervollkommnung aus, dadurch wird Unvollkommenheit (non-optimality) ebenso die Folge der Anpassung (wie Vollkommenheit, der Übersetzer]. Wir kritisieren diese Art von Annäherung und versuchen, eine mit ihr in Konkurrenz stehende Konzeption wieder zu befestigen, die lange im kontinentalen Europa beheimatet war: daß Organismen als integrierte Ganzheiten verstanden werden müssen, deren Baupläne durch das Erbe ihrer Stammesabkunft so eingeschränkt sind, durch die Pfade ihrer Entwicklung und ihrer allgemeinen Architektur, daß die Einschränkungen selbst interessanter und wichtiger zu der Bestimmung der Wege ihrer Entwicklung und Veränderung sind, als die [angenommenen, der Übersetzer] selektiven Kräfte, die [bestenfalls, der Übersetzer] zwischen den Veränderungen vermitteln können, wenn diese auftreten. Wir klagen das Programm der Adaptationisten in seinem Versagen an, den Unterschied zwischen gebräuchlichem Nutzen [eines Organs z. B., der Übersetzer] und den Gründen für seine Entstehung nicht gemacht zu haben. (Männliche Tyrannosaurier können ihre reduzierten Vorderbeine benutzt haben, um ihre weiblichen Partner zu kitzeln, aber das erklärt nicht, warum sie so klein geworden sind.) Wir klagen sie um ihrer mangelnden Bereitschaft willen, Alternativen zu Anpassungs-Geschichten in Rechnung zu ziehen, um ihres Rekurses auf Plausibilitätserklärungen als einzigen Kriterien spekulativer Erzählungen, und um ihres Versagens willen an, adäquat zu ihren Vorstellungen konkurrierende Thesen: wie wahrscheinliche Fixierung von Allelen, Erzeugung nichtangepaßter Strukturen durch Entwicklungskorrelationen mit ausgewählten morphologischen Eigenschaften (Allometrie, Pleiotropie, materielle Kompensation, mechanisch aufgezwungene Korrelationen) zu erwägen, ferner die Trennung von Adaptation und natürlicher Auswahl, zahlreiche Höhepunkte der Anpassung und gebräuchlicher Nutzen als ein Epiphänomen nicht angepaßter Strukturen zu sehen. Wir unterstützen Darwins pluralistische Annäherung an die [verschiedenen, d. Übersetzer] Agenzien evolutionären Wechsels."

4. Die genetische Problematik der Wirkung von Phäno- auf Genotypus wird durch die Annahme eines latenten-potentiellen Polymorphismus verschleiert. Für diese Konzeption eines Genotyps, der eine große Fülle variabler Phänotypen bereits in sich trägt, die jedoch rezessiv vererbt werden, dann plötzlich dominant erscheinen, diese Dominanz über Millionen von Jahren aufrecht erhalten, erübrigt sich die Unterscheidung zwischen Phäno- und Genotyp. Konsequenterweise müßte im hypothetischen Einzeller des

Präkambriums bereits genotypisch die gesamte Fülle von Hunderten von Millionen Arten enthalten gewesen sein.

Diese Problematik und eine Diskussion derselben sei abschließend noch einmal von einer Autorität des Neodarwinismus: Maynard Smith dargestellt, der folgende, vom Neodarwinismus nicht befriedigend gelöste Probleme zusammenfaßt: (In der Aufzählung derselben bezeichnet er die ersten vier Probleme als teilweise „lösbar" innerhalb der neo-darwinistischen Konzeption, jedoch im Sinne problematischer mathematischer Funktionsgleichungen, die anderen jedoch als weitgehend unlösbar.)[89]

„1. Wie schnell werden Gen-Häufigkeiten unter der Selektion wechseln?
2. Wie ist es möglich, die Wirkung einer Selektion auf einen kontinuierlich sich verändernden Charakter vorauszusagen?
3. Welche Prozesse sind für die genetische Variabilität sexuell sich fortpflanzender Arten verantwortlich?
4. Wieviele ausgewählte Todesfälle sind in einer Population notwendig, um ein Gen durch ein anderes zu ersetzen?
5. Wird die natürliche Auslese (Selektion) die Gene auf dasselbe Chromosom bringen, die den gleichen Charakter mitbeeinflussen?
6. Kann die natürliche Auslese verantwortlich für die Evolution von Charaktereigenschaften sein, die der Art günstig sind, aber nicht dem Individuum?
7. Kann eine Art sich in zwei teilen, ohne durch eine Migrationsschranke getrennt zu sein?
8. Unter welchen Umständen wird die sexuelle Fortpflanzung den evolutionären Wechsel beschleunigen?
9. Ist seit dem Präkambrium Zeit gewesen, um das Programm auszuwählen, das die Länge der DNA bestimmt, die im Menschen existiert?"

Und an anderer Stelle:[90]

„Das Versagen des Neodarwinismus stammt aus der Abwesenheit von Theorien in den angrenzenden Gebieten der Epigenese und der Ökologie. Da wir über keine Theorie der Epigenese verfügen, können wir nicht sagen, wieviele Gen-Substituentien notwendig sind, um eine Flosse in ein Bein zu verwandeln oder das Gehirn des Affen in das eines Menschen. Konsequenterweise können wir nicht sagen, wieviele Generationen der natürlichen Auslese notwendig sind, oder in welcher Intensität sie gebraucht wird, um diese Wechsel zu vollziehen."

In der Diskussion der Ausführungen von Maynard Smith nimmt Waddington kritisch zu seiner Annahme Stellung, daß die Selektion direkt auf den Genotyp anstatt auf den Phänotyp und von diesem, komplex vermittelt, auf das Gen dann wiederum einwirken soll. Waddington führt aus:[91]

„Zu argumentieren, daß, wenn die natürliche Auslese (Selektion) Individuen bevorzugt, die einen bestimmten Charakter haben, daß dann ein Genotyp für diesen Charakter zunehmen wird – dieses Verfahren ist als rein spekulativ zu bezeichnen [„Indulge in metaphysics", der Übersetzer] und darüber hinaus in eine Philosophie der

„Dinge" eher als in eine der „Prozesse". Der Genotyp ist ein ererbter Gedächtnis-Speicher, er ist ein statisches Ding, der Phänotyp – das Resultat der Epigenese – ist ein Prozeß."

Abschließend sei noch auf zwei Richtungen innerhalb der neodarwinistischen Evolutionstheorie verwiesen: die sogen. „kritische Evolutionstheorie" (Gutmann, Peters) und die Theorie des „Non-darwinian-evolution". Die sich als „kritische Evolutionstheorie" verstehende Konzeption von Gutmann, Peters u. a. bezieht sich insbesondere auf die energetische Effizienz der Organismen im Prozeß der Selektion und Adaption. Selektion und Adaption werden prinzipiell nicht in Frage gestellt, sondern durch die energetisch interpretierte „Fitness" (maximale Ausnutzung der Stoffwechselmöglichkeiten der Lebewesen) miteinander in Verbindung gebracht. Die Lebewesen überleben („fit"), die in ihrem Bauplan – der funktionell und „maschinenmäßig" gesehen wird – und in ihrem Energiehaushalt die geringsten „Unkosten" haben. So lehnen die Autoren radikal die Verbindlichkeit der Morphologieforschung für die Evolution ab:[92]

„Im Zusammenhang einer strikten Falsifikation zeigten Peters & Gutmann, Gutmann & Peters, daß
a) Ähnlichkeitsaussagen, die das Ergebnis von Vergleichen sind, sich nicht theoretisieren lassen;
b) aufgrund von Form- und Gestaltähnlichkeiten nur eine klassifikatorische und Typus-zentrierte Ordnung möglich ist, niemals aber stammesgeschichtliche Reihen, noch auch Einsichten in den zeitlichen Ablauf der Phylogenese sich ergeben.
c) die Vorstellung, es könnte eine Methode zur Lösung von stammesgeschichtlichen Problemen geben, den einfachsten Erkenntnissen der Wissenschaftstheorie nicht entspricht, die den Nachweis geführt hat, daß Problemlösungen nur mehr oder minder intuitiv gefunden werden können, dann aber einer kompromißlosen Kritik zu unterstellen und eventuell durch bessere Theorien zu ersetzen sind.
Die kurrenten Methoden-Entwürfe der Phylogenetik haben also insofern ideologischen Charakter, als sie den Ansprüchen, die sie erfüllen wollen, nicht gerecht werden. Die Ansprüche, denen stammesgeschichtliche Rekonstruktionen genügen müssen, haben Peters & Gutmann, Gutmann & Peters und Franzen, Gutmann, Mollenhauer & Peters klargestellt. Phylogenetische Theorien haben Umkonstruktionen und Funktionswechsel als Adaptionsverläufe zu beschreiben und zu begründen. Morphologische Beschreibungen, die sich nur auf Konfiguration und Gestalten biologischer Systeme beziehen, reichen hierzu nicht aus; zur Erstellung von Stammbäumen oder anderen Modellen für phylogenetische Zusammenhänge müssen biotechnisch oder physiologisch gefaßte Aussagen sowie ökologische Kenntnisse vorliegen, die allesamt mittels der Homologienforschung nicht zu erarbeiten sind."

Die Autoren nehmen vor allem von dem sog. „Sozial-Darwinismus" („Kampf um das Leben") kritischen Abstand. Gutmann und Peters definieren in diesem Zusammenhang Selektion wie folgt:[93]

„*Selektion ist die Gesetzmäßigkeit, nach der die Beziehungen der Subsysteme des Organis-*

mus untereinander als auch die Beziehung zwischen diesen Systemen – oder dem ganzen Organismus – und der Umwelt entscheiden, ob und welche Erbinformation weitergegeben wird.

Man könnte einwenden, daß ein solch weitgefaßter Selektionsbegriff sich im Uferlosen verliert und kaum noch wissenschaftlich einsetzbar ist. Wir müßten diesem Vorwurf zustimmen und wüßten keinen Ausweg. Denn jede Einengung des Selektionsbegriffes auf „handliche" Ausschnitte des Evolutionsprozesses ist willkürlich und ebenfalls wissenschaftlich untragbar. Evolution ist Geschichte, und als solche läßt sie sich nicht bürokratisch systematisieren. Wenn Evolutionsforschung ihr ehrliches Gesicht wahren will, muß sie sich zur Intuition bekennen und darf nicht einem Trugbild der „Exaktheit" nachjagen, die ihr niemals zukommen kann."

Bemerkenswert ist die Betonung der „Intuition" als „Methode":[94]

„Daraus ergibt sich der Schluß, daß die Selektion als ausmerzender Mechanismus auf allen Ebenen der biologischen Systeme wirksam ist, und daß durch das Funktionieren der biologischen Apparatur der energetische Verbrauch bestimmt wird. Was selektiv (insgesamt auf den gesamten Organismus gesehen) vorteilhaft, ökonomischer als die nichtmutierten Artgenossen ist, wird durch Umwelt und biologische Apparatur sowie durch die Beziehung zwischen allen Strukturen und allen Ebenen des evoluierenden Systems (zu dem auch die Umwelt gehört) bestimmt. Eine Mutation muß sich in allen diesen Beziehungen bewähren. Sie kann überall an jedem Einzelgefüge und in jeder Beziehung scheitern und damit der „negativen" Selektion anheimfallen, d.h. anderen Varianten die größere Fortpflanzungschance überlassen."

Das Evolutionskonzept der Autoren stellt sich im weiteren wie folgt dar:[95]

„Selektion ist Ausmerzung, weil Mutationen an einem oder mehreren der organismischen Zusammenhänge scheitern können. Die Formen, die erhalten bleiben und in der langen Generationenfolge die Evolution vorantreiben, sind diejenigen, die der oben beschriebenen Ökonomisierung entsprechen und bei denen die langen Folgen der Mutationen sich in das Gefüge einpassen. Die weniger ökonomischen Varianten werden ausgemerzt, d.h. in der Fortpflanzung behindert. Die Selektion würgt sowohl neue Mutanten wie ältere ab, vorausgesetzt, sie sind weniger ökonomisch, also schlechter angepaßt als jeweils gleichzeitig angebotene Varianten. Entscheidend ist das, was durchkommt; es können dies bei stagnierender Anagenese auch die schon vorherrschenden Systeme sein. Evolution kann also im vollen Lauf, bei dauerndem Angebot von Mutationen und bei gleichmäßig wirkender Selektion auf der Stelle treten. Allerdings liegt dann bei derartig stabilisierten Verhältnissen der Selektionsvorteil darin, die Mutationsrate bzw. ihre Wirkungsmöglichkeiten zu vermindern, weil die ausgemerzten Varianten nur energetischen Verlust bedeuten."

Dies wird ergänzt:[96]

„Die geordnete Umwandlung kann aber nur durch die intraorganismisch bestimmte Selektion erzwungen werden, wenn man voraussetzt, daß alle Organe mutativer Abwandlung unterliegen. Die intraorganismische Selektion, durch die Interdependenz-Anforderung vertreten, bestimmt nicht nur, wann welche Mutation nachteilig ist (und unterdrückt wird), sie entscheidet auch, wann welche Mutanten vorteilhaft sind. Eine Mutation wird dann erst vorteilhaft, wenn sie in das Gefüge paßt, dessen gesamte vernetzte Leistung sie erhöhen muß. Eine Mutation mag dann erst in einem bestimmten Moment, nachdem gewisse Konstruktionsvoraussetzungen schon vorhanden sind, vorteilhaft sein; sie wäre es früher noch nicht und später nicht mehr gewesen. Selektion ist also nicht nur durch das bestimmt, was sich im jeweiligen Zeitschnitt darstellt, sondern durch den jeweiligen historischen Hintergrund. Die durchlaufene Entwicklung bestimmt in der Konstruktionssituation, was vorteilhaft und was nachteilig ist. Ein Selektionsbegriff, der sich nur auf die Beziehung Organismus-Umwelt in irgendeiner Weise bezieht, ist deswegen a priori insuffizient, ja unphylogenetisch."

Unter „Non-darwinian-evolution" faßt ferner Thoday folgendes zusammen:[97]

„Die Kontroverse, die das Vorkommen neutraler Allel-Zentren betrifft, bezieht sich auf die Frage das Ausmaß genetischer Unterschiede betreffend, die durch Mutationen erzeugt werden, die als selektiv neutral angesehen werden können. Ferner bis zu welchem Ausmaß die Verbreitung solcher neutraler Allele die Unterschiede zwischen Populationen und Arten und auch die Anzahl von Allelen zu erklären vermag, die in einem Locus in einer Population gefunden werden. Da die Verbreitung neutraler Allele ein rein zufälliger Prozeß ist, wird diese Evolution als „nicht-darwinistisch" bezeichnet."

Der Autor fährt an anderer Stelle fort:[98]

„Nicht-darwinistische Evolution würde andererseits der [genetischen, d. Übersetzer] drift eine größere Rolle in der molekularen Evolution zusprechen, indem sie verlangt, daß eine große Anzahl von Mutationen zu neutralen Allelen führen, d.h. zu Allelen, die in ihrer Wirkung sich nicht voneinander und auf die Geeignetheit zum Überleben (Fitness) von anderen Allelen, die bereits mutiert sind, unterscheiden."

Thoday kommt zu dem Ergebnis:[99]

„Es ist zweifellos zu beachten, daß in der Lösung der Antithese zwischen genetischer Stabilität und genetischer Flexibilität neutraler Allelen-Polymorphismus von Bedeutung sein kann."

Durch die neutralen Allelen soll insbesondere die Möglichkeit des Polymorphismus und damit der größeren Variabilität und Anpassungsfähigkeit an die Umwelt mitbedingt werden. Reif faßt diese Ansichten wie folgt zusammen:[100]

„Non-Darwinian-Evolution oder Evolution by Random Walk: Eine Reihe von Autoren (King & Jukes, 1969; Kimura & Crow, 1969; Crow, 1969, Arnheim & Taylor, 1969) gehen davon aus, daß die meisten mutativen Veränderungen der DNS selektionsneutral sind, daß die Selektion diese Veränderungen also überhaupt nicht „merkt". Die Häufigkeit der genetischen Varianten schwankt also in der Population statistisch, bis einige Allele verloren gehen und andere fixiert werden. Es sollen also wiederum phylogenetische Veränderungen ohne Kontrolle der Selektion stattfinden. Nach Dobzhansky (1970) und Richmond (1970) ist es jedoch äußerst unwahrscheinlich, daß es wirklich selektionsneutrale Mutanten gibt; selbst Mutationen, die ein Triplett in eines seiner Synonyme verändern, sind nach gegenwärtiger Kenntnis nicht völlig selektionsneutral."

e) Das Problem der stammesgeschichtlichen Höherentwicklung und der Neogenese

Das Problem der stammesgeschichtlichen Höherentwicklung – das von keinem Evolutionisten bezweifelt wird – impliziert das der Neogenese, d. h. der „Erfindung" neuer Organe, ganzer Organsysteme und sog. Baupläne. Neogenese wird „verharmlost" durch den Begriff der Epigenese wiedergegeben, dessen „peripherer Charakter" die nur schwer – wenn überhaupt – zu erklärende Tatsache der Neuschöpfung ganzer Tierarten, Baupläne usf. nicht adäquat wie der Begriff der „Neogenese" erfaßt. Reif stellt das Problem der zur „Epigenese" verschleierten Neogenese wie folgt dar:[101]

„Limitierend wirkt nicht nur der Genotyp, sondern auch der *Epigenotyp*. Jeder Organismus ist ein hochkompliziertes System miteinander in Wechselwirkung stehender Organe und Organteile, das sich in einer Art labilen Gleichgewichts befindet. Ein Einzelelement ist niemals von anderen unabhängig; verändert man es oder nimmt es aus dem Organismus heraus, so wird das ganze System der Wechselwirkungen beeinflußt oder gar geschädigt. Dem Genotyp steht nicht einfach ein Phänotyp gegenüber, sondern der Genotyp bringt einen Epigenotyp hervor. In diesem laufen komplexe, durch zahlreiche Faktoren und Rückkoppelungen gesteuerte Entwicklungsvorgänge ab. Der einfachste Hinweis für solche Verzahnungen sind die Pleiotropie der Gene und die Polygenie der Bauteile. Verschiedene Entwicklungsvorgänge stehen wiederum miteinander in Wechselwirkung (vgl. z. B. die aus der Entwicklungsphysiologie bekannten Induktions- und Organisationsprozesse). Je zahlreicher die Verknüpfungen und Rückkopplungen sind, desto besser ist das epigenetische System stabilisiert („gepuffert", Waddington, 1957), desto entwicklungsfeindlicher ist es also. Dadurch werden Veränderungen, die das komplexe, empfindliche System stören könnten, vermieden.

Beispiel: Liest man *Drosophila*-Mutanten nach ihrer Körper-Größe aus, so kann in keiner Selektionslinie eine bestimmte Maximalgröße überschritten werden; der Epigenotyp ist also auf eine bestimmte Imagogröße gepuffert (Waddington, 1968).

Das epigenetische System ist häufig so stark gepuffert, daß sich Mutationen u. U. überhaupt nicht im Phänotyp ausprägen."

Wie der Genotyp einen „Epigenotyp" hervorbringt, der zwischen Phänotyp und Genotyp vermittelt, ist eine ganz offene Frage. Der Epigenotyp ist ein logisches Postulat, um die Schwierigkeiten der nicht vererbten Anpassung des Phänotyps an die Umwelt und der dann noch vererbten Anpassung via Selektion zu erklären. Wie der Autor hier mit Begriffen der Kybernetik und Embryologie umgeht, entbehrt nicht der Kühnheit.

Warum überhaupt „Evolution" – „Höhere Entwicklung"? Auf diese Grundfrage gehen die Antworten nicht weniger auseinander wie auf schon dargelegte Probleme. Ganz finalistisch beantwortet sie ein überzeugter Neo-Darwinist wie Stebbins, von dem Problem der Diploidität ausgehend:[102]

„Die Auslese-Grundlage für den Ursprung der Diploidität wird als mit dem unmittelbaren Vorteil verbunden angesehen, den diese chromosomale Bedingung durch die Pufferung genetischer Heterozygotität darstellt, zusätzlich langzeitiger Vorteile, indem sie der Population ermöglicht, einen Speicher potentieller Variationen in der Form rezessiver Gene aufzubauen, den diese unter heterozygoten Bedingungen enthalten. Ihr Vorteil wäre unter jenen Organismen mit realstem langen Lebenszyklus und langsamer Fortpflanzung am größten, die integrierten Veränderungen in einer großen Anzahl von Genen verlangen, um neue adaptive Systeme zu entwickeln. Diese Bedingung wird bei höheren Protozoen, den Metazoen, den größeren Braunalgen und den vesikalen (?) Pflanzen am vollständigsten verwirklicht, vor allem, weil ihre Entwicklungsstufen damit durch eine lange Folge im Prinzip integrierter epigenetischer Prozesse des Stoffwechsels kontrolliert sind. Unter den höheren Tieren und Pflanzen ist das gewöhnliche genetische System dasjenige, das ein Maximum an evolutionärer Flexibilität durch die genetische Rekombination fördern. Die Umkehr zu Systemen, die die Anzahl von Rekombinationen reduzieren und deshalb die unmittelbare „fitness" auf Kosten der Flexibilität steigern, sind wiederholt über verschiedene Gruppen vorgekommen."

Die Tautologie dieser Ausführungen beruht nicht in der Anwendung der üblichen, schon begegneten Vorstellungen, sondern sie liegt darin, daß der Vorteil der Evolution... eben die Evolution selbst ist.

Zu dem prinzipiellen Problem „warum und wie Evolution?" legt Grassé dar:[103]

„Ich bin nicht der einzige, der die Idee aufrecht erhält, die ich schon vor einigen Jahren entwickelt habe, daß eine schöpferische Entwicklung sich nicht nur ausschließlich durch die Modifizierung von präexistierenden Genen erklären läßt, sondern daß sie die Schöpfung neuer Gene verlangt. Dies hat ein amerikanischer Genetiker zu diesem Gegenstand bereits geschrieben: „Die natürliche Selektion ist ein sehr wirkungsvoller Polizist und darüber hinaus von Natur aus sehr konservativ. Wenn die Evolution nur ausschließlich von der natürlichen Auslese abhängig gewesen wäre, würden aus einem Bakterium nur zahlreiche Formen von Bakterien entstanden sein. Die Schöpfung von Metazoen, Vertebraten und endlich Säugetieren aus einzelligen Organismen wäre ganz unmöglich, denn so große Sprünge in der Evolution verlangen die Erschaffung (creation) von neuen Genloci mit vorausgegangenen nicht-existierenden Funktionen." (Ohno 1970). Dies scheint evident zu sein, nichtsdestoweniger muß man, um es zu sehen, nicht freiwillig die Augen schließen."

Dieser Tatsache gegenüber verschließen bedeutendste Neo-Darwinisten –

wie z. B. Simpson und Mayr – dennoch „die Augen". Sie operieren mit Begriffen der Präadaptation, d. h. daß Neuschöpfungen bereits in irgendeiner Form latent im genetischen Polymorphismus vorhanden sein müssen: mit anderen Worten, im Einzeller ist bereits „latent" der Dinosaurier vorhanden. Größte Schwierigkeiten entstehen diesen Vorstellungen der Präadaptation und der Latenz (vgl. die aristotelische Entelechie! s. u. ff.), wenn die genetischen Probleme der DNS-RNS-Reduplikation in Betracht gezogen werden. Wie schon oben aufgewiesen wurde, ist eine eindeutige Parallele zwischen Zuwachs an quantitativer DNS-Menge und Höherentwicklung nicht möglich. Der Salamander verfügt über mehr DNS-Material als der Mensch – dies gilt für viele andere Tierarten ebenfalls. Weder genetische Punktmutation noch Rekombination noch Polymorphismus, noch „zufälliges Schütteln am Gen-Pool", noch gar die Populationsgenetik, sind imstande, das Auftreten völlig neuer Organe, Organsysteme und Baupläne zu erklären. Ein Blick nur auf die reichhaltige Dokumentation, wie sie etwa Willmer und auch de Haan (s. u., Kap. V) vorlegen, um die Fülle nicht präadaptativ vorgegebener Organe, die in der Evolution auftauchen, festzuhalten, dürfte als Faktensammlung das offenkundige Versagen neodarwinistischer Erklärungsversuche genügend beleben. Höherentwicklung impliziert „neue Erfindungen", bei Remane stellt sich die Problematik der Höherentwicklung und „Vervollkommnung" wie folgt dar:[104]

„Die Vorstellung, daß es vollkommene und unvollkommene Geschöpfe gibt, ist seit der Antike (Aristoteles!) in der Biologie heimisch. Ihre erste präzise wissenschaftliche Ausdrucksform fand diese Vorstellung in der Stufenleiter der Dinge, die die Organismen nach ihrem Vollkommenheitsgrad in eine aufsteigende Reihe einordnete. Dieses „System" der Vollkommenheitsstufen zwang dazu, den Begriff der Vervollkommnung aus den verschwommenen naiven Bereichen herauszuheben. Wer Dinge in einer Stufenreihe anordnen will, muß einen Maßstab für das „Höher" und „Tiefer" besitzen. Diese notwendige Vervollkommnung des Vervollkommnungsbegriffes vollzog sich in zwei Richtungen entsprechend der funktionellen und strukturellen Inhaltsseite dieses Begriffes. Die funktionelle Seite des Begriffes betont schon Bonnet 1775: „Die vollkommenste Organisation ist diejenige, welche die meisten Wirkungen durch eine gleiche oder kleinere Anzahl ungleichartiger Teile hervorbringt." In dieser Definition ist bereits die Leistungssteigerung bei gleichzeitiger Ökonomie als Kennzeichen einer Vervollkommnung enthalten. Obwohl die funktionelle und strukturelle Seite des Begriffes nicht völlig isoliert werden dürfen, interessieren uns hier mehr die rein morphologischen Probleme. Sie lauten: Gibt es bestimmte, im Bau der Organismen aufzeigbare Kriterien, die eine Entscheidung über die höhere oder niedere Stellung eines Lebewesens ermöglichen? Diese Frage wurde in den Forschungen über die Stufenleiter der Dinge lebhaft diskutiert und einer gewissen Lösung zugeführt. Nach anfänglichen Absurditäten finden wir ernstere Versuche bei Buffon, Goethe, Treviranus. Einen ersten Höhepunkt bedeutete Meckel, der die Mehrzahl der späterhin anerkannten Kriterien formulierte. Ihren ersten Abschluß fand diese Forschungsrichtung in dem 481 Seien umfassenden Werke von Bronn 1858: Morphologische Studien über die Gestaltungsgesetze der Naturkörper überhaupt und der organischen insbesondere. Der wichtigste Teil dieses Werkes sind die „Gesetze progressiver Entwicklung". Als solche Gesetze werden angeführt: 1. Die Differenzierung der Funktionen und Organe. 2. Reduzierung der Zahl gleichnamiger (homonymer) Organe. 3. Konzentrierung. 4. Zentralisierung der Organen-Systeme. 5. Internierung der Organe. 6. Größe-Zunahme. Diese Anschauungen strömten nun nach dem Sieg der Evolutionslehre – Bronn selbst behandelte die Frage noch frei von phylogenetischen Gesichtspunkten – in breitem Fluß in die phylogentische Arbeit hinein. Die Kriterien für niedere und höhere Organisation wurden nun zur Ermittlung von primitiven und abgeleiteten Formen verwendet. Die Gesetze wurden dabei vielfach als absolut gültig genommen. Als Beispiel nenne ich das Buch: „Vergleichende Stammesgeschichte" von Beurlen 1930. Hier wird als „Voraussetzung" für die stammesgeschichtliche Analyse der Krebse folgender Satz genannt: „Wechselnde Anzahl der Körpersegmente ist primitiv. Konstanz der Körpersegmente ist Beweis weitgehender Spezialisation". Der Satz selbst ist ein Teil des alten Zahlenreduktionsgesetzes, er wird hier als „Beweis"! in phylogenetischen Fragen verwendet. Aber nicht nur die entwickelten Progressionsgesetze, sondern die naive Auffassung einfach = niedrig, kompliziert = hoch, die schon in der vorphylogenetischen Zeit größtenteils überwunden war, machte sich in der Phylogenetik wieder breit. Ein Annelid wie *Polygordius*, der keine Parapodien, keine Bauchganglienknoten, keine Borsten aufwies, wurde wegen dieser „Einfachheit" seines Baues zum „Archianneliden" erklärt, ein Polyp ohne Tentakel und Skelett zur „*Protohydra*". Haeckel hat von dieser Methode ausgiebigen Gebrauch gemacht. Ich zitiere als Beispiel: „Als gemeinsame Stammform aller Spumellarien betrachten wir *Actissa*, eine skelettlose kugelige Zelle mit centralem einfachem Nucleus und homogenem concentrischen Calymna. Diese einfachste aller Radiolarien-Formen ist vielleicht zugleich die Stammform der ganzen Classe." Merkwürdigerweise hat sich diese unexakteste aller phylogenetischen Methoden bis heute erhalten. Diskutierbar sind nur die speziellen Sätze formulierter Entwicklungsprogressionen."

Er zeigt mehrere „Gesetze" – von der Entstehung neuer Organsysteme und Baupläne abgesehen – der Höherentwicklung auf:
1. Das Gesetz der Zahlenreduktion gleichartiger Strukturen und die quantitative Vermehrung von Organen.
2. Das Differenzierungsgesetz: Zunehmende Differenzierung von Organen und Strukturen.
3. Die Gesetze der Internation, Konzentration und Zentralisation, mit denen er die Verknüpfung und Konzentrierung, die Zentrierung von Organen – z. B. Herz- und Kreislauf-Entwicklung, Entwicklung des Nervensystems usf. meint.

Mit welchen Spekulationen ein maßgeblicher Evolutionist wie z. B. Rensch die fundamentalen Tatsachen der Neuschöpfung und der Höherentwicklung mit den Hypothesen der „synthetischen Theorie" bagatellisiert, bzw. in sehr kühnen Vermutungen sich ergeht, die immer wieder auf geheimnisvolle Umwandlungen in der Erbsubstanz abzielen, sei in folgendem Zitat wiedergegeben:[105]

„Bei den bisher in diesem Kapitel besprochenen Abwandlungen der Ontogenese hatten wir zunächst noch außer acht gelassen, ob die Änderungen bei jeder Art einer Stammesreihe beliebig waren oder ob die Richtung der Umbildung in der Kette des Descendenten gleichblieb. Solchen *gerichteten Wandlungen der Morphogenese* kommt nun eine besondere Bedeutung zu, weil die Hypothesen über die Entstehung neuer Baupläne sich zum Teil auf diese Erscheinungen gründen. Orthogenetische Änderungen der individuellen Entwicklung können auf verschiedene Weise zustande kommen. Es kann die Dauer der Ontogenese sukzessive verlängert oder verkürzt werden, und es können dadurch am Ende der Differenzierung neue Stadien sukzessive angefügt werden oder fortfallen, oder es kann bei etwa gleichbleibender Entwicklungsdauer die Entwicklung des ganzen Körpers oder einzelner Organe beschleunigt oder verlangsamt sein, was ebenfalls zur Hinzufügung oder zum Fortfall von Endstadien führen kann, oder es können sowohl Entwicklungsgeschwindigkeit als auch Entwicklungsdauer sukzessive verändert sein. Es können aber auch durch selektive Prozesse in verschiedenen Phasen der Ontogenese einzelne Stadien, z. B. Entwicklungsumwege ausfallen, was sich gleichfalls insgesamt als Abkürzung in rein morphologischer Beziehung auswirken kann (z. B. der Ausfall von Veliger-Stadien bei Süßwasserprosobranchiern). Schließlich kann sich auch ohne Änderung des Entwicklungstempos eine Merkmalsontogenese oder die Gesamtontogenese in der Weise verschieben, daß Merkmale, die zunächst nur für frühe Ontogenesestadien typisch sind, sich im Verlauf der Phylogenese auf immer späteren Stadien manifestieren."

Auf K. Lorenz und die „Systemtheoretiker" geht der Begriff der „Fulguration" zurück, mit dem nichts anderes gesagt wird, als daß Neuschöpfungen oder neue Eigenschaften in der Evolution „blitzartig" auftreten – ein Begriff, der nur die absolute Ignoranz verbirgt, die er ausdrückt. Kritisch haben Löw u. a. zu ihm Stellung genommen:[106]

„Die Quintessenz weiterer Beispiele bei Lorenz ist die *Ursachenkette*, die sich zu einem Kreis schließt, so daß die letzte Ursache als erste Wirkung des Ursachenkreises interpretiert werden kann (z. B. der obengenannte Hyperzyklus). Von besonderer Bedeutung für Lebewesen sind Kreisprozesse mit negativer Rückkoppelung. Somit haben „Kybernetik und Systemtheorie die plötzliche Entstehung neuer Systemeigenschaften und neuer Funktionen von dem Odium befreit, Wunder zu sein. Es ist durchaus nichts Übernatürliches, wenn eine lineare Ursachenkette sich zu einem Kreis schließt und wenn damit ein System in Existenz tritt, das sich in seinen Funktionseigenschaften keineswegs nur graduell, sondern grundsätzlich von allen vorherigen unterscheidet" (Lorenz).

Ernst Mayr formuliert den Sachverhalt dogmenartig: „Wenn zwei Entitäten auf einem höheren Integrationsniveau kombiniert werden, so sind nicht alle Eigenschaften der neuen Entität zwangsläufig eine logische und vorhersehbare Folge der Eigenschaften der Komponenten". Die zugehörige „Unbestimmtheit (bedeutet) nicht das Fehlen von Ursachen, sondern lediglich... Unvorhersehbarkeit."

Weitere Beispiele für Fulgurationen hat G. Vollmer zusammengetragen:
– Die geladenen Elementarteilchen Elektron und Proton ergeben zusammen das neutrale Atom Wasserstoff.
– Die Gase Sauerstoff und Wasserstoff verbinden sich zur Flüssigkeit Wasser.
– Die harmlosen Stoffe Kohlenstoff und Stickstoff verbinden sich zum hochgiftigen Stoff C_2N_2

– Auch die Regeln eines Fußballspiels lassen sich nicht auf einen einzelnen Menschen, sondern nur auf mehrere Spieler anwenden (B. Russell)."

Am selben Ort:[107]

„Die Aporie des Fulgurationismus, und damit kommen wir zum dritten Einwand, wird am deutlichsten in seinem Verhältnis zum Erklärungsbegriff.
– Entweder ist die Fulguration nur der Name für *noch nicht* aufgedeckte Kausalzusammenhänge (sei es für den gegenwärtigen Wissensstand
– etwa bei der Sprachentstehung, sei es, daß wir uns in Bezug auf sie dümmer stellen müssen als wir sind), die der Kausal-Aufklärung fähig sind (schließlich ist der „Zusammenschluß von Systemen" selbst ein Kausalvorgang und der kausalen Erklärung zugänglich). Dann kann das „Neue" nicht *völlig neu* genannt werden, sondern ist entweder reduktionistisch oder präformationistisch zu erklären.
– Oder das Neue ist *wirklich* neu. Dann ist das Fulgurationsprinzip
  1. unwissenschaftlich, d.h. ein reines ad-hoc-Prinzip, das nur zur Erklärung (und zwar *nicht* nach Hempel-Oppenheim!) bestimmter Phänomene eingeführt und sonst nicht testbar resp. falsifizierbar ist; nach Karl Popper gehört es in die Metaphysik und ist aus der Naturwissenschaft auszuschließen;
  2. unverträglich mit der Evolutionstheorie, denn nach ihr geht alles in der Welt mit natürlichen Dingen zu, und da gibt es keine *creatio ex nihilo*, weder von Wesen noch von Qualitäten.

Das Prinzip der Fulguration ist aus der Not geboren, die Tatsache erklären zu müssen, daß es in der gegenwärtigen Wirklichkeit Phänomene gibt, die es nach allen Befunden, vor allem der Paläontologie, in früheren Evolutionsabschnitten nicht gab. Bei näherem Besehen erweist sich jedoch das Fulgurationsprinzip entweder als verkappter Reduktionismus (wenn die Qualitäten nur neu *für uns* sind – indem wir so tun, als wüßten wir sie nicht, oder die Kausalzusammenhänge tatsächlich noch unerkannt sind) oder als ein metaphysisches Prinzip, welches die Grenzen der Erklärbarkeit des Neuen gemäß der Evolutionstheorie schonungslos aufzeigt. Der Fulgurationismus mündet logisch also entweder zurück in den Reduktionismus oder in den Präformationismus. Nach dem Abweis des Fulgurationismus als „drittem Weg" (und eingedenk des zitierten Nietzsche-Wortes) wenden wir uns daher erneut diesen beiden Typen zu, nunmehr aber in kritischer Absicht."

f) Das Problem gemeinsamer stammesgeschichtlicher Ahnen
(Das Problem des Typus)

Das Problem gemeinsamer stammesgeschichtlicher Ahnen wurde schon im Zusammenhang der Erörterungen Simpsons (s. o.) dargelegt. Es würde den Rahmen der vorliegenden Ausführungen weit übersteigen, die Querverbindungen aufzuzeigen, die heute von der Paläontologie zur Embryologie geschlagen wurden, zur morphologischen Funktionsanalyse und anderen Zweigen der stammesgeschichtlichen Erforschung, die sich mit den Namen Rudwick, Dullemeijer, Seilacher und anderen verbindet. Eine Diskussion dieser Autoren ist nicht von dem grundsätzlichen Problem der Bedeutung überhaupt der Typologie zu trennen, über die ebenfalls die Ansichten sehr auseinandergehen. Eine erhebliche Anzahl anerkannter Biologen – wie z. B. Danser, W. Hennig, Remane, Woltereck, Grassé, Riedl, Lewontin, Gould u. a. – sehen in dem Typus nicht eine idealistische Abstraktion (nominalistische Ansicht), sondern im Typus etwa einer höheren Ordnung, einer Gattung, Familie oder einer ganzen Phyle einen dem Erbgut immanenten Faktor, der z. B. – wie Nagl oben behauptete – sich in den nichtcodierenden DNS-Sequenzen niederschlagen „könnte". Es ist insbesondere das Verdienst von W. Hennig und Remane, typologische Untersuchungen empirisch fruchtbar gemacht zu haben, d. h. in diesem Zusammenhang überhaupt Pflanzen und Tierarten als spezifische zu bestimmen – auf dem Hintergrund eines zu verifizierenden, jedoch nicht „realen" Typus. Dieser „realistischen" Interpretation des Typus steht die „nominalistische" gegenüber, zu deren maßgeblichen Vertretern Simpson, Mayr, aber auch die sogen. kritische Theorie innerhalb des Neo-Darwinismus zählt – wie die überwiegende Mehrzahl auch der Populationsgenetiker, insbesondere Fisher, Haldane und Sewall Wright. Das Problem des Typus faßt Kaspar zusammen:[108]

„Die wohl bedeutendste Grundlage der biologischen Verwandtschaftsforschung, die Morphologie, hat die unüberschaubare Fülle an Gestalten, in der uns das Lebendige vor Augen tritt, zu einem System geordnet, dem an Kompliziertheit seinesgleichen fehlt. Wenn auch die Morphologen (wie man sehen wird, zu recht) behaupten, daß dieses der natürlichen Ordnung weitgehend entspricht, vollzog sich dennoch speziell am Typus-Problem ein bemerkenswerter Bruch innerhalb der Stammesgeschichtsforschung, ein Bruch, der die traditionelle Morphologie schlechthin in Frage zu stellen droht. Die Ursache dieser Verwirrung stammt letztlich daher, daß es bislang nicht möglich war, eine kausale Grundlage der Morphologie und somit auch des Typus zu formulieren."

Remane definiert den Typus wie folgt:[109]

„Der Typus ist seinem Wesen nach Ausdruck einer begrifflichen oder ideell geschauten Einheit, die eine Vielzahl in sich verschiedener Wesen überspannt. Als solche ist er niemals durch eine Einzelart oder ein Einzelwesen darstellbar."

Diese Vorstellung wiederum wird von Gutmann und Peters radikal verworfen:[110]

„Weder Naef noch Remane und Osche nennen den Konstruktionsbegriff. Während Remane (1956) offensichtlich den Maschinencharakter biologischer Systeme völlig übersah und in einem ganz unklaren schematisch-beliebigen Typusbegriff jeden biotechnischen Bezug, ja auch nur den Ansatz eines funktionellen Verständnisses vermissen läßt, ist implizite im Präadaptations-Konzept (Osche 1962, 1966, v. Wahlert 1968) die Konstruktion enthalten, eine Beschreibung der Umkonstruktionen bei phylogenetischen Herleitungen aber als konstitutiver Aspekt nicht gefordert, obgleich die Notwendigkeit funktioneller Kontinuität angedeutet ist."

Die Bedeutung des Typus-Begriffes von Remane liegt darin, daß er von einem allgemein-generalisierten Typenbegriff zunehmend zu einem systematisch-empirischen gelangt, seinen Typus-Begriff in der Empirie zunehmend integriert. Wie stellt sich der Typus in der Stammesgeschichte dar, bzw. wie sind Typologie und Entwicklung zu vereinen? In Ablehnung der von zahlreichen „Typologen" angenommenen „sprunghaften Entwicklung" (insbesondere Schindewolf) sieht Remane unter detaillierter Betonung und Anwendung des Funktionsbegriffes die Prävalenz der Typen:[111]

„Unter Typenentstehung soll dabei allgemein die Entstehung verschiedener Grundorganisationen verstanden werden, wie sie in den großen Stämmen des Tier- und Pflanzenreichs erkennbar sind. Der Unterschied zwischen verschiedenen Grundorganisationen besteht kurz darin, daß die für die einzelnen Funktionen entwickelten Organe von anderer Grundlage aus und z. T. in anderer Lage und Form gebildet worden sind. Die allgemeine Entwicklungsrichtung der Organismen besteht ja in einer zunehmenden Bildung von Sonderorganen für bestimmte Funktionen. Bei den niederen Formen sind die Grundfunktionen in den Zellen und den Geweben vereinigt. Bei einem Süßwasserpolypen dient die ektodermale Außenschicht gleichzeitig der Sinnesaufnahme, der Reizleitung, der Bewegung und z. T. dem Stofftransport. Die einzelnen Funktionen sind höchstens auf Einzelzellen innerhalb der Gewebsschicht verteilt, gesonderte Organe als isolierte Einheiten bestehen noch nicht, so sind auch im Entoderm der Meduse noch die Funktionen der Nahrungsresorption, Sekretion und Nahrungsverteilung vereint. Bei der Weiterentwicklung werden nun durch Arbeitsteilung die Funktionen auf bestimmte Bezirke beschränkt, diese Bezirke isolieren sich dann durch Abfaltung oder Abwucherung von dem Ausgangsgewebe und bilden unter weiterer Komplikation eigene Organe. Die Typenunterschiede entstanden dadurch, daß Arbeitsteilung und Abgliederung der Organe verschiedene Wege gingen."

Und an anderer Stelle:[112]

„Im Gegensatz zu der tatsachenfremden Theorie der Typogenese müssen wir also feststellen: *Die einen Typus kennzeichnenden Organisationszüge haben sich allmählich herausgebildet; die eine höhere Gruppe (Klasse, Ordnung) charakterisierende Vielzahl der Sondercharaktere ist nicht gleichzeitig entstanden, die einzelnen Charaktere sind vielmehr meist nacheinander aufgetreten.*"

Es ist also für die Auffassung Remanes charakteristisch, daß er einerseits die konkrete Realität eines Typus aufweist, andererseits diesen auf eine „Grund-Organisation" des Tier- und Pflanzenreiches wiederum zurückführt, die sog. Grundorganisationen, die die Grundlagen späterer Organe und anderer Bildungen darstellen. Dem Typus entspricht eine nicht weiter zurückführbare Grundorganisation unterschiedlicher Lebewesen. Diese Ansicht wird detailliert vertreten und belegt, ferner – zusammenfassend – bei B. H. Danser, der an der Realität der Baupläne, den übergeordneten Hierarchien der Stämme und Gattungen festhält.[113]

Gegenüber diesen Bemühungen Remanes, die Typen stammesgeschichtlich zu fixieren – Bemühungen, mit denen er gewiß nicht alleine steht, vgl. auch Rensch –, sind die Worte W. Henigs zu erinnern: „Stammbäume sind Argumentationsschemata." Die Problematik der Ahnenreihe – von der Methodik ihrer Erforschung ganz abgesehen, die Simpson sehr kritisch darstellt – fassen Spaemann und Löw Illies wie folgend zusammen, wobei sie sich den Ausführungen von Illies anschließen. Unter Zitierung von Illies legen Spaemann und Löw dar:[114]

„Mit dem Fortschreiten der Wissenschaft ändern sich – jährlich – auch die Stammbaumverzweigungen: Der führende deutsche Anthropologe G. Heberer veröffentlichte daher regelmäßig „Jeweilsbilder" der Abstammung, und eine „besonders findige Lehrmittelfirma ist inzwischen dazu übergegangen, in Anpassung(!!) an diese Situation einen „flexiblen Stammbaum der Evolution des Menschen" für den Schulunterricht anzubieten. Auf einer Magnettafel kann man den *Stammbaumset* – der hauptsächlich aus Schemazeichnungen von Schädeln, Gebissen und Faustkeilen besteht – nach Belieben montieren. So habe der Lehrer „die Möglichkeit, den Stammbaum auf dem gegenwärtigen Wissensstand zu halten" (Sandrock 1979) (Illies).

Dieses „Bäumchen, Bäumchen wechsel dich!" weist auf zwei Charakteristika des Darwinismus hin: das eine ist, daß er nicht eine zur Überprüfung anstehende Hypothese, sondern ein wissenschaftliches Paradigma im Sinne von Thomas Kuhn ist. Gegenargumente enthalten bestenfalls Rätsel, die es *noch* zu lösen gilt. Keinem Biologen käme es in den Sinn, Gegenbeispiele als Hinweise darauf anzusehen, daß es sich beim Paradigma *selbst* um eine u. U. falsifizierbare Hypothese handeln könnte. Lieber nimmt man zu ständig wechselnden „hopeful monsters" Zuflucht, die man sich als Zwischenformen *ersinnt*, und zwar so, daß sie einerseits Stammarten sind (die abgeleitete Anpassungen in der unabgeleiteten Urform besitzen), gleichzeitig aber alle speziellen Anpassungen besitzen, die sie in Darwins Sinn *selbst* schon zum Tüchtigsten und Bestangepaßten machen. Und da zeigt sich das zweite Charakteristikum: Stammbäume, Zwischenformen, Ahnenreihen sind *logische* Gebilde. Sie sind ersonnen und erschlossen aufgrund bestimmter Indizien; ihr oberstes *logisches* Konstruktionsprinzip aber ist der Darwinismus. Stammbäume sind *Argumentationsschemata* (W. Hennig). Das ist keine Widerlegung des Darwinismus, aber eine Einschränkung seiner Aussagekraft. Die Evolutionstheorie ist unter bestimmten Voraussetzungen (auf welche man sich in der Biologie geeinigt hat und welche noch zu diskutieren sind) eine Theorie zur Erklärung von Befunden, die sehr fruchtbar ist und manche Bestätigung erfuhr. Aber wenn man sie zu mehr macht, nämlich zur Beschreibung eines „Faktums" (Dawkins), dann wird die Zirkularität der Beweisführung an den entscheidenden Stellen offensichtlich."

Das Problem der stammesgeschichtlich gemeinsamen Ahnen, den möglichen „realen" Typen als Vorläufer heutiger Arten wurde insbesondere in der Embryologie, durch Haeckels biogenetisches Grundgesetz im positiven Sinne zu beantworten versucht. Allerdings gehen die Ansichten über das biogenetische Grundgesetz erheblich auseinander. Nicht nur, daß Remane es in seiner Formulierung durch Haeckel ablehnt, sondern Illies gibt auch hier eine treffende Übersicht der Situation:[115]

„Doch Ernst Haeckel kannte hier keine Zweifel. Er erlag der Verlockung der Embryologie, übersah alle Einwände v. Baers nach der Morgenstern-Devise „Nicht sein kann, was nicht sein darf" und verkündete als wesentliches, tragendes Fundament jeder Abstammungslehre sein *biogenetisches Gundgesetz*, das aber – wie wir sahen – weder neu noch richtig ist. *Ontogenie* (Keimesgeschichte) *ist* (scheint nicht etwa nur) *Rekapitulation* (zusammenfassende Wiederholung) der *Phylogenie* (Stammesgeschichte). Zum Beweis dient wiederum die bei Fanatikern verbreitete läßliche Sünde des Zirkelschlusses: Der Verdacht, daß es so *sei*, zeigt den Weg zu Spuren (rudimentären Organen), die nun ihrerseits beweisen, daß es so *ist*, daß also der Verdacht berechtigt war. So zeigen sich im frühen menschlichen Embryonalstadium Falten in der Halsregion, die Haeckel an Kiemenspalten von Fischen *erinnern*. Sie *sind* also rudimentäre Organe und *beweisen* die menschliche Fischabstammung!"

Illies verweist auf E. Blechschmidt:[116]

„Speziell für den Menschen und seine Keimesgeschichte hat vor allem E. Blechschmidt aufgrund sehr genauer embryologischer Studien das biogenetische Grundgesetz (1968) für „einen katastrophalen Irrtum in der Geschichte der Naturwissenschaften" erklärt. Es gibt kein Amöben-, kein Wurm-, kein Fisch- und kein Affenstadium in der Entwicklungsgeschichte des Einzelmenschen, sondern allenfalls oberflächliche Ähnlichkeiten des Keimes mit solchen Tierformen, die jedoch keiner ernsthaften zoologischen Prüfung standhalten. Alle diese Tierformen sind Gestalten eigener Prägung, die sich in ihrer Keimesgeschichte auf direktem Wege (manchmal auch auf seltsamen Umwegen) jeweils vom Eistadium her ausbilden und entwickeln. Um nochmals vor einem Zirkelschluß zu warnen: Keine noch so überzeugende ontogenetische Ähnlichkeit *beweist* irgendeinen phylogenetischen Zusammenhang zweier Formen, denn nur der vorausgehende Glaube an die Abstammungsverwandtschaft macht aus analogen Ähnlichkeiten überzeugende Homologa."

g) Zusammenfassung: Ungelöste Probleme und Widersprüche der neodarwinistischen Evolutionstheorie

Die sich so plausibel in fast allen Schul- und Lehrbüchern der Biologie, Zoologie, Genetik und Physiologie darstellende „synthetische Theorie" weist – wie die vorausgegangenen Darlegungen eingehend ergeben haben dürften – erhebliche Probleme und Widersprüche auf, synthetisch ist sie im besten Fall als „Klitterung" und „Verbrämung" von erheblichen Widersprüchen und Problemen. Es ist nicht einmal notwendig, aus wissenschaftstheoretischen Gründen auf Poppers Kritik zu verweisen, die dieser mit den Worten zusammenfaßt:[117]

„Weder Darwin noch irgendein Darwinist hat bisher eine effektive Erklärung der adaptiven (also der sinnvoll sich anpassenden) Entwicklung eines einzigen Organismus oder Organs geliefert" (1974).

Die Widersprüchlichkeit der neodarwinistischen Konzeptionen – die wiederholt auch durch die Zitate der maßgeblichen Autoren selbst wiedergegeben wurde (vgl. Simpson, Maynard Smith, Waddington, Mayr u. a. m.) wird schon bei den Problemen sichtbar, „einfachste" Vorkommnisse wie die Evolution selbst zu definieren oder gar die Art. Während bei der Definition der Evolution noch gewisse Übereinstimmung in den Begriffen der „Gerichtetheit" derselben – nicht unwidersprochen geblieben – und ihrer zunehmenden Differenzierung aufzuweisen ist, ist der Begriff der Art schon ganz umstritten. Darüber hinaus werden folgende Punkte widerspruchsvoll von den maßgeblichen Forschern dargestellt:

1. Die grundsätzliche Verwechslung von Bedingungen und Ursachen der Evolution – sowohl im Sinne der Entstehung von Evolution überhaupt wie auch in der Veränderung der Arten, deren Bedingungen und Verursachungen.
2. Das Problem der „Gerichtetheit" der Evolution. Ob die Evolution als „gerichtet" überhaupt bezeichnet werden kann, unterliegt bereits Meinungsverschiedenheiten, trotz der zugrundeliegenden Einheit im Begriff, daß überhaupt „Evolution" – wie auch immer zu definieren – stattgefunden hat. Widersprüche bestehen hier in der Konzeption z. B. von Simpson, Maynard Smith, gegen Mayr, Williams und Riedl.
3. Das Problem der „Verursachung" von evolutionären Veränderungen bzw. gar das der Entstehung neuer Arten – von der Bedingung abgesehen. In dieser Beziehung bestehen erhebliche Widersprüche in der Bedeutung, die der Mutation, der Punktmutation und der Rekombination, der Selektion und geographischen Isolation von maßgeblichen Neodarwinisten zugebilligt wird.
4. Das Problem der evolutionären „Sprünge", des Hiatus von 15 bis 50 Millionen Jahren zwischen einzelnen, sich abwandelnden Arten.
5. Die Differenzen in der Interpretation der Fossilien, die extreme Widersprüche in der Behauptung einerseits, daß die größte Anzahl von „missing links" (Simpson) noch nicht gefunden wurde, im Gegensatz etwa zu der Behauptung, daß praktisch keine mehr bestünden (Mayr, Rensch).
6. Das Problem gemeinsamer Ahnen und eines entsprechenden Stammbaums darf nicht als gelöst angesehen werden, sondern führte ebenfalls zu erheblichen Widersprüchen.
7. Damit zusammenhängend das Problem des „Typus", der von einigen als unabdingbar notwendig angesehen wird (Remane, Riedl, gegen etwa Gutmann/Peters und Williams u. a. m.).
8. Die Unlösbarkeit des Problems der Entstehung (s. o.), aber auch Umwandlung von Arten überhaupt (Evolution, Speziation): sei es durch potentiell in vorausgegangenen „Arten" schon vor-veranlagte, neue Arten (Präformation), sei es durch weiter nicht erklärbare, sprunghafte Epigenese, durch „genetische Revolution" usf..
9. Die erhebliche Problematik in der Bestimmung des evolutionären Einflusses von Phäno- und Genotyp zieht sich durch die ganze Evolutions-

theorie. Die Umöglichkeit, daß der „Genotyp" einerseits „lernen" und entsprechend genetische Veränderungen erbringen kann – andererseits der Phänotyp die Anpassungsleistung vollzieht, die er, wie auch immer, dem Genotyp vermittelt.
10. Die Diskrepanz zwischen der Mikro-Evolution und ihren Folgen und der Makro-Evolution.
11. Die durchaus im Widerstreit sich befindlichen, zu hohem Grad ganz und gar bezweifelten (Lewontin) Ergebnisse der Populationsgenetik: langsame Entwicklung (Pferde) und rasche (Knochen, Fische), Gleichgewicht gegen vermutetes Ungleichgewicht.
12. Die Problematik der Begriffe Selektion – fitness – Anpassung, ihre permanent tautologisch in das Spiel gebrachte Anwendung, ohne daß diese Tautologien durchschaut werden. Der durch und durch tautologische Charakter der Anwendung dieser Kategorien, die Problematik ferner, die sich ergibt, wenn der Begriff der fitness lediglich auf sexuelle Fortpflanzung reduziert wird. Der immer wieder erfolgende Rekurs auf die genetische Veränderung: die Mikro-Evolution. Das Gen als „deus ex machina" der Evolution. Die sich daraus ergebenden, erneuten Probleme der Anpassung des Gens – kann sich ein Organismus genetisch an die Umwelt anpassen? –, was ebenfalls zu heterogenen Meinungen geführt hat: die einen eine solche Möglichkeit ablehnen (Nicholson u. a. m.), die anderen diese Möglichkeit bejahen (Williams u. a. m.). Wie sich das Gen an die Umwelt anpaßt..., dies zu ermitteln ist ganz und gar offen (s. u.). Die neolamarckistischen Konzeptionen der „Systemtheoretiker" Riedl, Lorenz, Monod, Eigen u. a. m., die eine graduelle Informationsspeicherung in der Evolution annehmen, d.h. einen Lernprozeß, rekurrieren zwar nicht auf ein „Streben" (Lamarck), aber doch auf Anpassung implizierendes „Lernen" – wenn auch über große Zeiträume ausgedehnt, auf „Speicherung" im Gen des Erlernten (s. u. VI).
13. Die von Maynard Smith zusammengefaßten, ungelösten Probleme des Neo-Darwinismus, einschließlich seiner Ablehnung der Möglichkeit von Rekombination.
14. Das Problem der „nondarwinian evolution", der neutralen Allele – ohne daß die bisher aufgewiesenen Grundprobleme etwa damit gelöst wurden.
15. Das Problem der Definition des für die Evolutionstheorie so wichtigen „Merkmals", seine Beziehung zu den Gen-Loci – das Gen als „stochastisches Moment".
16. Die geographische Isolation (s. auch Nr. 11) – im Zusammenhang auch der Populationsgenetik – und ihre ebenfalls widersprüchliche Interpretation etwa durch Williams oder Mayr. Die Entstehung neuer Rassen ist durch geographische Isolation zwar möglich, aber die Entstehung neuer „Arten" in hohem Maße unwahrscheinlich, da wiederum auf die überlegene „Potentialität" oder „Speicherungsfähigkeit' des Gens der voraus-

gegangenen Art zurückgegriffen werden muß – es sei denn, daß man sich der neolamarckistischen Informations-Lern-Theorie der Lebewesen anschließt.
17. Die heterogenen Auffassungen über die Bedeutung der „genetischen Revolution". (Lewontin gegen Mayr.) (s. auch Nr. 8)
18. Das Prinzip der besten „ökonomischen" Energieverwertung durch die Lebewesen als maßgebliches Prinzip der Evolution überhaupt (Gutmann u. a. Autoren): Gegen dieses Prinzip – das alle soeben aufgeführten Probleme in keiner Weise löst – sind grundsätzlich zwei Bedenken anzumelden: a) das Prinzip der „Ökonomie" ist nichts anderes als eine verbrämte Teleologie, lediglich mit technologischem Anstrich – der „Teleonomie" (s. u. S. 230 ff.) vergleichbar. b) Nach dem Prinzip, daß eine Theorie, die alles erklärt, nichts erklärt, versucht das Prinzip der größtmöglichen Ökonomie dieses an ca. 500 Millionen lebender und verstorbener Arten aufzuweisen. Das Prinzip größtmöglicher Ökonomie jedoch ist aus seinem technologischen Entwurf heraus auf größte Vereinfachung angelegt: es besteht keinerlei Grund, „ökonomisch" sich in eine derartige Artenfülle aufzusplittern, die darüber hinaus alle eminent ökonomisch sind: der Elefant nicht weniger wie die Milbe. Aus dieser Perspektive erscheint im übrigen der Einzeller am Ökonomischsten.

Aus dem Zusammengefaßten wird die Widersprüchlichkeit der neodarwinistischen Evolutionstheorie deutlich. Die minimalste wissenschaftstheoretische Anforderung an eine Theorie ist nicht nur, daß sie eine solchen ist, die vorgibt, alles zu erklären, damit nichts – dies versucht der Neo-Darwinismus zweifellos –, sondern darüber hinaus auch möglichst widerspruchsfrei zu sein. Das letztere ist beim besten Willen der Evolutionstheorie nicht zuzusprechen. Ohne die redlichen Bemühungen zahlloser Forscher in Zweifel zu stellen, fanden sich doch Darwinisten und Neo-Darwinisten in einem verhängnisvollen Konglomerat zusammen: Die „synthetische Theorie" zu behaupten, die jedoch nicht als erwiesen betrachtet werden kann. Damit beginnt die Unredlichkeit, der Dogmatismus der Wissenschaft, die Unglaubwürdigkeit der Forscher.

In diesem Zusammenhang seien einige Bemerkungen des maßgeblichen französischen Zoologen und Biologen P. Grassé über den Darwinismus und Neo-Darwinismus wiedergegeben:[118]

„Für den Darwinismus ist das Universum ohne jede organisierende Intelligenz, demnach kann es nur absurd sein, da es keinerlei Sinn hat, keinerlei Bedeutung. Die lebende Welt ist ein Zufall zwischen anderen Zufällen, der Mensch und sein Gehirn sind selbst nur Zufälle. Nichts hat irgendeine Bedeutung, die Materie an und für sich hat ebenfalls keine; der Mensch ist nur Materie und kann nur Materie haben. Diese Konzeption hat nichts Originelles, sie ist allen Atheismen gemeinsam, ob es sich um Sartre, um Haeckel oder um Karl Marx handelt. Ohne Gott ist der Kosmos ohne jeden Sinn, die Absurdität notwendiges Anhängsel des Materialismus ist unausweichbare Konsequenz der Abwesenheit irgendeines transzendentalen schöpferischen und sinnvollen Prinzips. In Wirklichkeit hat der Materialist keine Auswahl: er ist der Gefangene seiner Gedanken, die Materie folgt wechselnden Veränderungen, denen die Sterne ebenso wie die Lebewesen, der Mensch entsprungen sind. Seine dialektischen Bemühungen können nicht das Unausweichliche vermeiden, er muß das originale, das ursprüngliche Chaos annehmen, das sich bereits Demokrit vorgestellt hat. Seit der Antike stellt sich das Problem in der gleichen Weise, es kann sich nicht anders stellen. Zu Beginn des Kosmos herrscht der Zufall, am Beginn der Lebewesen ist es ebenfalls der Zufall, die Evolution ist immer nur Zufall, der Zufall ist omnipotent und omnipräsent. In der Tat sieht das darwinistische System die Quelle des Materials der Evolution in den unzähligen erblichen Variationen oder Mutationen, die jedes Lebewesen erfährt. Diese Variationen sind beliebig, unvorhersehbar und wechseln miteinander ab."

Grassé wirft folgende Fragen auf, die der Darwinismus nicht beantwortet hat:

„1. Frage:
Wie kann man aus der neodarwinistischen Doktrin folgern, daß es Tiere und Pflanzen gibt, die unverändert geblieben sind, obwohl sie der Mutation unterliegen, die alle derzeit ebenfalls lebenden Lebewesen betrifft? [Die detaillierten Antworten, die Grassé gibt, um die Unmöglichkeit der Beantwortung dieser Frage aus dem Darwinismus darzulegen, können aus Raumgründen nicht wiedergegeben werden.]
2. Frage:
Aus welchen Gründen mutieren die Lebewesen, die besonders von den Neodarwinisten und Molekularbiologen untersucht worden sind, ohne aus einem spezifischen Rahmen sich herauszubewegen, die mutieren „so wie sie am besten können", ohne jedoch irgendeine Evolution darzustellen? Wie erklärt sich die Wirkungslosigkeit der Mutationen?
3. Frage:
Kennt man Populationen, deren genetische Fluktuation zu der Bildung von neuen morphologischen Lücken geführt haben, die über die Grenzen der Art hinausgingen? [Die Frage wird eindeutig mit „Nein" beantwortet.]
4. Frage:
Stellen sich die fossilen Formen in Unordnung dar oder sieht man orientierte Reihen? [Grassé beantwortet die Frage in dem Sinne, daß sinnvolle Ordnungen sich abzeichnen, „Orthogenese".]
5. Frage:
Wenn die Antwort auf die vorausgegangene Frage zugunsten der Unordnung ausfiel, geben sie doch ein Beispiel einer nicht orientierten Richtung. [So ein Beispiel kann nicht gegeben werden.]
6. Frage:
Ist die zunehmende zerebrale Entwicklung der Hominiden eine Erfindung oder eine Wirklichkeit?
[Sie ist eine Wirklichkeit.]
7. Frage:
Zeigen die menschlichen Fossilien die Entstehung von neuen Allel-Mutationen? [Die Frage wird verneint.]

8. Frage:
Auf welchen Tatsachen kann man in der Geschichte der Tiere die Tätigkeit der Selektion begründen, um diese zu erkennen? [Grassé legt dar, daß alle dafür bis jetzt benutzten Kriterien – der Selektion – samt und sonders hypothetisch sind.]

9. Frage:
Kennt man ein Beispiel von zwei oder N-gleichzeitigen Mutationen, die sich in engster Beziehung zueinander halten und die in der Genese eines neuen anatomischen Entwurfs mitwirken oder in einem chemischen Prozeß an eine neue Funktion gebunden sind?
[Grassé verneint diese Frage.]

10. Frage:
Wie kann man die organischen und funktionellen „Unvollkommenheiten" erklären, die zahllose Tiere aufweisen (im Sinne mangelnder Angepaßtheit, mangelnder „Selektion", mangelnder Fitness usf.)?"
[Grassé legt dar, daß keinerlei Erklärung außer verbalen Hypothesen von den Darwinisten dafür bis jetzt gegeben wurde.]

In diesem Zusammenhang ist es bedeutsam, daß Grassé auf die verhängnisvollen Auswirkungen des Darwinismus sowohl in den Selektionstheorien des Faschismus wie aber auch in denen des Sozialismus verweist – ohne daß auf die politischen Folgen dieser Theorie in dem vorliegenden Text hier weiter eingegangen sei.

IV. Probleme der biologischen Kybernetik

a) Allgemeine Vorbemerkungen

Die insbesondere seit N. Wiener 1947/48 (N. Wieners „Zweite industrielle Revolution") für die Technik allgemein, theoretisch und praktisch für die Biologie und Physiologie im besonderen wichtig gewordene Kybernetik, zeichnet sich nach Hassenstein wie folgt aus:[1]

„Von den beiden eben genannten Möglichkeiten hat sich die erste – Klärung der Funktion *bereits bekannter* anatomischer Strukturen durch Anwendung der kybernetischen Denkweise – bisher viel seltener verwirklicht als die zweite. Ein Beispiel, dessen Kenntnis heute wohl Allgemeingut der Biologen sein dürfte, war die Entstehung unserer heutigen Auffassung über die Tätigkeit der *Muskelspindeln*. Verständlicherweise hielt man sie ursprünglich als gesamte Organe für Spannungs-Sinnesorgane. Doch fielen sie dadurch aus dem Rahmen, daß die Sinnes-Endstellen in den Verlauf von (intrafusalen) motorisch innervierten Muskelfasern eingefügt waren; welchen funktionellen Sinn sollte es haben, daß Spannungs-Sinnesendigungen die Kontraktion von Muskelfasern mit-melden, wo sie doch augenscheinlich die *Länge* (den Dehnungszustand) des Muskels signalisieren sollen, in den sie eingebettet sind? Das Problem klärte sich dann dahingehend, daß man erkannte: Die Muskelspindel ist als Ganzes gar kein Sinnesorgan, sondern der Regler in einem Folgeregelkreis. Die afferenten Meldungen repräsentieren nicht die Spannung und nicht die Länge der Spindel bzw. des Gesamtmuskels, sondern die Differenz zwischen dem jeweils gegebenen Dehnungszustand (Istwert der Länge) und der durch die Gamma-Efferenz signalisierten Soll-Länge. Durch den monosynaptischen Reflexbogen wird die Stellgröße eines Servomechanismus übertragen, der die Funktion hat, für intendierte Längenänderungen des Muskels (Winkelstellungs-Änderungen von Gelenken) die erforderliche Anspannung automatisch bereitzustellen, je nach dem Widerstand, der sich der Ausführung des Kommandos entgegensetzt. Hiermit erklärte sich gleichzeitig die funktionelle Notwendigkeit eines zuvor zwar kausal, aber nicht in seinem funktionellen Sinn verständlichen Phänomens: die Notwendigkeit der *sensiblen* Innervierung der Säuger-Extremität für ihre *motorische* Funktionsfähigkeit (sensible Denervierung lähmt die Säuger-Extremität motorisch): Das endgültige motorische Kommando für Kontraktionen bildet sich in der Muskelspindel und wird über den afferenten und den efferenten Schenkel des Reflexbogens geleitet, bevor sich der Muskel als Ganzer kontrahiert."

Es sei der Ablauf der Regelungsvorgänge in Erinnerung gerufen:[2]

„Das Wesen der Regelung besteht darin, daß bestimmte Zustandswerte offener Systeme – die Regelgrößen – aufgrund einer besonderen Wirkungsführung weitge-

hend unabhängig von Störeinflüssen gehalten werden. Bei Abweichungen vom Sollwert wird die Abweichung als rücktreibende Kraft zur Wiederherstellung des Sollwertes wirksam. Man sagt: Die Abweichung löst eine *Rückführung* aus, die der Abweichung entgegenwirkt. Schematisch wird das geregelte System als Blockschaltbild dargestellt [Abb. 2]. Es besteht aus der geregelten Strecke S und dem Regler R. Dem Regler wird durch die Führungsgröße w ein Sollwert vorgegeben, durch die Wirkdruckleitung erhält er die Information x über die Regelgröße, und je nach der Abweichung der Regelgröße zum Sollwert ändert der Regler über die Steuerdruckleitung die Stellgröße y, indem er über ein Stellglied der Abweichung entgegenwirkt."
Bild 3 [hier nicht reproduziert] zeigt eine Raumtemperaturregelung.

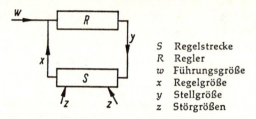

S   Regelstrecke
R   Regler
w   Führungsgröße
x   Regelgröße
y   Stellgröße
z   Störgrößen

Abbildung 2: Blockschaltbild des Regelkreises (aus: Sachsse, H.: Die Erkenntnis des Lebendigen. Vieweg, Braunschweig 1968, S. 40)

„Mit steigender Temperatur steigt in dem Fühler, einem Dampfdruckthermometer, der Druck und drückt über den Ausdehnungskörper A den von der einstellbaren Feder F gehaltenen Hebel H (den Kraftschalter) nach unten. Dadurch wird über die Steuerdruckleitung das Stellglied y (das Ventil für den Heizdampf) geschlossen, und damit hat die Temperatursteigerung eine Wirkung ausgelöst, die der weiteren Steigerung entgegenwirkt. Bild 4 [hier nicht reproduziert] zeigt ein biologisches System: Das zentripetale Neuron ist die Wirkdruckleitung, die die Information über die Störung von der Kniescheibe oder der Achillessehne zum Kraftschalter, der Synapse im Rückenmark, leitet. Von dort erfolgt darauf über die Steuerdruckleitung des zentrifugalen Neurons ein Kommando an das Stellglied, die Muskelfasern, so daß eine Reflexbewegung ausgelöst wird, die zur Streckung des Kniegelenks führt und dem äußeren Eingriff durch Vorschnellen des Fußes entgegenwirkt."

Ein erster Vergleich zu bedingten Reflexen bietet sich bereits aus den Ausführungen von Sachsse an. In der Physiologie wurde das kybernetische Prinzip der Aufhebung einer Wirkung durch Gegenwirkung, der Wiederherstellung damit eines Gleichgewichtes (Homöostase) an zahlreichen Funktionen des Organismus nachgewiesen: Blutdruckregelung, Atmung, Regelung der Nierenausscheidung, des Pupillarreflexes, an Stoffwechselprozessen usf.. Hormonelle, zentralnervöse und sog. Transmitterfunktionen wirken zusammen und sollen durch das Regelkreisprinzip erklärt werden. So wird z. B. der Hormonstoffwechsel der Schilddrüse und seiner zahlreichen Angriffsflächen unter dem Regelkreisprinzip gesehen, in der die gesamte

Schilddrüse als Stellglied eines Regelkreises funktioniert, die Regelgröße der Blut-Thyroxin-Spiegel ist:[3]

„Die Hormonsekretion der Schilddrüse unterliegt der Steuerung durch ein System ineinander verzahnter, geschlossener *Regelkreise*. Unter Kontrolle des Hypothalamus sezerniert die Hypophyse unter dem Einfluß des hypothalamischen TRH das thyreotrope Hormon (TSH), ein Glykoprotein. [Die TSH-Ausschüttung erfolgt in zirkadianem Rhythmus; sie ist der bekannten Tagesrhythmik der ACTH-Sekretion entgegengesetzt.] TSH aktiviert nach Bindung an Rezeptoren in der Schilddrüsenzelle das Adenyl-Zyklase-System als Initiator intrazellulärer Stoffwechselvorgänge, vor allem jedoch die Hormonsynthese. Ansteigende Serumkonzentrationen von L-Thyroxin (T_4) und L-Trijodthyronin (T_3) hemmen wiederum die TSH-Sekretion."

Die Rolle der Muskelspindel wird analog interpretiert.[4]

„Ein Beispiel, dessen Kenntnis heute wohl Allgemeingut der Biologen sein dürfte, war die Entstehung unserer heutigen Auffassung über die Tätigkeit der *Muskelspindeln*. Verständlicherweise hielt man sie ursprünglich als gesamte Organe für Spannungs-Sinnesorgane. Doch fielen sie dadurch aus dem Rahmen, daß die Sinnes-Endstellen in den Verlauf von (intrafusalen) motorisch innervierten Muskelfasern eingefügt waren; welchen funktionellen Sinn sollte es haben, daß Spannungs-Sinnesendigungen die Kontraktion von Muskelfasern mit-melden, wo sie doch augenscheinlich die *Länge* (den Dehnungszustand) des Muskels signalisieren sollen, in den sie eingebettet sind? Das Problem klärte sich dann dahingehend, daß man erkannte: Die Muskelspindel ist als Ganzes gar kein Sinnesorgan, sondern der Regler in einem Folgeregelkreis. Die afferenten Meldungen repräsentieren nicht die Spannung und nicht die Länge der Spindel bzw. des Gesamtmuskels, sondern die Differenz zwischen dem jeweils gegebenen Dehnungszustand (Istwert der Länge) und der durch die Gamma-Efferenz signalisierten Soll-Länge. Durch den monosynaptischen Reflexbogen wird die Stellgröße eines Servomechanismus übertragen, der die Funktion hat, für intendierte Längenänderungen des Muskels (Winkelstellungs-Änderungen von Gelenken) die erforderliche Anspannung automatisch bereitzustellen, je nach dem Widerstand, der sich der Ausführung des Kommandos entgegensetzt. Hiermit erklärte sich gleichzeitig die funktionelle Notwendigkeit eines zuvor zwar kausal, aber nicht in seinem funktionellen Sinn verständlichen Phänomens: die Notwendigkeit der *sensiblen* Innervierung der Säuger-Extremität für ihre *motorische* Funktionsfähigkeit (sensible Denervierung lähmt die Säuger-Extremität motorisch): Das endgültige motorische Kommando für Kontraktionen bildet sich in der Muskelspindel und wird über den afferenten und den efferenten Schenkel des Reflexbogens geleitet, bevor sich der Muskel als Ganzer kontrahiert."

b) Probleme der biologischen Regelkreislehre

Die „exoterische" Seite der Kybernetik schlägt sich scheinbar problemlos in Lehrbüchern und populärwissenschaftlichen Darstellungen nieder. Analog zu den Problemen der biologischen Informationstheorie und der Evolution treten jedoch bereits bei oberflächlicher Befragung der Regelkreislehre erhebliche, keineswegs gelöste Probleme und Schwierigkeiten auf.

Diese Probleme sind folgende:
Modell oder Realität? Liefert die Kybernetik nur Modelle zum Erklären physiologischer Abläufe – oder verhalten sich biologische Prozesse tatsächlich wie kybernetische Maschinen? Schon in dieser fundamentalen Frage gehen die Meinungen auseinander. Röhler führt aus:[5]

„Eine der wichtigsten Arbeitsmethoden der Kybernetik besteht darin, daß Analogien zwischen technischen und biologischen Systemen aufgezeigt werden. Diese Analogien regen dazu an, Kenntnisse, Untersuchungsverfahren oder Denkschemata aus dem einen Bereich auf den anderen zu übertragen und dadurch neue Einsichten zu gewinnen. Als eine der fruchtbarsten Analogien in diesem Sinne haben sich die Regelungsvorgänge erwiesen."

Für Steinbuch sind Bewußtsein und Automaten identisch, Zemanek dagegen äußert sich, wie Sachsse zusammenfassend schreibt, wie folgt:[6] „Der Streit, ob die Kybernetik das adäquate Begriffssystem für die Erscheinungen des Lebendigen ist, wird beinahe so lebhaft geführt wie seinerzeit die Kontroverse Mechanismus gegen Vitalismus, und auch diesmal hat es wieder Grenzüberschreitungen gegeben. *Karl Steinbuch* bezeichnet als These der Kybernetik: „Es wird angenommen, daß das Lebensgeschehen und die psychischen Vorgänge aus der Anordnung und physischen Wechselwirkung der Teile des Organismus im Prinzip vollständig erklärt werden können." Aber das ist keine These der Kybernetik, sondern eine These *Steinbuchs*. An anderer Stelle schreibt er: „Auf keinen Fall scheint es erwiesen oder auch nur wahrscheinlich zu sein, daß zur Erklärung geistiger Funktionen Voraussetzungen gemacht werden müssen, welche über die Physik hinausgehen." Steinbuch sieht für die kybernetische Erfaßbarkeit biologischer und selbst geistiger Prozesse keine Grenze.

Sehr viel vorsichtiger drückt sich *Heinz Zemanek* aus: „Biologie und Technik sind durch etwas viel Ernsteres getrennt als durch einen simplen Abstand: durch eine innere Verschiedenheit, über die keine nachlässige Sprache hinwegtäuschen sollte. Der Biologie beschreibt, der Ingenieur aber konstruiert. Der Ingenieur konzipiert einen Plan und führt ihn nach dem Konzept aus, der Biologie beobachtet, beschreibt und versucht, daraus einen Generalplan zu erahnen. Wozu also ebenso falsche wie irreführende Analogien?" Aber das abstrakte Denken sucht immer im Verschiedenen das Gemeinsame, sich Entsprechende auf – an welchem Punkte beginnen hier die Analogien falsch und irreführend zu werden? – Wir wollen versuchen, die Grenzen schärfer zu bestimmen."

Ausdrücklich betont der Physiologe Schaefer in seiem Nachwort zu Wieners Kybernetik[7] den prinzipiellen Unterschied zwischen Organismus und technischem System – ein Gedanke, dem sich Wiener nicht anschließt. Die gegensätzlichen Meinungen, hier nur durch wenige belegt – könnten aus der kybernetischen Literatur erheblich vermehrt werden. Es ist andererseits jedoch kein Zweifel – wie die obigen Zitate zum Teil schon ergeben –, daß die meisten Physiologen und Biologen den Regelkreis nicht nur als heuristisches Modell betrachten, sondern für sie tatsächlich der Organismus ein kompliziertes Regelsystem darstellt, innerhalb dessen die Sollwerte – z. B. des Blutdrucks – der Norm der organismischen Vorgänge entsprechen. Meßapparate sind z. B. Blutdruckfühler, die den Druck der Wandspannung in der Peripherie und den Arteriolen „messen", das Gemessene weitergeben und eine Veränderung der tatsächlichen Werte zugunsten der Sollwerte über das Gehirn veranlassen. Die jeweils weitergeleiteten Meßwerte sind die „Information", womit meistens die Impulsfrequenz der nervösen Erregungsleitung gemeint wird. Die Rückkehr zum vorausgegangenen Gleichgewicht stellte schon von Holst in seiner „klassischen" Arbeit über das Reafferenzprinzip wie folgt dar:[8]

„Das Wesentliche im erläuterten Beispiel ist die Rolle der durch die aktive Bewegung verursachten Reafferenz. Sie hebt die Zustandsänderung, die ein Bewegungskommando des höheren Zentrums im niederen erzeugt, auf, so daß hier wieder das alte Gleichgewicht herrscht. Fällt unter experimentellen Bedingungen diese Afferenz aus, ist sie zu klein oder zu groß oder ändert sich ihr Vorzeichen (verdrehtköpfige Eristalis), so können voraussagbare Änderungen des Bewegungsvorgangs eintreten."

Die entsprechenden Anteile des Gehirns müssen über das Vermögen verfügen, komplizierteste Rechenaufgaben – z. B. Differentialgleichungen – zu lösen, die sich wohl in der materiellen Substanz abspielen sollen, da das menschliche Bewußtsein sie nicht registriert. Dies führt Wiener[9] am Beispiel des Kampfes zwischen Mungo und Kobra aus: das Gehirn des Mungos ist dem der Kobra durch „schnelleres computerisiertes Rechnen" überlegen. Dieses schnellere Rechnen ist mit entsprechenden kybernetischen Vorgängen verbunden, die eben dazu führen, daß der gesamte Organismus des Mungos im Kampf mit der Kobra endlich die Kobra besiegt. Die Verrechnungen in der Hirnsubstanz erfolgen dann durch Summation:[10]

„Die *Summation* – je nach Vorzeichen Addition oder Subtraktion – ist die weitaus häufigste Verrechnungsweise zwischen den Fühlermeldungen (Istwerten) und der Führungsgröße innerhalb von *Regelkreisen*. Hier gilt ja im allgemeinen die Formel:
   −Istwert + Führungsgröße = Stellgröße
(eine andere Möglichkeit wird noch erwähnt werden). Summative Verrechnung zwischen Sinnesmeldungen und im ZNS gebildeten Führungsgrößen sind besonders einprägsam bei der Orientierung von Krebsen (nach der Schwererichtung), von Ameisen (nach der Lichtrichtung, Azimutkomponente), von Schwimmkäferlarven (nach der Lichtrichtung, Vertikalkomponente), und von Fischen (nach der Schwererichtung) aufgezeigt worden.
   Die Summation gilt als Formalismus auch für das Zusammenwirken von Sinnesmeldungen und Efferenzkopie im Rahmen des *Reafferenzprinzips*. Hier gilt bekanntlich:
   Gesamtafferenz − Efferenzkopie = Exafferenz

Derjenige Anteil der Gesamtafferenz, der durch die Einrechnung der Efferenzkopie annuliert wird, ist die Reafferenz. –

Ein weiteres Beispiel ist die Auswertung von Positionsmeldungen von Sinnesorganen, die auf einem gegen den Körper *beweglichen Träger* sitzen, sei dies – wie bei Wirbeltieren – der auf dem Hals bewegliche Kopf oder seien es selbständig bewegliche Augen auf Stielen (höhere Krebse) oder in Augenhöhlen. In all diesen Fällen dienen dem Organismus etwaige Richtungsmeldungen solcher Sinnesorgane erst dann zur Information über die relative Position des eigenen Körpers, nachdem sie mit dem Winkel zwischen Körperachse und Organträger verrechnet wurden. Diese Korrektur kann nicht anders erfolgen als durch Winkel-*Summation*."

Was ist hier faktisch erfolgt? Nicht nur, daß Zellen multiplizieren können, sondern, es wird der zeitliche Faktor miteinbezogen, sind sie auch in der Lage, komplizierte Integral- und Differentialaufgaben zu lösen. Das wird im Prinzip an dem Verlauf der abgeleiteten Kurve der Impulsfrequenzen dargelegt, deren mathematische Darstellung dann den Biologen oder Physiologen den Schluß ziehen läßt, daß die Zellen „Informationen verrechnen". Wenn also vorsichtige Biologen die Analogie des Regelkreis-Modells zum Organismus betonen, verhalten sie sich als experimentierende Biologen oder Physiologen anders: wie Zellen – ohne Bewußtsein – integrieren und differenzieren können – das dürfte „schwierig" zu beantworten sein. Es begegnet also in der biologischen Kybernetik analog zu der Informationslehre die Gleichstellung von komplizierten Bewußtseinsvorgängen – wer wollte behaupten, höhere Mathematik sei für Hilfsschüler – mit von der Substanz her noch weitgehend ungeklärten Stoffwechselprozessen. Beides ist für die Kybernetiker identisch. Differential- und Integralrechnung sind nicht ohne „Erkennen" denkbar, dieses verläuft für den Kybernetiker nach dem Modell der Postadressen oder Bankschecks „erkennenden" Maschinen. So legt Bremermann dar, daß das zentralnervöse System Erkennungsaufgaben, Problemlösungen, Homöostase und Effektor-Kontrollen ausführt, diese Aufgaben aber die „Erkenntnis" von Daten impliziert, und er stellt die Frage, wieweit diese Prozesse, die einer „Muster-Erkenntnis" (pattern-recognition, d. Übersetzer) entsprechen, mit den Bewußtseinsvorgängen (Erkenntnisprozessen) identisch sind. Bremermann bejaht dies und führt aus:[11]

„Es kann der Einwand erhoben werden, daß Muster-Erkenntnis ein abstrakter, mathematischer computerisierter Vorgang ist und daß keine physikalischen Sätze sich damit vergleichen lassen. Dieses Argument ist aber falsch und zwar aus folgenden Gründen: Obwohl formale Methoden der Mustererkenntnis leicht beschrieben werden können, die solche Aufgaben im Prinzip lösen, ist ihre aktuelle Verwirklichung eine andere Sache. Verwirklichung [Implementation, d. Übersetzer] umschließt Datenerkenntnis, das wiederum stets physikalische Prozesse involviert. Die Physik setzt der Datenerkenntnis, die innerhalb eines begrenzten Ausmaßes von Energie und innerhalb einer begrenzten Zeit möglich ist, im besonderen auch auf die Menge der Datenerkenntnis eine bestimmte Grenze. Der Autor selbst hat die oberste Grenze dieser Vorgänge bestimmt, die auf alle Formen der Datenerkenntnis zutrifft..."

Nach dieser neurophysiologischen Vernichtung der Erkenntnisakte – analog zu Steinbuch und zahlreichen anderen Kybernetikern und auch Neurophysiologen – bleibt es dem Leser überlassen, sich vorzustellen, daß sich in jeder Zelle des Subcortex und des Cortex Rechenapparaturen vorfinden, um z. B. die Drehmöglichkeiten eines Muskels im Verhältnis zum gesamten Körper zu berechnen und bestmöglich auszuführen. Wie aber dann in der experimentellen Realität die Schwierigkeiten aussehen, innerhalb derer die Frage nach nicht-linearen, asymmetrischen Verläufen der Erregungen in den Bahnen des Nervensystems auftaucht, sei kurz wiedergegeben: Clynes führt aus:[12]

„Ein lineares dynamisches System ist symmetrisch in bezug auf die Richtung der Wechsel von input und output. Gleiche und entgegengesetzte inputs produzieren gleiche und entgegengesetzte outputs. Das trifft für alle Schritte innerhalb jeder dynamischen input-Funktion zu. Ein System, das von Linearität ausgeht, bleibt durch die Kurvenzeichnung seiner Charakteristika symmetrisch für jeden kleinen Teil der auszuführenden Handlung [Operation, der Übersetzer], da solche Handlungen der linearen Funktion ungefähr gleichkommen [approximates, d. Übersetzer]. Die Symmetrie ist nichtsdestoweniger völlig verloren, wenn eine doppelwertige dynamische Funktion vorliegt [bivalued, d. Übersetzer], wie etwa in der Hysteresis, wo nicht länger eine einfache Beziehung zwischen gleichem und entgegengesetztem input und output vorliegt. Entgegengesetzte Reize produzieren verschiedene outputs, die wiederum auf der vorausgegangenen Geschichte oder dem „Gedächtnis" des Systems beruhen. Diese Formen von Nicht-Linearität sind mathematisch analysierbar als integrale dynamische nicht-lineare (Formen) in den Begriffen der Geschichte des Systems."

Die praktische Folge dieser – für die biologischen „Systeme" zutreffenden Bedingungen sind:[13]

„Es wurde evident, daß die dynamische Asymmetrie eine Folge der grundlegenden Methode der Datenverarbeitung der Organismen ist... Es ist eine Folge der chemischen und elektrochemischen Natur der biologischen Kommunikationskanäle. Anders als in elektrischen und elektromagnetischen Systemen umschließt die Produktion und der Transport von Molekülen eine essentielle Nicht-Linearität."

Der Autor führt diese grundlegenden Gedanken dann sowohl in bezug auf den Hormonhaushalt wie auch auf das Zentralnervensystem aus, insbesondere treffen sie für die Übertragung der Nervenimpulse durch Synapsen zu:[14]

„Auch bei der Übertragung von Nervenimpulsen durch Synapsen ist die Produktion von Acetylcholin durch die Rate der Ankunft der Nervenimpulse beherrscht, aber seine Abbaurate ist begrenzt durch die Stoffwechselrate bei Null [Zero firing rate, d. Übersetzer]."

c) Das homöostatische Konzept

Der schon von Bernard benutzte Begriff der Homöostase – ein Schlüsselbegriff der modernen Biologie in ihrem Bemühen, organismische Vorgänge zu erklären – liegt der kybernetischen Interpretation lebendiger Vorgänge zugrunde. Der Organismus kehrt nach Behebung der äußeren oder inneren Störung wieder in sein ursprüngliches Gleichgewicht zurück. So war es vor allem das Anliegen Ashbys, dieses Prinzip an seinen Robotern darzustellen:[15]

„W. R. Ashby geht es um die Abbildung der Gleichgewichtssuche im lebenden Wesen. Ein vierfaches Rückkopplungssystem – jede der vier Variablen wirkt auf jede – repräsentiert die Interdependenz der Variablen im Lebewesen. Zwei Grenzen ihres Wertbereichs stellen die wesentliche Nichtlinearität der funktionellen Zusammenhänge in der Natur treffend dar. Soweit ist das Modell kontinuierlich, also analog. Die Verknüpfung der Variablen ist, wenn auch nicht digital, so doch in einfachster Weise quantisiert: die Schriftstellung von Drehschaltern bestimmen Richtung und Intensität auf jene Variable, die das Innere des Lebewesens darstellen. Und diese Stellung wird verändert, sobald eine Variable für eine längere Dauer den erlaubten Bereich überschreitet. Dieses System findet immer wieder zur Stabilität; wenn eine Störung Bewegung darin hervorruft, so verändert es sich so lange, bis eine neue Stellung gefunden ist, in der sich die Kräfte ausgleichen. Die Zielstrebigkeit des Pendels ist trivial, die Zielstrebigkeit des Homöostaten läßt ahnen, daß es nur eine Frage des Aufwandes ist, wie weit Zielstrebigkeit zu einer physikalischen Eigenschaft gemacht werden kann. Übrigens stellte sich nachträglich heraus, daß der Homöostat auch die Eigenschaft der Gewöhnung besitzt, mit genau jenen Einschränkungen, die auch beim lebenden Wesen gelten, daß nämlich von einer bestimmten Reizstärke an eine solche nicht mehr stattfindet."

Zu diesen Versuchen äußert sich jedoch H. Zemanek kritisch wie folgt:[16]

„Gerade der Versuch aber, in die Möglichkeiten der Modelldarstellung tiefer einzudringen, führt zu einer ganz andern Auffassung. Beiden Modellen, dem biologischen wie dem rein technischen Modell, geht das Gedankenmodell voraus, und es ist immer nur das Gedankenmodell, welches in ein technisch ausgeführtes Modell eingekleidet wird – wenn man von dem in diesem Zusammenhang am Rande liegenden Fall der künstlerischen Modelldarstellung absieht.
Die Schildkröte von W. G. Walter bildet das Gedankenmodell des bedingten Reflexes ab – was in der Natur wirklich auftritt, ist wesentlich komplexer, und es ist reichlich fraglich, ob man den „wirklichen" Vorgang, der zugrunde liegt, im Modell abbilden kann: offenbar kann man ein verbessertes Gedankenmodell hernehmen, an die Wirklichkeit, wie immer man sie hier versteht, scheint nur eine asymptotische Näherung möglich zu sein."

Das Gleichgewicht des Organismus – viele Milliarden Zellen haben nicht nur ihr eigenes, spezifisches Gleichgewicht, sondern dieses muß auch auf den gesamten Organismus abgestimmt sein –, entspricht dem Sollwert. Jedoch

treten auch hier erhebliche Schwierigkeiten auf, wenn z.B. J. Stegemann
über die Regelungsvorgänge am Auge schreibt:[17]

„Das Meßwerk des Leuchtdichtenregelkreises besteht aus den Fotorezeptoren der
Netzhaut, das Regelwerk ist der Umschaltmechanismus des Zentralnervensystems,
das Stellglied wird durch die Muskeln der Iris gebildet, welche die Blende des Auges
enger oder weiter stellen. Es handelt sich offensichtlich um einen Regler, der die
Aufgabe hat, die Leuchtdichte auf der Netzhaut möglichst konstant zu halten."

Jedoch an anderer Stelle muß er zugeben:[18]

„Kann man bei biologischen Reglern mit adaptierendem Meßwerk überhaupt von
einem Sollwert sprechen? Den Sollwert beispielsweise mit dem Normwert gleich zu
setzen, ist keinesfalls zulässig, weil der Sollwert bei einem Regelkreis nur der Wert
sein kann, auf den der Regler des einzelnen Individuums im Augenblick der Messung
eingestellt ist. Meines Erachtens kann also der Sollwert nur für den Zeitpunkt so
angegeben werden, bei dem die Führungsgröße bekannt ist – wie später noch ausgeführt wird –, wobei außerdem auch der Adaptationszustand bekannt sein müßte."

Mit dem Einführen der individuellen Variante jedoch wird die Allge-
meinverbindlichkeit des Sollwertes als der einzustellenden Regelgröße in
Frage gestellt, ein Problem, das sich bei zahlreichen analogen Untersuchungen, insbesondere auch bei der Regulierung des Blutdrucks, gestellt hat.
Darüber hinaus sollte jedoch grundsätzlich die Frage gestellt werden, wieweit die Aufrechterhaltung eines „Fließgleichgewichtes" oder eines Gleichgewichtes überhaupt durch den Organismus nicht eine der vielen Fiktionen
ist, die im Verlaufe der Entwicklung der Wissenschaft eine gewisse Zeit „die
Erklärung" darstellen, dann aber wieder fallengelassen wird. Oben wurde
bereits auf die das menschliche Vorstellungsvermögen weit überschreitende
Größenordnung von Milliarden Zellen und ihrer jeweiligen „Fließgleichgewichte" in bezug auf den Gesamtorganismus („Soll-Wert") verwiesen. Der
Organismus hat sich darüber hinaus aus einer Keimzelle entwickelt, so daß
der werdende Organismus nicht weniger im „Gleichgewicht" sein muß wie
der erwachsene. Damit treten erhebliche Probleme der Entwicklungsphysiologie des „Fließgleichgewichtes" auf. Denn der Embryo kann sich nur
entwickeln, wenn er permanent sein bestehendes Gleichgewicht wieder auf-
gibt. Es stellt sich ferner die Frage, wieweit überhaupt ein Organismus leben
kann, wenn er nicht permanent im Ungleichgewicht – innen und außen –
sich befindet, dieses Ungleichgewicht in Gleichgewicht umzuschlagen vermag, dann wieder in Ungleichgewicht: der permanente Übergang von
Gleichgewicht zu Ungleichgewicht die Lebensprozesse bestimmt. „Leben in
Gesundheit bedeutet Leben im physikalisch-chemischen Ungleichgewicht."
So der Biophysiker Katchalsky auf dem Physiologen-Kongreß 1971.[19] Der
Gleichgewichtsvorstellung liegt jene zu Grunde, daß der Organismus auf
alle Fälle bestrebt ist, sich im Gleichgewicht zu erhalten – eine Vorstellung,

die aus der Naturphilosophie des vergangenen Jahrhunderts stammt und auch die Psychoanalyse beeinflußt hat. Es könnte aber doch sein, daß dieses Konzept falsch ist. Vergeblich wird man hier auf eine Antwort unter den Kybernetikern suchen: die „Philosophie der Kybernetik"[20] (so z.B. Frank, H.) hat nur das Gleichgewicht im Auge, Ungleichgewicht bleibt stets zu überwindende Störung. Aber jeder Stoffwechselvorgang, jede „Sinneserregung" ist ein Ungleichgewicht: wo will der Biologe das Gleichgewicht, wo das Ungleichgewicht konkret ansetzen? Nur über der Permanenz des Ungleichgewichtes vermag der Organismus sich im „Gleichgewicht" zu erhalten. Hier setzt die Problematik der Norm ein, die bekanntlich in der inneren Medizin und Pathophysiologie zu erheblichen Meinungsdifferenzen ohne endgültige Abklärung geführt hat.

d) Die Aufteilung des Regelkreises

Die Schilddrüse als Stellglied eines Regelkreises zu bezeichnen, die Muskelspindel als Regler, der die Differenz zwischen dem jeweils gegebenen Dehnungszustand mißt, wahrnimmt, weiterleitet usf., wirft zumindest die Frage auf, wieweit es sich bei Feststellungen dieser Art nicht um reine Willkürfeststellungen handelt. Zumal in einem anderen Regelkreis die Schilddrüse als Störgröße gelten kann. D.h. Organe nicht mehr organspezifisch, sondern jederzeit in unterschiedlichen Regelkreisen vertauschbare „Größen" werden. Wenn die nicht auflösbare, gegenseitige Abhängigkeit der z.B. Hormon produzierenden Organe, hier der Schilddrüse vom Hypophysenvorderlappenhormon, vom Zentralnervensystem und den zahlreichen, den organischen Stoffwechsel bestimmenden Faktoren berücksichtigt wird. Dies gilt analog z.B. für die Muskelspindel und ihre Abhängigkeit von der gesamten Motorik, der Koordination, dem Kleinhirn, den die Motorik beeinflussenden Hirnstammzentren, der Pyramidenbahn usf.. Es wird unweigerlich die Frage aufgeworfen, was hier noch als „Stellglied" oder als „Regler" zu bezeichnen ist. Die Schilddrüse wäre für zahlreiche organismische, insbesondere Stoffwechselprozesse der Regler, jedoch nicht das Stellglied, sie ist aber das Stellglied in bezug auf die Tätigkeit des Hypophysenvorderlappens..., womit die Relativität dieser Bestimmungen deutlich wird, die analog auch auf die Muskelpindel u.a. Faktoren übertragen werden kann. Ist das ZNS Regler oder Stellglied für die Einflüsse der Außenwelt?

e) Probleme der Zeit, der Information und Transformation

Die mathematische Problematik, die oben schon im Zusammenhang der „Sollwertfeststellung" erwähnt wurde, ist erheblich. Nicht nur, daß die gesamte zu regelnde Strecke – die bei der Blutdruckregelung ca. 40 000 km zu regulierender arteriovenöser Verzweigungen umfaßt – unverhältnismäßig groß ist, sondern wie und wo soll man sich vorstellen, daß die Information für diese Regelung gespeichert sei? Bei 40 000 km zu regelnder Strecke? Es sollen doch Abweichungen im Gesamtsystem gemessen und die Information als Abweichung vom Sollwert weitergegeben werden? Die Schwierigkeiten werden jedoch durch die zeitliche Dauer des Informationstransportes noch erheblich erhöht:[21]

„Im geregelten System ist der Informationsfluß im Wirkungskreis zusammengeschlossen. Trotzdem erfährt die Information dabei aber charakteristische Umwandlungen. Der Regler wandelt die eintreffende Information x, die Abweichung des Istwertes vom Sollwert, in ein Ausgangssignal y, das Kommando an das Stellglied, um. Die Regelstrecke empfängt diese Information und beantwortet sie wieder mit einem veränderten Wert x für die Abweichung von Ist und Soll. Die Art und Weise dieser Umwandlungen ist offenbar von entscheidender Bedeutung für das geregelte System."

Dieses Problem führte u. a. zu der Hypothese einer „Totzeit" und drei weitere Arten von Zeitverhalten in der Informationsvermittlung durch den Regelkreis:[22]

„Die Totzeit bedeutet, daß die Wirkung erst nach einer bestimmten, von der Natur des Systems abhängigen Zeit erfolgt. In der Biologie und Psychologie spricht man vielfach von *Latenzzeiten*, die zwischen dem Reiz und der Reaktion verstreichen, um zum Ausdruck zu bringen, daß in dieser Zeit innerlich (im Verborgenen; lateinisch latens, verborgen) etwas geschieht. Solche Latenzzeiten treten in komplizierten Systemen leicht auf, sie bedeuten, daß meist über den Aufstau von Wirkungen im Verein mit der Informationsverarbeitung gewisse Schwellenwerte erreicht werden müssen, bevor eine Reaktion erfolgt. Sie spielen in biologischen Wirkungsgefügen eine große Rolle.

Abgesehen von der Totzeit gibt es für die Art und Weise, wie ein Regler oder eine Regelstrecke auf eine Information antworten kann, drei Grundtypen des Zeitverhaltens: das proportionale, das integrale und das differentiale Zeitverhalten."

Das Zeitverhalten wird mathematisch als proportionales, integrales und differentiales definiert, ohne daß hier auf die spezifische Problematik wiederum dieser errechneten Zeiten und der sie verrechnenden Zellen eingegangen sei. Das komplexe Zeitverhalten jedoch impliziert „Systeme" mit Gedächtnis und „Systeme" ohne Gedächtnis, um die Signalvermittlung überhaupt zu ermöglichen.[23] Röhler veranschaulicht diese „Systeme" an der Blutzuckererhöhung nach direkter (intravenöser) Glukosegabe oder nach oraler Glukoseaufnahme. Im ersten Fall wird aus den mathematischen Ergebnissen mit einander verglichenen Funktionen geschlossen, daß ein Gedächtnis nicht notwendig sei, um das Verhältnis von Insulin und Blutzucker zu bestimmen. Im zweiten Fall – kompliziertere Integralrechnungen sind notwendig, um die Stoffwechselvorgänge einigermaßen adäquat zu beschreiben – wird ein

Gedächtnis postuliert. Wo dieses Gedächtnis allerdings „liegen" soll, wie es in bezug auf die Morphologie, Funktion und die Biochemie der Zellen überhaupt denkbar ist, darüber gibt es bestenfalls Vermutungen.

Die „Informationsumwandlung" vom afferenten „Signal" zur Bewirkung der Efferenz kann im Organismus nicht spezifisch genug angesehen werden. Jedoch stellt sich das Problem der Informationsübertragung – insbesondere durch die sog. Neurotransmitter – nicht weniger problematisch als in der Genctik (s. o. Kapitel I): denn wie und wo „Neurotransmitter" ihre Information enthalten, speichern, weitergeben, darüber gibt es ebenfalls nur Vermutungen. Dieses Problem jedoch soll noch einmal eingehend in der Kritik der naturwissenschaftlichen „Erkenntnistheorie" zur Sprache kommen.

f) Probleme der Entstehung des Regelkreises und der Evolution

Ein Blick auf die hochkomplexen, von Augenblick zu Augenblick sich wandelnden Prozesse – morphologisch wie biochemisch – der Embryonalentwicklung, ein Blick auf die Morphologie der Lebewesen, läßt die Problematik der Regelkrcistheorie besonders deutlich erscheinen. Welcher Regelkreis bestimmt das „sog. Ganze" sich differenzierender Zellen, bis zum Organismus, wer bestimmt Gestalt, Differenzierung, Wachstum und Entwicklung? (s. o. Kap. I) Regelkreise dürften bestenfalls Veränderungen „regulieren", um sie auszugleichen – was aber, wenn sie sich, wie in jeder Entwicklung, in jeder Gestaltung, in jeder Evolution mitverändern und mit-umwandeln müssen? Von Holst nimmt dazu wie folgt Stellung:[24]

„Wir sahen, daß es den Methoden der Regeltechnik zu danken ist, wenn wir heute biologische Systeme erforschen können, ohne den Boden exakter Wissenschaft zu verlassen. Es ist kein Grund mehr, in gegebenen biologischen Funktionskreisen überphysikalische Kräfte wirksam zu glauben. Doch damit bin ich in einer wichtigen Grundfrage noch ausgewichen: der *Frage* nach der *Entstehung* solcher Gebilde. Niemand kann leugnen, daß Regelsysteme nur in Lebewesen oder als Produkte von Lebewesen vorkommen. Was dürfen, was müssen wir daraus schließen? Uexküll, für den alle Abläufe in Funktionskreisen physikalisch verstehbar waren, hielt die zugrunde liegenden Funktionspläne gleichwohl für ewige Schöpfungen, die kein Darwinistisches Prinzip von Mutationszufall und Auslese je hätte erschaffen können; und es sollte mich nicht wundern, wenn viele von Ihnen ähnlich denken. Ich persönlich bin mehr auf Seiten der Darwinisten; doch es mag wohl sein, daß ich hier noch zu sehr Analytiker bin und daß Mutation und Auslese nur Elemente eines größeren Funktionssystems bilden, dessen Umrisse mir nicht erkennbar sind."

Dazu sei – wie v. Holst darlegt – erinnert:[25]

„... der Organismus, als technisches Gebilde betrachtet, ist keineswegs, wie manche zu glauben scheinen, nur ein kompliziertes System von Regelmechanismen. Es gibt in ihm Funktionsstrukturen gänzlich anderer Art, die nicht minder lebenswichtig sind. Dafür hier Beispiele aufzuzählen, führte ins uferlose; ich werde im Vorbeigehen einige erwähnen. In einer künftigen Systemtheorie des Lebendigen, wie ich sie mir vorstelle, werden Regelsysteme nur *ein* wichtiges Kapitel ausmachen, nicht weniger, aber auch nicht mehr. Die zweite kritische Bemerkung ist speziell an die Adresse des Technikers gerichtet. Ich habe so oft Techniker von der unerreichten Vollkommenheit biologischer Leistungen schwärmen hören, daß ich glauben muß, das wäre bei ihnen eine allgemeine Glaubensthese. Doch ich muß Sie sehr enttäuschen: auch das ist ein Aberglaube. Die lebende Natur ist weder vollkommen in dem Sinne, daß ein bestimmter Mechanismus ein Höchstmaß an Präzision besitzt, noch ist sie vollkommen in dem Sinne, daß eine bestimmte Aufgabe mit möglichst einfachen Mitteln gelöst wird. Das Gegenteil ist oft genug der Fall: die Funktionsmechanismen sind oft fehlerhaft oder ungenau, weil sie immer nur so gut sind, daß es eben zum Dasein hinreicht; und ihr Funktionsplan ist oft unnötig kompliziert, weil jeder Organismus den Ballast seines krummen stammesgeschichtlichen Entwicklungsweges mit sich schleppt, den er nicht abzuwerfen vermag."

Dem gegenüber stellen sich Autoren wie Tembrock die Probleme als völlig gelöst dar:[26]

„Bei der Analyse des Verhaltens werden Modell-Systeme meist über das Black-Box-Verfahren abgeleitet, wobei vorausgesetzt wird, daß sich bestimmte Elemente und

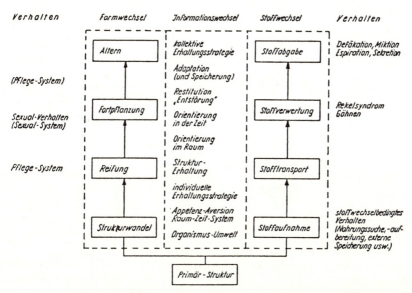

Abbildung 3: Darstellung des Zusammenhanges elementarer Funktionen organismischer Systeme mit der Eigenschaft der Selbstinformation (Sekundär-Struktur), abgeleitet aus der Primärstruktur ohne diese Eigenschaft (aus: Tembrock, G.: Modellansätze zur Analyse tierischen Verhaltens, in: Drischel, H. und P. Dettmar, Hrsg., Biocybernetics, Bd. 4. VEB Fischer-Verlag, Jena 1972, S. 78).

ihre Relationen aus dem Vergleich von Eingangs- und Ausgangsgrößen sowie den ihnen zugeordneten Kenndaten ableiten lassen. In organismischen Systemen sind die durch solche Abstraktionen abgeleiteten Elemente wiederum Subsysteme, die abermals im Black-Box-Verfahren untersucht werden. Handelt es sich dabei um Subsysteme im Organismus, werden die Untersuchungsverfahren der Verhaltensphysiologie oder der Neurophysiologie zugeordnet. Die „klassische" Verhaltensforschung nimmt den intakten Gesamtorganismus als Black Box. Dabei stellt er wiederum ein Teilsystem dar, das erst mit der relevanten Umwelt ein geschlossenes System liefert. Den Prozeß dieser System-Optimierung (großes hierarchisches System mit dynamischer Optimierung, teils vorangepaßt, teils selbstanpassend) nennen wir Evolution. Er umfaßt selbstverständlich mehr als nur Verhaltensmechanismen."

A. a. O.:

„Die Optimierungskriterien für den Funktionswechsel eines Organismus leiten sich aus den Zielgrößen ab. Die individuelle und/oder kollektive Erhaltungsstrategie bestimmen dabei Ein- und Ausgangsgrößen. Sie erfordern eine Abstimmung auf die Umweltbedingungen. Die relevanten Umweltgrößen kann der Organismus auf zwei Wegen durch sein Verhalten bestimmen:
a) indirekt: er variiert sein Verhalten (z. B. durch Ortsveränderungen), bis unter den gegebenen Umweltbedingungen die optimale gefunden ist;
b) direkt: er verändert durch sein Verhalten die Umweltbedingungen.
Abb. [4] zeigt einen Modell-Entwurf nach *Waterman* für eine indirekte Veränderung von Umweltgrößen. Hierzu muß der Organismus bestimmte Führungsgrößen aufschalten, die die Optimierungskriterien bilden. Dazu hat *Mesarović* einen Modellansatz geliefert.

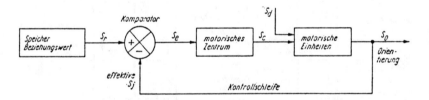

Abbildung 4: Generalisiertes Kontroll-System-Modell für eine einfache Verhaltens-Antwort wie Raumorientierung (aus: Tembrock, G.: Modellansätze zur Analyse tierischen Verhaltens, in: Drischel, H. und P. Dettmar, Hrsg., Biocybernectics, Bd. 4 VEB Fischer-Verlag, Jena 1972, S. 79)

Ein Irrtums-Signal S_c, abgeleitet aus dem Vergleich zwischen dem Beziehungswert für die kontrollierte Variable S_r, mit dem aktuellen Wert S_j (negative Rückkopplung, efferentes Eingangs-Signal), aktiviert das Kontroll-System (motorisches Zentrum). Dieses liefert Kontroll-Signale S_c, die das kontrollierte System (motorische Einheiten) in Aktion versetzen. S_o ist die Antwort (eine Größe), die zu einer bestimmten Raumeinstellung führt (in diesem Beispiel). Störung S_d kann auf das kontrollierte System einwirken (nach *Waterman*)."

Das Prinzip der „maximalen Optimierung" in der Evolution – ein technologischer Begriff für die Anpassung nach erfolgter Auslese – impliziert („logischerweise"), daß die Systeme (Lebewesen) mit den optimalen Regelkreisen überleben, denn maximale Optimierung bedeutet nichts anderes, als das schon erwähnte Überleben um des Überlebens willen, das, selbstredend und „selbstregulierend" schon entsprechend selbstvorprogrammiert ist. So wird z.B. für Wuketits, Riedl und zahlreiche andere Biologen die Kybernetik zu dem universalen Erklärungsprinzip schlechthin, nicht nominalistisch, als Modell, sondern realistisch.[27] Die sich daraus ergebenden Probleme sollen im letzten Abschnitt erörtert werden.

g) Die Vermaschung der Regelkreise

Der technische Regelkreis bedarf zu seiner Informationsvermittlung Kanäle, in biologischen „Systemen" übernehmen primär die Nervenbahnen die Rolle der Informationskanäle, die Hormonvermittlung im Blut wird kaum beachtet. Wie schon oben erwähnt, geht es dabei nicht um eine Analogie, die meisten Neurophysiologen – auch Eccles[28] – halten an der Realität dieser Modellvorstellung fest. Allerdings macht die höchst komplexe Überlagerung, Verzweigung, Verteilung der Milliarden Zellen allein des Zentralnervensystems, die fortlaufende Beobachtung der Impulse weitgehend unmöglich. Diese Problematik faßt Keidel zusammen:[29]

„Mit der Vielzahl synaptischer Endköpfchen, die mehrere Hundert ausmachen kann, beginnt aber zugleich der „probabilistic approach", die Integration nach einem nur statistisch arbeitenden *Wahrscheinlichkeitsverfahren*, wie es die Arbeitsweise des menschlichen Gehirns charakterisiert. Diese Integration, in der Fachsprache mit „zeitlicher und örtlicher Summation" bezeichnet, ist schon deshalb nicht mehr mit der klassischen Regelungslehre vereinbar, weil diese streng determinierte Einzel-Ursache-Wirkungs-Schritte des Informationsflusses voraussetzt.
  Aber auch die Informations*leitung* in den genannten Systemen weicht von einer linearen ab. Dieselben Systeme, die nur unter dem „probabilistic approach" verstehbar sind, zeigen alle ein sog. „nichtlineares" Verhalten in ihrer Systemanalyse. Gerade aber zur Klärung dieser Nichtlinearität beizutragen, muß Aufgabe der Physiologie sein. Wir wollen uns dabei auf zwei Beispiele nichtlinearer Informationsleitung beschränken: *Kontrast*bildung und *Hemmung*. Bahnung und Adaptation sollen als gleichwichtige biologische Besonderheiten der Informationsverarbeitung hier nur genannt werden. Ich habe sie a.a.O. ausführlich behandelt. Zwei im Bereich der menschlichen Sinnesorgane realisierte nichtlineare Informationsverarbeitungsarten sind die *Hemmungsschaltungen*..."

Abgesehen von dieser Situation ist jedoch die gegenseitige Abhängigkeit z.B. gerade interhormoneller Wechselwirkung in dem gesamten Bau des Organismus unübersehbar komplex, so daß schon aus diesem Grunde jede

Darstellung von Regelkreisen eine Konstruktion ist, die in der Wirklichkeit der biologisch-biochemisch-morphologischen Prozesse undurchsichtig wird. Es ergibt sich daraus die „Vermaschung der Regelkreise", die den Realismus der Regelkreistheorie erheblich problematisiert, ihn praktisch unmöglich macht, die Regelkreistheorie bestenfalls nominalistische Konzepte zu entwickeln vermag. Sachsse stellt den Sachverhalt wie folgt dar:[30]

„Ein wesentlicher Unterschied zwischen den technischen und den biologischen Regelkreisen besteht darin, daß die Grundaufgabe der Regeltechnik, einen Zustandswert eines Systems so weit wie möglich konstant zu halten, in der Biologie praktisch nicht verwirklicht ist – man kann damit rechnen, daß alle biologischen Sollwerte einen zeitlichen Gang aufweisen, der von Programmen und von höheren Zentren gesteuert wird. Die Ursache ist der um viele Größenordnungen höhere Verflechtungsgrad des organischen Geschehens. Innerhalb des Organismus beeinflußt jeder Regelkreis den anderen mehr oder weniger, die Regelkreise sind, wie man sagt, miteinander „vermascht" und bilden zusammen ein einziges Gefüge, das von langfristigen Programmen gesteuert wird. Und schließlich ist jeder Organismus als Glied in eine mit anderen Organismen belebte Umwelt eingefügt, die das umfassendere Wirkungsgefüge darstellt und von der wieder eigene Regel- und Steuerimpulse ausgehen. Die Biologie bietet daher vielseitige und höchst komplizierte Beispiele für Programmsteuerungen, und was die Forschung aufweisen kann, sind nur simplifizierte und schematisierte Typen des in Wirklichkeit noch komplexeren Zusammenhangs."

h) Kybernetische Lernmodelle

Nachdem schon zu Beginn der fünfziger Jahre G. Walter eine „Schildkröte" mit zahlreichen programmierten Verhaltensweisen konstruiert hatte, gelang es ihm, diese auch für bedingte Reflexe einzurichten, womit ein „Modell" für das programmierte Lernen hergestellt war. Dieses Modell wurde später sehr viel differenzierter weiterentwickelt. Es wurde damit – so schien es – der Beweis erbracht, daß das Lernen keine Angelegenheit des Bewußtseins, sondern der bedingter Reflexe, d.h. der blind-maschinenartig verlaufenden Vorgänge optimierter Systeme ist. Lernen ist keine Angelegenheit von persönlicher Erfahrung, sondern materielle Informationsvermittlung und -speicherung. Diese Definition kann bei zahlreichen Neurophysiologen und Neurologen als auch bei Psychologen nachgelesen werden. Den fundamentalen Unterschied jedoch zwischen dem Lernen von Lebewesen und dem von Menschen arbeiteten Christian und Buytendijk schon 1963 heraus:[31]

„Beim Durchdenken der Strategie dieses Automaten ist „Lernen" die zunehmende Präzisierung eines im Grunde schon prädeterminierten *Programms*. Das ist aber nicht *wirkliches* Lernen, bei dem *wirklich neue* Informationen gebildet werden. Der Automat verwertet (und vermehrt in einem gewissen Sinn), was er *auf Grund* des Programms schon immer *hat*. (Im Zitat von Wiener heißt es ausdrücklich: ....„welche Verwertung der Züge die beste gewesen wäre, um die gespielten Partien gewonnen zu *haben*"!) Ferner deshalb der Horizont: im *echten* Sinne werden Informationen *vermehrt*."

i) Grundsätzliche Probleme der biologischen Kybernetik

Es ist wohl nicht übertrieben zu sagen, daß die Kybernetik neben der Informationstheorie heute für zahlreiche, wahrscheinlich die meisten Biologen und Biochemiker, Neurophysiologen und Neurologen das „goldene Kalb" ist, das alle anstehenden Probleme der Biologie eines Tages den Regelkreismodellen entsprechend lösen wird – analog zu dem „deus ex machina" des Gens. Wuketits sei als Kronzeuge dieser Auffassung zitiert:[32]

„All die Wechselwirkungen, die wir innerhalb und zwischen den Systemebenen annehmen, entpuppen sich letztendlich als Kreisläufe, welche mittels Regelkreis- bzw. Rückkoppelungsmodellen simuliert werden können. Diesen Simulationsmethoden entspricht die Vorstellung der zirkulären Kausalität, die sich dafür – umgekehrt – als eine Denkgrundlage erweist. Damit wird es schließlich möglich, ein klassisches philosophisches Problem, das nicht selten von irrationalistischen Vorstellungen umgeben war, auf den Boden naturwissenschaftlicher Betrachtungsweisen zu rücken.
   Da der gesamte Kosmos als ein hierarchisch organisiertes System betrachet werden kann, gelten für ihn Netzwerkmodelle, also stark abstrahierte „Abbilder" seiner Organisation, die wiederum nicht mehr und nicht weniger zum Ausdruck bringen sollen, als eine vernetzte, der Vorstellung funktioneller Kausalität adäquate Organisation."

Wenn auch in der Systemtheorie von Wuketits die so wesentliche „blackbox" fehlt – so bleibt dennoch für ihn das Regelkreisprinzip als eine universale, reale Erklärung bestehen. Diesen Auffassungen Wuketits sei im kritischen Gegeneinander die von H. Jonas gegenübergestellt, der sich eingehend – aber von Biologen nicht wahrgenommen – mit den Problemen der Kybernetik auseinandergesetzt hat:[33]

„Der menschliche Verstand hat eine starke und, wie es scheint, unwiderstehliche Neigung, menschliche Funktionen in den Kategorien der sie ersetzenden Artefakte, und Artefakte in den Kategorien der von ihnen versehenen menschlichen Funktionen zu deuten. Die Kraftmaschine mit ihren Hebeln und Gelenken und ihrem unersättlichen Brennstoffverbrauch war ein riesenhafter Sklave, und umgekehrt der menschliche oder tierische Körper eine Brennstoff verbrauchende Kraftmaschine. Der moderne automatische Bedienungsmechanismus wird als wahrnehmend, reagierend, sichanpassend, zielstrebig, erinnernd, lernend, Entscheidungen treffend, intelligent und gelegentlich sogar als emotionell bezeichnet (letzteres allerdings nur, wenn etwas fehlgeht), und entsprechend werden Menschen und menschliche Gesellschaften als Feedbackmechanismen, Nachrichtensysteme und Rechenmaschinen begriffen und erklärt. Die Benutzung einer bewußt doppelsinnigen und metaphorischen Terminologie erleichtert diese Hin- und Her-Übertragung zwischen dem Artefakt und seinem Schöpfer. Früher war das Spiel mit solchen Analogien dem phantasievollen Schriftsteller überlassen und hatte gewiß keinen Platz im Begriffsarsenal des Naturforschers als solchen. Aber gerade auf diese Art Übertragung sieht es die Kybernetik ab und muß sich daher philosophische Kritik gefallen lassen. Die Literatur, die seit dem Erscheinen von Norbert Wieners „Cybernetics" im Jahre 1948 rapide zugenommen hat, wimmelt von kybernetischen Erklärungen menschlichen Verhaltens, menschlicher Denkprozesse und gesellschaftlich-kultureller Organismen."

Das Problem des Verhältnisses von Zweck zu kybernetischen Vorgängen – die Problematik der Teleologie – legte Jonas wie folgt dar:[34]

„Die Ironie, die darin liegt, daß Naturwissenschaftler, so lange die geschworenen Feinde der anthropomorphistischen Todsünde, heute am freigebigsten mit der Verleihung menschlicher Züge an Maschinen sind, wird nur dadurch gemindert, daß die wahre Absicht dieser Freigebigkeit ist, den Spender, d. h. den Menschen, umso sicherer für das Reich der Maschine in Beschlag zu nehmen. Die Rückspiegelung vollzieht sich unter der Tarnung von Namen. Rein semantisch betrachtet kann man sagen, daß die ganze kybernetische Lehre teleologischen Verhaltens auf die Verwechslung von „einem Zweck dienen" mit „einem Zweck haben" reduzierbar ist; und noch spezifischer auf die Verwechslung von „einen Zweck ausführen" mit „einen Zweck haben"."

Er führt an anderer Stelle aus:[35]

„Wir kommen einem Verstehen näher, wenn wir uns klarmachen, daß der Kybernetiker seinen Gegenstand in einer theoretischen Situation betrachtet, nicht unähnlich der praktischen, in der unser Befehlshaber seinen Untergebenen betrachtet – das heißt also in einer Situation, in der in der Tat die Unterscheidung von Mensch und Maschine ihre Bedeutung verliert und die beiden austauschbar werden. Aber der Vorgesetzte, obwohl er in seinen Umgang mit der Situation den Untergebenen wie einen Roboter einsetzt, sieht doch sich selbst nicht als einen solchen an – und dies trotz seines Wissens darum, daß im Handlungszusammenhang *seiner* Vorgesetzten er für diese seinerseits ein Roboter ist, ein Instrument ihrer Zwecke – und so fort. Sein Wissen darum, daß er so von außen angesehen wird und immer so angesehen werden kann, wirft nicht den Schatten eines Zweifels auf das Wissen von sich selbst, das er von innen her hat. Indem er hierüber reflektiert – sofern er dafür Zeit hat – wird er die gleiche Überlegung auf seinen Untergebenen anwenden und ihm zubilligen, daß er, natürlich, nicht wirklich ein Roboter ist."

Dies, auf die Neurophysiologie bezogen – in Auseinandersetzung mit F. S. C. Northrop – führt zu folgenden, weittragenden Konsequenzen für die „kybernetische Wissenschaft":[36]

„Wenn er [der Kybernetiker, d. Ref.] aber gefragt wird, warum eine Gruppe von Personen (außer ihm selbst) eine Konferenz über Kybernetik veranstaltet, könnte er antworten, daß es in den einzelnen Nervensystemen „viele regenerative Schlingen" gibt, die in ihren Kreisbahnen Signale als „Universalien" verewigen, und daß „durch Verknüpfung dieser Schlingen Universalien zueinander in Beziehung gesetzt" und

„hierdurch die Postulate jeder ... Theorie ... konstruiert werden können"; und daß, wenn solch ein „Beziehungssystem von Impulsen in resonanten Stromkreisen ... in ein Nervensystem gelangt – so, daß es die Form seiner Tätigkeit bestimmt – dann mag es das Feuermuster von Motor-Neuronen determinieren und damit buchstäblich, kausal und neurologisch ein sichtbares, objektives, gesellschaftliches und institutionelles Faktum determinieren".

Nichts wäre vernichtender für diese Theorie der Theoriebildung als ihre Anwendung auf sich selbst. Der zitierte Verfasser wäre mit Recht empört, wollte ich insinuieren, daß diese seine Theorie keinen anderen logischen Status habe als den, der sich aus der Art Genese, die in ihr beschrieben ist, ableiten lasse; und wollte ich, in seinem eigenen Fall, den dort angegebenen Prozeß für seine Suche nach Wahrheit und seine Treue zu ihr substituieren.

Wir haben es hier, wie in so vielen anderen Fällen, mit einer Art Theoretisieren zu tun, die ich das Theoretisieren der gespaltenen Persönlichkeit nennen möchte – ein unvermeidliches und insofern entschuldbares Phänomen in gewissen speziellen Zweigen der Wissenschaft, aber unzulässig und verhängnisvoll in der Philosophie, und kaum weniger in jenen Disziplinen, die den Menschen in ihren Forschungsstand einschließen. In abstracto muß sich der Behaviorist mit unter die Gegenstände seiner Methode rechnen. Aber in concreto muß er den stillschweigenden Vorbehalt seiner eigenen Exemption machen, wenigstens hinsichtlich seines Arguments zur Begründung der behavioristischen These – um seines Geltungsanspruches willen. Zudem, da er sein Argument nach seinen Meriten gewertet wissen will, muß er auch diejenigen eximieren, an deren Urteilskraft im wissenschaftlichen Dialog er sein Argument richtet, während er sie doch gleichzeitig als Beispiele jener „Anderen als ich" ansehen muß, für welche die Methode gelten soll. Und er selbst wird von ihnen mit der gleichen, nie ganz ehrlichen Doppeleinstellung angesehen – innerhalb und außerhalb des Diskurses. Wenn er genügend nachdenkt, mag er sich all dessen bewußt sein. Die gleiche zwangsläufige Doppeleinstellung gilt im Falle des materialistischen Biologen, die gleiche in dem das Kybernetikers."

Nicht weniger kritisch äußert sich René Thom zu der Kybernetik:[37]

„Der Begriff des feed-back: Wie alle Begriffe, die aus der menschlichen Technologie entnommen sind, kann der Begriff des feed-back nicht adäquat evoziert werden, um die Stabilität der biologischen Prozesse zu erklären; bestenfalls kann er dazu dienen, den oszillatorischen Charakter des Durchgangs auf ein Gleichgewicht hin zu illustrieren, der in der Mathematik im Prozeß der sukzessiven Approximation begegnet. Der einzige Begriff, der mathematisch und mechanisch annehmbar ist, ist der der „strukturalen Stabilität" (der Autor führt dann in diesem Zusammenhang seine Theorie der „strukturalen Stabilität" aus) ... "

Am selben Ort:

„Homöostasis und Homöorhesis: Der Unterschied zwischen Homöostase und Homöorhesis ist in der Technik der differentiellen Gleichungen bekannt; Homöostasis bezeichnet, daß der Punkt, der den Zustand des Systems darstellt, in der Nachbarschaft der Lage eines stabilen Gleichgewichts sich befindet, im Phasenraum; Homöorhesis bedeutet, daß der [das System, d. Übersetzer] repräsentierende Punkt sich in der Nachbarschaft eines invariablen Ensembles von Trajektorien K befindet, letzterer ein Attraktor (oder zumindestens ein „Zentrum") für die Trajektorien der Nachbarschaft darstellen..."

In weiterer Darlegung seiner morphologisch-topologischen „Katastrophentheorie" schließt er folgendes:

„Das letzte Beispiel zeigt klar, daß der einzige wichtige Begriff in der Biologie der der Homöorhesis ist, Homöostase besteht nur nach dem Stillstand von Stoffwechsel, d. h. am virtuellen Tod des Lebewesens. Von diesem Gesichtspunkt aus verlangt die Synthese der lebendigen Materie aus nur der Schwerkraft folgender eine wirkliche generalisierte Katastrophe von anabolischer Art: die Bildung einer homöorhetischen verlangt die Verwirklichung einer Unendlichkeit lokaler Synthesen, die in einer begrenzten Zeit erbracht werden und dabei einem gut definierten raum-zeitlichen Schema folgen."

Keidel faßt die Problematik wie folgt zusammen, wobei er jedoch im Unterschied zu René Thom dem auch vom Verfasser angezweifelten Prinzip der Homöostase eine gewisse Rechtfertigung zukommen läßt:[38]

„*Zusammenfassend* wurde geschlossen, daß die Denkweise der Regelungslehre dort ihre Domäne hat, wo im Biologischen automatisierte Homöostasis (Cannon) gefordert ist, also im Vegetativen und im Primitiv-Motorischen, und, innerhalb der Tierreihe, beim primitiven Lebewesen vom Einzeller bis herauf etwa zum Insekt. Für höhere Funktionen des Zentralnervensystems sind zwar auch Feedback-Systeme als Bausteine heuristisch zu fordern und experimentell nachweisbar, aber hier erlaubt doch die Regelungslehre noch keine Erklärung für jene für die menschliche Person typische Verhaltensweisen, die nicht automatenhaften und statistischen, sondern individuellen Charakter haben wie etwa das Gewissen oder schöpferische Leistung. Um es endlich im Rahmen des Themas abschließend zu sagen: Alle biologischen Vorgänge laufen nicht nur innerhalb des Energiesatzes, sondern auch im Rahmen der Informationstheorie im weitesten Sinne ab. Aber die Summe aller energetischen und informativen Funktionen des Organismus ist noch nicht der Mensch."

Die Gegenüberstellung von Kybernetik und Gestaltkreisprinzip (v. Weizsäcker) durch Christian und Buytendijk sei ebenfalls wiedergegeben:[39]

„Im beweglichen Umgang mit Umweltkräften kann also das motivierende Interesse ebenso dem Tun wie der Wahrnehmung gelten. Was sich dann auf ein spezielles Tun oder Bemerken einengt (regeltheoretisch zum „Programm" oder zur „Führungsgröße" wird), liegt *vorweg nicht fest*. Immer, und das ist wesentlich, kann der Vorgang zwar in rückläufiger Analyse (a posteriori) als geregelter beschrieben werden. *Vornhinein* liegt die Abfolge noch offen im Spielraum des *Möglichen. Das Mögliche und der* Wahrscheinlichkeitsgrad der Verwirklichung des Möglichen ist aber für ein Subjekt etwas Wirkliches. Es lassen sich dann zwar Blockschemata der Willkürbewegung zeichnen mit Folgereglern auf unterer Stufe, mit starren und erlernten Programmen sowie Speicher auf höherer Ebene und die entsprechenden Informationsflüsse theoretisch darstellen. Indes enthalten alle diese Schemata in Anwendung auf die Willkürmotorik die Aporie, daß im intentionalen (nicht intendierten!) Verhalten das „Eingangsprogramm" nicht festliegt. Eine fest umrissene Absicht, eine Intention im engeren Sinn, steht nicht am Anfang, sondern man handelt im intentionalen Bezug, bezieht Stellung, will etwas entfalten und in die Fülle seiner Gegenständlichkeit rücken. Bestimmte Bewegungsformen, welche dieser Gegenstandsbildung entgegenkommen, werden bevorzugt, andere unterlassen. „Gegenstandsbildung" bedeutet hier die *Entwicklung* von prägnanten Sachkomplexen durch die Formen aktivmotorischer Zugriffe. Der Weg geht also vom vorläufig Bestimmten zum endgültig Bestimmten („von der Prägnanz zur Präzision", Derwort). Es ist also so, daß wir in der natürlichen Motorik meist nicht von einer schon fest umrissenen Objekt- oder Zielvorstellung („Programm") ausgehen, sondern von der Tatsache, daß sich diese sozusagen erst „unterwegs" – im Zugreifen, Probieren, in der beweglichen Auseinandersetzung – *bilden*. Jedes Verhalten ist also irgendwie improvisiert. Diesen produktiven Akt hat v. Weizsäcker „Gestaltkreis" genannt.

Wir können uns daher vorläufig nur so ausdrücken: In der Willkürbewegung sind keine quantitativ faßbaren Eingangsgrößen bestimmend, sondern *Intentionen, thematische* und *thetische Ordnungen*, wobei „thematisch" und „thetisch" implikative Verbindungen von Bedeutungsgefügen sind, die in der physischen Zeit erscheinen und alsdann in der linearen Zeit auslegbar sind. Dies geht schon daraus hervor, daß im Intentionalen und Phänomenalen des Bewegungsvollzugs *werthafte* (axiologische) Ordnungskategorien bestimmend sind, wie „schwungvoll", „geglückt", „gekonnt" usw. Mit anderen Worten: Die *Bedeutung*, das Thema, der Wert, die *Intentionen organisieren* und *werden organisiert*. Alsdann – post festum – kann der Vollzug als „geregelter" beschrieben werden, indem er hier und jetzt erscheint."

Abschließend sei an das in jedem Lehrbuch der Physiologie oder Pathophysiologie als „klassisches Beispiel" hingestellte „kybernetische" System des Renin-Angiotensin-Zyklus erinnert. Die physiologische Wirklichkeit jedoch hat in fast 30-jähriger Forschungsarbeit die faktischen, dieses Modell verifizierenden Verhältnisse nach wie vor nicht befriedigend aufgeklärt. In ihrer Übersichtsarbeit „Distal Tubular Feedback Control of Renal Haemodynamics and Autoregulation" (den Hinweis verdankt der Ref. Prof. Silbernagl, Physiologisches Institut der Universität Würzburg) kommen L.G. Naver, D.W. Ploth und P.D. Bell zu folgendem Ergebnis:[40]

„Mehrere hormonale, neurale und systemische Systeme [systemic systems, d. Übers.] steuern zu dem Grundniveau renal-vaskulären Widerstands bei. Ihre quantitativen Beiträge sind nicht gut verstanden und variieren wahrscheinlich mit spezifischen physiologischen und pathophysiologischen Verhältnissen. Von dem gesamten reagierenden [„responsive", d. Übers.] Gefäßwiderstand ist nur eine Komponente der Kontrolle selbstregulierender Prozesse unterworfen. Vasodilatatoren können den renalen Gefäßwiderstand absinken lassen bei einem arteriellen Blutdruck, der unter der Schwelle der Autoregulation liegt. So tragen diese anderen Systeme wahrscheinlich zu dem basalen Gefäßtonus der Niere bei, indem sie über Komponenten arbeiten, die andere sind als die für die Selbstregulation verantwortlichen..."

Die Problematik kontinuierlicher feed-back-Systeme im Unterschied zu den technologisch wesentlich komplizierteren der diskontinuierlichen wird sichtbar – darüber hinaus aber der reine Modellcharakter der kybernetischen Interpretation: die Natur verfährt wahrscheinlich nur in pathologischen Fällen kybernetisch (s. Bd. II), bei Verlust der Komplexität, der „Vermaschung". Die Unredlichkeit der sich naturwissenschaftlich gerierenden Lehrbücher wird eklatant.

Kapitel V: Der Organismus und die lebendige Ordnung: Erster Überblick

a) Grundcharakteristika des Organismus nach R. Woltereck

Zur Einführung in eine weder mechanistische noch vitalistische Konzeption des Organismus wird auf die Untersuchungen des Biologen und Zoologen R. Woltereck zurückgegriffen, die im Kern noch als unüberholt gelten dürfen. Sie seien paradigmatisch erwähnt.
In seiner „Allgemeinen Biologie" präzisiert R. Woltereck die Grundmerkmale des Organismus, wobei auffällt, daß er keine verbindliche Definition des Organismus gibt. Vielmehr läßt – wie noch darzulegen ist – eben die Eigentümlichkeit des Organismus eine spezifische Definition desselben nicht zu. Die Charakteristika des Organismus beginnen mit den Zellen bis zum „ausgewachsenen" Lebewesen, sie sind so zahlreich, ja praktisch „unendlich", daß jeder definitorische Versuch der Beschreibung bereits eine Auswahl, damit gegenüber der lebendigen Wirklichkeit Selektion, Einschränkung und Verfälschung bedeutet. Nichtsdestoweniger seien einige deskriptive, den Organismus betreffende Aussagen R. Woltereck wiedergegeben, gerade, weil sie nicht reduktionistisch, sondern phänomenalistisch sind.
Zu dem Problem, daß jedes Lebewesen seine ihm spezifische Gestalt – Form – hat, schreibt er:[1]

„Die drei Faktoren der biotischen Form: Bauplan, Strukturen, Gestalt – stehen im gleichen Verhältnis zueinander wie Grundriß, Bau- einschließlich Installationsmaterial, und Gestalt eines Bauwerkes. Diese drei (mitsamt der Farbe) stellen sichtbar die Konstitution eines Organismus oder eines Bauwerkes dar; wir werden später sehen, ob sie auch das Wesen des betreffenden Gefüges zum Ausdruck bringen.
Die Bedeutung der drei „Form-Elemente" ist ganz verschiedenartig; der Bauplan mit seinen Symmetrieebenen und Gliederungen des Körpers hat die allgemeinste (tiefste) Bedeutung, das Baumaterial und seine Struktur ist funktionell am wichtigsten; die äußere Gestalt ist am meisten spezifisch für die einzelne Gefügeart (Entität)."

Den Gegensatz des Organismus der abiotischen Umwelt gegenüber sieht R. Woltereck in der Selektivität, Reaktivität und Impulsivität derselben, ferner in der Autonomie des Organismus, seiner Autogenie, Autergie und Autotelie. Diese Charakteristika werden wie folgt definiert, wobei es wichtig ist, daß R. Woltereck sich von dem teleologischen Konzept der Biologie distanziert:[2]

„Ein grundsätzlicher Unterschied in der Konstitution der lebenden von allen nichtlebenden Körpern besteht im Verhältnis dieser Körper zur Umwelt. Die abiotischen Körper sind meistens indifferent oder passiv den Außenfaktoren gegenüber. Die Biosysteme verhalten sich manchen Bewirkungen gegenüber einfach passiv, anderen gegenüber *selektiv* aufnehmend (Nahrung, Salze usw.), dritten gegenüber *reagieren* sie durch besondere Leistungen. Die höheren tierischen Organismen („Sinnestiere") antworten auf bestimmte Reize der Außenwelt durch Produktion von Erregung und durch „Wahrnehmung", ferner durch gerichtete Bewegungen, Kontraktionen, Sekretionen usw."

Am selben Ort:[3]

„Der Versuch liegt nahe, diese in allen Organismen geschehende aktive Produktion auf einen gemeinsamen Grundvorgang zu beziehen, wie ja auch die sämtlichen Umsatzerscheinungen auf dem einen Grundvorgang der Assimilation plus Dissimilation beruhen. Was da in allen Biosystemen unausgesetzt produziert wird, einerlei, ob es sich um Stoffe, Energien, Formen, Willensakte handelt, das sind *zunächst* lauter Geschehensanstöße, die wir am besten *Impulse* nennen. Um Verwechslungen mit dem festgelegten Impulsbegriff der Mechanik (m. v.) zu vermeiden, spricht man wohl am besten von Bioimpulsen."

Ebenfalls am selben Ort:[4]

„Unsere kurze Betrachtung der biotischen Konstitution läßt diese Gefüge in immer seltsamerem Lichte erscheinen. Die Phänomene der Stabilität und Instabilität, der Polyhylie, Polychorie, Polymerie und der Geformtheit, sogar das Phänomen der Reaktionsfähigkeit lassen sich mit anderen Systemen, mit Maschinen, mit Flammen, mit Kristallen bis zu einem gewissen Grade vergleichen; nur die autonome Selektivität, spontane *Aktivität*, Produktion und Reproduktion (Autogenie) der Biosysteme scheint jeder Vergleichsmöglichkeit zu spotten. Die besondere Aktivität der Organismen hat Roux als „Autergie" bezeichnet.

Maschinen, die von selbst laufen, aus sich selbst entstehen und sich entwickeln, und die dabei einen unablässigen Umtrieb von Substanzen und Energien in *immer neuen* Ausprägungen verwirklichen, um dann doch zur Ausgangsform wieder zurückzukehren: solche Maschinen lassen sich nicht einmal ersinnen.

Und noch fehlt in unserer Aufzählung die merkwürdigste der merkwürdigen physischen Eigenschaften – von dem auch vermutungsweise nicht physisch Faßbaren, z. B. dem Seelischen, sprechen wir in diesem Kapitel nicht –, eine Eigenschaft, die unter dem Namen der *Zweckmäßigkeit* eine vorherrschende Stellung in fast allen Erörterungen über biotische Konstitutionen spielt.

Die Zweckmäßigkeit der biotischen Konstitutionen (z. B. der Sinnesorgane, der Blattstellung, der „Schutzfarben") wird in der Regel als ein physisches Eingepaßtsein der Organe in ihre Funktion und Umgebung betrachtet, das aus *Zufall* und *Selektion* entstanden ist.

Da wir es in diesem Sachverhalt nicht mit bewußten Handlungen zu tun haben, welche „Zwecke" verfolgen, auch nicht mit Maschinen als den Resultaten solcher Handlungen, sondern mit der physischen Beschaffenheit von Organismen, so können wir den Ausdruck und Begriff der Zweckmäßigkeit nicht brauchen. Wir brauchen ein Wort, das den unleugbaren Sachverhalt des Zweckentsprechendseins der Organe so ausdrückt, daß nur eine Eigenschaft und Leistung des Organismus benannt wird, ohne irgend etwas außerhalb des Organismus oder gar außerhalb der physischen Wirklichkeit mitzusetzen. Die Organe der Lebewesen sind so beschaffen, daß durch sie eine bestimmte Funktion ausgeübt, ein bestimmtes (physisches) „Ziel" erreicht, eine bestimmte, materiell vorbereitete *Möglichkeit verwirklicht* wird, z. B. das Entwerfen eines Bildes auf dem Augenhintergrunde, oder Greifen, Laufen, Begatten usw.

Das Biosystem ist in bezug auf diese Organe *autogen*: es bildet sie aus sich heraus. Und es ist *autonom*: es bildet sie nach Maßgabe von systemeignen Konstanten. Und drittens ist das Biosystem in bezug auf diese Organe „*autotel*": es bildet sie nach einem intendierten Funktions-„Ziel", der spezifischen in diesem Gefüge vorhandenen *Möglichkeit* (Potenz) entsprechend und in *Bezogenheit* zu bestimmten anderen Erscheinungen innerhalb und außerhalb des eigenen Systems."

In Erinnerung an die jüngsten Untersuchungen insbesondere anglo-amerikanischer Biologen (Ebert u. Sussex, de Haan, Willmer u. a. m.) sei bemerkt, daß Größenzunahme des Organismus, Wachstum und Differenzierung – in der Embryonalentwicklung zahlreicher Organismen nachweisbar – keine identischen, sondern zum Teil heterogene (antinomische) Vorgänge sind, die jedoch jeweils in der Form der einzelnen Lebewesen, seiner Gestalt zum (relativen) Abschluß gelangen. So definiert Woltereck die Form des Organismus wie folgt:[5]

„Form kann demnach als determiniert *geordnete Ungleichheit* der Raumteile eines Systemes definiert werden, wobei mit Determiniertsein eine das System durchwaltende und jeden seiner Teile betreffende Gesetzhaftigkeit gemeint ist. Für diese Gesetzhaftigkeit ist charakteristisch, daß sie erstens bestimmte Relationen der ungleich gelagerten Teile schafft, daß sie zweitens einen Gleichgewichtszustand zwischen ihnen herstellt und daß sie drittens viele verschiedene Bestandteile eines Komplexes zu relativ wenigen gemeinsamen Gegebenheiten, vor allem zu einigen bestimmten *Richtungen* verbindet."

Der für die Evolutionstheorie ebenso häufig wie tautologisch mißbrauchte Umwelt- und Anpassungsbegriff klärt sich bei Woltereck auf:[6]

„Die Umwelt eines Organismus ist nich die objektiv irgendwie soseiende Umgebung; aus dieser Umgebung „macht" der Organismus seine Umwelt, seinen spezifisch begrenzten und gearteten (gestalteten) Lebensraum oder Um-Raum, indem er:
erstens: nur mit bestimmten Teilen seiner Umgebung in Beziehungen tritt, während er andere, für ihn irrelevante oder nicht wahrnehmbare Teile und Agentien der objektiven Umgebung gar nicht erlebt;
zweitens: indem er diese „ausgewählten" Teile durch seine Aktionen verändert und sich dadurch gegebenenfalls einen besonderen Lebensraum abgrenzt und materiell gestaltet;
drittens: indem er durch die Reichweite seiner Organe oder Bewegungen und einen gewissen Raumumfang angewiesen ist;

viertens: indem er durch die Beschaffenheit seiner Sinnesorgane und seines Zentralorgans (Gehirn) aus seiner Umwelt bestimmte Zeichen. Signale, Wahrnehmungen, gegebenenfalls Vorstellungen erhält, die den erlebten Charakter der Umwelt bestimmen."

Zu dem für die Physiologie, insbesondere für die Neurophysiologie wesentlichen Begriff von Reiz und Reaktion schreibt Woltereck:[7]

„1. Die Wirkung ist größer und mannigfaltiger als die von außen wirkende Ursache. Letztere ist also *nicht allein* Zureichender Grund für die erstere.
2. Vielerlei Reize können in einem Organismus ein und *dieselbe* spezifische Wirkung, z.B. eine Kontraktion auslösen.
3. Gleiche Reize können bei verschiedenen Organismen oder beim selben Organismus unter verschiedenen inneren Umständen *bald diese bald jene* Wirkung auslösen.
4. Reizwirkungen können im Organismus *gespeichert* werden und zu späterer Zeit Wirkungen auslösen oder verstärken.
5. Reizwirkungen sind in der Regel so geartet, daß sie in das Gefüge und Getriebe des Biosystems als notwendige, *dem Ganzen dienliche* Faktoren eingepaßt erscheinen. Dieser Sachverhalt zusammen mit manchen anderen Tatsachen kann nur so gedeutet werden, daß die Reize *nicht unmittelbar* den sichtbaren Effekt erzeugen, sondern daß sie im Biosystem *Impulse* auslösen, die wir in diesem Falle Signale genannt haben. Diese Signale erzeugen ihrerseits auf dem Wege über ein Zentrum oder (z.B. bei den Protozoen) unmittelbar den jeweiligen spezifischen Effekt.

Besonders deutlich ist die Reaktion durch eigene Leistung (Signalproduktion) bei den *gerichteten Bewegungen* der einfachsten Tierformen, ferner bei den Reaktionen der höheren Tiere (Sinnestiere) auf zusammengesetzte Bilder, Gerüche, Tonfolgen."

Die „Grundcharakteristika" der Lebewesen, durch zahllose andere zu erweitern, begegnen in den Lehrbüchern der zeitgenössischen Biologie, Biochemie oder Physiologie so gut wie nicht mehr, bestenfalls wird die Reproduktionsfähigkeit der Lebewesen, dann noch ihre Eigenbeweglichkeit erwähnt. So definiert Wuketits den Organismus im Sinne technologischer Systeme vollständig kausal:[8]

„Dagegen wird eine vollständige kausale Erklärung des Lebendigen im Rahmen der Systemtheorie möglich, auch ohne daß man vitalistischem Gedankengut Konzessionen macht. In gleicher Weise werden die besprochenen teleonomischen Aspekte dadurch, daß sie der mit naturwissenschaftlichen Methoden operierenden Systemtheorie untergeordnet werden, ohne Hinzunahme eines vitalistischen und damit teleologischen oder finalen Prinzips grundsätzlich einer Lösung nahegebracht."

Was deskriptiv-phänomenalistisch als „Wesensmerkmal" erscheint, ist größtenteils biochemisch-molekularbiologisch reduziert und damit als „Wesensmerkmal" destruiert, ohne daß auch nur ein Begriff wie z.B. der der Anpassung des Organismus an seine Umwelt oder der der Reproduktion, der Erregbarkeit, der Impulsivität, des Reizes einwandfrei chemo-physikalisch jemals hätten definiert werden können. Einwandfrei: Ohne in der Definition von vorneherein – tautologisch – selektiv und technologisch bestimmt zu arbeiten. Die Definition dieser soeben erwähnten Begriffe sind bereits am Organismus methodisch reduktiv gewonnen, wie der von Reiz und Reaktion, dem das mechanische Kausalprinzip zugrunde liegt. Mit den zahlreichen Versuchen zeitgenössischer Biologen, Grundformen der Lebensprozesse zu definieren, die in sich höchst heterogen sind, soll jedoch der Leser verschont bleiben.

Die Begriffe R. Woltereckes, die einerseits Bauplan und Struktur, die Ordnung des Organismus im Raum anvisieren, andererseits seine Dynamik, seine zeitlichen Verläufe – als da sind Reagibilität, Impulsivität, Spontaneität, Autergie, Autotelie, Reproduktivität usf. – treffen für alle Lebewesen zu, sie sind „Wesenseigenschaften" derselben und es wird auf diese noch im weiteren Verlauf der Untersuchung zurückgegriffen werden. Darüber hinaus hat jedoch R. Woltereck eine weitere Wesensallgemeinheit der Lebewesen aufgezeigt, ohne allerdings die Konsequenz aus dieser Entdeckung ausreichend gezogen zu haben: dem grundlegend antinomischen („antilogischen") Charakter der Lebewesen. Diesen stellt er wie folgt dar:[9]

„ 1. Das Leben besteht aus lauter *kausal* determinierten Vorgängen, Funktionen, Umsätzen usw., aber die Entwicklung und manche Funktionen scheinen *akausal auf ein Ziel gerichtet* (scheinbar „final") zu verlaufen.
2. Die Lebensträger sind *unstabile* Gebilde (Stoffwechsel, Energiewechsel, Formenwechsel usw.), aber dennoch *beharrend im Wechsel*.
3. Die lebendigen Gefüge/Getriebe sind höchst *mannigfaltig* und polymorph, aber dennoch als *Einheiten und Ganzheiten* in sich geschlossen.
4. Ihr Geschehen besteht aus fortwährenden *Repetitionen*, zeigt aber dennoch deutlichen Fortschritt *neuer Gestalten* (in der Lebens-geschichte der Erde und im Geiste des Menschen).
5. Die Lebensträger werden durch *Differenzierung* in viele Arten von Zellen und viele Organe immer mehr aufgespalten, aber zugleich steigt (im Tierreich) die Höhe der *Konzentrierung* aller Funktionen.
6. Die Organismen empfangen fortwährend äußere Reize und *reagieren* beständig auf Außeneinflüsse, aber gleichzeitig produzieren sie aus sich heraus *spontanes* Geschehen.
7. Ihr Geschehen ist an *feste Normen* gebunden, zeigt aber gleichzeitig einen mit der Organisationshöhe zunehmenden *Grad von Freiheit*.
8. Die Organismen werden fortgesetzt durch *kontingente* Außeneinflüsse umgeformt, gestört oder vernichtet, dennoch *überwinden* sie immer wieder die störenden Kräfte und Kontingenzen.
9. Jeder Organismus besitzt ein *veränderliches Mosaik* von vielen einzelnen Erbanlagen (Genen), aber dennoch eine *festgefügte Konstitution* des Bauplans und der Organe.
10. Das Leben ist von unzähligen *Disharmonien* durchsetzt. (Krankheit, Kämpfe, Vernichtung); dennoch ist es auch immer wieder *harmonisch* im einzelnen Organismus und im ganzen Geschehen (Lebensgemeinschaften usw.).
11. Jeder Organismus ist ein *materielles* Gefüge/Getriebe, das ist sein extensives

„Außen"-geschehen. Er ist aber – solange er lebt – zugleich ein nichtmaterielles *Innen* oder Ontisches Zentrum, das aufnimmt, empfindet, intendiert und sich ausdrückt.

12. Trotz dieser Wesens-*spaltung* in Außen und *Innen* ist nicht nur jeder Organismus ein Ganzes, sondern auch die gesamte Geschehensfolge des Lebens ist ein *totalitärer* Vorgang."

Diese Antinomien werden für das Verstehen des Lebensprozesses, des Organismus in Gesundheit und Krankheit für den weiteren Verlauf der Untersuchung (Bd. II) von erheblicher Bedeutung sein, allerdings werden sie noch wesentliche Ergänzungen erfahren.

Ohne spezifisch auf Antinomien zu rekurrieren, sieht z. B. auch Willmer ein wichtiges Merkmal der Lebensprozesse in ihrer „gleichgewichtigen Aktivität". Er schreibt:[10]

„In der allgemeinen Physiologie gibt es zahlreiche Beispiele eines Ruhezustandes von Aktivität, der durch das Gleichgewicht von zwei oder manchmal mehreren gegensätzlichen oder unterschiedenen Tätigkeiten aufrecht erhalten wird."

(Er bezieht sich zum Beispiel auf den morphologischen Dualismus des Epithels, auf Antagonismen wie Sympathicus/Vagus, cholinergische/adrenergische Funktionen.)

Selbst Rapoport bekennt sich zu einer eigentümlichen Dynamik des Lebens – ohne sich wohl über die Tragweite der Bedeutung des Begriffs „dialektisch" ganz klar zu sein:[11]

„Die Stabilität lebender Systeme ist nicht statischer Art, sondern das Resultat verschiedenster Prozesse. Es liegt somit ein dynamisches Gleichgewicht vor. Wollen wir einen Vergleich wählen, so können wir die Konstanz biologischer Merkmale – etwa der Zellstrukturen oder der Konzentration einer bestimmten Verbindung im Blut – mit der Konstanz des Wasserspiegels eines Flusses vergleichen. Es ist somit ein *Fließgleichgewicht* vorhanden. Form und Funktion stellen eine dialektische Einheit dar. Alle Strukturen sind dynamisch entstanden. Die Dynamik wiederum ist durch die Strukturen bedingt. Die Erforschung der Fließgleichgewichte des Organismus ist eine der Hauptaufgaben der Biochemie."

b) Weitere Antinomien des Organismus und der Lebensprozesse

Zu den weiteren Antinomien des Lebendigen zählt das Problem der Gleichzeitigkeit: Man bedenke, was in einem Organismus mit ca. 40 Milliarden Zellen, der pro Zelle mindestens tausend aktive Enzyme beherbergt, im Querschnitt nur von einer Sekunde sich ereignet. Die tausendfach multiplizierte Mannigfaltigkeit von 40 Milliarden Zellen heterogenster Natur – von den Lipoiden, z. B. ihren Einbau in der Zellmembran des ZNS bis zu der

Tätigkeit der Osteoklasten – ist doch nur *eine*, d.h. höchste dynamische Differenz bei höchster Identität verkörpert (s. Bd. II). Dieses Prinzip gilt für die „höchst entwickelten" Lebewesen nicht weniger wie für die Einzeller. Lebensvorgänge sind ferner nicht kontinuierlich, wie sie sich das mechanistische Denken wünscht, sondern diskontinuierlich: Jeder elementare Vorgang der Zellteilung belegt dies, nicht weniger wie Unterschiede der Eltern/Nachfolge-Generationen, die Metamorphosen der Insekten, Amphibien usf.: diskontinuierliche Vorgänge überwiegen bei aller gleichzeitigen Kontinuität der Prozesse. Kontinuität der Vererbung wird durch die Diskontinuität der Sprünge zwischen den Generationen zu einem antinomischen Vorgang.

Die Embryonalentwicklung nicht weniger wie das, was von der Evolution wirklich gewußt wird, verläuft diskontinuierlich: an verschiedenen Orten entstehen zu unterschiedlichen Zeiten verschiedene Organe, bzw. tauchen unterschiedliche Tierarten zu verschiedenen Zeiten an verschiedenen Orten auf. Diskontinuierlich ist ferner die Entstehung der Individuen überhaupt, wie ihr Tod, aber auch die physiologischen Prozesse z.B. von Wachen und Schlafen, wobei trotz aller Diskontinuität auch dieser physiologisch-innerorganismischen Prozesse die Kontinuität des „Ganzen" erhalten bleibt. Diskontinuierlich ist jedoch das „Ganze" der Lebewesen selbst: es besteht eben aus einer übergroßen Anzahl von Zellen, die zwar alle im Zusammenhang miteinander stehen, aber dennoch in der Einheit diskontinuierliche Vielheit verkörpern. Diskontinuierlich sind darüber hinaus alle rhythmischen Vorgänge insbesondere der Zirkulation, der Nervenimpulse, der Sekretion innerer Drüsen, da die Schwingungsamplituden der rhythmischen Prozesse stets durch einen Nullpunkt führt, – bei aller Kontinuität der für die Lebensprozesse fundamentalen Erscheinung eben der Rhythmik.

Prinzipiell diskontinuierlich sind ferner die Stoffwechselvorgänge von Dissimilation und Assimilation, kata- und anabole Prozesse: die Diskontinuität tritt – wie bei der Rhythmik – im biochemisch schwerst faßbaren Umschlag von der kata- zur anabolen Phase auf. Diskontinuierlich sind endlich vor allem die durch die Sinnesorgane vermittelten Wahrnehmungsprozesse: sie hängen von dem „Angebot" an „Reizen" einerseits durch die Außenwelt ab, andererseits bedingen sie die Erscheinungen der Außenwelt mit. Die Diskontinuität der Lebensprozesse widerspricht der These: „Natura non facit saltus": im Gegenteil, die Natur macht Sprünge, bleibt aber doch „eine" in der Vielheit, eine logisch nicht auflösbare Antinomie.

Als letzte, wesentliche Antinomie der Lebensprozesse sei die innerorganismische „Interaktion" zwischen Zellen und Zellverbänden erinnert, die zunehmend die mikrobiologischen Beobachtungen beherrscht. Die Zelle verhält sich sowohl als „eine" auf sich bezogene „Monade" wie auch gleichzeitig stets auf den gesamten Verband ausgerichtet. Dies wird besonders in der Entwicklungsbiologie sichtbar, etwa der Abhängigkeit der sich entwickelnden Nervenfaser von dem Gewebe der Muskelzellen oder in den zahlreichen

Induktionsphänomenen überhaupt. Ebert und Sussex fassen zusammen: (S. auch Bd. II)[12]

„Jedes sich differenzierende Gewebe hat seine eigenen inneren Kontrollen. Dennoch ist die Zelle in ihrer Entwicklung Teil eines größeren Ganzen. Während ihrer Differenzierung muß die Zelle auf ihre äußeren Kontrollfaktoren antworten. So zählt es zu den größeren Aufgaben der Entwicklungsbiologie, diese äußeren Kontrollen zu bestimmen und die Wege zu verstehen, vermittels derer sie die inneren Kontrollen der Zelle beeinflussen. In der Beobachtung der äußeren Kontrolle der Gewebe-Interaktion haben wir zuerst gefunden, daß diese eine innige Verbindung zwischen den Zellen mit einbezieht. Diese Verbindung verlangt aber keine Berührung im mechanischen Sinne unmittelbaren Nebeneinander-Liebens und Berührung der Oberflächen. Sie verlangt, daß die Zellen in einer gemeinsamen Mikroumwelt kommunizieren."

Um an anderer Stelle die Problematik noch weiter aufzuweisen:[13]

„Nichtsdestoweniger ist das Problem noch komplizierter, denn viele strukturalen Einheiten (der Zelle, d. Übersetzer) müssen nicht nur einmal, sondern wiederholt nach dem gleichen Grundmuster gebaut werden... Obwohl Wiedergestaltung und Wiederausbildung der Gewebe während des ganzen Lebens stattfinden muß, so erfolgen sie doch während der Entwicklungsprozesse am auffallendsten. Diese Prozesse unterscheiden sich grundsätzlich von der Art des beobachteten Wechsels und in den Faktoren, die diese einleiten und kontrollieren..."

c) Die taxonomischen Antinomien

Die Widersprüche der taxonomischen Bestimmungen arbeitete Danser[14] kritisch heraus (s. Kap. III). Die nominalistische wie die realistische Artenbestimmung aufgrund spezifischer Typen wird praktisch undurchführbar. Es sei an die Problematik des Artbegriffes (s. o. S. 119 ff.) erinnert, der sich nicht nur widersprüchlich darstellte, sondern eine echte Autonomie beinhaltet, da weder die realistische noch die nominalistische Bestimmung zutrifft, die Definition Mayrs „idealtypisch" ist, aber realistisch schlechthin falsch. In den Ergänzungen der oben dargelegten Ausführungen Dansers beschreibt dieser, die Art betreffend, unter dem Motto: „Was mehr oder weniger richtig (als Art, d. Übers.) eingeschlossen werden kann" acht Gesichtspunkte, die von nicht genügend beschriebenen morphologischen Formen von „Arten" bis zu Abweichungen, hereditären, geoklimatischen, parasitären und denen zu anderen Arten reichen, um auch dann wieder zu dem Ergebnis zu kommen: „das allgemeine Methoden zu der Unterscheidung dieser Kategorien nicht bestehen". Er führt dies aus, obwohl er an der Realität des Typus keinen Zweifel bestehen läßt:[15]

„An erster Stelle kann ein Grund-Bauplan oder Typus jeder Gruppe – manchmal auffallend, manchmal weniger klar – unterschieden werden, von dem alle Gruppen niedriger Ordnung Variationen sind."

Und an anderer Stelle:[16]

„Der systematische Grundplan jeder natürlichen Gruppe ist ein imaginäres, lebendes Wesen (imaginary living being), in dem die folgenden Qualitäten kombiniert sind: Erstens alles das, was den Grundplan der nächststehenden Gruppe der nächsten niedrigen Ordnung (mit dem Grundplan) gemeinsam hat, zweitens, worin diese voneinander abweichen, einschließlich der primitivsten Bedingungen, die unter ihnen vorkommen."

Daraus folgt, daß eine Artbestimmung letztlich nur im Hinblick auf einen Typus erfolgen kann, d.h. realistische und nominalistische Deutung sich gegenüberstehen.

d) Die Antinomien der Evolution I

Die Probleme und Widersprüche der Evolutionstheorie wurden oben abschließend noch einmal zusammengefaßt (S. 163 ff.), jedoch seien die wichtigsten, wie sie sich aus der Kritik auch von Grassé ergeben, kurz erinnert. Grundsätzlich sei jedoch zwischen wissenschaftstheoretischen Erklärungen (Tautologien) und faktischen Beobachtungen unterschieden.
1. Die Probleme der Entstehung und Evolutionen der Arten: monophyletisch/polyphyletisch. Entstehung ist von Evolution zu trennen/nicht zu trennen.
2. Das Problem von Gerichtetheit/Ungerichtetheit von Evolution.
3. Das Problem der Neogenese/„Präadaptation".
4. Das Verhältnis von Geno- zu Phänotyp.
5. Gleichgewicht/Ungleichgewicht in der Populationsgenetik.
6. Das biogenetische Grundgesetz: Rekapitulation der Stammesgeschichte oder Neogenese. In der Keimesentwicklung „totale Präformation"/Epi-, Neogenese.
7. Sinnlosigkeit (Zufall) gegen „sinnvolle" Evolution.

e) Die wissenschaftstheoretische Bedeutung der antinomischen Strukturierung des Lebens und der Lebewesen

Der antinomische Aufbau der lebendigen „Ordnung" weist die kausalistisch-mechanistische Erklärung der modernen Biologie nicht weniger wie ihren durchgängig, in jedem Lehrbuch nachzuweisenden finalistischen-teleologischen Charakter in ihre Grenzen. Kausalmechanistische Erklärungen sind nur approximativ richtig, da sie stets und grundsätzlich Teilvorgänge aus dem Gesamt des Organismus perzipieren, Teilvorgänge jedoch nur in bezug auf das Gesamt „interaktionell" zu verstehen sind. Eine Summierung von kausalistisch dargelegten Vorgängen führt nie zu der Interaktionalität der „Teile" des Organismus, denn eben diese Interaktionalität ist ein der Kausalität übergeordneter Vorgang. Biologen vergangener Jahrzehnte, auch v. Bertalanffy, sprachen von dem „übergeordneten Ganzen" oder der „Systemeinheit". Interaktionalität ist dem System oder Ganzen vorgegeben, als aktive, gegenseitige Bezugaufnahme bedingt sie das „Ganze" (s. die Ausführungen zu „Teil" und „Ganzes" in Bd. II).

Das Verhältnis von Reiz zu Reaktion als Prototyp der Kausalität wurde oben schon als ein die mechanistische Kausalität übersteigender Vorgang expliziert (s. insbesondere B. II). Aber auch die Gleichzeitigkeit von der Quantität und Qualität her nicht mehr zu erfassender Vorgänge, die Diskontinuität der meisten biologischen Prozesse, lassen das kausale Denken nur approximativ, in Teilvorgängen gelten. Es legt höchst eingeschränkte Detailprozesse bloß, die die menschlich-technische Intelligenz qualitativ weit überspringen. Die nicht abzuleugnende „Zweckmäßigkeit" aller biologischen Vorgänge und Gebilde, die „staunenswerten" Leistungen und die Morphologie etwa des Gehirns, des Auges, der Niere, der hormonellen Interaktion des Aufbaus von Drüsen wie etwa der Schilddrüse und ihrer komplex abgestuften Produkte – diese Tatsachen ließen sich, der Mannigfaltigkeit der Lebensprozesse und der lebendigen Ordnung entsprechend, vielfach aufzählen. Sie kann nur ein mit Blindheit, „mit geistiger Umnachtung" geschlagener Wissenschaftler ableugnen. Welches Lehrbuch z. B. der Physiologie gäbe es nicht, das nicht der Niere die Ausscheidungsfunktion, der Muskulatur die Bewegung, dem Gehirn die Koordination, dem Herzen die „Pumpfunktion" zuschriebe? Das finalistisch-teleologische Denken ist aus der Naturkunde nicht zu eliminieren, es ist unausgesprochene Voraussetzung jeder biologischen Untersuchung und erfährt sekundär eine je nachdem molekularbiologische oder einfach kausalistische Reduktion. Dieses Verfahren – einem frommen Selbstbetrug gleich – hält einer kritischen wissenschaftstheoretischen Untersuchung nicht stand. Nichtsdestoweniger impliziert „Zweck" bewußtes Denken, Antizipieren, Wille und Ziel, das der Bildung und Entwicklung lebendiger Gestalten nicht unterstellt werden darf. Deshalb geht auch die finalistische Interpretation der lebendigen Mannigfaltigkeit am eigentlichen Geschehen vorbei: zweifellos dienen die Hand zum Fassen und Greifen, die Beine der Fortbewegung, das Auge dem Sehen, aber diese und alle anderen „zweckmäßigen Einrichtungen" der Lebewesen sind ohne bewußte Absicht entstanden. „Es" wird durch das Auge Umwelt sichtbar, „es" erschließt sich Umwelt durch Bewegung, „es" wird Umwelt in Form von Nahrung aufgenommen, „es" heißt hier: Umweltbezug ist Selbstbezug der Lebewesen, diese lassen Umwelt und sich selbst in vielfachster Weise erscheinen. Der Organismus und seine „zweckvollen" Organe sind die fast als „unendlich" zu bezeichnenden Versuche des Themas: Um-

welt und Selbstbezug (s. Bd. II). Es ist jedoch für die lebendige Ordnung wesensspezifisch, daß sich der finalistische, heute insbesondere technologisch interpretierte Zusammenhang aufdrängt. Kein Gebilde – auch die sog. rudimentären – innerhalb der Lebewesen, das nicht im Zusammenhang derselben und in bezug auf diese eine oder mehrere spezifische *Bedeutungen* hat. Diese Bedeutungen wurden von dem naiven homo faber – dem Erschaffer der Werkzeuge („Organe") – den Werkzeugen und ihrem „Um-zu" entsprechend gedeutet, von dem technologischen Denken der Biologen, je nach Stand der technischen Entwicklung, heute nach dem Modell der Daten- und Informationsverarbeitung interpretiert. Beide Interpretationen zielen jedoch sowohl an dem durchgängig antinomischen Charakter der Lebewesen und lebendigen Ordnung vorbei, wie an den Grundzügen der Autergie und Autotelie. Die lebendige Ordnung, die Lebewesen erschließen sich keinem Denken, das sich nur in kausal-mechanistisch-finalistischen Kategorien bewegt. Jedoch gibt es für die aristotelisch-kantianischen Kategorien des Erkennens keine zu vollziehenden Antinomien, bzw. sind diese dort unlösbar und verweisen auf Aporien. Die Auflösung derselben durch die Hegelsche Dialektik hält der Verfasser – mit I. Kant – für nur „scheinbar"- jedoch fand die Auseinandersetzung mit dieser Thematik an anderer Stelle statt.[17]
Der antinomische Charakter der lebendigen Ordnung wird allerdings bei Kant – obwohl er ausdrücklich die Lebensvorgänge als nicht kausal oder teleologisch erklärbar hält – und bei Hegel durchaus noch wahrgenommen. Er ist der neuen Philosophie dann weitgehend entgangen, wird von den Bemühungen der Lebensphilosophie in der Folge auch von H. Bergson und L. Klages abgesehen. Das ist der Grund für das Fehlen jeder, sich mit der Antinomik des Lebens auseinandersetzenden Wissenschaftstheorie, die Antinomik eben der Lebensprozesse jede Wissenschaftstheorie in Frage stellt, da sie logisch inkommensurabel ist. Sie bedeutet letztlich nichts anderes, als daß die Lebensvorgänge sich in einer dem menschlichen Erkenntnisvermögen entziehenden Weise ereignen. Dieses vermag nur – s. o. – approximativ oder finalistisch Teilvorgänge zu erfassen, nicht aber das „Leben" selbst, denn der antinomische Charakter desselben erlaubt keine logische Auflösung. Das Denken steht hier – analog zu Kants erwähnten Kritik – eben echten Aporien gegenüber. Sie sind insbesondere deshalb aporetisch, da die Antinomien der Lebensvorgänge die Gleichzeitigkeit derselben implizieren, d.h. das sowohl als auch dessen, das sich logisch ausschließt: denn a kann nach den Grundsätzen der Logik nicht gleichzeitig b sein, wohl jedoch im Lebensvorgang. Die Lebensprozesse sind als fundamental irrational zu bezeichnen, dies ist das entscheidende Moment der hier vorgetragenen Konzeption im Unterschied zu der herrschenden wissenschaftlichen Meinung.[18]

f) Das Wesen der „lebendigen Ordnung": Zweiter Überblick

Die Lebensvorgänge imponieren in folgenden Aspekten:
1. Ohne finalistisch orientierte Intelligenz oder Vernunft übersteigen sie qualitativ und quantitativ alles technologische Können des Menschen, das jedoch an bewußte Intelligenzleistung gebunden ist. Es sei nur daran erinnert, welcher technischen Vorrichtungen die Erzeugung organischer Verbindungen bedarf – im Vergleich zu den katalytischen Vorgängen des Organismus.
2. Lebensvorgänge implizieren „höchste" Intelligenz in der Voraussicht, der Antizipation zukünftiger Umweltbedingung: Keine Keimesentwicklung ohne Bezug auf das, was den ausgewachsenen Keim erwartet. Die „prospektive Potenz" der Embryologie wie auch die ständige Anwesenheit der Vergangenheit im Genom, impliziert die Erfahrungen des Organismus sowohl in der Vergangenheit wie, von dieser ausgehend, auf die Zukunft hin bezogen.
3. Lebensvorgänge sind letztlich irrational, nur approximativ mechanistisch-kausal zu erkären (s. o.).
4. Die lebendige Ordnung ist stets eine gestaltet-gebildete, bis in die Mikrostruktur der organisierten Gewebe.
5. Zumindest sind alle animalischen Organismen – von der Selbstbewegung und Reagibilität der Protisten an – auf ein wie auch immer vorzustellendes, letztlich nur nach wissenschaftstheoretisch unzulässigen Analogieschlüssen zu ermittelndes, deshalb nie adäquat verstehbares „Erleben" bezogen, d. h. auf ein „Innen".

g) Die Antinomien der Evolution und die lebendige Ordnung II

Die Erkenntnismittel – Begriffsbildung und Begriffsmöglichkeiten – Darwins und der Mehrzahl seiner Nachfolger sind extrem eingeschränkt. Die Kategorien wechseln – so sei erinnert – zwischen finalistischer Deutung – zu diesen zählen die sog. Anpassung nicht weniger als das Überleben nach Selektion – und kausalmechanistische Hypothesen wie z. B. die der Mutation, die letztere allerdings Darwin noch nicht zur Verfügung stand. In diesem Repertoire nur weniger Begriffe wurde deren tautologischer Charakter von den Evolutionisten nicht einmal wahrgenommen, soweit diese Begriffe dann auf die lebendigen Prozesse angewandt wurden. In der evolutionistischen Begriffsbildung gab es keinen Raum für eine antinomische Konzeption der Lebensprozesse. Auch die Forscher – ihre Zahl ist nicht gering, wie oben belegt wurde –, die der Entstehung der Arten wie der Evolutionstheorie gegenüber einen „immanenten" oder wie auch immer zu formulierenden Sinn zugrunde liegend annahmen, übersahen den fundamental antinomischen Charakter der Lebensprozesse. So kranken auch ihre Theorien an der Hinzufügung einer teleologisch orientierten Tendenz zu der bestehenden Evolutionstheorie, die dann zu den entsprechenden Widersprüchen innerhalb der Konzeptionen selbst führte. Somit ist die hier vertretene Auffassung – angeregt durch die Untersuchungen R. Wolterecks – neu. Sie beruht auf dem nicht aufzulösenden Faktum eben der praktisch „in das Unendliche" zu variierenden Antinomien der Lebensvorgänge.

In einem ersten Überblick auf eine Konzeption der Evolution, die dieser Antinomik gerecht wird, seien die großen Linien derselben aufgezeigt, an die oben dargelegten Antinomien der Evolution und der Evolutionstheorie unmittelbar anknüpfend.

1. Zum Problem der Entstehung der Arten, Evolution, monohyletisch/polyhyletisch

Wie Mayr u.a. aufwies, trennte Darwin nicht eindeutig zwischen Entstehung der Arten und ihrer Evolution. Mayr besteht auf Trennung beider Vorkommnisse. Zwar scheint Darwin tatsächlich hier aus unzureichender kritischer Wahrnehmung der Verhältnisse diese Trennung nicht vollzogen zu haben, seine „Naivität" war jedoch insofern im Recht, als jede Entstehung einer Art auch einen Evolutionsschritt – gleichgültig in welcher Richtung – darstellt. Entstehung impliziert weitgehend irreversible Veränderung gegenüber dem vorausgegangenen Zustand, eine „neue" Art ist ein evolutives Ereignis: soweit über den Begriff der Art und der Evolution Einigkeit besteht. Andererseits umschließt „Entstehung" Neo/Epigenese, „Evolution" nur die Veränderung bereits vorhandener „Merkmale". Dies macht die Antinomie deutlich, die das Leben „löst", indem sowohl neue Arten entstehen wie sich gleichzeitig vorhandene evolutiv ändern.

Das Leben – nicht von dem faktischen Organismus zu trennen – erscheint in seiner spezifischen Weise ein einmaliges Ereignis auf dem Planeten gewesen zu sein. Es gibt nicht „verschiedene" Leben, wohl mannigfaltigste Lebensvorgänge und Arten, die alle nach den gleichen fundamentalen Prinzipien „leben". Deshalb darf das Leben als monohyletisch angesehen werden, die Entstehung der Arten jedoch gleichzeitig polyhyletisch. Sollte die Evolution mit Einzellern oder Mikrofossilien begonnen haben: *einen* Lebensvorgang realisieren verschieden geartete Einzeller, da Leben von Anfang an einheitliche Verschiedenheit ist.

2. Gerichtetheit/Ungerichtetheit der Evolution (Probleme der Mutation)

Von der „Punktmutation" bis zu der – heute weitgehend abgelehnten – „Sprungmutation" (de Vries), von der Kombination genetischer Merkmale bis zu der Isolation von Populationen, ist diese Hypothese innerhalb der Neodarwinisten selbst nicht unwidersprochenen geblieben, sofern sie die Entstehung der Arten erklären soll. Jedoch gilt allemal, daß die Mutation erst „ungerichtet", zufällig erscheint, dann durch die Selektion gesiebt wird, die überlebenden Arten entstehen. Bei der Diskussion dieser Hypothese überse-

hen die Evolutionisten die ungewöhnliche Komplikation, die eine „Mutation" mit sich bringt, von der problematischen, zunehmend in Auflösung begriffenen Vorstellung des Gens, der Mannigfaltigkeit und Unterschiedlichkeit der von einem Gen „kontrollierten" Merkmale abgesehen, den in der Evolution sich ereignenden morphologisch-funktionellen Gestaltveränderungen, die eine Überanzahl von „Mutationen" verlangen. Die evolutive Umwandlung der Molaren der Equiden, die Veränderung der Stirnhirnknochen und die Größenzunahme des Gehirns sind Vorgänge, die eine erhebliche Anzahl von „Genen" in harmonisch-gerichteter Weise in Anspruch nehmen, da sonst lebensunfähige Mißgeburten entstehen. Diese Prozesse sollen gleichzeitig noch ihren spezifischen Umweltbezug haben: vom Wald- zum Steppentier (Equiden), mit verschiedenen Arten der Ernährung, die wiederum abweichende Funktionen des Magens, des Magen-Darm-Kanals usf. implizieren. Veränderungen jener Art – allein bei den Equiden – als „ungerichtet" und zufällig zu bezeichnen, erscheint ebenso problematisch wie etwa die ungewöhnlich mannigfaltige Strukturierung der Radiolarien oder Diatomeen als ungerichtete Mutanten einer oder mehrerer Arten zu bezeichnen. Die Mutation, die angenommene Voraussetzung überhaupt genetisch verankerter Veränderungen, dürfte nur als ein „ganzheitlich" den gesamten Organismus ihm entsprechend umgestaltender Vorgang, d. h. stets als „gerichtete" zu interpretieren sein. Dies schließt jedoch keineswegs aus, daß der Prozeß im Gesamt der Evolution, im Verhältnis zu anderen Tierarten, „ungerichtet" erscheint. Warum die Entwicklung der Equiden bis zu den Pferden der Jetzt-Zeit ging, die der Ammoniten nach mehreren Perioden zum Stillstand kam –, hier eine „Richtung" zu vermuten, erscheint nicht angebracht. Die evolutiven Prozesse sind deshalb antinomisch:
Sie sind gleichzeitig in der Veränderung ihres Erbgutes gerichtet, in bezug auf das Ganze der Evolution ungerichtet.

Reichen diese Annahmen aus, die Entstehung neuer Arten zu erklären? Keineswegs. Die Entstehung neuer Arten verlangt einen höchst komplexen „Umbau" des genetischen Materials, der kaum nach Sandkasten-Dominospiel-Modellen der Evolutionisten verläuft: in denen hier ein Stück fragmentierter Chromosomen an-, dort wieder abgebaut wird. Vorstellungen und Modelle dieser Art charakterisieren ebenfalls die „Märklin-Baukasten-Mentalität" der Evolutionisten.

Jedoch dürfte wohl „unwidersprochen" sein, daß, wenn durch geographische Isolation graduell eine von der ursprünglichen Art sich abweichende entwickelt, die Veränderung keine Neogenese, keine Neuentstehung von morphologisch-funktionellen Merkmalen impliziert, sondern bestenfalls epigenetische Veränderungen, die, und das ist das entscheidende, „potentiell" bereits in der „Ahnenart" angelegt gewesen sein müssen. D. h. geographische Isolation kann als eine Bedingung (nicht Ursache!) evolutiver Veränderungen mit gelegentlicher Entstehung neuer Rassen angesprochen werden, sofern diese potentiell in der „Erbmasse" angelegt waren. Wie aber diese Veränderung im einzelnen vor sich gehen soll, wie hier der Phänotyp sich einerseits verändert, der aber nicht der Genotyp ist, jedoch eigentlich der Genotyp sich verändern müßte – dies dürfte noch Gegenstand nicht abzusehender Diskussionen und Problemstellungen sein. Wohin – naiv gefragt – „verschwindet" der rezessiv vererbte Phänotyp? „Maskierte" Information? Was impliziert ferner nicht alles der Begriff der „Potenz"? Nach der informationstheoretischen Seite läßt sich in die „Potenz" alle Informationen speichern – „maskiert" –, die der Evolutionist bei Bedarf abruft, um zu erklären, was er schon immer in die „Gene" hineingelegt hat (die Ostereier zu suchen, die man selber versteckt hat – wie Karl Kraus zur Psychoanalyse sagte). Was aber wäre die Realität der „Potenz"? Der Geno- oder der Phänotyp? Die aristotelische Entelechie? Die Antinomie, die hier sichtbar wird, ist die der Gleichzeitigkeit von Akt und Vollzug, von Ereignis, evolutionärem Faktum und seinen realen, im Keim enthaltenen „Möglichkeiten", die sich jedoch begrifflicher Bestimmung entziehen. Der Begriff der „Potenz", ohne den weder die Embryologie noch die Evolutionstheorie auskommen, enthält nur einen Hinweis auf Mögliches, Möglichkeiten der Entwicklung, er läßt sich jedoch weder begrifflich noch experimentell präzisieren, falsifizieren oder verifizieren, er ist „Ahnung" nicht weniger wie Kapitulation des kausalmechanischen Denkens vor den Antinomien des Lebens.

Lassen sich – zur Frage zurückkehrend – die Entstehung der Arten wie ihre Evolution unter der Voraussetzung der synthetischen Theorie „erklären"? Die Entstehung abgewandelter Arten läßt sich nur im extrem begrenzten Falle innerhalb bereits vorhandener taxonomischer Gruppen, d. h. mindestens der Familie, durch geographische Isolation, verstehen – die Bedingungen der Abwandlung genauestens kennend –, wobei diese Hypothese weder den genetischen Problemen ausreichend gerecht wird (s.o.), noch ohne den Begriff der „Potenz" auskommt. Die Veränderung (Evolution) vorhandener oder ausgestorbener Arten wiederum kann nur als gerichtete Mutation im Gesamt der scheinbar ungerichteten Evolution interpretiert werden. Wie aber kommt gerichtete Mutation zustande, wie verwandeln sich die Tierarten stets auf die Umwelt „angepaßt" bezogen? Diese Frage ist nicht im Rahmen der derzeitigen Beobachtungen zu beantworten, ohne auf die dargelegten widerspruchsvollen Hypothesen zu rekurrieren, von dem Problem Geno/Phänotyp abgesehen. Ferner läßt sich ohne die Vorstellung der „Potenz" und einer (immanenten) „Richtung" weder Entstehung – im Rahmen geographischer Isolation und einer taxonomischen Ordnung – von Arten, noch deren Veränderung (Mutation, Rekombination usf.) „erklären". D. h. die Antinomien der lebendigen Prozesse verlangen Begriffe, die – wie der der Potenz oder der Richtung – bestenfalls als Annäherungen an „Unbekanntes" angesehen werden müssen.

3. Die Präadaptation/Neogenese

Der Begriff der Präadaptation impliziert, daß das Leben vor seiner aktuellen

Anpassung schon im Hinblick auf spätere Zustände angepaßt war/ist. Diese Verlegenheitslösung, um die faktische Neogenese innerhalb der Evolution nicht zu sehen – der Einzeller ist bereits auf den Saurier hin präadaptiert bzw. präprogrammiert –, ist nicht von dem der Potenz zu trennen. Der Begriff der Potenz ist der ursprünglichere, ältere und umfassendere. Jedoch geben maßgebliche Neordarwinisten (z. B. M. Smith, Simpson u. a.) zu, daß die Neuentstehung – Epigenese – von Arten, geschweige die der höheren Taxa, Gattungen oder Phyla nicht aus den Vorstellungen der darwinistischen Theorie befriedigend erklärt werden können. Es steht also die Neogenese der Kontinuität einer Art oder einer anderen taxonomischen Ordnung gegenüber – die Diskontinuität. Diese Antinomie wird ebenfalls von der Natur vollzogen: sie ist sowohl übergeordnet-kontinuierlich wie in den einzelnen Arten untergeordnet-diskontinuierlich und ebenso umgekehrt: übergeordnet-diskontinuierlich wie untergeordnet-kontinuierlich.

4. Der Phäno/Genotyp
Das komplexe, keineswegs als „gelöst" anzusehende Problem des Verhältnisses des Geno- zum Phänotyp – das schon unter II und III zu diskutieren begonnen wurde – hat ebenfalls zu extrem heterogenen Hypothesen unter den Evolutionisten geführt, von denen nur ein Teil weiter oben wiedergegeben werden konnte. Waddington äußert sich hierzu:[19]

„Im nächsten Stadium der Formation des Phänotyps ist die Informationstheorie außerstande, mit der Situation fertig zu werden. Es ist offenkundig, daß der Phänotyp eines Organismus nicht einfach aus der Ansammlung aller Proteine besteht, die allenen Genen des Genotyps und nichts anderem korrespondieren. Vielmehr ist er (der Phänotyp) aus einer hochgradig heterogenen Ansammlung von Teilen aufgebaut [„made up", d. Übers.], in jedem derselben einige, aber nicht alle der Proteine enthalten sind, für die die Gene als Muster dienen, in denen außerdem noch andere Strukturen und Substanzen vorhanden sind, über die primären Proteine hinausgehend, die bestimmten Genen entsprechen."

Und am selben Ort:[20]

„Wie ich einige Jahre früher herausgestellt habe, ist der Genotyp ein Satz von Axiomen, z. B. Euklids, und der Phänotyp wie eine dreibändige Abhandlung euklidischer Geometrie…"

Waddington, der sich zu einer Epigenese der Evolution (Neuschöpfung) bekennt, nimmt hier zweifellos das „heiße Eisen" des Verhältnisses von Potenz (Axiome) und Akt auf, aus deren Spannung er das Verhältnis von Geno- zu Phänotyp ableitet – eine Ansicht, die natürlich nicht unwidersprochen geblieben ist.
Die Frage, ob die „Anpassungsleistung" über den Phänotyp erfolgt, diese aber wiederum nicht ererbt wird, führte zu der Annahme – wie eben ausge-

führt wurde – der Potenz, der Verankerung des Phänotyps im Genotyp, als einer Möglichkeit des Verhaltens der Umwelt gegenüber. Aber die erworbenen „starken" Muskeln müssen immer wieder neu erworben werden, es besteht bestenfalls eine Anlage („Potenz"), sie zu entwickeln. Wo beginnt der Geno-, wo der Phänotyp in der konkreten Erscheinung des Organismus? Was ist damit gedient, wenn der Genotyp „Axiom", der Phänotyp die „Ausführung" ist? Wo sind beim Embryo Geno- und Phänotyp? Fließende Übergänge machen die Entscheidung unmöglich, wenn z.B. die Experimente Woltereks an Daphnien bedacht werden:[21]

„Das bisher sicherste Resultat unter allen diesen Versuchen an Tieren ist eine veränderte Lokalrasse im Nemisee, deren *kollektiv erworbener neuer Habitus* weder durch individuelle Modifikation (Somation), noch durch Selektion bestimmter Elementarformen, noch auch durch Kreuzung entstanden sein kann; die neue Form und Reaktionsweise wird auch unter Gegeninduktion durch viele (bisher parthenogenetische) Generationen festgehalten.
Sie zeigt charakteristische Ähnlichkeit mit einer im Esromsee (Dänemark) lebenden Lokalform, ohne mit dieser identisch zu sein. Die Esromrasse erwies sich als resistent gegenüber (bisher) beliebig langdauernder Gegeninduktion, die neue Nemirasse dagegen kehrte unter solchem Einfluß nach ca. 40 Generationen zu ihrem ursprünglichen Habitus zurück, der von der Esromform stark abweicht."

Und am selben Ort:[22]

„Nach der Erfahrung an der Nemiseerasse und auf Grund vergleichender Studien kann man es als wahrscheinlich bezeichnen, daß die Esromrasse und alle oder die meisten anderen Endemismen nicht durch singuläre Genmutationen, sondern durch kollektive Dauerinduktion entstanden sind; andernfalls müßte man (zum mindesten in einigen Seen) eine *Vielfalt* von Erbformen nach Art der schizotypischen Aufsplitterung der Fischgattung Haplochromis im Victoriasee erwarten."

Ebenfalls am selben Ort:[23]

„Alle diese endemischen Rassen von Copepoden und Cladoceren – und das gleiche gilt für einige zehnfüßige Krebse – stellen *Reaktionen des Organismus auf bestimmte Umweltagentien* dar, und zwar nicht nur individuelle Reaktionen, sondern Veränderungen der überindividuellen Matrixsubstanz, die von Generation zu Generation weitergegeben wird. Daß die rassenmäßigen Erbänderungen unter bestimmten Umständen reversibel sind, im Gegensatz zu den progressiven Artänderungen der Vergangenheit, scheint den singulären Gen-Mutationen, den Genkombinationen und den kollektiven Dauerinduktionen gemeinsam zu sein; es entspricht ihrem Charakter als Reaktionen nach Maßgabe einer Reaktionsnorm (zweiter Ordnung)."

Auch hier wird eine unlösbare Antinomie sichtbar: das Lebewesen weist einerseits erhebliche potentielle Plastizität auf, andererseits ist bei den heutigen Arten das genetische Merkmal scheinbar weitgehend festgelegt. Der Organismus ist sowohl alloplastisch – umweltbeeinflußbar – wie alloxen, nicht umweltbeeinflußbar. Auf diese Antinomie als einer fundamentalen, für das Verständnis der Evolution entscheidenden wird noch zurückzukommen sein.

5. *Gleichgewicht/Ungleichgewicht*
Populationen sollen nach Gleichgewicht streben – gleichzeitig sei Ungleichgewicht eine Bedingung für die Evolution. Bei allen auch mit diesen Vorstellungen – und den nur zum Teil – dargelegten Problemen sei im Auge behalten, daß die Antinomie Ungleichgewicht/Gleichgewicht organismische Prozesse aller Art auszeichnet, im Stoffwechselaustausch wurde sie vorläufig mit dem Begriff des „Fließgleichgewichtes" belegt, das einen Kompromiß zwischen Ungleichgewicht und Gleichgewicht darstellt. Das Lebewesen strebt sowohl nach Veränderung – schon allein Nahrungssuche beinhaltet diese –, wie auch nach Ruhe. Ungleichgewicht und Gleichgewicht bedingen einander, es ist jedoch nicht auszumachen, welches hier ein primäres „Bestreben" sein soll. Vielmehr deutet die Problematik auf den allen lebendigen Prozessen zugrundeliegenden „Mangel" hin, der stets nur zu einer vorübergehenden Kompensation führt. Die Kompensation schlägt wieder in Mangel um: dieser macht den Lebensprozeß von Dissimilation und Assimilation aus (s. Bd. II).

6. *Zum Problem von Anpassung, Fitness, Selektion*
Diese Begriffe stellen keine für das Lebewesen verbindlichen Antinomien dar, sondern finalistische Erklärungsversuche der Evolutionisten, deren tautologischer Charakter oben aufgewiesen wurde. Beobachtet werden zwar Selektion und Anpassung, die Selektion primär in der künstlichen Züchtung – einer von Darwins Ausgangspunkten seiner Theorie –, der Begriff dagegen der „Anpassung" ist ein Gemeinplatz, denn nichts lebt, das nicht irgendwie „angepaßt" ist oder angepaßt war. Die Verbindung von Selektion und Anpassung in der darwinistischen Denkweise ist der „geniale" Kunstgriff des Schöpfers der Evolutionstheorie, nur mit dem Pferdefuß behaftet, daß es keine Kriterien für „schlecht" oder „besser" angepaßt gibt, die „unendliche Mannigfaltigkeit" eben der Anpassung läßt die spezifische Bedeutung dieses Begriffes verschwinden. Es wird dann mit der „Züchtung" der „natürlichen Auslese" von immer schon angepaßten Lebewesen operiert, die ausgestorbenen gelten eo ipso als „nicht angepaßt", da sie sonst nicht ausgestorben wären... Es ist ganz unbewiesen, ob die nicht mehr vorhandenen Arten aus „mangelnder Anpassung" oder aus anderen Gründen ausgestorben sind. Der Begriff der Anpassung geht an der je-einmaligen, jedoch taxonomisch mitbedingten Leistung der Lebewesen vorbei, seine nur ihm spezifische Umwelt zu schaffen. Die Selektion kann in diesem Zusammenhang bestenfalls einen begrenzten Einfluß auf die „Entstehung" der Arten haben: sie „feilt" bestenfalls an vorhandenen Arten, ohne jedoch die Richtung der Entwicklung zu bestimmen. Nach der neodarwinistischen Vorstellung kann sie ja nur

den Phänotypus verändern, der nicht vererblich ist usf... (es sei, sie sei bereits potentiell genetisch verankert). Die den Lebewesen adäquate Antinomie hieße: natürliche Auswahl gegen „mutative" festgelegte Richtung, die schon immer angepaßt ist. Hier kann dann ein gleichzeitiges Mitbedingen der Artgestaltung angenommen werden, der tautologische Zirkel Selektion-Anpassung-Fitness wäre durchbrochen, da die Artveränderung oder Arterhaltung immer schon ein aktiver Ausgangspunkt der Lebewesen ist. Ein Lebewesen ohne Umweltbezug - Anpassung – existiert nicht.

7. „Zufall" (sinnlose Evolution)/sinnvolle Evolution
„Schöpferische Entwicklung" (Bergson) oder „Schöpfung" impliziert die Gleichzeitigkeit beider, ebenfalls in entscheidender Differenz zu bisher vorgetragenen Theorien etwa der „Vitalisten" oder „Holozentriker". „Zufall" und „Spiel" sind aus der hier vorgetragenen Ansicht nur Zuspitzungen der grundsätzlichen Inderminiertheit der Lebensvorgänge. Allerdings ist die Auffassung grundsätzlich von dem Zufallsbegriff etwa Monods, Eigens und anderer Autoren zu trennen. Für diese entspricht der Zufall dem nur statistisch zu ermittelnden Zusammenprall der Gasmoleküle in einem von Gas ausgefüllten Raum. Hier dagegen bedeutet Zufall das Sichtbarwerden eines über jeder kausalistisch-finalistischen Determinierung sich abspielenden, nicht voraussehbaren Ereignisses. Der „Sinn" der Evolution übersteigt – nach dem bisher Gesagten – das menschliche Erkenntnisvermögen. Jede Sinndeutung der Evolution bleibt Interpretation und Hypothese, es sei, man stellt sich auf die Glaubensgewißheit der Schöpfung ein. Die Evolution ist gleichzeitig „Sinn" und „Richtung" wie „Zufall" und „Spiel", insofern die Lebensvorgänge durch und durch „sinnvoll" gestaltet sind, dieser Sinn aber nicht der finalistische Sinn ist, der auch dem Schöpfungsgedanken zugrunde liegt. Es ist Sinn – jenseits von menschlichen Sinnbegriffen. Was für einen Sinn haben die Nematoden, Anneliden, Mollusken, Elasmobranchier? Was für einen „Sinn" hat der komplizierte Aufbau der Nesselkapsel der Hydrien, der höchst komplexe Generationswechsel „einfachster" Lebewesen wie der Schwämme? Was für einen Sinn hat die „Höherentwicklung" überhaupt? Was für einen Sinn „hat die Entwicklung der Equiden... die ebensogut hätten aussterben können? Evolution ist ebenso sinnvoll... wie sinnlos: „Spiel der Götter."

h) Entwurf einer die Antinomien des Lebens berücksichtigenden Evolutionstheorie

1. Das Problem der Zeit
In naiver Weise wird die nur dem Menschen eigene Zeiterfahrung des Nacheinander auch auf die Evolution übertragen, ohne die Grundlagen der Zeiterfahrung überhaupt, ihren für die menschliche Erkenntnis apriorischen

Charakter ausreichend zu reflektieren. Die Berufung auf die thermodynamische Zeitkoordinate, die Irreversibilität aller Prozesse, wird eben durch die Evolution und die relative Reversibilität ihrer Ereignisse in Frage gestellt. (Der Lebensentstehung überhaupt, als nicht mit der thermodynamischen Irreversibilität zu vereinenden „Organisation").
Allein die Anwendung – als reines „Gedankenexperiment" – des Einstein'schen Zwillingsparadoxons auf die Evolution würde besagen, daß ein vor ca. 500 Millionen Jahren in einem Raumschiff mit zunehmender Geschwindigkeit – bis zur Lichtgeschwindigkeit – von der Erde sich entfernender Einzeller bei Rückkehr zur Zeit der ersten Menschen jünger als diese wäre. Die Lehre, die die Evolutionisten der Relativitätstheorie hätten entnehmen können, besagt nichts anderes, als daß das Nacheinander der Zeit, je nach Standpunkt des sich bewegenden Beobachters, nicht einen irreversiblen „Zeitpfeil", sondern einen reversiblen Vorgang darstellt, eine Raumdimension. Aus der Sicht der Quantentheorie stellt sich darüber hinaus das Zeitproblem als mit dem der (insbesondere hierarchischen) Ordnung zusammenhängend dar, wie dies T. Bastin in Anlehnung und Weiterführung der Ausführungen des mathematischen Intuitionisten Brouwer und der physiologischen Untersuchungen B. Günthers aufzeigte (Locker, wie Anm. V 24, S. 127 ff.). Er kommt zu der Annahme einer „Gedächtnisordnung", im Sinne einer „zeitlosen Ordnung", nachdem er die Begrenztheit des naiven Zeitbegriffes für das Verstehen evolutionärer Prozesse dargelegt hat. Um dem Leser die komplizierten mathematischen Berechnungen des Autors zu ersparen, sei die Zusamenfassung Lockers gegeben:[24]

„Der Leitstern Ihrer Erklärung (Bastins) besteht offensichtlich in der nicht abzuweichenden Bezugnahme von Konstruktivität zu einem (Subjekt-ähnlichen?) Zentrum. Sie setzen die Ausrichtung, innerhalb derer die Evolution sich ausbreiten kann, zwischen einem Gegebenen (in ihrer Betrachtung normalen Zeitablauf) und jedem Anderen, die flexibel ist, um die Entstehung jeder „erwünschten" lokalen zeitlichen Dauer zu erlauben. Diese Ansicht erinnert mich lebhaft an die Beziehung eines Aktes zur Potenz, die letztere die Feder („spring") der beständigen Evolution ist, d. h. des Werdens des Seienden. Hoffentlich verstehe ich Ihren (Bastins) Begriff der Struktur in folgender Weise richtig: jede Struktur kann zu einem willkürlich gegebenen Zeitpunkt erfaßt und entsprechend konkretisiert werden, aber sobald sie – sozusagen – von ihrem Inneren als innerhalb der objektiven Zeit entwickelnd angesehen wird, ist es möglich, ihre andauernde Zeit (persistent time) als operative Zeit zu erzeugen."

Die Bedeutung dieser Auffassung liegt nicht nur in dem Bemühen um Antwort auf die Frage: Warum ist die lebendige Ordnung hierarchisch gegliedert, wie ist Hierarchie möglich? Sie liegt spezifisch für die Evolution auch darin, daß in dieser die taxonomischen Gruppen alle hierarchisch strukturiert sind, der klassifikatorischen Schwierigkeiten ungeachtet, Typen, bzw. Arten einwandfrei in der Realität zu bestimmen. Aber – und das ist für die vorliegende Untersuchung maßgebend – ist der naive Zeitbegriff für die

Evolution verbindlich? Ist das „zeitlich" beobachtete Nacheinander auch für die Lebensvorgänge ein „Nacheinander"? Stellen die evolutionären Prozesse der zunehmenden Differenzierung und Komplexität für die Lebewesen selbst ein zeitliches Nacheinander dar? Wenn Zeiterfahrung die Rechenschaftsabgabe über Vorher, Jetzt und Nachher impliziert – dann sicher nicht für die einzelnen Individuen oder Lebewesen. Aber für die gesamte Evolution? Für diese gibt es nur eine gestufte Ausdehnung im Raum, spezifisch in der Umwelt, die – s. o. – für jedes Individuum, jede Art mit- und umgestaltet wird. Evolution ist graduelle, artentsprechende Durchgestaltung des Raumes. Das Nacheinander derselben wird durch das wahrscheinlich einzige Lebewesen mit reflektierendem Zeitbewußtsein – den Menschen – der zeitlos-räumlichen Expansion unterstellt. Wenn auch räumliche Veränderungen – Auftreten und Verschwinden von Arten – dem menschlichen „normalen" Vorstellungsvermögen nicht ohne das ordnende Nacheinander der Zeiterfahrung (Kant) möglich ist, so ist dies doch aus dem Gesichtspunkt der allgemeinen und speziellen Relativitätstheorie mathematisch möglich. Die Zeit wird als vierte Dimension des Raumes eingeführt. Evolution wäre dann bei einer relativ gleichbleibenden „Masse" von Lebewesen, Arten, ein jeweils durch Bewegung (Veränderung) sich vollziehender Ausdehnungs- und Schrumpfungsprozeß. Zunahme an Komplexität, Differenzierung, Entwicklungszüge (Fische, Reptilien, Vögel, Säuger) und Höherentwicklung wären Veränderungen an einer „Masse" Leben, an der mit Auftreten des Lebens vorhandenen Lebensordnung, die aus entsprechender Perspektive – etwa der absoluten Lichtgeschwindigkeit – den Zeitpfeil ebenso reversibel erscheinen läßt wie der Begriff der Höherentwicklung dadurch extrem relativiert würde. Der Mensch wäre der Anfang – der Einzeller das Ende der Evolution: dies wäre eine theoretisch mögliche, radikale Umkehr des Zeitpfeils. Dem diskontinuierlich-kontinuierlichen, antinomischen Charakter der Evolution entsprechend, wäre auf diese Weise der Anfang mit dem Ende unauflösbar verschränkt, bekäme die Evolution einen zyklischen Charakter. Das Ende bestimmt den Anfang (der Mensch den Einzeller) wie der Anfang das Ende. Die Evolution wäre aus dieser Perspektive antinomisch-zeitloser Veränderung an einer vorhandenen „Masse X Leben"/zeitliche Verschränkung von Anfang und Ende. Analog zur Keimesentwicklung wird die Evolution ein zyklisch geschlossener Prozeß mit verschiedenen Etappen, aber keine lineare „Höherentwicklung". Wäre das der eigentliche Sinn des biogenetischen Grundgesetzes?

2. Entstehung/Evolution der Arten

Von dieser fundamentalen Thematik und ihrer zahlreiche Fragen aufwerfenden Bedeutung für die Evolution abgesehen, sei konkret in die Entstehung wie auch in die Veränderung der Arten gefragt. Die bisherigen Theorien haben mögliche Bedingungen der Evolution – nicht Ursachen! – hypothetisch formuliert. Eine verbindliche Antwort jedoch steht – von zahlreichen

Einzelproblemen abgesehen – aus. Was als „Sackgasse" der Probleme schien, erwies sich als der antinomisch-irrationale Hintergrund der Lebensprozesse überhaupt.

a) Entstehung der Arten – von der Lebensentstehung abgesehen – ist nicht von Evolution zu trennen. Eine Art kann nach bisher Beobachtetem nur entstehen, wenn sich die „Erbmasse" „aequiharmonisch" mit dem gesamten, auf die Umwelt bezogenen („angepaßten") Organismus verändert. Diese Veränderung muß – nach dem bisher Bekannten – zahllose Gene umfassen und reziprok von der Umwelt zum „Gen" und umgekehrt verlaufen. Das erlaubt die Trennung von Geno- und Phänotypus nicht. Daher – ohne das bereits Gesagte zu wiederholen – wird die „Potenz" als umfassender Begriff in die Hypothese eingebracht.

Diese Hypothese würde zusammenfassend folgende Punkte behaupten: Gemäß der generellen Tendenz der Evolution, vom Undifferenzierten zum Differenzierten sich zu gestalten – nicht unbedingt zum „Spezialisierten" (schon darüber gehen die Meinungen auseinander) –, liegt der Schluß nahe, daß alle noch lebenden Arten auf Grund einer spezifischen „Stabilität" der Erbmasse „überlebt" haben. Diese fehlte den früheren ausgestorbenen Arten (es besteht gewisse Übereinstimmung darüber, daß die Evolution seit dem Diluvium zum Abschluß gekommen ist, bis auf die Entwicklung der Hominiden).[25] Die Artenfülle wird zunehmend reduziert, in Erinnerung an die obigen Zahlen kann von 50–500 Millionen Arten auf 10–15 Millionen Arten zurückgegangen werden. Der Aussterbeprozeß – jetzt durch den Menschen beschleunigt – schreitet fort.

Analog zur Keimesentwicklung stellt sich die Evolution als Gang vom „aequipotentiellen" Einzeller zum ausdifferenzierten Säugetier (Hominiden) dar, mit der Ausdifferenzierung kommen die Keimesentwicklung und Evolution zum Abschluß. Hier wird eine Analogie angenommen.

Die ausgestorbenen Arten wären genetisch weniger determiniert, alloplastisch gewesen, Phäno- und Genotyp hätten eine Einheit wechselseitiger Beeinflussung gebildet. Die Stabilität der Erbmasse wäre ein relativ spätes Entwicklungsprodukt, die jedoch – wie auch homologe Organe (z. B. Auge) – bei verschiedenen Phyla und Gattungen oder Arten zu unterschiedlichen Zeiten auftrat. So bei einigen Osteichthyen (Knochenfische) möglicherweise schon im Devon, sicher bereits im Trias.

b) Die alloplastisch größere „Redundanz" der Lebewesen impliziert die Hypothese Lamarcks – Verschränkung von Geno- und Phänotyp –, daß Umweltanpassung aktive Auseinandersetzung der Lebewesen mit dieser verlangt, die aktive Auseinandersetzung jedoch bei den alloplastisch-labileren Phyla, Gattungen und Familien als Möglichkeit zur aktiven Auseinandersetzung überhaupt vererbt wurde. Aktive Auseinandersetzung jedoch nicht im Sinne von „Streben" (Lamarck), sondern im Sinne eines biologisch-funktionellen Reifungs- und Lernprozesses, der graduell zugunsten der Cerebralisierung, zuungunsten der regenerativ-alloplastischen Lebensprozesse geht (s. Bd. II/Kap. I). Gestaltung der Umwelt ist stets auch eine Selbstgestaltung des Organismus und legt damit den Schluß nahe, daß diese Selbst- und Umweltgestaltung in ihrer auch morphologisch-biochemischen Natur vererbt wurde. Der Unterschied zwischen „erworbenen" und „vorhandenen" Eigenschaften verwischt sich, Rückbildungen sind ebenso zu beobachten wie „Entwicklung". Damit wird das „kreative" Moment der Evolution sichtbar: Selbstdarstellung der Lebewesen über Umweltveränderung. Umwelt wird zum Lebewesen, Lebewesen zur Umwelt, „unendliche Variation beider zueinander" als das zentrale „Thema" der Evolution überhaupt. Die kaum übersehbare Mannigfaltigkeit der Lebensvorgänge ist das Spiel ihrer antinomisch paradoxen Verknüpfungen – der von Lebewesen und Umwelt.

Die nur mit „vorhandenen" Eigenschaften operierende Evolutionstheorie, die zweifellos neu auftretende Merkmale feststellen kann, ist – wie oben aufgezeigt wurde – nicht in der Lage, „neue Charakteristika", die stets auf das Gesamt von Organismus und Umwelt bezogen werden müssen, in ihrer Entstehung zu verstehen oder gar zu erklären. Dies wies Löw in seiner Kritik der „Fulguration" bereits nach. Artenentstehung und Artenveränderung wären demnach ursächlich aus alloplastischer, aktiver Umweltgestaltung als erstem Akt der Lebewesen der Umwelt gegenüber zu deuten. Noch „labil" genetisch verankert, sind weitere Veränderungen möglich, bis die Stabilisierung der Erbmasse die graduelle, aber immer noch sensible Trennung Geno/Phänotyp festlegt, das Lebewesen ausdifferenziert ist.

Für diese Ansicht spricht nicht nur die vorgetragene Grundkonzeption („Theorie"), sondern auch die sich immer mehr verbreitende Ansicht der „neutralen Gene" – die die genetische Grundlage der hier vorgetragenen Anschauung vertreten würden –, ferner auch ein abgewandelter Lamarckismus, der sich zwischenzeitlich aus Untersuchungen an Bakterien (experimentell) ergeben hat. Über diese Entwicklung berichtet R. B. Tylor[26] in der Rezension von E. J. Steele's Buch „Somatic selection and adaption evolution". Steele's experimentell untermauerte Ansicht, daß erworbene Eigenschaften vererbt werden können, beruht a) auf der erwiesenen Beobachtung, daß der C-Typ RNA-Virus nach Temin's „protovirus" „genetische Information" von einer Zelle zur anderen transportiert, indem sie intrazelluläre RNA-Folgen „einfangen", die dann in die DNA des Wirtes inkorporiert werden. Im Falle diese Information in die Keimzellen gelangt, würde sie erblich.

b) Ferner haben Steele und Gorzynski festgestellt, daß bei Neugeborenen induzierte MHC-immunologische Toleranz (Major histocompatibility) oder transplantierte Antigene bis zu zwei Generationen nachweislich vererbt werden.

Nicht zuletzt sei erinnert, daß – wie oben ausgeführt – der Lamarckismus nach wie vor ein inhärentes, aber nicht zugestandenes Charakteristikum auch des Darwinismus, insbesondere des Anpassungskonzeptes ist, darüber hinaus jedoch (s. o.) die informationsgenetische Evolutionstheorie heute ein „Lernen" durch Informationszuwachs, Speicherung neuer, erworbener Information postuliert, damit zweifellos der Lamarckismus wieder aktuell ist, wenn auch „teleonomisch" mechanisiert.

Lebewesen – z. B. Einzeller – ferner mit der dargelegten „Alloplastizität" sind z. B. die Naegleria und ihre ungewöhnliche Anpassungsfähigkeit an experimentell verschiedenste Umwelten, ihre „Potenz". Die Alloplastizität ist jedoch von Anfang an – je nach Auftreten in den entsprechenden Epochen der Erdgeschichte – hierarchisch-taxonomisch geordnet: Phyla, Genera, Familien usf.. Diese hierarchische Ordnung würde gleichzeitig durch individuelle Abweichungen stets innerhalb von festgelegten Grenzen in Frage gestellt. Sie ist labil, ihre „Labilität" entspricht der ursprünglichen Alloplastizität der Lebewesen.

Der antinomisch-indeterministisch-irrationale Grundzug des Lebens hat, dies kann nicht genügend oft betont werden, sich weitgehend akausal, afinalistisch dargestellt. Seiner Diskontinuität entsprechend, sind „Sprünge" in der Evolution durchaus möglich und nachweisbar. Die Neogenese zahlloser Arten, die Entstehung völlig neuer Organe in der Evolution – schon allein z. B. die Wirbelsäule –, kann letztlich nur auf Grund von evolutionären „Sprüngen" verstanden werden. Auch dies impliziert und untermauert die Hypothese, daß die vorzeitlichen Lebewesen auf Grund ihrer genetischen Labilität, Variabilität und Alloplastizität zu „Sprüngen" in der Lage waren, für die es auf mechanischer oder finalistischer Ebene keine „Erklärung" gibt. Da aber die lebendige Ordnung in ihrer „Intelligenz" dem menschlichen Erkenntnisvermögen qualitativ überlegen ist, muß diese Möglichkeit angenommen werden, die auch die Theorie der Mutationssprünge anvisierte. Das Problem faßt Illies zusammen:[27]

„Vor Jahrzehnten schon hatte der Zoologe R. Goldschmidt deutlich gemacht, daß solche Ahnenformen unter der Rückwirkung der aus ihnen abgeleiteten Spezialisierungen schließlich zu derart „allgemeinen" – selbst hilflos unspezialisierten – Konstruktionen geraten, daß man sie nur noch als *Fabelwesen* (als „hopeful monsters") in die Menagerie der Lebewesen einordnen kann, als zukunftsträchtige Ungeheuer also, die zwar real mögliche Arten aus sich hervorgehen ließen, selbst aber unmöglich existieren konnten. Da hilft es auch wenig, wenn man die erwachsenen Exemplare von solchen Zumutungen ausspart und dafür die Embryonen (oder schließlich die Gene) zu „hopeful monsters" macht, die durch *Präadaptation* sich schrittweise und vorsichtig schon im Mutterleib an die Bedingungen anpaßten, die ihnen dann später einmal in der Realtiät begegnen sollten. Will man die Archäopteryx endgültig von der Rolle eines solchen Monsters befreien und ihr wieder den Status eines anständigen, wenn auch eigenartig spezialisierten Reptils verleihen (nach O. Kuhn konnte sie überhaupt nicht fliegen, sondern benutzte ihre flügelähnlichen Vorderbeine zum Schmetterlingsfang während des Laufens auf den Hinterbeinen!), so hilft alles nichts, man muß sich zur Erkenntnis Geoffroy St. Hilaires bequemen, die nach ihm in unserem Jahrhundert zumindest einige der führenden Paläontologen (Schindewolf,

Dacqué) tapfer wiederholt haben: *Der erste Vogel kroch aus einem Reptilei*. Im Hintergrund dieser Bemerkung (die keine wissenschaftliche Erkenntnis ist, sondern der Stoßseufzer einer bei endloser Suche nach fossilen Zwischenformen ernüchterten Illusion) steht die Einsicht, daß jede natürliche Verwandtschaftsgruppe – hier Reptilien und Vögel – einen *Typus* darstellt, also gewissermaßen ein systematisches Gehege, das in der Evolution zwar *irgendwie* erreicht, dann aber von seinen Mitgliedern nur durch einen kühnen und irrealen Sprung oder eben überhaupt nicht mehr zu verlassen ist."

Aber auch hier hat sich im Verlauf der Jahrhundertmillionen der Lebensprozeß selbst verändert: er wird zunehmend eingeschränkt, seit dem Auftreten der Säugetiere werden die „Sprünge" seltener, die Differenzierung und genetische Festlegung tritt in den Vordergrund, der Abschluß der Evolution wird sichtbar, die Evolution, am Anfang „lamarckistisch", wird gegen Ende zunehmend „darwinistisch".

i) Kritische Bedenken gegenüber dem vorgelegten Entwurf

Der wissenschaftstheoretisch entscheidende Unterschied des vorliegenden Entwurfs zu den bisherigen Evolutionstheorien liegt
1. in einer fundamental veränderten, vertieften Konzeption der Lebensvorgänge überhaupt (antinomisch, indeterministisch, irrational, „höhere Intelligenz", „andere Ordnung"). Die von der Biologie/Biochemie gemachten Beobachtungen und Fakten werden schlechthin anders wahrgenommen als bisher: in ihrer Antinomik, ohne Rückgriff etwa auf vitalistische Hypothesen.
2. Folgen aus dieser veränderten Wahrnehmung des Lebensprozesses für diesen selbst wie für die Evolution wurden entsprechend gezogen.
3. In der Interpretation der Evolution muß aus dieser Sicht jedoch auf ausgestorbene Arten rekurriert werden, allerdings nicht anders als der Neodarwinismus aus seiner kausalistisch-finalistischen Interpretation derselben: das „Loch" der 500 Millionen Jahre, über die – eben außer umstrittenen paläontologischen Befunden – niemand etwas Genaues weiß, bietet auch dieser vorgetragenen Theorie willkommenen „Unterschlupf". Allerdings bleibt der unter 1.–2. dargelegte Unterschied zu den mechanistisch-finalistischen Erklärungen prinzipiell aufrecht erhalten. Das „zeitliche Loch" der großen Zeitspanne ist nichts anderes als die „black box" der Neodarwinisten. Die vorgetragene Hypothese ist weder falsifizierbar noch verifizierbar, sie ist jedoch auf Grund einer fundamental anders entworfenen wissenschafts-theoretischen Konzeption des Antinomischen überhaupt von diesen Begriffen aus auch weder beweis- noch nicht beweisbar, das es z. B. für Popper und seine Schule den Begriff der Antinomien in der hier vorgetragenen Weise gar nicht gibt.
4. Die vorgetragene Theorie bietet sich deshalb als eigentlich „syntheti-

sche" an, indem sie a) tendenziell den Lamarckismus mit dem Dawinismus vereint, der Lamarckismus jedoch nur insofern, als mit ihm alloplastisch, in einer Umweltauseinandersetzung erworbene „Eigenschaften" vererbt werden. Der Darwinismus – Neo-Darwinismus – wird begrenzt als „Abschleifen" von Arten in Populationen akzeptiert, in denen die Selektion bei dem Konkurrenzkampf von Bedeutung sein kann, ohne daß sie aber zu neuen Arten führt, bestenfalls zu veränderten Rassen.

5. Die „Mutationstheorie" und „Kombinations/Rekombinations/Isolationstheorie" schließen eine Alloplastizität der Arten mit ein: sei es als „Potenz", sei es als Korrespondenz zwischen Phäno- und Genotyp unter dem Begriff der Epigenese. Die hier vertretene Konzeption weitet lediglich die Mutations-/Rekombinations-/u.a. Theorien zu der genetischen Alloplastizität aus, allerdings mit dem fundamentalen Unterschied zu jenen Theorien, daß die Alloplastizität in der Antinomik des Lebens begründet, nie den ausschließlich statistischen Wahrscheinlichkeitscharakter der Mutationsraten annimmt, vielmehr Lebewesen sich antinomisch, aber sinnvoll entwickeln – der „Sinn" jedoch nicht der Sinn der Finalität oder der des Überlebens der Neodarwinisten ist.

c) Die Grundrichtung der Evolution vom plastisch-undifferenzierten zum rigid-differenziert-festgelegten verleiht dem letzteren größere Stabilität der Form der Gestalt, aber größere „Todesnähe": Abschluß der Evolution.

6. Es sei noch einmal erinnert: Die weiter unten ausgeführte „Systemtheorie" der Evolution (Lorenz, Riedl, Wuketits u.a.) hat im großen Stil den Lamarckismus als unter dem Begriff des Informationszuwachses durch Lernen aufgenommen. M.a.W. der Lamarckismus ist bereits zugegebener Bestandteil zahlreicher derzeitiger Evolutionisten – wenn auch unter „materialistischem" Vorzeichen.

VI. Hybris und Unredlichkeit der modernen Biologie
(Der biologische Nihilismus oder die Lösung der Weltprobleme durch Eigen, Monod, Lorenz, Vollmer, Riedl, Bresch, Crick et al.)

a) Die naturwissenschaftliche Destruktion der lebendigen Ordnung

Die naturwissenschaftliche Zerstörung der lebendigen Ordnung umschließt die folgenden Etappen und erfolgt stets über reduktive Prozesse. D. h. die phänomenalistische Konkretheit des Lebensprozesses wird auf möglichst wenige (experimentell hergestellte) u. U. Abstrakte reduziert, auf die „primären" Qualitäten der cartesischen Mechanik: Bewegung, Zug, Stoß, Kraft, raum-zeitliche Bezüge. Die „sekundären" Qualitäten der Sinneswahrnehmung – Farbe, Geruch, Ton, Empfindung usf. – werden durch diese Reduktion vernichtet, damit das Erleben von Wahrnehmung überhaupt. Reduktion wird zur (nihilistischen) Destruktion. Die begrenzte praktische Notwendigkeit auch der reduktiven Methode, insbesondere in der Medizin, wird nicht bestritten. Ihre Schlüsse jedoch als allgemein verbindliche Aussagen über die Lebensprozesse zu akzeptieren, ist aus der hier vertretenen Sicht nicht möglich.

1. Die molekularbiologische Destruktion:
Wie ein namhafter – auch – Nobelpreisträger sich sinngemäß über die Lebensvorgänge äußerte: „It all goes back to molecular-engineering." Oder: „Leben ist DNS-Reduplikation". Dabei ist methodisch der Übergang von der molekularbiologischen „Ebene" zu der zellulären und zu der konkret phänomenalistischen ebenso umstritten wie problematisch. Für Waddington[1] stellen sich in diesem Zusammenhang mehrere Probleme, z. B. das Problem der Kontrollen. Was kontrolliert den genetischen Informationsfluß? Die Moleküle selbst oder die intrazelluläre Interaktion des gesamten Zellstoffwechsels? Das Monod-Jacob-Modell oder die komplexen enzymatischen Prozesse der Lebewesen, die über die Bakterien hinaus sich entwickelt haben? Waddington vertritt die Ansicht, daß zwar gegenseitige Abhängigkeit der biologischen von der molekularbiologischen „Ebene" besteht, jedoch lehnt er eine Reduzierung der einen Vorgänge auf die anderen ab.

In seiner höchst detaillierten Analyse des Fundamentalunterschiedes zwischen physico-chemischen und biologischen Prozessen schreibt Elsasser:[2]

„Nachdem wir die erste der oben gesetzten Bedingungen diskutiert haben – die Bedingung, die aussagt, daß ein aktueller Makrozustand, obwohl unbekannt, statistisch gesehen ein ungemein seltenes Ereignis unter möglichen Mikrozuständen ist – gehen wir zu der zweiten Bedingung. Diese Bedingung sagt, grob gesprochen, aus, daß die Variabilität von Mikrozuständen mit einer entsprechenden Kaskade von feedback Kreisen von der Dynamik von Makrozuständen gekoppelt werden muß, die dadurch einen Teil ihrer physikalischen Voraussagbarkeit verliert..."

Und am selben Ort:[3]

„Wenn diese Hypothese stimmt, verwandelt der Organismus die Inhomogenität der Mikrozustände stufenweise, indem er sie zu Makrovariablen transformiert, woraus eine partielle Unvoraussagbarkeit der letzteren resultiert."

Der Autor faßt die Situation wie folgt zusammen:[4]

„Wir haben oben festgestellt, daß in der Tat Strenge und unausweichliche Einschränkungen unseres Wissens in bezug auf die Untersuchung des Organismus bestehen. Wir erkannten, daß ein so komplexes System wie der Organismus nicht durch eine einfache Wellenfunktion der Quantentheorie dargestellt werden kann, wie etwa der Grundzustand eines Atoms. Stattdessen sind wir gezwungen, Methoden der statistischen Mechanik anzuwenden, in einer solchen Weise, daß nur Makrovariablen spezifischen Wert haben. Diese Darstellung umschließt ungeheure Zahlen der Mikrozustände, zwischen denen wir meist auf der Basis von gegebenen beschreibenden Makrovariablen unterscheiden können, die Beschreibung erfolgt nur in Begriffen induktiver Wahrscheinlichkeiten gegenüber einem ungeheuren Bündel von Mikrozuständen, die nicht individuell gesichert werden können."

2. Die biochemische Destruktion
In der Biochemie werden nicht Assimilation und Dissimilation als Grundvorgänge der lebendigen Organismen angesehen, sondern primär Verschiebungen von Elektronen. Es gibt hier keine „Atmung" im „naiven" Sinne der Inspiration und Exspiration, sondern nur in der Auffassung des Zitrat-Zyklus oder der Atmungskette, diese biochemisch aufgeklärten Prozesse des Ab- und Aufbaus jedoch nicht ohne finalistische Implikation denkbar sind (s. Bd. II). Aus der Sicht der Biochemie bleibt bestehen, daß der Organismus nur eine komplexe „Verbrennungsmaschine" darstellt, die kybernetisch gesteuert wird, obwohl Verallgemeinerungen dieser Art nicht zulässig sind (s. zu dieser Thematik die biochemischen Ausführungen Rapoports, 5. Auflage, VEB Verlag Volk und Gesundheit, Berlin 1969, S. 180–184).

3. Die informationstheoretische Destruktion:
Die in der Informationstheorie (s. o. S. 55 ff.) erfolgende Reduktion des ge-

samten Organismus auf „Information", die in der DNS gespeichert ist, wurde bereits kritisiert, so daß sich eine Wiederholung erübrigt.

4. Die evolutionistische Destruktion:
Die synthetische Theorie, die Hypothesen der darwinistischen und neodarwinistischen Evolutionstheorie, implizieren die absolute Zufälligkeit und Sinnlosigkeit nicht nur der menschlichen Existenz, sondern der Evolution überhaupt. Dies belegte das folgende Zitat des sonst so kritisch eingestellten Simpson:[5]

„Er (der Evolutionsprozeß) ist das Ergebnis eines materialistischen Prozesses ohne Zweckbestimmung und Absicht; er stellt die höchste zufällige Anordnung von Materie und Energie dar."

Es ist das Fazit einer kausal-mechanistischen, tautologischen Interpretation der Evolution. Die durch kein Argument aus der Welt zu schaffende „Sinnfülle" der Lebensvorgänge ist nach dieser Konzeption das Ergebnis von Zufällen, von Mutation – nicht weniger zufällig – wie auch zufällig geglückter Selektion und Anpassung. Solange in diesem Zusammenhang Prigogine seinen Begriff des „Zufalls" nicht zu präzisieren vermag, ist auch er ein „Evolutionist" im negativsten Sinne.

5. Die kybernetische Destruktion:
Obwohl die biologischen Kybernetiker – soweit sie mit „neuen Erkenntnissen" nicht nur Karriere machen wollen – sich bei ernsthaft-kritischer Reflexion bestenfalls zu einer „Vermaschung" der Regelkreise bekennen, damit zu dem weitgehend nicht mehr deterministischen Charakter kybernetischer Prozesse, wird das kybernetische Modell stets in Lehrbüchern „überstrapaziert" den Lernenden angeboten (z.B. im Lehrbuch der Physiologie von R.F. Schmidt, G. Thews, 2. Aufl. Springer-Verlag, Berlin/Heidelberg/New York 1980).

Die kybernetische Reduktion ist eine rein technologisch auf Lebensprozesse übertragene Modellvorstellung, die die Lebensprozesse in technologischer Weise entstellt und verstellt, damit ebenfalls zerstört.

Aus 1–5 ergibt sich, daß die naturwissenschaftliche Methode, zu allgemeinen Erkenntnissen emporstilisiert, folgende Destruktion bedingt:
a) der Wahrnehmungsprozesse (s.o. S. 172 ff.)
b) damit des erlebenden Subjektes, des Erlebens überhaupt (Abschaffung der „Seele");
c) damit des Lebens;
d) damit des Menschen;
e) damit der Erkenntnis („evolutionäre Erkenntnistheorie", s.o.);
f) damit überhaupt von „Sinn".

Aus diesem Grunde darf die derzeitig herrschende Biologie/Biochemie als nihilistisch-destruktiv bezeichnet werden. Ihre Hybris – die der aufgeführten Autoren zu Kapitelbeginn – liegt in der Anmaßung, die Welträtsel zu lösen, ihre Unredlichkeit in der Unfähigkeit – bei entsprechender kritischer Befragung –, das Versprechen der „Lösung" einzuhalten. Die Lösung gibt das Zitat von Simpson wieder, der zweifellos damit die Ansicht der meisten Biologen repräsentiert: blinder Zufall regiert das Weltgeschehen, insbesondere die Lebensprozesse.

b) Die erkenntnistheoretische Ausgangsposition der „evolutionären Erkenntnistheorie"

Wuketits bezieht sich in seiner Darstellung der Bedeutung der Erkenntnistheorie für die biologische Forschung auf Leinfellner und Oeser:[6]

„Die wissenschaftliche Erkenntnis zeichnet sich heute durch begrifflich-symbolische Repräsentation der realen Welt aus und vollzieht sich „in einer perfekten, schematischen Form, der der Theorien und ihrer Vorstufen, der Hypothesen und der Hypothesenhierarchien".
„Erkenntnistheorie ist damit der Versuch, „die Frage des methodischen Zustandekommens von Erkenntnis zu behandeln" (Oeser 1976) und als Begriffsbildungstheorie charakterisiert, „als Analyse und Rekonstruktion jenes Prozesses, in dem die Anfangsbedingungen von erkenntniserzeugenden Operationen festgelegt werden" (Oeser 1976). Durch diese Festlegung der Erkenntnistheorie eben auf eine elementare Erkenntnistheorie ist eine weitgehende Befreiung von indokrinierten Erkenntnistheorien vollzogen. Gefördert wird dieser „Entdogmatisierungsprozeß" in der Erkenntnistheorie heute vor allem durch die Implikation moderner Konzepte, so etwa – um ein Schlagwort zu gebrauchen – der *Informationstheorie*. Der Informationsbegriff ist im Rahmen der elementaren Erkenntnistheorie heute nicht hinwegzudiskutieren. Zwar zeigt dieser Terminus so viele Facetten, daß verschiedene Interpretationen und Applikationen nicht überraschend kommen und eine Diskussion der elementaren Erkenntnistheorie, die auf den Informationsbegriff rekurriert, von einer näheren Präzisierung dieses Begriffes nicht dispensiert werden kann."

Die noch für Hume und Kant entscheidende Frage nach den „Bedingungen möglicher Erkenntnis" wird durch die evolutionäre Erkenntnistheorie „gelöst", zu deren wichtigsten Vertretern Vollmer, zu seinen Anhängern Lorenz, Eigen, Riedl u. a. m. zählen. Sie besagt, nach Wuketits zusammengefaßt, folgendes:[7]

„Seit *Darwin* ist dem *Selektionsprinzip* in der Evolution entsprechende Beachtung geschenkt worden, ja die Evolutionstheorie darwinistischer Provenienz sieht in diesem Prinzip eine ihrer wichtigsten Grundlagen. Die evolutionistische Erkenntnistheorie muß ebenfalls der Selektion Rechnung tragen. Es ist davon auszugehen, daß der menschliche Erkenntnisapparat ein Selektionsprodukt darstellt, daß unser Erkenntnisapparat nur überleben konnte, indem er die für seine und die Existenz seines

Trägers notwendigen Ausschnitte aus der realen Welt – kurz: seine *Umwelt* – „richtig" erkannt und eingeschätzt hat."

Ausführlicher:[8]

„Das Überleben von Tieren in einem bestimmten Lebensraum ist notwendigerweise mit einer bestimmten *Information* gekoppelt, die Tiere über ihre Umwelt haben müssen. Ein baumbewohnender Primate sieht sich sozusagen „gezwungen", seinen Biotop „richtig" abzubilden. *Projiziert* er einen Ast dorthin, wo in Wirklichkeit sich gar keiner befindet, dann kann dies für ihn negative Folgen haben und seine Überlebenschancen drastisch einschränken. Freilich, bestünde dieser Ast bloß in der „Vorstellung" des Tieres, als eine „Idee", und würde er nicht zum Klettern benützt werden, so hätte dies für den Primaten kaum negative Konsequenzen. Würden aber alle Angehörigen einer baumbewohnenden Primatenspecies versuchen, „imaginäre" Äste auf Bäumen von bestimmter Höhe zu erklettern, dann würde die Species vermutlich aussterben, sie würde der Selektion zum Opfer fallen. Die „richtige" Information über die Umwelt – das ist ein unabdingbares Kriterium für das Überleben der Tiere. (Man vgl. zu diesem Problemkreis vor allem Lorenz 1973). Das Leben selbst hat dem Tier Schranken in diesem Verhalten auferlegt, so wie jedem Menschen bestimmte Grenzen bei der Realisierung seiner Vorstellungen, Ideen, Phantasien, gesetzt sind. Allen Lebewesen ist eine *Hypothese über die* Welt eingebaut, nach der *angenommen* wird, die Welt sei de facto so beschaffen, wie sie wahrgenommen wird; es handelt sich dabei um die „Hypothese des scheinbar Wahren" (Riedl 1976). Der *vorbewußte, ratiomorphe* Verrechnungsapparat verfährt nach dieser Hypothese; er ist wie sein Träger, das Leben, quasi selbst hypothetischer Realist, kalkuliert die mögliche Erfahrung über die Welt so, wie sie *wahrscheinlich* am ehesten Erfolg haben wird (Riedl 1976). Diese vorbewußten, ratiomorphen Leistungen sind also dem Menschen nicht bewußt. Aber ihnen ist die größte Bedeutung für das Leben und für das Überleben beizumessen. Wie wäre es auch zu verstehen, daß sich selbst der naive Realist im Leben durchsetzen kann?

Die Argumente für den hypothetischen Realismus und für die evolutionäre Erkenntnistheorie lassen sich daher nach Vollmer (1975) folgendermaßen zusammenfassen: Es gilt,
1. „daß es... für die Subjektbezogenheit aller Aussagen keinen Beweis gibt;" (also ein Gegenargument für den Idealismus)
2. „daß die Annahme der Außenwelt eine Hypothese ist, die sich hervorragend bewährt;"
3. „daß es Argumente gibt, die eine solche Hypothese plausibel machen"; (Argumente für das Realitätspostulat, z.B. die psychologische Evidenz, der Realismus der Sprache)
4. „daß diese Auffassung keineswegs identisch ist mit einem naiven Realismus, da über Struktur und Erkennbarkeit dieser ‚objektiven Realität' noch gar nichts gesagt wird.""

Die evolutionäre Erkenntnistheorie kommt bei ihren Anhängern zu einer Schichtentheorie der Lebensvorgänge und des Bewußtseins – insbesondere bei Riedl –, die nach Art kybernetischer Wechselwirkung sich bis zum Bewußtsein des Menschen „aufspiralen" soll. Sie impliziert Lernerfahrung „trial and error" – und wird bei Riedl auf Abbildung 5 dargeboten:[9]

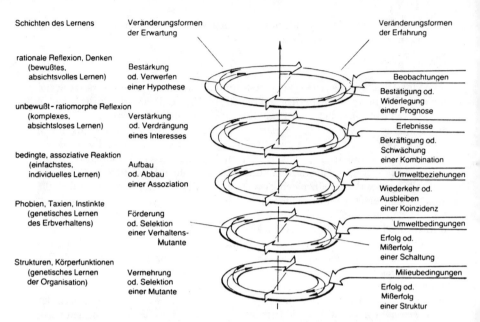

Abbildung 5: Die evolutiven Schichten des schöpferischen Lernens (aus: Riedl, R.: Biologie der Erkenntnis. Verlag Paul Parey, Berlin-Hamburg 1980, S. 106).

„Rechts steht jeweils die gemachte Erfahrung aus der jüngsten Vergangenheit, links die daraus gewandelte Erwartung für die unmittelbare Zukunft. Die Formen der Erwartung und Erfahrung wandeln sich von Schicht zu Schicht. Das Prinzip des Algorithmus bleibt unverändert, da die Entstehung jeder Schichte den Erfolg der vorhergehenden voraussetzt."

Den kreativen Prozeß der Evolution – einschließlich Selektionsvorteile und „Optimierungsvorgänge" – im „Auge behaltend", faßt Riedl zusammen:[10]

„Die kleine Freiheit dessen, was wir als Selbstentscheidbarkeit erleben, ist aber kein Privileg unserer Species. Sie ist das kreative Prinzip der Evolution. Nur heißt dieses zuerst Mutation, dann Assoziation und zuletzt Willensentscheidung. Und es erhält die kreative Freiheit jeder ihrer Schichten."

Die Entstehung des Bewußtseins – selbstverständlich aus der „Materie" wie schon bei Haeckel – wird „anthropologisch" gedeutet:[11]

„Eine Rationalisierung der Ursachen-Richtung.
Diese nach dem Wenn-Dann-Prinzip operierende, exekutive Ursachen-Verrechnung unserer angeborenen Lehrmeister mußte dem Bewußtwerden, unserem Erleben der Ursache, Pate gestanden haben. Jener exekutive Algorithmus also, welchen die Selektion für die Ursachen-Verrechnung im nichtbewußten Zentral-Nervensy-

stem als den ökonomischsten Lösungsweg fest programmierte, hatte nun die Problemlösungen in einer Erlebniswelt anzuleiten, der, wie wir nun wissen, die eindimensionale Kausalität nicht gerecht werden kann. In einem mehrdimensionalen System von Ursachen mußte die Aufgabe, deren scheinbar einzig gültige Dimension aufzufinden, eine Rationalisierung der Ursachen-Richtung zur Folge haben.

Aus welcher Richtung aber kommen, oder in welche Richtung laufen nun die Ketten der Ursachen? Auf der einen Seite mußte es dem erwachenden Bewußtsein deutlich werden, daß die Ketten der Ursachen an den selbst exekutierten Handlungen beginnen und von diesen fortziehen; vom Aufnehmen zum Werfen des Steins, über dessen Flug und sein Niederpoltern, zum Aufscheuchen einer Vogelschar, endend beim Niederschweben einiger verlorener Federn. Auf der anderen Seite mußte schon dem Frühmenschen klar werden, daß Ursachen jenseits des ihm Begreiflichen beginnen, an ihn heranziehen, um an ihm selbst zu enden; das Nahen eines Unwetters, einer Flut, eines Steines, der nun auf ihn geworfen wurde. Und mußte es nicht nahe liegen, das Erleben der eigenen Absicht mit den ihre Exekution begleitenden Folgen nun auch als fremde Absicht hinter jenen Ereignissen zu vermuten, denen er sich unterworfen fand? Mußte nicht, ähnlich den erlebten Zwecken seiner eigenen Handlungen, hinter den Unwettern, Fluten, Jahreszeiten, hinter allem Werden und Vergehen jemandes Zweck oder Absicht als eine letzte, ja jenseits der Welt als eine allerletzte Ursache stehen?"

Das zitierte Beispiel möge Lesern vor Augen führen, wie die Grundproblematik des Bewußtseins – z. B. dessen Intentionalität – durch reine Schlagworte: Verrechnen, Algorithmus usf. hinweg eskamotiert wird, Schlagworte (Begriffe), die bereits hochkomplexes Bewußtsein und komplexe mathematische Vorgänge (Begriffsbildung) voraussetzen.

Die evolutionäre Erkenntnistheorie beruht auf einem typischen Zirkelschluß: denn Vollmer, Riedl, Lorenz, Eigen und ihre große Anhängerzahl können bei jeder Problemstellung nicht umhin, von ihrem Bewußtsein auszugehen, dem „Problembewußtsein des Forschers". Die Inhalte ihres Bewußtseins: Raum, Zeit, Kategorien, Kausalität usf. in die „verrechnenden" Zellen der Großhirnrinde hinein zu mystifizieren, in völliger Verkennung der Grundtatsache des Bewußtseins: unüberbrückbaren Kluft zwischen Bewußtseinsinhalt (Begriff, Intentionalität, Erleben) und „Außenwelt". Gäbe es diese unüberbrückbare Kluft nicht – gäbe es kein Bewußtsein von etwas, d.h. die Grundform des Bewußtseins, die Intentionalität, das Gerichtet-Sein auf etwas hin, existiert nicht. Es wird in jedem Fall von diesen Autoren vorausgesetzt, was dann in die Gehirnzellen hineinprojiziert wird. Zu diesem Zirkelschluß äußern sich z. B. Spaemann und Löw, C. F. von Weizsäcker zitierend, wie folgt:[12]

„Der erste (Einwand, Erg. v. V.) ist relativ alt und wurde schon von Bergson gegen Spencer erhoben. Wenn man nämlich das Kausalprinzip, welches apriorische Kategorie unseres Denkens sein soll, als Anpassungsprodukt an die Natur erklären will, dann muß diese Kategorie (als Realkategorie) schon irgendwie in der Natur vorhanden sein, wenn nicht als Denk-, so doch als Seinsform. Damit wird bei dieser Erklärung die Natur bereits als das vorausgesetzt, was erst vermittels der Kategorien möglich wird. Wenn man die Denkkategorien aus der Natur genetisch abzuleiten versucht, unterstellt man der Natur an sich, die andererseits als sujektiv gespiegelte gedacht und vorausgesetzt wird, dasselbe Kategoriensystem nur mit einem anderen Namen. Ohne hier genauer auf die im einzelnen sehr klar entwickelte Ausarbeitung des Arguments von H. Köchler einzugehen, sei darauf hingewiesen, daß auch die übrige Genetisierung des menschlichen Erkennens im Sinne von: „Die Rückseite des Spiegels" (K. Lorenz) selbstverständlich *ein Bild im Spiegel* ist (!), daß die evolutionäre Erkenntnistheorie die Gültigkeit der Kategorien voraussetzt, mit deren Hilfe sie dann die evolutionäre Entstehung und Geltung eben dieser Kategorien zu erklären trachtet. Ein analoger Vorwurf war Kant schon früh gemacht worden: Kant war sich dessen aber, im Gegensatz zu seinen modernen Überwindern, ganz bewußt und konnte ihm auch begegnen.

Die Sache ist die: die „Anpassungstheorie" bleibt ein theoretisch naiver Zwitter zwischen Transzendentalphilosophie und „realistischer" Ontologie bzw. Erkenntnistheorie. Wird Kausalität als anthropologisch begründete Weise, die Welt anzusehen, verstanden – ohne Anspruch auf Erkenntnis der „Welt an sich", dann taucht die Frage auf, wieso gerade kausales Denken geeignet sei, sich in der Welt zu behaupten, wenn nicht die Welt so *ist*, wie das kausale Denken sie denkt. Ganz abgesehen davon, daß die Anpassungstheorie selbst schon die Kategorie voraussetzt, die sie erklären will: sie ist selbst eine kausale Theorie! Wenn aber eine bestimmte Sehweise dann als angepaßt gelten darf, wenn sie sieht, was unabhängig von Leben so *ist*, dann stellt sich die Frage, warum wir nicht statt von „Anpassung" gleich von „Erkenntnis" sprechen."

Und an anderer Stelle:[13]

„Was die Bezeichnung „Realismus" bei K. Lorenz u. a. anlangt, so verweisen wir auf die Kritik von C. F. v. Weizsäcker:
„Lorenz (nennt) seinen Realismus eine Hypothese. In der Wissenschaft aber pflegt sich eine Hypothese wenigstens grundsätzlich der empirischen Kontrolle zu stellen. Ich schlage statt dessen die Ansicht vor, daß die hier verwendeten Worte „real" und „Realität" sinnlose Vokabeln sind, durch deren vollständige Elimination sich an allen positiven Erkenntnissen der Naturwissenschaft überhaupt nichts ändert."
Die *hard-core*-Version hat ein anderes begriffliches Niveau. Sie verläßt Weismanns Diktum vom unauflöslichen Zusammenhang von Naturwissenschaft und kausalmechanischer Erklärung mit dem Schluß, *„daß für kein Ereignis eine wissenschaftlich haltbare kausale Erklärung existiert"* (Stegmüller, Hervorhebung von uns). Damit ist „die Kausalerklärung der Finalerklärung in die Rumpelkammer gefolgt." (H. Jonas)"

Was jedoch ist der „Sinn" der Evolution und der Entstehung des Menschen, die Mannigfaltigkeit des Lebens? Die Antwort der evolutionären Erkenntnistheorie lautet schlicht: „Sinn" und „Sinnfragen" sind die Folgen von Selektion, Mutation, Informationsspeicherung, um des Überlebens der bestoptimierten Organismen, zu denen der Mensch gehören soll. Er fragt – weil er bestoptimiert ist.

Die Schwierigkeiten der evolutionären Erkenntnistheorie stellen sich jedoch als unübersehbar dar, wenn die neurophysiologischen Theorien der

Codierung und Decodierung der Wahrnehmungsinhalte als in den Hirnprozessen ablaufend miteinbezogen werden. Dieser Theorie zufolge werden die Sinneswahrnehmungen z. B. in der Retina und den anschließenden Nervenzellen „decodiert", um nach wiederholten Codierungs- und Decodierungsvorgängen in den den jeweiligen Sinnesorganen zuzuordnenden nervösen Zentren zu den genuinen Wahrnehmungen synthetisiert (codiert) und wiederum decodiert bewußt zu werden. Diesen Prozeß beschreibt Eccles wie folgt:[14]

„In der Sinneswahrnehmung besteht die Folge der Ereignisse darin, daß ein Reiz auf ein Sinnesorgan die wiederholte Entladung von Impulsen längs der Nervenfasern zum Gehirn *verursacht* [! Hervorhebung v. Übers.], die nach verschiedenen synaptischen Relais dortselbst eventuell ein spezifisches raum-zeitliches Impuls-Muster im neuronalen Netzwerk des Cortex evozieren. Die Übertragung vom Sinnesorgan zum Cortex benutzt ein codiertes Muster von Nervenimpulsen, das einem Morse-Code mit Signalzeichen in bestimmten zeitlichen Folgen entspricht. Zweifellos ist die codierte Übertragung dem ursprünglichen Reiz des Sinnesorgans ganz unähnlich und das raum-zeitliche Muster der neuronalen Aktivität, die im Cortex durch seine Verwebung im „magischen Webstuhl" evoziert wird, ist ebenfalls ganz verschieden. Nichtsdestoweniger erfahre ich als eine Folge dieser cerebralen Muster von Aktivität Wahrnehmungen, die ich irgendwie nach außerhalb des Cortex zu projizieren gelernt habe..."

Es ist bedauerlich, daß Neurophysiologen vom Range Eccles es nie für notwendig befunden haben, die Widerlegung dieser widersinnigen „Erkenntnistheorie" zur Kenntnis zu nehmen – schon vor bald 100 Jahren hat sie Bergson in „Materie und Gedächtnis" ad absurdum geführt. Der Gipfel dieser Ausführungen wird durch ihre Verbindung (Eccles op. cit. S. 167) mit der Popper'schen 3-Weltentheorie erreicht.

Aus dieser Theorie folgt:
1. Die Sinneswahrnehmungen werden von den Nervenzellen „produziert", nach außen projiziert.
2. Diese impliziert einen extremen „zentralnervösen Solipsismus".
3. Die Einheit der Sinneswahrnehmung, der Empfindung, muß durch einen ganz und gar unerklärlichen Akt hergestellt werden, der „Außenwelt" und codiert/decodierte zentralnervöse Prozesse zu einer Einheit – der Sinneswahrnehmung – zusammenfügt.
4. Die Existenz der „Außenwelt" wird jedoch durch diese Theorie wiederum absolut in Frage gestellt.
5. Andere Neurophysiologen – wie z. B. Kuhlenbeck – legen dar, daß der Vorgang der Sinneswahrnehmung schon an der Peripherie – den Sinnesorganen – zum Abschluß kommt, die Außenwelt die zentralnervösen Organe quantentheoretisch gar nicht erreichen kann:[15]

„Obwohl extraneurale R-Ereignisse und N-Ereignisse kausal miteinander in Verbindung stehen, ist zu beachten, daß es keinen direkten Übergang von Energie von den extraneuralen R-Ereignissen zum Gehirn mittels N-Ereignissen gibt, abgesehen vom Auslöse-Effekt auf den Rezeptor. Die Energie des Lichtes, das auf die Retina einwirkt, der Schallwellen, die die Basilarmembran zum Schwingen bringen, des mechanischen Druckes, der auf die Haut ausgeübt wird, wird nicht übertragen, sondern sie wird zerstreut. Daraus ergibt sich ein Zuwachs der Entropie in Übereinstimmung mit dem zweiten Gesetz der Thermodynamik. Die Energie, die mit den N-Ereignissen in Verbindung steht, wird von den physiologischen neuralen R-Ereignissen geliefert. Dies kann man mit dem Abschluß eines Gewerbes vergleichen, bei dem die Muskelenergie, die nötig ist, um den Abzugshahn zu ziehen, in keiner Weise in die Energie, die das Geschoß treibt, transformiert wird oder zu ihr in Beziehung steht."

Was in dieser informationstheoretisch destruierten Welt noch als „Realität" oder „Einheit" angesehen werden kann – das zu beantworten, dürfte keinem der genannten Autoren auch nur annähernd möglich sein. In dieser Konzeption ist der Schreibtisch kein Schreibtisch mehr, sondern jener, den schon Eddington vor über 50 Jahren beschrieb: ein unübersehbares Gewirr aus durcheinanderschwirrenden Atommolekülen, die Informationen senden, deren Teilchen je nachdem als Korpuskeln oder Wellen die Netzhaut treffen bzw. nicht treffen – aber jedenfalls das Gehirn zur Decodierung und Codierung von „Wahrnehmungen" anregen. Die Zerstörung des Bewußtseins im Materialismus nicht weniger wie die der Wahrnehmung, damit des Menschen, ist als „perfekt" anzusehen. Das ist biologischer „Nihilismus" oder biologistische Ideologie.

c) Die Systemtheorie

Den zweiten „Grundpfeiler", auf dem die „Lösung der Weltprobleme" im Sinne jener Autoren beruht, bildet die Systemtheorie. Deren bemerkenswerten Fortschritt sieht Wuketits mit Riedl u.a. (Lorenz, Eigen usf.) in der Überwindung gewisser Mängel der synthetischen Theorie der Evolution:[16]

„Zwei Feststellungen sollen nun über die synthetische Theorie getroffen werden:
1. Ihr Grundkonzept ist im wesentlichen *richtig*, zumal dafür Belege in großer Anzahl beigebracht werden konnten.
2. Im Rahmen der synthetischen Theorie sind aber zahlreiche Detailprobleme der Evolution noch immer nicht befriedigend gelöst worden (vgl. dazu Beispiele in Riedl 1975), was leider oft übersehen wird. Das liegt nun daran, daß diese Theorie, wie eben gesagt wurde, auf einem *einseitigen Ursache-Wirkung-Prinzip*, auf einem *einseitigen Kausalprinzip* basiert."

Am selben Ort:[17]

„Die grundsätzliche Frage aber, ob die Evolutionstheorie jener ihr von der synthetischen Theorie gegebenen Färbung zureichende Erklärungen über die Evolution oder das Lebendige im allgemeinen abgibt, bleibt also aufrecht. Daß die von dieser Theorie beanspruchten Faktoren Mutation und Selektion zu den wichtigsten Erscheinungen bzw. Komponenten des Evolutionsgeschehens gehören, ist eklatant. Allerdings entspricht die Grundannahme der synthetischen Theorie jener von Riedl (1975, 1976) gegebenen Allegorie, nach der die Evolution von einem blinden und einem kurzsichtigen Konstrukteur konzipiert wäre.

Die besagte Einseitigkeit der synthetischen Theorie kann nämlich auch unter wissenschaftstheoretischem Gesichtspunkt kritisiert werden. Sie baut auf dem Konzept der *linearen* oder *exekutiven Kausalität* auf und basiert damit auf sehr wohl richtigen, aber eben in Anbetracht der Komplexität, die sie erklären soll, unzureichenden Prinzipien."

Demgegenüber zeichnet sich die Systemtheorie durch ein kybernetisches Wechselwirkungskonzept zwischen Organismus und Umwelt aus, das die lineare Kausalität der synthetischen Theorie überwinden soll. Wuketits faßt – wieder bezogen auf Riedl und Bertalanffy – zusammen:[18]

„Die Erklärung der Evolution in einer Systemtheorie, einer Theorie der Systembedingungen der Evolution, läßt sich daher folgendermaßen beschreiben: Es wirken primär die Faktoren Mutation und Selektion, doch ist letztere nicht nur als *äußere* Selektion, d. h. als Selektion von außen (von der Umwelt des Organismus) zu verstehen, sondern es ist darüber hinaus der *inneren* Selektion als einem *internen* Evolutionsmechanismus, entsprechende Bedeutung beizuräumen. Die Systemtheorie der Evolution bedeutet einen erweiterten Kausalitätsbegriff, indem sie davon ausgeht, *daß die Kette von Ursachen und Wirkungen sich zu einem Kreis schließt*, womit – um es zu simplifizieren – das Endglied der Kette, z, über den Kreislauf auf die es bedingende Ursachenkette, $a, b, c, \ldots, y$, zurückwirkt."

In der Praxis führte dies nun zweifellos dazu, daß die Organismen im Vollzug von zunehmender Optimierung ihrer Lebensbedingungen – um immer besser zu überleben – „gezwungen" wurden, zu lernen, Erfahrungen zu sammeln, d. h. Information über „trial and error" (wie oben Zitat Riedl) zu speichern. Diese durch Irrtum und Versuch erworbenen Informationen werden dann Erbgut. (Lamarck ist wieder voll akzeptiert!) Das „bewußte" Lernen etwa von dressierten Affen oder Menschen fußt auf dem „ratiomorphen" (Riedl, Lorenz u. a. m.) Lernen, das in der Evolution erfahren wird:[19]

„Keiner der niederen Organismen hat etwa lernen wollen. Weder das Coli-Bakterium, noch die Pantoffeltiere, Bodentiere oder Zecken. Wir sind gewiß, daß sie zum Lernen gezwungen wurden. Was immer also ein genetisches Gedächtnis an Aufbau- und Betriebsanleitung für seinen Organismus gelernt hat, das muß an den Bedingungen, unter welchen seine Ahnen lebten, ausgebildet worden sein. Der Zufallsgenerator der Mutationen schuf die Variabilität, die Selektion wählte das jeweils Brauchbarste."

Nach diesen Darlegungen dürfte kein Zweifel darüber bestehen, daß hier – wenn auch in seiner Aussage „informationstheoretisch" und „kybernetisch" gefüttert, d. h. etwas komplizierter als bei Haeckel – der Lamarckismus wieder eingeführt wurde, der Genotyp vom Phänotyp lernt – wie sollte es anders in den Kategorien dieser Autoren denkbar sein? Die Erbprogramme der Lebewesen haben bereits Ursache und Wirkung unterscheiden gelernt. Der Einzeller verfügt schon über ein Abstraktionsvermögen! So Riedl:[20]

„Was man von dieser Welt lernen kann, das ist ihre Ordnung. Unordnung kann man wohl, ja muß man, wie wir wissen, erzeugen; aber zu lernen ist vom Chaos nichts. Und das Grundsätzlichste aller Ordnung ist die Koinzidenz von Zuständen oder Ereignissen. Das heißt, daß die meisten Dinge sich mit großer Regelmäßigkeit nur gemeinsam miteinander, nacheinander oder im Rahmen bestimmter anderer Dinge ereignen. Für den Menschen ist dies so selbstverständlich, daß er oft gar nicht mehr daran denkt, daß Blitz und Donner koinzidieren, daß auf den Felssturz Gepolter folgt, daß es Früchte nur im Rahmen der Pflanzen gibt. So beruhen die Erbprogramme der Organismen auf einer
Abstraktion von Koinzidenzen in der Natur.
Die Umkehr-Reaktion des Pantoffeltieres extrahiert aus der Fülle unbekannter Eigenschaften von Hindernissen die Koinzidenz von fester Oberfläche, ruhender Lage und begrenzter Ausdehnung. Sie sieht gewissermaßen ab von allen anderen Eigenschaften. Der nicht minder erbliche Instinkt der Zecke extrahiert aus den vielen ihr unbekannten Eigenschaften der Säugetiere die Koinzidenz von Buttersäure und der Temperatur von 37 °C."

Das Dogma der DNS-Informationstheorie wird dementsprechend abgelehnt, wie problemlos solche „Beweise" dann einfach fallengelassen werden, möge der Leser bei Wuketits feststellen:[21]

„Deutlich wird dabei zweierlei:
1. Die Einseitigkeit des (...) *zentralen Dogmas* der Genetik.
2. Die Unmöglichkeit einer vollständigen Erklärung des Organismus durch eine Kausalanalyse, die auf dem Prinzip der linearen Ursache-Wirkung-Kette basiert."

(Der interessierte Leser sei auf Riedls „Ordnung des Lebendigen" verwiesen. Die Spekulationen, mit denen dort ein namhafter Biologe die Erbprogramme vermittels Computertechnologie in die Keimzellen „hineinpraktiziert", die Fülle unbewiesener, spekulativer, anthromorpher Aussagen über die „Bürde" des Typus usf. hätten jeden Nicht-Biologen, der diese Hypothesen zu bilden gewagt hätte, für immer in der „Wissenschaft" unmöglich gemacht.)
Die synthetische Theorie wird auch von Eigen zum Zweck der Entstehung der Selbstorganisation des Lebens in Anspruch genommen. Über Lernprozeß, Gedächtnis und andere Bewußtseinsvorgänge verfügen im Prinzip die ersten informationsspeichernden Biomoleküle im Kampf um ihr biomolekulares „Leben". Die Grundthese der Systemtheorie bleibt die der „Optimierung", – der technischen Vervollkommnung der Lebewesen im

„Kampf ums Dasein". Analog definiert auch Wuketits den Organismus wie folgt:[22]

„Es kann wohl als heute in der Biologie allgemein anerkannte Feststellung gelten, daß Organismen informationsverarbeitende und selbstregulierende Systeme repräsentieren."

Damit werden die Lebewesen zu „offenen Systemen" im Sinne von Bertalanffy und der Kybernetik. Aber was „optimiert" wen? Letztlich die Evolution, die nun doch „optimal" zu den best-optimiertesten Wesen, dem Menschen verläuft. Dieser ist am „besten" optimiert, da er sein technologisches Bewußtsein am besten in den Überlebenskampf einzuschalten vermag. (s. o. S. 131 ff.).

Die „materiale" Frage: Was „optimiert" die Evolution? ist von der formalen Frage nach dem „Maßstab" des Überlebens nicht zu trennen: dem Regelkreis. Schon die Biomoleküle im „Kampf um Aminosäuren oder Kohlehydrate" in der Eiweißsuppe regulieren sich nach Eigen selbst – angeblich experimentell erwiesen durch die Ausmerzung jener, die nicht schnell genug Aminosäuren erhaschen. Die „Fehlanzeige" – keine Aminosäure erhalten – führt über das negative feedback zu einer Optimierung jener Population von Biomolekülen, die schneller Aminosäuren erhaschen – oder analog höheren Lebewesen – im Kampf um das Dasein: es bleiben die übrig, „pflanzen sich besser fort", die aus was für Zufällen auch immer sich ausreichend ernähren und fortpflanzen konnten. Die Selektion ist kybernetisch gesteuert, die Regelstrecke heißt „Überleben": Eigen belehrt seine Leser darüber, daß es sich beim „Überleben" um einen „Wert" an und für sich handelt, um damit ein für allemal den tautologischen Charakter von „Überleben" und „Anpassung" als nicht-tautologisch auf ein Wertesystem bezogen, zu erweisen. (Um was für ein „Wertesystem" es sich dabei handelt – das bleibt offen.) Daß es sich bei dieser Hypothese um eine reine Willkürthese handelt, da letztlich die entscheidenden Kriterien für das „bessere" Überleben fehlen, dies zu behaupten, hieße schon gegen die „heilige Kirche" der Biologen und Biochemiker arg verstoßen. Dennoch: das „bessere Überleben" ist eine reine Willkür-Norm. Der Einzeller überlebt ebenso gut wie das Reptil, wie das Säugetier – oder wie der Mensch – oder ebenso „schlecht". Die nicht abzustreitende Hybris, die den Gedankengängen dieser Autoren zugrunde liegt, ist einfach die: der Mensch, als technologischer Homo faber hat sich eben (bis jetzt!) als bestens zum Überleben gegenüber den Tieren erwiesen, er wird schlechthin als Norm genommen. Der alte sophistische Lehrsatz, der Mensch ist als Maß aller Dinge – Protagoras – wird wieder aktualisiert. Aber auf was für einem denkerisch simplistischen Niveau!

Die Regelstrecke „Überleben" hat den Charakter eines Spieles, es geht nicht nur um das ad hoc überleben, sondern um das „bessere" Überleben. Dazu ist Erfahrung notwendig. Lernen, „Informationsspeicherung" und zweifellos die Vererbung des Erworbenen, d. h. ein Bewußtsein, das chemosemantisch (nach Eigen besteht kein nennenswerter Unterschied zwischen den chemischen Valenzen der Moleküle und der menschlichen Sprache) dann in den Erbprogrammen weiter überliefert wird. Diese Zusammenhänge kann Eigen sehr schön an seinen „Spielchen" demonstrieren – es ist nur bedauerlich, daß jedes seiner auf die Spieltheorie bezogenen Kapitel seines Buches „Das Spiel" vielleicht dem nicht mathematisch orientierten Leser Erstaunen abringt, demjenigen, der aber nur die einfachsten Grundregeln etwa der Wahrscheinlichkeitsrechnung kennt, lediglich das beweist, was die Verfasser – Eigen und Winkler – schon vorher immer gewußt haben. Es wird bewiesen, was auf Grundlage der Wahrscheinlichkeitsrechnung und der Spielrechnung schon von vornherein immer bewiesen war.

Die Systemtheorie der sich selbst evolutiv optimierenden Lebewesen – vom Biomolekül zum Menschen – ist nicht ohne eine immanente („vorprogrammierte") Zielsetzung denkbar, die das „Bessere" impliziert. Diese Vorstellung impliziert jedoch, daß die „Optimierung" potentiell schon in den Biomolekülen „anwesend" ist, um dann selbstregulatorisch-kybernetisch sich bis zum Menschen hin zu entwickeln. Das den Zusammenschluß der Biomoleküle zum übersetzungsfähigen DNS-RNS-Proteinsystem beeinträchtigende „Rauschen" (Störungen) wird in der Evolution durch entsprechende „zufällige Vorkommnisse" geoklimatischer u. a. Art fortgesetzt, die die Selektion betreiben, die Selektion jedoch (s. o. S. 135 ff.) nicht allein durch die zufällige Mutation bedingt wird, sondern vor allem als Reaktion der Erbprogramme auf die Umwelt zu Veränderungen in der molekularen Zusammensetzung der DNS/RNS führt, die dann die kybernetisch-selbstregulatorisch erzeugte optimierte Art bis zum Menschen entstehen läßt.

d) Die „Teleonomie"

Um das heikle, Vitalismus-anrüchige Problem der finalen Ursachen oder der Teleologie – der mechanistischen Kausalität prinzipiell übergeordnet – zu vermeiden, wurde der Begriff der „Teleonomie" von Pittendrigh formuliert, den auch Monod anwendet und der inzwischen biologisch „salonfähig" geworden ist. Pittendrigh benutzte diesen Begriff, um die ausschließlich arterhaltende Zweckmäßigkeit der Evolution zu charakterisieren, distanzierte sich damit ausdrücklich von jeder „Teleologie". Zusammenfassend definiert Wuketits den Sachverhalt wie folgt:[23]

„‚Zweckmäßige Gesetzmäßigkeit dadurch, daß in genetisch programmierten Individuen eine zweckmäßige Reaktion einschließlich der ontogenetischen Entwicklung festgelegt ist' (Zimmermann 1968)."

Stegmüller und Ayala definieren das Teleologieproblem im Unterschied zur Teleonomie wie folgt:[24]

„1. *Formale Teleologie:* Dabei handelt es sich um eine Reduktion des Problems auf eine zeitliche Relation zwischen dem *Antecedens* und dem *Explanandum*, d.h.: Daten zur Erklärung eines zum Zeitpunkt t_0 stattfindenden Ereignisses beziehen sich auf einen oder mehrere spätere Zeitpunkte t_1 oder t_2 usw. und es wird nur dieser Zeitfaktor berücksichtigt.
2. *Materiale Teleologie:* Hier ist zu unterscheiden zwischen der *echten* materialen Teleologie, von der dort gesprochen wird, wo *zielintendiertes Verhalten* vorliegt, und der *scheinbaren* materialen Teleologie, bei der *zielgerichtetes Verhalten* vorliegt, das nicht zielintendiert ist[6].

Man kann noch weitere Unterteilungen bzw. Einteilungsschemata der Teleologie vorlegen. So hat *Ayala* (1968) drei Klassen teleologischer Phänomene bestimmt, und zwar:
1. Vorgänge, bei denen das Ziel bewußt durch das *Agens* antizipiert wird, also insbesondere menschliche Handlungsweisen, wo eine Handlung bewußt im Hinblick auf ein künftiges Ereignis gesetzt wird.
2. Selbstregulierende oder teleonomische Systeme, charakterisiert durch die Wirkungsweise spezifischer Mechanismen, wodurch ungeachtet diverser Fluktuationen in der Umwelt ein bestimmter Grad an Eigengesetzlichkeit erreicht wird.
3. Strukturen, die anatomisch und physiologisch gesehen so beschaffen sind, daß sie bestimmte Funktionen ausüben können."

Dieser Teleologie gegenüber stellt Wuketits fest:[25]

„Die Teleologie, insbesondere sofern es sich um die echte materiale Teleologie handelt, konnte im Zuge der neueren Forschungen in der Tat fallengelassen werden und überall dort, wo man noch heute sich den in ihr verschlüsselten finalen Aspekten bewußt hingibt, hat man sich vielfach von ernst zu nehmenden (naturwissenschaftlichen) Betrachtungen entfernt. Die Teleonomie, die mit der scheinbaren materialen Teleologie im wesentlichen gleichgesetzt werden darf, ist indes keine Teleologie im eigentlichen Sinne mehr. Sofern man dabei finalistische Ausdrucksweisen verwendet, muß man sie, wie Stegmüller (1969, Bd. 1) betont, mit einem einschränkenden Zusatz versehen, daß es sich nämlich um eine *Als-Ob-Betrachtung* handelt. Es sieht so aus, als würden Organismen von finalen Prinzipien gesteuert. In Wirklichkeit handelt es sich einzig und allein um die Tatsache der Funktionen von arterhaltendem Wert, um für den Organismus und sein Überleben „zweckmäßige" Einrichtungen, wobei „zweckmäßig" immer aus einer „höheren Warte" gesehen werden muß, nämlich – wie schon erwähnt wurde – unter dem Gesichtspunkt, daß stets „übergeordnete" Strukturen, Funktionen etc. existent sind, die den ihnen „unterliegenden" Strukturen, Funktionen etc. einen bestimmten Zweck zuordnen. Und dieser Aspekt der Zweckmäßigkeit, der teleonomische, bleibt als Problem im Rahmen der Biologie jedenfalls aufrecht."

Für die Systemtheorie gilt nur die Teleonomie. Das besagt das letzte Zitat von Wuketits. Arterhaltende, kybernetisch ablaufende Lernprozesse, die als Information gespeichert werden, sind „teleonomisch". Damit – so glauben die genannten Forscher – ist das Problem „Kausalität" (Mechanismus) gegen „Finalität" (Vitalismus) als Scheinproblem endgültig ad acta gelegt.

Trifft das zu? In keiner Weise. Das Problem „zweck- oder sinnvoller"

Einrichtungen oder Funktionen in den Lebensvorgängen wird lediglich verschoben.

1. Das „Zweckvolle" ist „vorprogrammiert" (s. o. Kritik an Mayr). Damit, wird die Informationstheorie kritisch betrachtet, wird nichts anderes gesagt, als daß die informativen Gene „zweckvoll" programmiert sind – um die Art zu erhalten. Der Zweck, das „Um" der Arterhaltung wird lediglich in die Genetik, und damit in das große Mysterium, den deus ex machina der modernen Biologen/Biochemiker, in die „Erbmasse hineinmystifiziert".

2. Die Teleonomie als „Arterhaltung" stellt darüber hinaus nur eine Verschiebung des teleologischen Begriffes dar: die Art soll bekanntlich sich vermittels der Selektion erhalten. Also arbeitet die Selektion teleonomisch. Das ist auch die Ansicht der meisten der Autoren, die den Begriff „Teleonomie" anwenden. Daraus ergeben sich drei Denkfehler: a) Das Zweckvolle dient der Arterhaltung = die Arterhaltung ist zweckvoll, da sie Überleben impliziert: die Teleologie des Überlebens um der Arterhaltung wird „verschoben", etwa im Verhalten zur Kausalität. Der tautologische Zirkelschluß begegnet wieder. (Aus Arterhaltung/Überleben folgt Teleonomie, Telenomie ist Arterhaltung/Überleben.) b) Die Selektion als „zweckvoll" die Arterhaltung im Sinne der Teleonomie bestimmend, arbeitet jedoch „zufällig", „blind". Es ist nicht erkennbar, nach welchen Prinzipien letztlich ausgewählt wird („fitness", „Reproduktion", „Anpassung" usf., s. o.). Die teleonomische Optimierung wird durch die zufällige Selektion zu einer ganz und gar unbewiesenen Hypothese. Zufall und Optimierung kann selbst Eigen nicht vermittels der Wahrscheinlichkeitsrechnung überzeugend vermitteln, es sei, er muß auf die geheimnisvollen, molekularbiologischen Prozesse zurückgreifen, die jenseits von Mutation, Selektion die Optimierung bis zum Menschen hin durchführen. Das ist „molekularbiologische Mystik", denn sie setzt voraus, daß eben die Moleküle „ab ovo" (Ursuppe) es schon auf die Optimierung des Menschen hin als Überleben um der Arterhaltung willen abgezielt haben.

c) Was heißt – hier liegt der dritte Denkfehler – „zweckvoll"? Das was die Art erhält. Was erhält die Art? Das Zweckvolle. Wobei zweckvoll – arterhaltende Reproduktion bei den Neodarwinisten – nur durch das Wort „Teleonomie" ersetzt worden ist. Die „Teleonomie" ist nichts anderes als eine Verlegenheitslösung, das Teleologische auszuklammern – Vitalismus-verdächtig – um einer Molekular-Mystik im Sinne Eigens und dem „offenen System" – bis zu Gott hin – C. Breschs zu weichen. Die tiefe Unredlichkeit dieser Biologie, ihre ad hoc Hypothesen als „Wahrheiten" wissenschaftlich darzubieten, kann kaum deutlicher sein. Aber der Biologe belehrt uns, daß er keine „Erkenntnisse" oder gar „Wahrheiten" vermitteln will, sondern nur Hypothesen... D. h. es möge ihn doch keiner ernst nehmen. Der nihilistische Wolf im Schafspelz der Unverbindlichkeit: das ist moderne Biologie.

c) Einige wissenschaftstheoretische Kuriositäten

Mit bemerkenswerter Geduld hat Wuketits in seiner grundlegenden informativen Untersuchung „Wissenschaftstheoretische Probleme der modernen Biologie" die dargestellten Probleme und Widersprüche innerhalb derselben zu ordnen versucht – indem er diese Probleme und Widersprüche gar nicht perzipierte. Probleme werden nicht wahrgenommen, sondern von vornherein wird die Angelegenheit so dargestellt, daß sie sich als problemlos „erweist". So entsteht ein Rezeptbuch, das den Biologen/Biochemikern das gute Gewissen vermittelt, daß sie wissenschaftstheoretisch „richtig" liegen. Wuketits sieht die Aufgabe der Wissenschaftstheorie wie folgt:[26]

„Für die Wissenschaftstheorie gilt es, in erster Linie die den Theorien und Theoriensystemen zugrundliegenden logischen Komponenten zu rekonstruieren, so daß sie also weder primär normativ noch primär deskriptiv sein kann, sondern primär rekonstruktiven Charakter zeigt. Daher ist hier die Wissenschaftstheorie methodisch eindeutig festzulegen als ein rekonstruktives Verfahren zur Analyse des empirisch zugänglichen Zustandekommens wissenschaftlicher Erkenntnis."

Er zitiert Oeser in folgender Übersicht:[27]

„Die vier Teilbereiche der Wissenschaftstheorie mit den entsprechenden Problemstellungen und Problemlösungsverfahren. (Nach *Oeser* 1976, Bd. 1; vgl. auch Fig. 9.)

	Problemstellung	Problemlösungs-verfahren
Heuristik		
positive H.	Hypothesenbildung	Analogie, rekursive Induktion
negative H.	Hypothesen-beurteilung	wahrscheinlichkeits-logische Induktion
Begründungstheorie	Theorienbildung	Konstruktion
Beweistheorie	formale Wider-spruchsfreiheit axiomatischer Theorien	formallogische Deduktion
Betätigungstheorie	empirische Verifikation oder Falsifikation von Theorien	erkenntnistheoretische Reduktion"

Da Wuketits nicht umhin kann, der Wissenschaftstheorie eine nomothetische Bedeutung zu geben, die letztlich auf der Logik fußt (S. 23 ff.), er sich um „Allsätze" bezüglich der Frage „Was ist Leben?" bemüht, stellt sich natürlich das Methodenproblem: Deduktion oder Induktion? Es kommt bei ihm zu dem ersten Verweis auf Popper, zu einem Kompromiß, denn in jeder Induktion seien deduktive Elemente, in jeder Deduktion induktive. Die deduktiven Elemente seien jedoch „a posteriori", da sie durch die Evolution in die menschliche Intelligenz via Gene und Erbmasse schon von Anfang an mit eingebaut worden sind (s. Wuketits S. 103 ff.).

Die Zumutung dieser „Wissenschaftstheorie" an einen kritischen Leser – der nur ein wenige Ahnung von Philosophiegeschichte hat –, bzw. die Zumutung auch gewissen Grundregeln der Logik gegenüber, ist erheblich. Bei aller bestehenden Problematik allein des Begriffs „Wahrheit": Es wird hier eine Wissenschaftstheorie nomothetisch-logisch begründet, die jedoch als „prius" aller Logik und Wahrheit schon in den informativen Erbprogrammen der Evolution vorgegeben ist (in den Molekularverbindungen der Gene vorprogrammiert). Nicht nur wird hier der schon wiederholt begegnete Zirkelschluß strapaziert, nicht nur wird wieder etwas „a priori" gewußt (im Bewußtsein von...) – sondern das „prius" allen Erkennens wird in die Erbmasse gelegt! (Dieses „prius allen Erkennens" war in der vorcartesischen Philosophie der Scholastik und der Antike der Wille Gottes, das Absolute bei Hegel und im deutschen Idealismus.)

Daraus ergibt sich die fundamentale und entscheidende Frage: Wie sind „Wahrheit" und „Logik" als nomothetische Grundlagen einer Wissenschaft möglich, wenn sie von molekularbiologischen Valenzen, Zufällen, von „Fitness" und „Anpassung" abhängen? (Wieder werden wir belehrt: es sind alles „nur" Hypothesen. Warum schreiben dann Wuketits, Lorenz, Eigen, Bresch u.a. Bücher – Aufsätze...? (s. o.).)

Zwar geben einige Autoren – wie z. B. Lorenz – zu, daß das „Leib-Seele-Problem" noch nicht befriedigend gelöst sei: aber der fundamentale Unterschied von Bewußtsein (s. o.), seiner Intentionalität und den Vorgängen der „Materie" (Was ist „Materie"?), dieser fundamentale Unterschied ist in der modernen Biologie/Biochemie hinwegeskamotiert, „gelöst".

Der daraus resultierende materialistische Monismus namhafter Forscher ist – bei aller Betonung von „Werten des Überlebens" bei Eigen – bei allen Hinweisen auf die Bedeutung menschlicher Kultur (gerne wird Goethe zitiert), nur um weniges differenzierter als etwa die Vorstellungen Ernst Haeckels und seiner Lösung der „Welträtsel".

Wie ist es auf dem Hintergrund dieses letztlich extrem primitiven Materialismus möglich – Haeckel gegenüber lediglich durch die komplexeren Bezüge zur Molekularbiologie und Informationstheorie differenzierter – sich zu der zitierten, von Oeser aufgestellten Tabelle zu bekennen? Nichts wäre dem Neodarwinismus verhängnisvoller, als nach dieser Tabelle interpretiert zu werden – was Popper mit dem bekannten Zitat besiegelt:[28]

"'Weder Darwin noch irgendein Darwinist hat bisher eine effektive Erklärung der adaptiven (also der sinnvoll sich anpassenden) Entwicklung eines einzigen Organismus oder Organs geliefert' (1974)."

Worin besteht das wissenschaftliche Grundproblem des Darwinismus – und seiner Abwandlung zur „Systemtheorie"? Daß die Hypothese: „Arten entstehen durch Mutation, Rekombination, Selektion und Anpassung" in die Begründungstheorie mit einbezogen wird (kausalistisch). Daß ferner keine formale Widerspruchsfreiheit zwischen einzelnen entsprechenden Beobachtungen besteht, es keine Falsifikation und Verifikation gibt, diese gar nicht möglich ist, daß ferner auf Plausibilitätsschlüsse rekurriert wird – wissenschaftstheoretisch höchst problematisch, wenn gar unmöglich – und nicht zuletzt Analogieschlüsse angewandt werden: Lorenz in großem Stil – mit ihm alle Verhaltensforscher, die menschliches Verhalten den Tieren unterstellen.

Aber könnte ein Biologe/Biochemiker jemals die Fundamente des Neodarwinismus kritisieren – wenn er einen Lehrstuhl erhofft? Gewiß nicht! Das diesbezügliche System sichert sein Überleben nur, wenn er sich zu den Dogmen der Biologen-Kirche bekennt. Als Häretiker wird er zwar nicht mehr verbrannt – aber doch „mundtot" gemacht. Hier wird die verhängnisvolle Verschränkung zwischen Ökonomie, Hypothesenbildung und Wunschdenken nach Vermittlung von „Wahrheit" sichtbar. Das ist die „optimierte Evolution": von Max-Planck-Instituten und ihren Vorstehern den entsprechenden staatlichen Institutionen erfolgreich inokuliert, um genügend Geldmittel zu erhalten, ihre auf theoretischem Inzest beruhenden Hypothesenbildungen „in alle Ewigkeit" fortzusetzen.

Der wissenschaftstheoretische Wirrwarr wird gerade durch das Problem der Analogieschlüsse auf die Spitze getrieben: Riedl bezieht sich auf die entsprechenden apodiktischen Erklärungen von K. Lorenz:[29]

„Mit der Lösung dieses Dilemmas hat Konrad Lorenz in seiem Nobel-Vortrag ‚Analogie als Wissensquelle' begonnen. Er stellt fest: es gibt keine falschen Analogien. Das trifft den Nagel auf den Kopf. Es kann sie so wenig geben, so setzen wir fort, so wenig es falsche Ähnlichkeiten geben kann. Falsch an einer Ähnlichkeit kann nur ihre Interpretation sein, die Hypothese zweiten Grades also, da sie der Ähnlichkeit die Erklärung hinzufügt. Stellt man fest: „Hier kommt mein Freund H." und sofort darauf „nein, was für eine täuschende Ähnlichkeit!" so hat sich ja nicht die Ähnlichkeit geändert, sondern nur ihre Erklärung, und nur diese wirkt wieder auf die Art, in der man diese Ähnlichkeiten zu sehen meint."

Auch wenn das Vorhandensein realer Ähnlichkeiten nicht abgestritten werden soll, in der Wissenschaft nach Analogieschlüssen zu verfahren widerspricht den einfachsten mathematisch-logischen Fundamenten derselben, sofern sie sich auch noch auf die Physik – wie Eigen – beruft. Wie mit den einfachsten Kategorien der Logik umgesprungen wird, sei noch abschließend verdeutlicht:

Die Verwechslung von Zeitablauf und Kausalität ist auffallend bei Riedl:[30]

„Es gibt also in jeglichem Lebensgeschehen ein Nacheinander, ein ‚wenn A, dann folgt B', und niemals kann aus dem Zustand B wieder der Zustand A werden. Auch aus dem Ei, das zur Henne wird, wird durch den anderen Hahn der neuen Henne wieder ein ganz anderes Ei; mögen sie sich auch gleichen wie ein Ei dem anderen. Unter diesen elementaren Bedingungen ist es geradezu trivial darzulegen, daß ein Folge-Ablauf alle Reaktionen des Lebendigen regiert. Schon die im Erbmaterial codiert vorliegende Aufbau- und Betriebsanleitung der Organismen enthält die Folge-Schaltung des ‚wenn A, dann B'. Denn sie ist aus dem ‚wenn A, dann B' der chemischen Reaktion entstanden."

Die Zeit – so sei erinnert – ist keine logische Relation wie die Kausalität. Das ist seit Aristoteles bekannt.

Wie diffus der Begriff des Logischen überhaupt z. B. bei Riedl ebenfalls angewandt wird, geht aus dem folgenden hervor:[31]

„Wie logisch ordnet die Hierarchie der Instinkt-Handlungen, was nacheinander zu wirken hat. So schalten die angeborenen Auslösemechanismen etwa beim Stichling zuerst von der Wanderung zur Reviernahme, wählen dann zwischen Kampf, Balz und Nisten und erst wenn ‚kämpfe!' zu wählen war, wählen sie zwischen Verfolgung, Biß und Imponieren. Diese erstaunliche ‚Vernunft' des erblichen Ursache-Wirkungs-Programms ist ein Spiegelbild der Kausalität in der Welt des Stichlings, eingebaut durch Versuch und Selektion."

Aus diesem Zitat wird die Hierarchie der Instinkthandlungen, die Hierarchie vom Instinkt zur Vernunft zu einem nicht einmal plausiblen Potpourri vermanscht.

f) Cricks Wandlung oder „Wissenschaft denkt nicht"

In seiner letzten Untersuchung „Life itself. Its origin and nature" (Published by Simon and Schuster, New York 1982) kommt der Star-Biologe und Star-Materialist F. Crick zu der Annahme, daß das Leben wahrscheinlich doch extraterrestrischen Ursprungs ist. Nach einem relativ kurzen Überblick der hier ausführlich diskutierten Probleme der Erd- und Lebensentstehung bleiben auch für Crick Fragen offen, wie die z. B., ob in der Proto- oder primären oder sekundären Atmosphäre der Erde Sauerstoff anwesend war, der die Entwicklung von organischem Leben unmöglich gemacht hätte. Er diskutiert insbesondere das Zeitproblem, das für die Entstehung von Biomolekülen unabdingbar gelöst werden müßte, d. h. daß die zur Verfügung stehende Zeit von ca. 2 Milliarden Jahren, vom Beginn der Erde bis zu dem Auftreten der ersten Mikrofossilien, wesentlich zu kurz gewesen sei, um innerhalb auch nur von Wahrscheinlichkeiten Leben entstehen zu lassen. Darüber hinaus bleibt für ihn ebenfalls die Frage ungelöst, ob die DNS oder RNS oder die Proteine gleichzeitig und überhaupt wie entstanden seien, ganz abgesehen von der Schwierigkeit, wie diese sich in der Ursuppe zusammengefunden haben. Er kann sich nicht zu der Annahme der „Hyperzyklus-Theorie" seines Freundes Eigen entschließen.

Bei einer Wahrscheinlichkeitsrechnung, wieviele Planeten in unserer Galaxie möglicherweise bessere Bedingungen für die Entstehung des Lebens böten als die Erde, kommt Crick zu einer Zahl von einer Million Planeten – bei ca. 100 Milliarden Sternen überhaupt –, von denen bei spezifischer Auswahl 10 000 bessere Lebensbedingungen „bieten". Er entwickelt seine Theorie der „Panspermie" (schon im vergangenen Jahrhundert aufgestellt), derzufolge Lebensträger im Weltall von höheren Intelligenzen („Menschen") abgeschossen werden und auf der Erde landen. (Warum dann nicht an Meteortransport der Lebenskeime glauben?) Die Menschheit hat die Aufgabe, ihrerseits mit Raketen Lebensträger auf andere Sterne zu befördern, um für den Weiterbestand der Menschheit im Weltall im Falle ihrer Vernichtung zu sorgen. Mit dieser Kapitulation eines der namhaftesten Forscher vor der Frage nach dem Ursprung des Lebens, kann nur noch mit Heidegger abgeschlossen werden:

„Wissenschaft denkt nicht".

Anmerkungen

Zitierte Literatur wird nur bei ihrer ersten Erwähnung in den Anmerkungen vollständig aufgeführt. Danach wird nur noch der Nachnahme des Autors angeführt und auf den Ort der vollständigen Angabe verwiesen. Dabei bedeuten römische Zahlen Kapitel, arabische Anmerkungszahlen. Beispiel: „Shaw (wie Anm. I 1)" bedeutet, daß die vollständige Angabe in der ersten Anmerkung des Kapitels I zu finden ist.

Einleitung

1 Chargaff, E.: Das Feuer des Heraklit. Skizzen aus einem Leben vor der Natur. Klett-Cotta, Stuttgart 1979
2 Bauer, M. et al.: Psychiatrie. Psychosomatik – Psychotherapie. Thieme-Verlag, Stuttgart 1980 (3. erw. Auflage).

Kapitel I

[1] Shaw, D. M.: Development of the early continental crust, in: Windley, B. F. (Hrsg.): The early history of the earth. J. Wiley & Sons, Chichester 1976, S. 34
[2] Ebd.
[3] Ebd.
[4] Ebd., S. 35
[5] Lemmon, R. M.: Chemical evolution; in: Kvenvolden, K. A. (Hrsg.): Geochemistry and the origin of life. Dowden, Hutchinson & Ross, Stroudsburg 1974, S. 34
[6] Shaw (wie Anm. I 1), S. 40 ff.
[7] Vinogradov, A. P.: The origin of the biosphere, in: Florkin, M. (Hrsg.): Aspects of the origin of life. Pergamon Press, Oxford 1960, S. 21
[8] Levin, B. Y.: The formation of the earth from cold material and the problem of the formation of the simplest organic substances, in: Florkin (ebd.), S. 52–53
[9] Broda, E.: The evolution of the bioenergetic processes. Pergamon Press, Oxford 1978, S. 20–22
[10] Siever, R.: Early precambrian weathering and sedimentation: An impressionistic view; in: Ponnamperuma, C. (Hrsg.): Chemical evolution of the early precambrian, Academic Press, New York 1977, S. 15
[11] Abelson, Ph. H.: Chemical events on the primitive earth; in: Kvenvolden (wie Anm. I 5), S. 48
[12] Walker, J. C. G.: Implications for atmospheric evolution of the inhomogeneous accretion model of the origin of the earth; in: Windley (wie Anm. I 1), S. 538
[13] Schidlowski, M.: Archean atmosphere and evolution of the terrestrial oxygen budget; in: ebd., S. 525 ff.
[14] Holland, J. G. and R. St. J. Lambert: Amitsoq gneiss geochemistry: Preliminary observations; in: ebd., S. 191 ff. und S. 377 ff.
[15] Walker (wie Anm. I 12), S. 538–539
[16] Ebd., S. 544

[17] Urey, H. C.: On the early chemical history of the earth and the origin of life, in: Kvenvolden (wie Anm. I 5), S. 19
[18] Broecker, W. S., zitiert in: ebd., S. 166, 167
[19] Rutten, M. G.: The history of atmospheric oxygen, in: ebd., S. 248
[20] Cloud, P.: A working model of the primitive earth; in: ebd., S. 263
[21] Chamberlin, R. T., zitiert in: ebd., S. 182
[22] Dole, M., zitiert in: ebd., S. 13
[23] Shaw (wie Anm. I 1), S. 36
[24] Pirie, N. W.: Chemical Diversity and the origins of life; in: Florkin (wie Anm. 17), S. 58
[25] Siever (wie Anm. I 10), S. 13
[26] Vinogradov (wie Anm. I 7), S. 23
[27] Rubey, W. W.: Geologic history of sea water, in: Kvenvolden (wie Anm. I 5), S. 169
[28] Bada, J. L. und S. L. Miller: Ammonium ion concentration in the primitive ocean, in: ebd., S. 173
[29] Perry, E. C.: The oxygen isotope chemistry of ancient cherts, in: ebd., S. 176 ff.
[30] Holland und Lambert (wie Anm. I 14), S. 191; Holland, H. D.: Model for the evolution of the earth's atmosphere, in: Kvenvolden (wie Anm. I 5), S. 210
[31] Rubey (wie Anm. I 27), S. 169
[32] Weyl, P. K.: Precambrian marine environment and the development of life, in: Kvenvolden (wie Anm. I 5) S. 174
[33] Rubey, W. W.: Geologic history of sea water, in: Bullet. of the geologic. Soc. of America, 62, 1961, S. 1111–1148
[34] Kvenvolden, (wie Anm. I 5), S. 271
[35] Schopf, J. W.: Evidences of archean life, in: Ponnamperuma, C. (Hrsg.): Chemical evolution of the early precambrian. Academic Press, New York 1977, S. 101
[36] Ebd., S. 102–103
[37] Ebd., S. 108
[38] Lemmon (wie Anm. I 5), S. 38
[39] Ebd., S. 39
[40] Ebd., S. 42
[41] Ebd., S. 41
[42] Abelson (wie Anm. I 11), S. 52
[43] Ponnamperuma, C.: Prebiotic molecular evolution, in: Noda, H. (Hrsg.): Origin of Life. Japan Scientific Societies Press, Tokio 1978, S. 67
[44] Lemmon (wie Anm. I 5), S. 43
[45] Ebd.
[46] Ebd.
[47] Ebd., S. 45
[48] Abelson (Wie Anm. I 11), S. 48
[49] Ponnamperuma (wie Anm. I 43), S. 71
[50] Ebd., S. 78
[51] Ebd.l, S. 78 ff.
[52] Ebd., S. 79 ff.
[53] Ebd., S. 80
[54] Ebd.
[55] Vgl. Noda, H. (Hrsg.): Origin of Life. Japan Scientific Societies Press, Tokio 1978
[56] Vgl. ebd.
[57] Draganić, Z. et al.: Evidence for amino acids in hydrolysates of compounds formed by ionizing radiations: Aqueous solutions of HCN, NH_4CN and NaCN, in: Noda. (wie Anm. I 55), S. 129
[58] Ebd., S. 132

⁵⁹ Lohrmann, R. und L.E. Orgel: Template-directed polynucleotide condensation as a model for RNA-Replication, in: ebd., S. 235–236
⁶⁰ Ebd., S. 243
⁶¹ Sawai, H.: Prebiotic condensation of oligonucleotide, in: ebd., S. 227
⁶² Keosian, J.: The crisis in the problem of the origin of life, in: ebd.,
⁶³ Brooks, J. und G. Shaw: A critical assessment of the origin of life, in: ebd., S. 598
⁶⁴ Ebd.
⁶⁵ Ebd.
⁶⁶ Ebd., S. 604
⁶⁷ Bernal, J.D.: The problem of stages in biopoesis, in: Florkin. (wie Anm. I 7), S. 43
⁶⁸ Rossmann, M.G., Moras, D. und Olsen, K.W.: Chemical and biological evolution of a nucleotide-binding protein, in: Nature 250, 1974, S. 194–199; Rossmann, M.G., Liljas, A., Branden, C.-I. und Banaszak, L.J. in: The Enzymes, Bd. XI, hrsg. v. D.D. Boyer. Academic Press, New York 1975, S. 61–102
⁶⁹ Noguchi, T.: Evolutionary clock: Estimation of the prokaryotes-eukaryotes divergence by cytochrome c, c_2, and c_{550} Sequences, in: Noda (wie Anm. I, 55), S. 489
⁷⁰ Holland (wie Anm. I 30), S. 210
⁷¹ Kuhn, H.: Modell der Selbstorganisation und präbiotischen Evolution, in: Hoppe, W. et al. (Hrsg.): Biophysik. Ein Lehrbuch. Springer-Verlag, Berlin/Heidelberg/New York 1977, S. 662 ff.
⁷² Eigen, M., W. Gardiner, P. Schuster und R. Winkler-Oswatitsch: Ursprung der genetischen Information, in: Spektrum der Wissenschaft, 1981, H. 6, S. 37–38
⁷³ Ebd., S. 39
⁷⁴ MacElroy, R.D. et al.: An approach to the origin of selfreplication systems: 1. Intermolecular interactions, in: Noda (wie Anm. I 55), S. 249 ff.
⁷⁵ Ebd.
⁷⁶ Ebd.
⁷⁷ Eigen et al. (wie Anm. I 72), S. 41
⁷⁸ Eigen, M. und R. Winkler: Das Spiel. Piper, München/Zürich, 1978, S. 249
⁷⁹ Ebd., S. 77
⁸⁰ Ebd., S. 78–79
⁸¹ Küppers, B.: The general principles of selection and evolution at the molecular level, in: Prog. Biophys. Molec. Biol. 30, 1975, S. 1–22
⁸² Eigen und Winkler (wie Anm. I 78), S. 73
⁸³ Eigen et al. (wie Anm. I 72), S. 47
⁸⁴ Ebd., S. 48
⁸⁵ Ebd., S. 48–49
⁸⁶ Ebd., S. 50
⁸⁷ Ebd., S. 40
⁸⁸ Ebd., S. 43
⁸⁹ Ebd., S. 56
⁹⁰ Ebd., S. 50–51
⁹¹ Vollmert, B.: Konnten die Lebewesen von selbst entstehen?, in: Natur, 1982, H. 10, S. 97
⁹² Ebd.
⁹³ Ebd., S. 98
⁹⁴ Lessing, Th.: Geschichte als Sinngebung des Sinnlosen. Rütten & Löhning, Darmstadt 1962
⁹⁵ Rapoport, S.M.: Medizinische Biochemie. 5. Auflage, Verlag Volk und Gesundheit, Berlin 1969, S. 144
⁹⁶ Eigen et al. (wie Anm. I 72), S. 47
⁹⁷ Eigen, M. und P. Schuster: The hypercycle. J. Springer-Verlag, Berlin 1979, S. 76

⁹⁸ Ebd.
⁹⁹ Ebd., S. 76 ff.
¹⁰⁰ Ebd.
¹⁰¹ Ebd.
¹⁰² Broda (wie Anm. I 9), S. 33
¹⁰³ Stanier, R. Y., angeführt in: Broda, E.: The evolution of the bioenergetic processes. Pergamon Press, Oxford 1978, S. 45

Kapitel II

¹ Bresch, C. und R. Hausmann: Klassische und molekulare Genetik. 3. erw. Auflage, Springer-Verlag, Berlin/Heidelberg/New York 1972, S. 143–144
² Ebd., S. 144
³ Ebd., S. 6
⁴ Gelbart, W. M.: Genetic transformation in Drosophila, in: Ledoux, L. (Hrsg.): Informative molecules in biological systems. North Holland Publ. Co., Amsterdam/London 1971, S. 313–333
⁵ Watson, J. D.: Molecular biology of the gene. 3. Auflage, Benjamin Inc., California/London/Amsterdam 1977, S. 251 und S. 278
⁶ Kuhn, H. und J. Waser: Molekulare Selbstorganisation und Ursprung des Lebens, in: Angew. Chem. 93, 1981, S. 496
⁷ Ebd., S. 512
⁸ Kuhn (wie Anm. I 71)
⁹ Lewin, B.: Gene expression, Bd. 1. J. Wiley & Sons, London/New York/Toronto 1974, S. 1
¹⁰ Waddington, C. H. (Hrsg.): Towards a theoretical biology, Bd. 1. Edingburgh University Press, 1968, S. 3
¹¹ Ebd., S. 3–4
¹² Ayala, F. J. und J. A. Kiger Jr.: Modern genetics. The Benjamin/Cummings Publishing Company, Menlo Park/Calif., 1980, S. 383
¹³ Walker, G. W. R.: An analytical study of the origin of the genetic code, in: Ledoux (wie Anm. II 4), S. 148–156
¹⁴ Sengbusch, P. v.: Molekular- und Zellbiologie. Springer-Verlag, Berlin/Heidelberg/New York 1979, S. 36
¹⁵ Ebd., S. 73
¹⁶ Strickberger, M. W.: Genetics. 2. Auflage, Macmillian, New York 1968, S. 68
¹⁷ Ebd., S. 113
¹⁸ Ebd.
¹⁹ Woodward, D. O. und V. W. Woodward: Concepts of molecular genetics. McGraw-Hill, New York 1977, S. 10–12
²⁰ Riedl, R.: Die Ordnung des Lebendigen. Parey-Verlag, Hamburg/Berlin 1975, S. 44
²¹ Eigen und Schuster (wie Anm. I 97), S. 14
²² Ebd., S. 7
²³ Ebd., S. 15
²⁴ Eigen und Winkler (wie Anm. I 78), S. 292
²⁵ Ebd., S. 304–305
²⁶ Ebd., S. 313–315
²⁷ Mayr, E.: Evolution und die Vielfalt des Lebens. Springer-Verlag, Berlin/Heidelberg/New York 1979, S. 99
²⁸ Goodwin, B. C.: Biological stability; in: Waddington, C. H. (Hrsg.): Towards a theoretical biology, 3. Band. Aldine Publishing Company, Chicago 1970, S. 3–5

²⁹ Kendrew, J., zitiert in: Locke, M. (Hrsg.): Major problems in developmental biology. Academic Press, New York, London 1966, S. 211 und S. 240

³⁰ Thom, R.: Stabilité structurelle et morphogenèse. Paris 1977, S. 156–157

³¹ Ayala and Kiger (wie Anm. II 12), S. 367

³² Yockey, H. P.: Information theory with applications to biogenesis and evolution; in: Locker, A. (Hrsg.): Biogenesis, Evolution, Homeostasis. Springer-Verlag, Berlin/Heidelberg/New York 1973, S. 9–10

³³ Sengbusch (wie Anm. II 14), S. 14

³⁴ Ebd., S. 15

³⁵ Quastler, H.: The status in information theory in biology. New Haven 1956, S. 399

³⁶ Shannon, C. E. und W. Weaver: Mathematische Grundlagen der Informationstheorie. Oldenbourg-Verlag, München/Wien 1976, S. 18–19

³⁷ Ebd., S. 17

³⁸ Waddington (wie Anm. II 10), S. 6

³⁹ Ebd., S. 7 ff.

⁴⁰ Thom, R.: Modèles mathèmatiques de la morphogenèse. Paris 1980, S. 283–284

⁴¹ Chargaff, E. (Hrsg.): The nucleic acids. Academic Press, New York 1955 and 1960

⁴² Pattee, H. H.: How does a molecule become a message?, in: Developmental Biology Supplement 3, 1969, S. 8–9

⁴³ Pattee, H. H.: Physical problems of decision-making constraints, in: Intern. J. Neuroscience 3, 1972, S. 101

⁴⁴ Ebd., S. 102

⁴⁵ Pattee, H. H.: Quantum mechanics, heredity and the origins of life, in: J. theoret. biol. 17, 1967, S. 410–420

⁴⁶ Wigner, E. P.: The probability of the existence of a self-reproducing unit, S. 236

⁴⁷ Polanyi, M.: Life's irreducible structure, in: Science 160, 1968, S. 1308

⁴⁸ Yockey (wie Anm. II 32), S. 9 ff.

⁴⁹ Ebd., S. 22

⁵⁰ Eigen und Winkler (wie Anm. I 78), S. 310

⁵¹ Weizsäcker, C. F. v.: Einheit der Natur. Hanser-Verlag, München 1971, S. 50, 51, 54–55

⁵² Ebd., S. 60

⁵³ Crick, F.: Life itself. Simon and Schuster, New York 1982

⁵⁴ Lewin (wie Anm. II 9), S. 5–6

⁵⁵ Ebd., S. 6

⁵⁶ Sengbusch (wie Anm. II 14), S. 42

⁵⁷ Nagl, W.: Endopolyploidy and polyteny in differentiation and evolution. North Holland Publ. Co., Amsterdam/New York/Oxford 1978

⁵⁸ Sengbusch (wie Anm. II 14), S. 15

⁵⁹ Orgel, L. E. und F. H. C. Crick: Selfish DNA: the ultimate parasite, in: Nature 284, 1980, S. 604

⁶⁰ Ebd., S. 604

⁶¹ Sengbusch (wie Anm. II 14), S. 51 u. 53

⁶² Ebd., S. 68

⁶³ Commoner, B.: Failure of the Watson-Crick theory as a chemical explanation of inheritance, in: Nature 220, 1968, S. 334 (26. Oktober)

⁶⁴ Ebd., S. 338

⁶⁵ Ebd.

⁶⁶ Sengbusch (wie Anm. II 14), S. 416–417

⁶⁷ Lewin (wie Anm. II 9), S. 176

⁶⁸ Strickberger, M. W.: Genetics. Macmillan, New York 1976, S. 708

⁶⁹ Sengbusch (wie Anm. II 14), S. 407 ff.

⁷⁰ Beale, G. und J. Knowles: Extranuclear genetics. Edward Arnold, London 1978, S. 116 ff.
⁷¹ Locke, M. (Hrsg.): Major problems in developmental biology. Academic Press, New York/London 1966, S. 31
⁷² Ebd., S. 32
⁷³ Ebd., S. 33 f.
⁷⁴ Sengbusch (wie Anm. II 14), S. 19 ff.
⁷⁵ Ebd., S. 18–19
⁷⁶ Ebd., S. 73
⁷⁷ Ebd.
⁷⁸ Ebd., S. 182 ff.
⁷⁹ Ebd., S. 125
⁸⁰ Bresch und Hausmann (wie Anm. II 1), S. 133
⁸¹ Koshland, D. E. jr. und M. E. Kirtely: Protein structure in relation to cell dynamics and differentiation; in: Locke (wie Anm. II 71), S. 219 ff.
⁸² Ebd.
⁸³ Ebd., S. 223
⁸⁴ Sengbusch (wie Anm. II 14), S. 39
⁸⁵ Ebd., S. 329 ff.
⁸⁶ Williams, G. C.: Adaptation and natural selection. Princeton/New York 1966, S. 22 ff.
⁸⁷ Strickberger (wie Anm. II 68), S. 583
⁸⁸ Sengbusch (wie Anm. II 14), S. 113
⁸⁹ Ayala und Kiger (wie Anm. II 12), S. 811
⁹⁰ Ebd., S. 90
⁹¹ Sengbusch (wie Anm. II 14), S. 160
⁹² Ayala und Kiger (wie Anm. II 12), S. 809
⁹³ Bresch und Hausmann (wie Anm. II 1), S. 41
⁹⁴ Waddington, C. H. und R. C. Lewontin: A note on evolution and changes in the quantity of genetic information, in: Waddington (wie Anm. II 10), S. 109
⁹⁵ Ebd., S. 110
⁹⁶ Waddington, C. H.: Does evolution depend on random search?, in: ebd., S. 112
⁹⁷ Sengbusch (wie Anm. II 14), S. 502
⁹⁸ Needham, J.: Biochemistry and morphogenesis. Cambridge University Press 1966, S. 153 ff.
⁹⁹ Ebert, J. D. und I. M. Sussex: Interacting systems in development. 2. Auflage, Holt, Rinehart and Winston, New York 1970, S. 272
¹⁰⁰ Waddington, C. H.: Concepts and theories of growth, development, differentiation and morphogenesis, in: Waddington (wie Anm. II 28), S. 177
¹⁰¹ Lewin (wie Anm. II 9), S. 376
¹⁰² Ebd., S. 3
¹⁰³ Nagl (wie Anm. II 57), S. 210
* Eine organismische Interpretation der „Information" erfolgt im 2. Band, Abschnitt „Die Funktion".

Kapitel III

¹ Mayr (wie Anm. II 27), S. 80
² Ebd., S. 81
³ Ebd., S. 82–83
⁴ Cain, A. J.: Mayr's evolutionary mission (Besprechung von „Evolution and the diversity of life" von Ernst Mayr), in: Nature 268, 1977, S. 375–376
⁵ Fisher, R. A.: The genetical theory of natural selection. 2. erw. Auflage, New York 1958

⁶ Ebd., S. 12
⁷ Ebd., S. 12–13
⁸ Smith, J. M.: The theory of evolution. 3. Auflage, Penguin Books, Harmondsworth 1979, S. 201–202
⁹ Simpson, G.G.: The history of life; in: Tax, S. (Hrsg.): Evolution after Darwin, 1. University of Chicago Press 1960, S. 172 ff.
¹⁰ Waddington, C.H.: Evolutionary adaptation; in: Tax (ebd.), S. 382–383
¹¹ Whyte, L.L.: Internal factors in evolution. G. Braziller, New York 1965, S. 31
¹² Remane, A.: Die Grundlagen des natürlichen Systems der vergleichenden Anatomie und der Phylogenetik. 2. Auflage, Akademische Verlagsgesellschaft, Leipzig 1956, S. 293
¹³ Spaemann, R. und R. Löw: Die Frage Wozu? Piper-Verlag, München/Zürich 1981
¹⁴ Hengstenberg, H.E.: Evolution und Schöpfung. Pustet-Verlag, München 1963
¹⁵ Ebd., S. 17–19
¹⁶ Mayr, E.: Artbegriff und Evolution. Parey-Verlag, Hamburg/Berlin 1967, S. 18
¹⁷ Ebd., S. 19
¹⁸ Siewing, R. (Hrsg.): Evolution. Fischer-Verlag, Stuttgart/New York 1978
¹⁹ Woltereck, R.: Grundzüge einer allgemeinen Biologie. 2. Auflage, Enke-Verlag, Stuttgart 1940, S. 243–244
²⁰ Simpson (wie Anm. III 9), S. 144
²¹ Ebd., S. 149
²² Kuhn, O. zitiert in: Illies, J.: Schöpfung oder Evolution. Edition Interfrom, Zürich 1979, S. 69–70
²³ Simpson, G.G.: Tempo and mode in evolution, Hafner Publishing Company, New York/London 1965, S. 106
²⁴ Ebd., S. 107
²⁵ Ebd., S. 111
²⁶ Ebd., S. 112
²⁷ Hennig, W.: Grundzüge einer Theorie der phylogenetischen Systematik. Deutscher Zentralverlag, Berlin 1950, S. 188
²⁸ Ebd., S. 189
²⁹ Mayr (wie Anm. III 16), S. 347
³⁰ Rensch, B.: Neuere Probleme der Abstammungslehre. 3. erw. Auflage, Enke-Verlag, Stuttgart 1972, S. 285
³¹ Simpson (wie Anm. III 23), S. 149 ff.
³² Ebd., S. 155
³³ Ebd., S. 55
³⁴ Ebd., S. 155
³⁵ Riedl (wie Anm. II 20), S. 89
³⁶ Mayr (wie Anm. III 16), S. 338
³⁷ Ebd., S. 24–25
³⁸ Rensch (wie Anm. III 30), S. 24–25
³⁹ Williams (wie Anm. II 86), S. 252
⁴⁰ Smith (wie Anm. III 8), S. 214
⁴¹ Danser, B.H.: A theory of systematics. E.J. Brill, Leiden 1950, S. 136
⁴² Ebd., S. 147
⁴³ Mayr (wie Anm. III 16), S. 460
⁴⁴ Reif, W.E.: Lenkende und limitierende Faktoren in der Evolution, in: Acta Biotheoretica 24, 1975, H. 3–4, S. 136–162, hier S. 156
⁴⁵ Woltereck (wie Anm. III 19), S. 569–570
⁴⁶ Lewontin, R.C.: The genetic basis of evolutionary change. Columbia University Press, New York 1974, S. 159

⁴⁷ Mayr (wie Anm. III 16), S. 148
⁴⁸ Ebd., S. 149
⁴⁹ Simpson (wie Anm. III 9), S. 55
⁵⁰ Ebd., S. 57
⁵¹ Mayr (wie Anm. III 16), S. 423
⁵² Lewontin (wie Anm. III 46), S. 160
⁵³ Waddington, C.H.: Paradigma for an evolutionary process, in: Waddington, C.H. (Hrsg.): Towards a theoretical biology, Bd. 2. Edinburgh University Press 1969, S. 107 ff.
⁵⁴ Ebd., S. 107 ff.
⁵⁵ Ebd., S. 108
⁵⁶ Ebd., S. 109
⁵⁷ Mayr (wie Anm. III 16), S. 408
⁵⁸ Ebd.
⁵⁹ Ebd., S. 409
⁶⁰ Ebd., S. 410
⁶¹ Ebd.
⁶² Lewontin, R.C.: Evolution and the theory of games, in: J. theoret. Biol. 1, 1961, S. 382–403
⁶³ Woltereck (wie Anm. III 19), S. 232–233
⁶⁴ Nicholson, A.J.: The role of population dynamics in natural selection, in: Tax (wie Anm. II 9) S. 478
⁶⁵ Waddington, C.H.: The basic ideas of biology, in: Waddington (wie Anm. II 10) S. 18
⁶⁶ Mayr (wie Anm. III 16), S. 164
⁶⁷ Williams (wie Anm. II 86), S. 25 ff.
⁶⁸ Ebd., S. 25–27
⁶⁹ Dobzhansky, Th.: Evolution and environment, in: Tax (wie Anm. II 9) S. 406
⁷⁰ Ebd., S. 406 ff.
⁷¹ Dawkins, R.: Das egoistische Gen. Springer-Verlag, Berlin/Heidelberg/New York 1976
⁷² Olson, E.C.: Morphology, paleontology and evolution, in: Tax (wie Anm. II 9) S. 534
⁷³ Simpson (wie Anm. III 23), S. 80
⁷⁴ Ebd., S. 82
⁷⁵ Mayr (wie Anm. II 27), S. 88
⁷⁶ Ebd., S. 89
⁷⁷ Ebd., S. 90
⁷⁸ Lewontin, R.C.: On the irrelevance of genes; in: Waddington (wie Anm. II 28), S. 63
⁷⁹ Riedl (wie Anm. II 20), S. 275
⁸⁰ Simpson, G.G.: The meaning of evolution. Yale University Press, New Haven, London 1967, S. 159
⁸¹ Ebd., S. 158
⁸² Rosen, R.: On the generation of metabolic novelties in evolution; in: Locker (wie Anm. II 32), S. 113–123
⁸³ Woltereck (wie Anm. III 19), S. 571–572
⁸⁴ Tinbergen, N.: Behaviour, systematics and natural selection; in: Tax (wie Anm. II 9), S. 605
⁸⁵ Woltereck (wie Anm. III 19), S. 165–166
⁸⁶ Williams (wie Anm. II 86), S. 28–29
⁸⁷ Nicholson (wie Anm. III 64), S. 515
⁸⁸ Gould, S.J. und R.C. Lewontin: The spandrels of San Marco and the panglossian paradigm: A critique of the adaptionist programme, in: Proc. R. Soc. Lond. B 205, 1979, S. 581 ff.
⁸⁹ Smith, J.M.: The status of Neo-Darwinism; in: Waddington, C.H. (Hrsg.): Towards a theoretical biology, Bd. 2. Edinburgh University Press 1969, S. 82 ff.

⁹⁰ Ebd.
⁹¹ Waddington, (wie Anm. III 53), S. 95
⁹² Gutmann, W. F. und D. S. Peters: Konstruktion und Selektion: Argumente gegen einen morphologisch verkürzten Selektionismus; in: Acta Biotheoretica 22, 1973, H. 4, S. 151–180, hier S. 152
⁹³ Ebd., S. 158
⁹⁴ Ebd., S. 157–158
⁹⁵ Ebd., S. 161–162
⁹⁶ Ebd., S. 162
⁹⁷ Thoday, J. M.: Non-Darwinian „evolution" and biological progress; in: Nature 255, 1975, S. 675 ff. (26. Juni)
⁹⁸ Ebd.
⁹⁹ Ebd.
¹⁰⁰ Reif (wie Anm. III 44), S. 151
¹⁰¹ Ebd., S. 149
¹⁰² Stebbins, G. L.: The comparative evolution of genetic systems; in Tax (wie Anm. II 9), S. 222–223
¹⁰³ Grassé, P. P.: L'evolution du vivant. Paris 1973, S. 358
¹⁰⁴ Remane (wie Anm. III 12), S. 197–199
¹⁰⁵ Rensch (wie Anm. III 30), S. 276
¹⁰⁶ Löw, R.: Darwinismus und die Entstehung des Neuen; in: Scheidewege 13, 1983/84, S. 69
¹⁰⁷ Ebd., S. 72–73
¹⁰⁸ Kaspar, R.: Der Typus, Idee und Realität. Acta Biotheoretica 26, 1977, H. 3, S. 181
¹⁰⁹ Remane (wie Anm. III 12), S. 132
¹¹⁰ Gutmann und Peters (wie Anm. III 92), S. 171
¹¹¹ Remane (wie Anm. III 12), S. 255
¹¹² Ebd., S. 256
¹¹³ Danser (wie Anm. III 41)
¹¹⁴ Spaemann und Löw (wie Anm. III 13), S. 240–242
¹¹⁵ Illies, J.: Schöpfung oder Evolution. Edition Interfrom, Zürich 1979, S. 63
¹¹⁶ Ebd., S. 64–65
¹¹⁷ Popper, K., zitiert in: Illies (wie Anm. III 115), S. 48
¹¹⁸ Grassé, P. P.: Darwinisme, Fascisme, Gauchisme, meme combat, in: Christen, Y.: Le dossier Darwin. Edition Copernic, Paris 1982, S. 182

Kapitel IV

¹ Hassenstein, B.: Beispiele, Ergebnisse und Perspektiven der Anwendung des kybernetischen Konzeptes in der Biologie, in: Drischel, H. und N. Tiedt (Hrsg.): Biokybernetik, Bd. 1. VEB G. Fischer Verlag, Jena 1968, S. 4
² Sachsse, H.: Die Erkenntnis des Lebendigen. Vieweg. Braunschweig 1968, S. 40
³ Winkelmann, W. et al.: Endokrinium, in: Bock, H. E. et al. (Hrsg.): Pathophysiologie. 2. Auflage, Thieme, Stuttgart 1981, S. 380
⁴ Hassenstein (wie Anm. IV 1), S. 3
⁵ Röhler, R.: Biologische Kybernetik. Teubner-Verlag, Stuttgart 1973, S. 11
⁶ Sachsse (wie Anm. IV 2), S. 95
⁷ Wiener, N.: Kybernetik. Rowohlt Taschenbuch-Verlag, Reinbek 1968, S. 243
⁸ Holst, E. v. und H. Mittelstaedt: Das Reafferenzprinzip, in: Die Naturwissenschaften 37, 1950, H. 20, S. 467

⁹ Wiener (wie Anm. IV 7), S. 147
¹⁰ Hassenstein (wie Anm. IV 1), S. 5
¹¹ Bremermann, H.J.: Cybernetic methods of pattern recognition, in: Drischel, H. und P. Dettmar (Hrsg.): Biokybernetik, Bd. IV. VEB G. Fischer Verlag, Jena 1972, S. 42
¹² Clynes, M.: Biocybernetic principles of dynamics asymmetry: unidirectional rate sensitivity, rein control, in: Drischel und Tiedt (wie Anm. IV 1), S. 30
¹³ Ebd., S. 31
¹⁴ Ebd.
¹⁵ Zemanek, H.: Technische und kybernetische Modelle; in: Mittelstaedt, H. (Hrsg.): Regelungsvorgänge in lebenden Wesen. Oldenbourg-Verlag, München 1961, S. 41–42
¹⁶ Ebd., S. 48
¹⁷ Stegemann, J.: Regelungsvorgänge am Auge; in: ebd., S. 126
¹⁸ Ebd., S. 127
¹⁹ Dörr, W. und H. Schipperges: Was ist theoretische Pathologie? Springer, Berlin 1979, S. 7
²⁰ Frank, H.G.: Kybernetik und Philisophie. Duncker & Humblot, Berlin 1966
²¹ Sachsse (wie Anm. IV 2), S. 43
²² Ebd., S. 45
²³ Röhler (wie Anm. IV 5), S. 15–18
²⁴ Holst, E. v.: Biologische Regelung. Eine kritische Betrachtung; in: Mittelstaedt (wie Anm. IV 15), S. 31
²⁵ Ebd., S. 23
²⁶ Tembrock, G.: Modell-Ansätze zur Analyse tierischen Verhaltens; in: Drischel, H. und P. Dettmar (wie Anm. IV 11), S. 78–80
²⁷ Wuketits, F.M.: Biologie und Kausalität, Parey-Verlag, Berlin/Hamburg 1981, S. 123 ff.
²⁸ Eccles, J.C.: Facing reality. Springer-Verlag, Heidelberg 1970
²⁹ Keidel, W.D.: Grenzen der Übertragbarkeit der Regelungslehre auf biologische Probleme; in: Die Naturwissenschaften 48, 1961, H. 8, S. 271
³⁰ Sachsse (wie Anm. IV 2), S. 63
³¹ Buytendijk, F.J.J. und P. Christian: Kybernetik und Gestaltkreis als Erklärungsprinzipien des Verhaltens, in: Nervenarzt 34, 1963, H. 3, S. 102–103
³² Wuketits (wie Anm. IV 27), S. 123
³³ Jonas, H.: Organismus und Freiheit. Vandenhoeck & Ruprecht, Göttingen 1973, S. 166
³⁴ Ebd., S. 181
³⁵ Ebd., S. 182–183
³⁶ Ebd., S. 183–184
³⁷ Thom, R.: „Comments" (zu C.H. Waddington, „The basic ideas of biology"); in: Waddington (wie Anm. II 10), S. 32–41, hier S. 33–34
³⁸ Keidel (wie Anm. IV 29), S. 276
³⁹ Buytendijk und Christian (wie Anm. IV 31), S. 100
⁴⁰ Naver, L.G. et al.: Distal tubular feedback control of renal haemodynamics and autoregulation, in: Ann. Rev. Physiol. 42, 1980, S. 557–571

Kapitel V

¹ Woltereck (wie Anm. III 19), S. 93
² Ebd., S. 94
³ Ebd., S. 94–95
⁴ Ebd., S. 95–96
⁵ Ebd., S. 97
⁶ Ebd., S. 165–166

⁷ Ebd., S. 389–390
⁸ Wuketits, F.M.: Wissenschaftstheoretische Probleme der modernen Biologie. Duncker & Humblot, Berlin 1978, S. 175
⁹ Woltereck, R.: Ontologie des Lebendigen. Enke-Verlag, Stuttgart 1940, S. 33–34
¹⁰ Willmer, E.N.: Cytology and evolution. Academic Press, New York/London 1970, S. 569
¹¹ Rapoport (wie Anm. I 95), S. 12
¹² Ebert und Sussex (wie Anm. II 99), S. 241
¹³ Ebd., S. 244
¹⁴ Danser (wie Anm. III 41), S. 136 u. 147
¹⁵ Ebd., S. 124–125
¹⁶ Ebd.
¹⁷ Wyss, D.: Zwischen Logos und Antilogos. Untersuchungen zur Vermittlung von Hermeneutik und Naturwissenschaft. Vandenhoeck & Ruprecht, Göttingen 1980
¹⁸ Ebd.
¹⁹ Waddington (wie Anm. III 65), S. 7 ff.
²⁰ Ebd., S. 8
²¹ Woltereck (wie Anm. III 19), S. 397
²² Ebd., S. 398
²³ Ebd., S. 399
²⁴ Locker, A. (Hrsg.): Biogenesis, Evolution, Homeostasis. Springer-Verlag, Berlin/Heidelberg/New York, 1973, S. 144
²⁵ Rensch (wie Anm. III 30), S. 246 ff.
²⁶ Taylor, R.B., in: Nature 286, 1980, S. 837 ff.
²⁷ Illies (wie Anm. III 115), S. 57–58

Kapitel VI

1 Waddington, C.H.: New patterns in genetics and development. Columbia University Press, New York/London 1964
² Elsasser, W.M.: Atom and organism. Princeton University Press 1966, S. 78 ff.
³ Ebd., S. 79
⁴ Ebd., S. 113
⁵ Simpson, G., zitiert in: Illies (wie Anm. III 115), S. 29
⁶ Wuketits (wie Anm. V 8), S. 25
⁷ Ebd., S. 30
⁸ Ebd., S. 33–34
⁹ Riedl, R.: Biologie der Erkenntnis. Parey-Verlag, Berlin/Hamburg 1980, S. 106
¹⁰ Ebd., S. 156
¹¹ Ebd., S. 158
¹² Spaemann und Löw (wie Anm. III 13), S. 244–245
¹³ Ebd., S. 247
¹⁴ Eccles (wie Anm. IV 28), S. 54–55
¹⁵ Kuhlenbeck, H.: Gehirn und Bewußtsein. Duncker & Humblot, Berlin 1973, S. 254
¹⁶ Wuketits (wie Anm. V 8), S. 144–145
¹⁷ Ebd., S. 145–146
¹⁸ Ebd., S. 151
¹⁹ Riedl (wie Anm. VI 9), S. 83
²⁰ Ebd., S. 84
²¹ Wuketits (wie Anm. V 8), S. 175

Anmerkungen zu Seite 229–236

[22] Ebd., S. 117
[23] Ebd., S. 129
[24] Stegmüller, W. und Ayala, F.J., zitiert in: Wuketits (wie Anm. V 8), S. 128
[25] Ebd., S. 138–139
[26] Ebd., S. 53
[27] Ebd., S. 56
[28] Popper, K., zitiert in: Illies (wie Anm. III 115), 1980, S. 48
[29] Riedl (wie Anm. VI 9), S. 132
[30] Ebd., S. 122
[31] Ebd., S. 123

Weiterführende Literatur

Kapitel I

Blum, H. F.: Evolution in the biosphere; in: Nature 208, 1965 (23. Oktober)
Cloud, P. E.: Chairman's Summary Remarks; in: Proc. N. A. S. 53, 1965, H. 6 (15. Juni)
Ders.: Atmospheric and hydrospheric evolution on the primitive earth; in: Science 160, 1968, S. 729–736 (17. Mai)
Garrels, R. M., et al.: Genesis of Precambrian Iron-Formations and the Development of Atmospheric Oxygen; in: Economic Geology 08, 1973, S. 1173–1179
Heinz, B., W. Ried: The Lumisphere, a New Model of Pre-biotic Evolution; in: Die Naturwissenschaften 67, 1980, S. 178–181
Irvine, W. M., et al.: Thermal history, chemical composition and relationship of comets to the origin of life; in: Nature 283, 1980, 21. Februar
Kamen, M. D., H. A. Barker: Inadequacies in recent knowledge of the relation between photosynthesis and the O^{18} content of atmospheric oxygen; in: Proc. N. A. S. 31, 1945
Latimer, W. M.: Astrochemical problems in the formation of the earth; in: Science 112, 1950 (28. Juli)
Nisbet, E. G.: Archaean stromatolites and the search for the earliest life; in: Nature 284, 1980 (3. April)
Pattee, H. H.: Experimental approaches to the origin of life problem; in: Advances in enzymology 27, 1966
Ponnamperuma, C.: Chemical Evolution of the Giant Planets. Academic Press, New York, San Francisco, London 1976
Prigogine, I.: Vom Sein zum Werden. Zeit und Komplexität in der Naturwissenschaft. Piper, München, Zürich 1979
Schidlowski, M.: Archaean Atmosphere and Evolution of the Terrestrial Oxygen Budget; in: Windley, B. F. (Hrsg.); The Early History of the Earth. J. Wiley & Sons, Chichester 1976
Ders.: Evolution of the Earth's Atmosphere: Current State and explorarory Concepts; in: Noda, H. (Hrsg.): Origin of life. Japan Scientific Societies Press, Tokio 1978, S. 3–20
Ders.: Antiquity of photosynthesis: possible constrains from archean carbon isotope record; In: Biogeochemistry of ancient and modern environments. Hrsg. v. P. A. Trudinger u. a. Springer, Berlin 1980.
Ulbricht, T. L. V.: Chirality and the origin of life; in: Nature 258, 1975 (4. Dezember)
Urey, H. C.: On the early chemical history of the earth and the origin of life; in: Proc. N. A. S. 38, 1952

Kapitel II

Arnott, S. et al.: Left-handed DNA helices; in: Nature 283, 1980 (21. Februar)
Barrell, B. G., A. T. Bankier u. J. Drouin: A different genetic code in human mitochondria; in: Nature 282, 1979 (8. November)
Bobrow, M., E. Solomon: Information transfer in mammalian cells; in: Nature 257, 1975 (16. Oktober)
Bossi, L., J. R. Roth: The influence of codon context on genetic code translation; in: Nature 286, 1980 (10. Juli)

Cavalier-Smith, T.: How selfish is DNA? in: Nature 285, 1980 (26. Juni)

Crick, F. H. C., et al.: General nature of the genetic code for proteins; in: Nature 1961, H. 4809 (30. Dezember)

Davies, D. R., S. Zimmerman: A new twist for DNA? in: Nature 283, 1980 (3. Januar)

Dayhoff M. O., et al.: Evolution of Sequences within Protein Superfamilies; in: Die Naturwissenschaften 62, 1975, S. 154–161

Dickerson, R. E.: Evolution and gene transfer in purple photosynthetic bacteria; in: Nature 283, 1980 (10. Januar)

Elsasser, W. M.: Quanta and the Concept of Organismic Law; in: J. Theoret. Biol. 1, 1961, S. 27–58

Eperon, I. C. et al.: Distinctive sequence of human mitochondrial ribosomal RNA genes; in: Nature 286, 1980 (31. Juli)

Fiddes, J. C., H. M. Goodman: The cDNA for the β-subunit of human chorionic gonadotropin suggest evolution of a gene by readthrough into the 3'-untranslated region; in: Nature 286, 1980 (14. August)

Gan, Yik-Yuen et al.; Genetic variation in wild populations of rain-forest trees; in: Nature 269, 1977 (22. September)

Jeuken, M.: The Biological and Philosophical Definitions of Life; in: Acta Biotheor. 24, 1975, S. 14–21

Jockusch, H.: Neuromuskuläre Wechselwirkungen, Ansätze zur biochemisch-genetischen Analyse; in: Die Naturwissenschaften 64, 1977, S. 260–265

John, P., F. R. Whatley: Paracoccus denitrificans and the evolutionary origin of the mitochondrion; in: Nature 254, 1975, (10. April)

Jukes, T. H., J. L. King: Evolutionary nucleotide replacements in DNA; in: Nature 281, 1979 (18. Oktober)

Küppers, B.: Towards an Experimental Analysis of Molecular Self-Organization and Precellular Darwinian Evolution; in: Die Naturwissenschaften 66, 1979, S. 228–243

Levine, M., et al.: Structure of pyruvate kinase and similarities with other enzymes: possible implications for protein taxonomy and evolution; in: Nature 271, 1978 (16. Februar)

Lewontin, R. C.: Is nature probable or capricious? in: BioScience von Januar 1966

Miyata, T., T. Yasunaga: Evolution of overlapping genes; in: Nature 272, 1978 (6. April)

Monroy, A., F. Rosati: The evolution of the cell-cell recognition system; in: Nature 278, 1979 (8. März)

Nevers, P., H. Saedler: Transposable genetic elements as agents of gene instability and chromosomal rearrangements; in: Nature 268, 1977 (14. Juli)

Ohno, S.: Molecular human cytogenetics; in: Nature 266, 1977 (14. April)

Perelson, A. S., G. I. Bell: Mathematical models for the evolution of multigene families by unequal crossing over; in: Nature 265, 1977 (27. Januar)

Proudfoot, N.: Pseudogenes; in: Nature 286, 1980 (28. August)

Rosamond, J.: Special sites in genetic recombination; in: Nature 286, 1980 (17. Juli)

Smith, J. M.: Why the genome does not congeal; in: Nature 268, 1977 (25. August)

Stent, G. S.: Molecular biology and metaphysics; in: Nature 248, 1974 (26. April)

Sugita, M.: Functional Analysis of Chemical Systems in vivo using a Logical Circuit Equivalent; in: J. Theoret. Biol. 1, 1961, S. 415–430

Tang, J. et al.: Structural evidence for gene duplication in the evolution of the acid proteases; in: Nature 271, 1978 (16. Februar)

Taylor, R. B.: Lamarckist revival in immunology; in: Nature 286, 1980 (28. August)

Vaughan, S.: A theory for genetic regulation by chromosome folding; in: Nature 269, 1977 (1. September)

Watson, J. D., F. H. C. Crick: Genetical implications of the structure of desoxyribonucleic acid; in: Nature 171, 1953 (30. Mai)

Weigert, M., et al.: Rearrangement of genetic information may produce immunoglobulin diversity; in: Nature 276, 1978 (21. und 28. Dezember)

Wiener, N.: Über Informationstheorie; in: Die Naturwissenschaften 48, 1961, H. 7

Wilkins, M. H. F., et al.: Molecular Structure of Desoxypentose Nucleic Acids; in: Nature 151, 1953 (25. April)
Williamson, A. R.: Three-receptor, clonal expansion model for selection of self-recognition in the thymus; Nature 283, 1980 (7. Februar)

Kapitel III

Blundell, T. L., S. P. Wood: Is the evolution of insulin Darwinian or due to selectiveley neutral mutation? in: Nature 257, 1975 (18. September)
Bonik, K., W. F. Gutmann u. D. S. Peters: Optimierung und Ökonomisierung im Kontext von Evolutionstheorie und phylogenetischer Rekonstruktion; in: Acta Biotheoretica 26, 1977, H. 2, S. 75–119
Caldwell, R. L., H. Dingle: Ecology and Evolution of Agonistic Behavior in Stomatopods; in: Die Naturwissenschaften 62, 1975, S. 214–222
Clarke, B. C.: The evolution of genetic diversity; in: Proc. R. Soc. Lond. B. 205, 1979, S. 453–474 (1979)
Cox, B.: Vertebrate evolution; in: Nature 268, 1977 (25. August)
Crick, F. H. C.: Nucleic acids and protein synthesis; in: Nature 177, 1956 (31. März)
Crompton, A. W., et al.: Evolution of homeothermy in mammals; in: Nature 272, 1978 (23. März)
Czihak, G., H. Langer u. H. Ziegler (Hrsg.): Biologie. Springer, Berlin. 2. Auflage 1978
Darlington, C. D.: A diagram of evolution; in: Nature 276, 1978 (30. November)
Diamond, J. M.: Evolution of bowerbirds' bowers: animal origins of the aesthetic sense; in: Nature 297, 1982 (13. Mai)
Domagk, G. F.: Zur Biochemie des Lernens; in: G. Nissen (Hrsg.): Intelligenz, Lernen und Lernstörungen. Springer, Berlin 1977
Fairbridge, W., D. Jablonski (Hrsg.): The Encyclopedia of Paleontology. Dowden, Hutchinson & Ross, Stroudsburg 1979
Folsome, C. E.: Synthetic Organic Microstructures an the Origins of Cellular Life; in: Die Naturwissenschaften 63, 1976, H. 7 (Juli)
Ford, E. H. R.: Evolutionary conservation of gene linkage; in: Nature 274, 1978 (13. Juli)
Fox, M.: Environmental mutagenesis; in: Nature 268, 1977 (11. August)
Goodman, M., G. W. Moore: Darwinian evolution in the genealogy of haemoglobin; in: Nature 253, 1975 (20. Februar)
Gould, S. J., R. C. Lewontin: The spandrels of San Marco and the Panglossian paradigm: a critique of the adaptationist programme; in: Proc. R. Soc. Lond. B 205, 1979, S. 581–598
Hadorn, E.: Problems of Determination and Transdetermination. Uptan, New York 1965 (Brookhaven Symposia in Biology, Bd. 18)
Kandel, E. R.: Environmental Determinants of Brain Architecture and of Behavior: Early Experience and Learning; in: Principles of neural Science. Hrsg. v. E. Kandel u. J. H. Schwartz. Edward Arnold, London 1981
Kaplan, R. W.: Modelle der Lebensgrundfunktionen; in: Studium Generale 18, 1965, H. 5
Keeton, W. T.: Biological Science, 3rd Edition 1977
Kemp, T. S.: Origin of the mammal-like reptiles; in: Nature 283, 1980 (24. Januar)
Knerer, G.: Evolution of Halictine Castes; in: Die Naturwissenschaften 67, 1980, S. 133–135
Kuhn, H.: Model Consideration for the Origin of Life; in: Die Naturwissenschaften 63, 1976, S. 68–80
Kupfermann, I.: Innate Determinants of Behavior in: Principles of neural Science. Hrsg. v. E. Kandel u. J. H. Schwartz. Edward Arnold, London 1981
Leinaas, H. P.: Cyclomorphosis in Hypogastrura lapponica (Axelson, 1902); in: Zeitschrift für zoolog. Systematik und Evolutionsforschung 19, 1981
Lehninger, A. L.: Biochemie. Verlag Chemie, Weinheim 1977
Manning, A.: Verhaltensforschung. Springer, Berlin 1979

Markl, H.: Das Fortpflanzungsgeschäft – Organismen als Kosten/Nutzen-Rechner; in: Böger, P.; H. Sund: Biologie aktuell. Zur Wissenschaft vom Leben aus der Sicht heutiger Experimentalforschung. Universitätsverlag Konstanz 1978
Medawar, P. B.: Transformation of shape; in: Proc. R. Soc. Lond. B 137, 1950, S. 474–479
Mohr, H.: Das Gesetz in der Biologie; in: Freiburger Dies. Univ. 12, 1965, S. 23–49
ders.: Die modernen Naturwissenschaften und das Menschenbild der Wissenschaft; in: Umschau 1966, H. 9
Müller, H. E.: Evolution und Alter von Bakterien; in: Die Naturwissenschaften 63, 1976, S. 224–230
Osche, G.: Die Vergleichende Biologie und die Beherrschung der Mannigfaltigkeit; in: Biologie in unserer Zeit, 5, 1975, H. 5
Peters, D. S., W. F. Gutmann: Über die Lesrichtung von Merkmals- und Konstruktions-Reihen; in: Z. zool. Syst. Evolut.-forsch. 9, 1971, S. 237–263
Pickersgill, B.: Taxonomy and the origin and evolution of cultivated plants in the New World; in: Nature 268, 1977 (18. August)
Pilleri, G.: Der blinde Indusdelphin, Platanista indi; in: Bull. Soc. Frib. Sc. Nat. 69, 1980, H. 1, S. 28–32
Polanyi, M.: Life's Irreducible Structure; in: Science 160, 1968 (21. Juni)
Reif, W.-R. (Hrsg.): Konzepte und Methoden der Funktionsmorphologie. Paläontologische Gesellschaft, München 1981, (Paläontologische Kursbücher, Bd. 1)
Ruben, J. A.: Antiquity of the vertebrate pattern of activity metabolism and its possible relation to vertebrate origins; in: Nature 286, 1980 (28. August)
Sarich, V. M.: Rates, sample sizes, and the neutrality hypothesis for electrophoresis in evolutionary studies; in: Nature 265, 1977 (6. Januar)
Seilacher, A.: Arbeitskonzept zur Konstruktionsmorphologie; in: Lethaia, 3, 1970, S. 393–395
ders.: Fabricational noise in adaptive morphology; in: Syst. Zool., 22, 1973, S. 451–465
Smith, J. M.: Molecular evolution and the age of man; in: Nature 253, 1975 (13. Februar)
Thoday, J. M.: Non-Darwinian „evolution" and biological progress; in: Nature 255, 1975 (26. Juni)
Wagner, G. P.: Empirical information about the mechanism of typogenetic Evolution; in: Die Naturwissenschaften 67, 1980
Wald, G.: The origin of optical activity; in: Annals New York Acad. of Science 1957–58, S. 352–368
Weiss, P.: Perspectives in the field of morphogenesis; in: The Quarterly Review of Biology, S. 177–198
Whetstone, K. N.: New look at the origin of birds and crocodiles; in: Nature 279, 1979 (17. Mai)

Kapitel V und VI

Ayala, F. J.: Biology as an autonomous science; in: American Scientist 56, 1968, S. 207–221
Chargaff, E.: Voices in the labyrinth: dialogues around the srudy of nature; in: Perspectives in Biology and Medicine, Spring 1975, S. 313–330; Winter 1975, S. 251–285
Dullemeijer, P.: Einige Bemerkungen über Erklären in der Biologie; in: Schäfer, W. (Hrsg.): Evoluierende Systeme I und II, Aufsätze und Reden der Senckenbergischen naturforschenden Gesellschaft. Bd. 28. W. Kramer-Verlag, Ffm. 1976
Madison, K. M.: The organism and its origin; in: Evolution 7, 1953, S. 211–227
Osche, G.: Grundzüge der allgemeinen Phylogenetik; in: Handbuch der Biologie. Hrsg. v. F. Gessner, Band 3 II: Morphologie-Vererbung-Evolution. Magnus-Verlag, Essen 1966
Pattee, H. H.: Quantum Mechanics, Heredity and the Origin of Life; in: J. Theoret. Biol. 17, 1967, S. 410–420
Platt, J. R.: Properties of Large Molecules that go beyond the Properties of their Chemical Sub-Groups; in: J. Theoret. Biol. 1, 1961, S. 342–358

Szent-Györgyi, A.: The Supra- and Submolecular in Biology; in: J. Theoret. Biol. 1, 1961, S. 75–82
v. Weizsäcker, C.-F.: Gedanken über das Verhältnis der Biologie zur Physik; in: Nova Acta Leopoldina N. F. 31 (1966), S. 237–251

Namensregister

Abelson 18, 23, 24, 25, 26, 238, 239
Alexander 9, 10
Aristoteles 156
Arnheim 153
Ashby 176
Avery 55
Axelson 252
Ayala 60, 82, 98, 99, 101, 230, 231, 241, 242, 243, 249, 253

Bada 21, 239
Baer, v. 118, 163
Banaszak 240
Barghoorn 33
Barker 250
Bastin 210
Beale 89, 243
Bell, G.I. 251
Bell, P.D. 189
Berg 118
Bergson 118, 201, 223
Bernal 32, 33, 240
Bernard 176
Bertalanffy, v. 50, 118, 227, 229
Beurlen 118, 157
Biebricher 50
Blechschmidt 163
Blum 250
Blundell 252
Bock 246
Böger 253
Boltzmann 39
Bonik 252
Bonnet 156
Boveri 90
Boyer 240
Bräutigam 11
Branden 240
Bremermann 174, 247
Bresch 55, 56, 57, 58, 80, 82, 96, 97, 99, 101, 217, 232, 234, 241, 243
Britten 84
Broda 18, 52, 53, 238, 241
Broecker 19, 239

Bronn 156
Brooks 32, 240
Brouwer 210
Brown, H. 17
Brown 91
Burgi 70
Buytendijk 184, 188, 247

Cain 107, 243
Caldwell 252
Callan 87
Calvin 25, 26, 30, 31, 34, 36
Cannon 118, 188
Cavalier-Smith 251
Chamberlin 19, 239
Chargaff 10, 74, 238, 242, 253
Chomsky 65
Christen 246
Christian 11, 184, 188, 247
Clarke 252
Cloud 19, 239, 250
Clynes 175, 247
Commoner 87, 88, 91, 94, 242
Cox 252
Crick 10, 55, 69, 70, 73, 74, 77, 82, 85, 87, 88, 94, 217, 236, 237, 242, 251, 252
Crompton 252
Crow 153
Cuénot 118
Czihak 252

Dacqué 118, 214
Dancoff 73
Danser 121, 122, 160, 161, 198, 244, 246, 248
Darlington 252
Darwin 37, 38, 39, 40, 48, 62, 63, 106, 108, 113, 119, 120, 131, 132, 135, 149, 202, 203, 220, 235, 244, 246
Davidson 84
Davies 251
Dawkins 85, 131, 135, 245
Dayhoff 33, 251
Derwort 189

255

Dettmar 181, 182, 247
Diamond 252
Dickerson 251
Dingle 252
Dobzhansky 118, 133, 134, 136, 142, 148, 154, 245
Doerr 247
Dole 20, 21, 239
Domagk 252
Draganic 28, 239
Driesch 118
Drischel 181, 182, 246, 247
Dullemeijer 159, 253

Ebert 103, 104, 193, 198, 243, 248
Eccles 183, 225, 247, 248
Eck 18
Eden 118
Eigen 10, 25, 30, 31, 32, 34, 35, 36, 37, 38, 39, 40, 41, 42, 43, 44, 46, 47, 48, 49, 50, 51, 52, 63, 64, 65, 69, 72, 79, 80, 100, 130, 165, 217, 220, 223, 226, 230, 234, 235, 240, 241, 242
Eimer 146
Einhorn 114
Elroy 35
Elsassser 77, 218, 248, 251
Eperon 251
Euklid 206

Fairbridge 252
Fiddes 251
Fischer 97
Fisher 107, 112, 126, 127, 130, 137, 141, 160, 243
Florkin 238, 239, 240
Folsome 252
Fonale 18
Ford 252
Fox 26, 27, 34, 36, 53, 252
Frank 178, 247
Franzen 151

Gamow 60
Gan 251
Gardiner 240
Garrels 250
Gelbart 57, 241
Gessner 253
Göbel 146
Gödel 79, 81
Goethe, v. 5, 234
Goldschmidt 214
Goodman 251, 252

Goodwin 67, 75, 93, 241
Gorzynski 213
Gould 148, 160, 245, 252
Grassé 12, 118, 155, 160, 166, 167, 168, 199, 246
Günther 210
Gurdon 91
Gurwitsch 103
Gutmann 116, 138, 151, 160, 164, 166, 246, 252, 253

Haan, de 104, 156, 193
Hadorn 103, 252
Haeckel 157, 162, 163, 166, 222, 228
Hahn 11
Haldane 24, 31, 32, 34, 107, 116, 117, 118, 126, 127, 129, 130, 136, 137, 160
Hallmann 27
Hamilton 121
Harrison 30
Hartmann 10, 11
Hassenstein 169, 246, 247
Hausmann 56, 69, 97, 101, 241, 243
Heberer 162
Hegel 201, 234
Heidegger 237
Heinz 250
Heisenberg 12
Hempel 159
Hengstenberg 109, 112, 244
Hennig 114, 116, 160, 162, 244
Herskowitz 101
Hilaire 214
Hilbert 81
Hoffmann 13
Holland 16, 18, 21, 33, 238, 239, 240
Holst, v. 173, 180, 246, 247
Holtfreter 103
Hook 28
Hoppe 240
Hoso 28
Hubbard 18
Hume 220
Hutchinson 123

Ihle 114
Illies 137, 162, 214, 244, 246, 248, 249
Irvine 250

Jablonski 252
Jacob, Fr. 75, 93, 217
Jacob, W. 10, 11
Jaennel 118
Japsen 118

Jenken 251
Jockusch 251
Johannsen 97
John 251
Jonas 185, 186, 224, 247
Jukes 153, 251

Kamen 250
Kandel 252
Kant 106, 201, 220, 224
Kaplan 252
Kaspar 160, 246
Katchalsky 177
Keeton 252
Keidel 183, 188, 247
Kemp 252
Kendrew 5, 242
Kernberg 74
Keosian 30, 240
Kiger 241, 242, 243
Kimura 153
King 153, 251
Kirteley 96, 243
Kisker 10
Klages 201
Knerer 252
Knoll 33
Knowles 89, 243
Köchler 224
Koeckelenberger 35
Kornberg 26
Koshland 96, 97, 243
Kraus 205
Krehl, v. 11
Krumbach 114
Kükenthal 114
Küppers 240, 251
Kuhlenbeck 225, 248
Kuhn, H. 31, 34, 58, 69, 79, 101, 240, 241, 252
Kuhn, O. 113, 214, 244
Kupfermann 252
Kvenvolden 22, 24, 238, 239

Lamarck 106, 165, 212, 227
Lambert 238, 239
Langer 252
Latimer 250
Leach 28
Ledoux 241
Lehninger 252
Leinaas 252
Leinfellner 220

Lemmon 16, 24, 25, 238, 239
Leslie 41, 48
Lessing 48, 240
Levin 17, 238
Levine 251
Lewin 59, 83, 98, 104, 105, 241, 242, 243
Lewontin 49, 100, 101, 124, 125, 126, 129, 141, 148, 160, 165, 166, 243, 244, 245, 251, 252
Liljas 240
Lima-de-Faria 118
Locke 242, 243
Locker 79, 210, 242, 245, 248
Loeb 44
Löw 158, 162, 213, 223, 244, 246, 248
Lohrmann 240
Lorenz 10, 115, 158, 165, 216, 217, 220, 221, 223, 224, 226, 227, 234, 235
Lorenzen 81
Luce 50

Mac Elroy 240
Madison 253
Maier 5
Manning 252
Markl 253
Marx 166
Mather 136
Mayr 66, 67, 80, 106, 107, 110, 111, 112, 115, 116, 119, 120, 121, 122, 124, 125, 126, 128, 129, 132, 137, 138, 139, 140, 142, 144, 148, 156, 158, 160, 164, 165, 166, 203, 232, 241, 243, 244, 245
Medawar 253
Mendel 55, 136, 141
Mendoza 28
Mesarovič 182
Metz 90
Meyer-Abich 118
Miller 21, 24, 30, 34, 239
Mirsky 86
Mittelstaedt 246, 247
Miyata 251
Mohr 253
Mollenhauer 151
Monod 10, 31, 36, 75, 93, 165, 217
Monroy 251
Moore 252
Moras 240
Morgan 98, 141
Morgenstern 163
Müller, H. E. 253
Müller, H. J. 59
Mullen 16

Naef 160
Nägeli 146
Nagl 84, 105, 160, 242, 243
Naver 189, 247
Needham 103, 243
Negrin 28
Neumann, v. 76, 77
Nevers 251
Newell 118
Nicholson 132, 148, 165, 245
Nietzsche 159
Nisbet 250
Nissen 252
Noda 24, 239, 240, 250
Noguchi 33, 240
Noones 28
Nordlic 18
Northrop 186

Oehler 33
Oeser 220, 233, 234
Ohno 155, 251
Olsen 240
Olson 118, 135, 136, 245
Oparin 16, 24, 30, 31, 34, 36, 53
Oppenheim 159
Orgel 24, 30, 32, 41, 48, 85, 240, 242
Oró 28
Osborn 118
Osche 160, 253

Pattee 47, 74, 75, 77, 242, 250, 253
Perelson 251
Perry 21, 239
Peters 12, 113, 116, 120, 138, 139, 151, 160, 164, 246, 252, 253
Pickersgill 253
Pilleri 253
Pirie 20, 21, 239
Pittendrigh 230
Planck 235
Plate 117, 118, 146
Platt 253
Ploth 189
Plügge 11
Polanyi 76, 77, 242, 253
Ponnamperuma 24, 27, 28, 29, 238, 239, 250
Popper 159, 163, 225, 234, 246, 249
Prigogine 250
Proudfoot 251

Quastler 71, 73, 242

Ramsey 23
Rapoport 48, 196, 218, 240, 248
Reif 123, 154, 244, 246, 253
Rein 35
Remane 109, 112, 116, 119, 156, 160, 161, 162, 164, 244, 246
Rensch 115, 119, 120, 121, 139, 144, 157, 162, 164, 244, 246, 248
Richmond 154
Ried 250
Riedl 63, 118, 138, 142, 160, 164, 165, 183, 216, 217, 220, 221, 222, 223, 226, 227, 228, 235, 236, 241, 244, 248, 249
Ris 86
Röhler 172, 179, 246, 247
Romanes 119
Romer 118
Rosa 118
Rosamond 251
Rosati 251
Rosen 144, 245
Rossmann 33, 240
Ruben 253
Rubey 20, 21, 22, 239
Rudwick 159
Russel 118
Russell 159
Rutten 18, 19, 239

Sachsse 170, 172, 184, 246, 247
Saedler 251
Sagan 16
Salisbury 118
Samper 40
Sandrock 162
Sarich 253
Sartre 166
Sawai 29, 240
Schaefer 172
Schäfer 253
Schidlowski 18, 238, 250
Schimpl 27
Schindewolf 118, 161, 214
Schipperges 247
Schmalhausen 118, 136
Schmidt 219
Schmincke 12, 13
Schopf 22, 23, 33, 239
Schrödinger 50, 95, 142
Schützenberger 118
Schulz 90
Schuster 31, 34, 35, 63, 100, 240, 241
Schwartz 252
Seebohm 119

Seilacher 159, 253
Sengbusch, v. 60, 61, 69, 74, 82, 84, 86, 87, 88, 92, 93, 94, 97, 98, 101, 104, 241, 242, 243
Shannon 58, 59, 60, 71, 72, 79
Shaw, D.M. 15, 17, 20, 238, 239
Shaw, G. 32, 240
Siever 18, 20, 238, 239
Siewing 111, 112, 116, 244
Silbernagl 189
Sillen 32
Simpson 108, 112, 113, 116, 117, 118, 119, 120, 122, 124, 125, 136, 137, 138, 139, 142, 143, 144, 148, 156, 159, 160, 162, 164, 206, 219, 244, 245, 248
Smith 108, 112, 121, 150, 164, 206, 244, 245, 251, 253
Spaemann, H. 103, 109
Spaemann, R. 162, 223, 244, 246, 248
Spassky 124
Spencer 223
Spiegelmann 40
Spurway 118
Spiess 124
Stammler 118
Stark 104
Stanier 52, 241
Stebbins 155, 246
Steele 213
Stegemann 177, 247
Stegmüller 224, 230, 231, 249
Steinbuch 172, 175
Stent 251
Strickberger 61, 62, 82, 89, 98, 101, 241, 242, 243
Sugita 251
Sund 253
Sussex 103, 104, 193, 198, 243, 248
Szent-Györgyi 254

Tang 251
Tarski 81
Tax 244, 245
Taylor, R.B. 248, 251
Taylor 87
Taylor 153
Tembrock 181, 182, 247
Temin 213
Thews 219
Thoday 153, 246, 253
Thom 12, 68, 73, 82, 104, 141, 187, 188, 242, 247
Tiedt 246, 247
Timofeev 23

Tinbergen 146, 147, 245
Troland 31, 32
Trudinger 250
Turing 76
Tylor 213

Uexküll, v. 142, 180
Ulbricht 250
Urey 19, 30, 33, 34, 239, 250

Vaughan 251
Vinogradov 17, 20, 238, 239
Vollmer 158, 217, 220, 221, 223
Vollmert 240

Waddington 12, 59, 72, 95, 96, 100, 101, 102, 104, 108, 112, 118, 126, 127, 130, 132, 136, 150, 154, 164, 206, 217, 241, 242, 243, 244, 245, 246, 247, 248
Wagner 253
Wahlert, v. 160
Wald 253
Walker, G.W.R. 60, 241
Walker, J.C.G. 18, 19, 238
Walter 176, 184
Waring 18
Waser 241
Waterman 182
Watson 55, 58, 69, 70, 73, 74, 77, 87, 88, 94, 241, 251
Weaver 59, 60, 71, 72, 242
Wedekind 118
Weigert 251
Weiner 10
Weiss 103, 253
Weizsäcker, C.F.v. 80, 81, 83, 223, 224, 242, 254
Weizsäcker, V.v. 11, 13, 188, 189
Westoll 118
Weyl 21, 239
Whatley 251
Whetstone 253
Whiston 106
White 18
Whitehead 102
Whyte 108, 112, 118, 244
Wiener 169, 172, 173, 186, 246, 247, 251
Wigner 76, 77, 242
Wilkins 252
Williams 98, 133, 140, 148, 164, 165, 243, 244, 245
Williamson 252
Willmer 104, 156, 193, 196, 248
Windley 238, 250

259

Winkelmann 246
Winkler-Oswatitsch 230, 240, 242
Woese 60
Woltereck 12, 111, 112, 118, 123, 130, 145, 147, 160, 191, 193, 194, 195, 203, 207, 244, 245, 247, 248
Wood 252
Woodward, D. O. 62, 101, 241
Woodward, V. W. 62, 101, 241
Worcel 70
Wright 49, 107, 117, 118, 125, 126, 127, 128, 130, 136, 137, 141, 160

Wuketits 183, 185, 194, 216, 220, 226, 227, 228, 229, 230, 231, 233, 234, 247, 248, 249
Wundt 11
Wyss 248

Yasanuga 251
Yockey 69, 78, 79, 101, 242

Zemanek 172, 176, 247
Ziegler 252
Zimmerman 251
Zimmermann 114, 230

Dieter Wyss
Neue Wege in der psychosomatischen Medizin

Band II
Erkranktes Leben – Kranker Leib
Von einer organismusgerechten Biologie
zur psychosomatischen Pathophysiologie

Einleitung: „Leben kann nur durch Lebendiges erforscht werden"
  I. Die vorgegebene Polarisierung des Organismus in animalischen und vegetativen Pol
  II. Der Organismus als kommunikativer Prozeß I
  III. Der Organismus als kommunikativer Prozeß II
  IV. Grundzüge einer organismischen Pathophysiologie (A) – Die Bedeutung der Funktion
  V. Der Organismus als Gestalt
  VI. Grundzüge einer organismischen Pathophysiologie (B)
  VII. Von der organismischen Pathophysiologie zur „psychosomatischen Medizin"

Band III
Krisen und Scheitern:
Der psychosomatisch/somatopsychisch Kranke

Einleitung: Vor der psychoanalytischen zur anthropologischen Krankheitskonzeption („Psychosomatik")/Weinerts „Psychobiology" in ihrer Bedeutung für diese Untersuchung
  I. Bedingungen von Funktionsstörungen und Gestaltverfall (Krankheit)
  II. Funktionelle Dekompensationen und Übergänge zu organischen Gestaltveränderungen
  III. Krisen und Scheitern
  IV. Der Gestaltverfall: die sogenannten organischen Krankheiten
  V. Ergänzende psychopathologische Bilder
  VI. Zur Therapie psychosomatisch/somatopsychischer Erkrankungen
  VII. Zusammenfassung: Das Problem der Spezifität von Funktionsstörungen und Gestaltveränderungen

Dieter Wyss · Die tiefenpsychologischen Schulen von den Anfängen bis zur Gegenwart

Entwicklung – Probleme – Krisen. 5. erweiterte Auflage 1977. XXXII, 562 Seiten, Leinen und kartoniert

„Das Buch ... darf wohl mit dem Titel eines Klassikers versehen werden. Niemand wird es vermissen wollen, der sich ernsthaft mit psychologischen Fragen, mit dem Patienten als ‚Ganzes' beschäftigt; es ist Lehrbuch, Nachschlagewerk und weiterführende Lektüre in einem, vermittelt sowohl umfassende Information wie fundierte kritische Stellungnahme. In der Flut der Neuerscheinungen gibt es nur wenige Bücher von solch wissenschaftlicher und persönlicher Kompetenz und Bedeutung."
Schweizerische Ärztezeitung

Dieter Wyss · Der Kranke als Partner

Lehrbuch der anthropologisch-integrativen Psychotherapie. Unter Mitarbeit von K.E. Bühler, H. Csef, J. Eichfelder, L. Gerich, E. Grätz, B. Laue, B. Schmidt, H. Schmitt.
Band 1: 1982. 439 Seiten, kartoniert / **Band 2:** 1982. 470 Seiten, kartoniert

„*Dieter Wyss* bietet in seiner Anthropologie an, was Psychiatrie, Psychopathologie und Psychotherapie unverzichtbar und dringendst brauchen: Integration und Synthese der verschiedenen Schulen und Richtungen im Blick auf das Ganze des Menschseins. Von der soliden Plattform seiner tiefgreifenden und hervorragenden Kenntnis historischer sowie empirischer Fakten stellt er sich engagiert, offen und kritisch der heutigen Krise und ihren schwierigen Problemen, um sowohl die verhärteten Krusten orthodoxer Lehren aufzubrechen als auch neue Wege in der Diagnostik und Therapie zu öffnen."
Fortschritte der Neurologie

Dieter Wyss · Lieben als Lernprozeß

2., Auflage 1981. 157 Seiten, kartoniert
(Kleine Vandenhoeck-Reihe 1400)

„Subtil, aber leib- und hautnah und in einer selten mehr antreffbaren phänomenologischen Beschreibungskunst zeichnet Wyss die kommunikativen Figuren Liebender in ihrer Alltäglichkeit nach, zumal die „Grundenttäuschungen", denen Liebende sich notwendig aussetzen, wenn sie das pathetische Geschehen ihrer Ergriffenheit transformieren in Liebe als gemeinsam ergriffenen Weg, und die typischen „Teufelskreise" zunehmender gegenseitiger Vernichtung der Partner. Wer liebt, ‚lernt' nichts Neues über sich hinzu. Er lernt ... besser wahrnehmen und entfalten, was ihm als vorhandene Möglichkeit je schon zu eigen ist. Er lernt zumal die dialogische Balance zwischen Selbständigkeit/Distanz und Abhängigkeit/Nähe zum Anderen."
Der Nervenarzt

Vandenhoeck & Ruprecht in Göttingen und Zürich

Dieter Wyss · Zwischen Logos und Antilogos

Untersuchungen zur Vermittlung von Hermeneutik und Naturwissenschaft. Mit einem Vorwort von Eugen Biser. 1980. 711 Seiten, kartoniert

„Die Arbeit untersucht in differenzierter Form und in souveräner Auseinandersetzung mit der philosophischen Tradition die Probleme der Selbstkonstitution des Bewußtseins. Unter Einbeziehung dessen, was Psychologie, Sprachphilosophie und Naturwissenschaften in jüngster Zeit zum Konstitutionsproblem beigetragen haben, entwickelt Wyss seine eigene Position. Es ist ein besonderes Verdienst der Arbeit, daß sie jahrzehntelange diagnostische und psychotherapeutische Erfahrungen mit einem tiefen philosophischen Problembewußtsein zu integrieren vermag."
Schweizerische Zeitschrift für Psychologie

Dieter Wyss · Beziehung und Gestalt

Entwurf einer anthropologischen Psychologie und Psychopathologie. 1973. XII, 550 Seiten, Leinen und kartoniert

„Das hier vorgelegte Werk entwirft mit entwicklungspsychologischen, soziologischen und ethnologischen Belegen und phänomenologisch-anthropologischer Methodik die Konzeption einer allgemeinen Psychologie und Psychopathologie, die an Differenziertheit, Konsequenz und Originalität ihresgleichen sucht."
Zentralblatt für die gesamte Neurologie und Psychiatrie

Dieter Wyss · Mitteilung und Antwort

Untersuchungen zur Biologie, Psychologie und Psychopathologie von Kommunikation. 1976. 483 Seiten, Leinen und kartoniert

„Eine Rezension kann keinen Begriff davon geben, mit welcher Akribie und wie delikat Wyss die Fäden des kategorialen Netzes knüpft, mit welchem der Phänomenbestand „Kommunikation" eingeholt wird... *Mitteilung und Antwort* gibt nicht nur „Untersuchungen", wie sie der Untertitel verspricht, gegeben wird vielmehr eine systematische Theorie der Kommunikation, und zwar mit den subtilen Erfahrungsmitteln phänomenologischer Anthropologie; nach V. v. Weizsäckers Vorgang, also befreit von den Leitschienen rationalistischer Wissenschaftslogik und psychophysischer Dualistik, inspiriert durch die dialogische Grundfassung des Menschlichen, durch deren Bedürfnis nach dialogischer Totalität. Wyss' Werk ist erdennäher als etwa Jaspers' kommunikationsphilosophischer Ansatz. Es ist sowohl biologisch als auch kulturethnologisch abgestützter als die Bemühungen der dialogischen Philosophen, differenzierter als alle Rollen-Theorien (von der philosophischen Karl Löwiths bis hin zu den modernen sozialpsychologischen), anthropologisch gesättigter als die heute grassierenden formalistischen Kommunikationstheorien, die sich zumeist in kleine Kommunikations-Partikelchen unter der Absicht ihrer empirisch-experimentellen Ausbeutbarkeit verbeißen." *Der Nervenarzt*

Vandenhoeck & Ruprecht in Göttingen und Zürich